항공무선통신사 필기시험 기출문제 해설서

한 권으로 끝내는
항공무선통신사

전파법규 · 영어

이두형, 김영록 지음

저자 소개

이두형

[현직]
신라대학교 항공교통물류학부 교수

[자격증]
항공무선통신사, 항공교통안전관리자
사업용조종사(비행기 육상단발/다발)
조종교육증명(비행기 육상단발)

[학력]
한양대학교 국제학대학원 국제학 박사
동국대학교 행정대학원 행정학 석사

[경력]
현) 사단법인 대륙전략연구소 이사
전) 신라대/경운대 항공운항학과 교수
전) 국무총리실 산하 김해신공항검증위원회 위원
전) 서울지방항공청 민간항공전문가 위촉검사관
전) 공군훈련비행단 비행교관 복무

[주요 참여 연구실적]
북한 비행장을 활용한 항공조종인력 양성사업 추진방안 모색
항공종사자 전문교육기관의 SMS 매뉴얼 제정을 위한 방법론
항공교통안전관리자 자격제도의 문제점과 제도개선에 관한 연구
항공사고 조사분야 ICAO 안전평가 대응방안 연구
김해신공항검증위원회 검증보고서
중·러 군용기의 KADIZ 침입이 야기한 문제들
플로팅공항에 대한 ICAO 인증문제에 관한 연구

김영록

[현직]
신라대학교 항공운항학과 교수

[자격증]
항공무선통신사, 자가용조종사
초경량비행장치(무인멀티콥터) 조종자
Simmod PRO Training Certification(ATAC)

[학력]
한서대학교 일반대학원 항공운항관리학과 이학 박사
한국항공대학교 일반대학원 경영학과 경영학 석사

[경력]
현) 한국항공운항학회 이사
현) 한국교통연구원 소음분석센터 자문위원
현) 인천테크노파크 항공산업센터 자문위원
전) 한국교통연구원 연구원
전) 공군 방공관제사령부 복무

[주요 참여 연구실적]
훈련용 비행인프라 표준 모델 구축
항공운송사업자 운항규정 표준화 수립 연구
부산지역 항공인력 양성을 위한 마스터플랜 수립 연구
운항 및 객실승무원의 업무절차 표준화 연구
울산공항 주변 고도제한 완화 연구
항공기 저소음 운항절차 개선방안 마련 연구
항공교통업무증명제도 도입과 운영 방안에 대한 연구

(개정판)

한 권으로 끝내는
항공무선통신사 전파법규·영어

초 판 1쇄 발행 2023년 2월 20일
개정판 5쇄 발행 2026년 1월 5일

지은이 이두형 · 김영록
펴낸이 이창형
펴낸곳 GDC미디어
주 소 서울시 서대문구 신촌로 25, 3~4층
이메일 gdcmedia@naver.com
등록번호 제 2021-000004호

* 책값은 뒤표지에 있습니다.

※ 이 책은 저작권법에 따라 보호를 받는 저작물이므로 무단 전재와 무단 복제를 금지하며,
  이 책 내용의 전부 또는 일부를 이용하려면 반드시 저작권자(이두형·김영록)와 GDC미디어의 서면 동의를 받아야 합니다.

머리말

항공무선통신사 필기시험 기출문제 해설서인 **한 권으로 끝내는 항공무선통신사**는 여러분이 항공무선통신사 필기시험을 한 번에 합격할 수 있도록 하는 데 도움이 되고자 집필하였습니다.

항공무선통신사 필기시험을 준비하는 여러분은 다른 자격증과는 달리 시중에 제대로 된 수험서가 없다는 것을 발견하였을 것입니다. 따라서 대부분 인터넷이나 지인들로부터 얻은 기출문제를 풀어보는 것이 일반적인 시험 준비 방식이 될 것입니다. 그런데 기출문제를 공부할 때도 해설서가 없으므로 문제보고 답보고 하면서 단순 암기식으로 공부하다보니, 가끔은 떨어지는 경우도 있고, 합격한 경우라도 깊이 있게 이해하려 하지 않았으므로 시험 종료와 동시에 암기한 내용을 대부분 반납해 버리는 경우도 있을 것입니다.

사실 기출문제는 여러분이 앞으로 항공무선통신에 관한 일을 할 때 상당히 도움이 되는 내용들로 구성되어 있습니다. 그러므로 기왕 공부하는 김에 그 내용을 제대로 이해하고 여러분의 기억 속에 가능한 오랫동안 남긴다면 남들과는 다른 또 하나의 소중한 지식이 될 것입니다.

이 책은 주로 항공무선통신사 필기시험 4과목 전파법규, 기초전파공학, 통신보안, 영어 중에서 온라인교육으로 기초전파공학과 통신보안 2과목을 면제 받은 분들을 위해 준비하였습니다.

구체적으로는 2013년부터 2022년까지 약 10년간 총 14회의 전파법규와 영어 2과목 기출문제에 대하여 해설을 달았습니다. 따라서 필기시험 4과목 모두를 준비하는 분들도 전파법규와 영어 과목을 보다 빠른 시간 내에 공부하고자 한다면 이 해설서가 도움이 될 것입니다.

아무쪼록 이 해설서가 여러분에게 많은 도움이 되어 모두가 한 번에 합격하는 기쁨을 누릴 수 있기를 기원합니다.

2023년 1월
김해국제공항이 내려다보이는 신라대학교 항공대학에서 **지은이** 이두형, 김영록

공개된 기출문제의 마지막 버전 개정판

항공무선통신사 「2023년도 제1회 정기검정(2023.3)」을 끝으로 PBT(Paper Based Test), 즉 종이시험 문제지를 통한 필기시험은 더 이상 실시되지 않습니다. 다시 말해서 올해 후반기부터는 그동안 PBT로 실시되던 정기검정이 상시검정과 동일하게 CBT(Computer Based Test)로 실시되며, 시험 이후 기출문제는 공개되지 않습니다. 따라서 2023년도 제1회 정기검정 문제는 공개된 기출문제로서 마지막 버전이라 할 수 있습니다. 이에 공개된 기출문제의 마지막 버전을 해설하여 개정판을 내게 되었습니다.

그리고 모두 아시겠지만 온라인교육으로 2과목을 면제 받은 분들도 전체과목 상시검정뿐만 아니라 정기검정에도 응시할 수 있으니, 이점 착오 없으시기 바랍니다. 정기검정이 상시검정과 다른 점은 실기시험을 필기시험 당일에 보지 않고 다른 날에 본다는 것뿐입니다. 참고로 시험결과를 종합해 보면 전파법규는 영어와 달리 기출문제에서의 출제빈도가 낮은 편이어서, 필기시험에 떨어졌다면 대부분 전파법규의 벽을 넘지 못한 경우에 해당하였습니다. 따라서 전파법규만큼은 기출문제를 모두 풀어보고, 시험 전날에는 전파법규의 기본해설을 다시 한 번 정독해 줄 것을 권고 드립니다.

어느 날 핸드폰을 열었을 때 자격증을 손에 든 여러분의 밝은 미소를 보는 것은 그야말로 감동이고 보람입니다. 그동안 이 해설서에 보내 준 여러분의 성원에 깊은 감사를 드리며, 부족한 부문은 계속 보완해 나가겠습니다.

2023년 9월

지은이 이두형, 김영록

항공무선통신사 시험 소개

항공무선통신사 시험을 처음 접하는 분들은 먼저 KCA 국가기술자격검정 홈페이지에 접속하여 항공무선통신사 자격검정에 관한 전반적인 내용을 파악하시기 바랍니다. (https://www.cq.or.kr/main.do)

1. 항공무선통신사 시험과목, 시험방법 등 확인

- 자격검정 → 국가자격검정 → 항공무선통신사
  : 시험과목, 응시수수료, 시험방법, 수행직무, 종목변천일람표, 평가기준, 면제과목
- 시험과목

구 분	과 목	출 제 내 역
필 기	전파법규	· 전파관계법규중 항공기의 항행과 관련된 통신업무에 관한 규정 · 항공관계법규중 항공기의 항행과 관련된 통신업무에 관한 규정 · 국제전기통신연합전파규칙 및 국제민간항공조약 중 항공관련 통신에 관한 규정
	통신보안	· 통신수단 및 통신보안에 관한 사항 · 보안업무관련 규정 중 통신보안에 관한 사항 · 전화통신보안에 관한 사항
	기초전파공학	· 항공기의 항행업무 등 해당 업무범위에 속하는 무선설비의 기초지식 및 운용조작에 관한사항
	영어	· 국제민간항공기구의 표준항공교통 관제 영어의 기초지식 · 항공교통관제 용어 · 알파벳 및 숫자의 음성통화표
실 기	무선통신술	· 영문보통어를 전파관계법규에서 정한 영문통화표에 따라 1분간 50자의 속도로 3분간 구술에 의한 송신 및 수신

- 시험방법

구분	합격기준	출제유형
필기	과목당 100점을 만점으로 하여 매과목 40점 이상, 전과목 평균 60점 이상	객관식 4지선다형 (선택형 70문항)
실기	과목당 100점을 만점으로 하여 매과목 40점 이상, 전과목 평균 60점 이상	무선통신술

- **수행직무**
    - 다음에서 정한 무선설비의 통신운용(무선전신은 제외한다)
        - 항공기국, 항공국 및 항공기를 위한 무선항행업무를 하는 무선국의 무선설비
        - 그 밖에 항공운항 및 항공업무 관련 무선국의 안테나공급전력이 50와트 이하의 무선설비
    - 다음에서 정한 무선설비(무선전신 및 다중무선설비는 제외한다)의 외부조정의 기술운용
        - 항공기에 개설하는 무선설비
        - 항공국과 항공기를 위한 무선항행업무를 하는 무선국의 안테나공급전력이 250와트 이하의 무선설비
        - 레이다
        - 그 밖에 항공운항 및 항공업무 관련 무선국의 안테나공급전력이 50와트 이하의 무선설비
    - 제3급 아마추어무선기사(전화급)의 종사범위에 속하는 운용을 포함

- **면제과목안내**

보유자격 및 업무경력	면제과목
항공무선통신사 취득교육 이수자	기초전파공학, 통신보안
• 항공무선통신사 (국내외 항공법에 의한 항공통신관제업무에 관한 교육을 이수한 조종사) • 취득교육 이수자	전과목
전파전자통신기사 · 전파전자통신산업기사 · 전파전자통신기능사	통신보안
육상무선통신사 · 해상무선통신사	통신보안

- **항공무선통신사 필기시험 샘플문제 확인**

    : 고객지원 → 자료실 → 샘플문제 → 항공무선통신사 → 샘플문제(pdf 파일) 다운로드하여 확인

2. 항공무선통신사 연간시험일정(정기/상시), 온라인교육안내 등 확인

- 자격검정 → 연간시험일정 → 국가전문자격(정기)
  : 당해 연도 검정시행일정 및 종목(무선통신사, 아마추어무선기사)
    → 검정시행일정, 검정종목별 시험시간
- 자격검정 → 연간시험일정 → 국가전문자격(상시)
  : 당해 연도 (항공・육상)무선통신사 상시검정일정
    → 상시검정일정, 검정종목별 시험시간
- 자격검정 → 원서접수 → 원서접수안내 → 증명사진
- 자격검정 → 원서접수 → 원서접수신청
- 자격취득교육 → 온라인교육안내 → 항공무선통신사(2과목 면제)
- 자격취득교육 → 온라인교육접수

※ 원서접수신청, 온라인교육접수를 위해서는 회원가입 및 로그인 필요

3. 항공무선통신사 실기시험(무선통신술) 자료 확인

- 고객지원 → 자료실 → 학습자료 → 항공실기연습 → 영문통화표-문자약어
- 고객지원 → 자료실 → 학습자료 → 항공실기연습 → 숫자약어
- 고객지원 → 자료실 → 학습자료 → 항공실기연습 → 채점방법
- 고객지원 → 자료실 → 학습자료 → 항공실기연습 → 연습전문
  → 국제민간항공기구(ICAO) 발음법 (동영상 다운로드)

- 실기시험(무선통신술) 연습전문

예문 1	Testing One Two Three Four Five Six Seven Eight Nine Ten 항공무선통신사 영문 수신 준비
본문	COLUMBIA CHEROKEE ONE FOUR SIX ONE TANGO IS 8MILES SOUTHEAST ON VICTOR ONE FIVE NINER AT 3500 ON VOR FIGHT PLAN MEMPHIS TO SPRINGFIELD. WE HAVE TWO POINT FIVE HOURS OF FUEL REMAINING out
예문 2	Testing One Two Three Four Five Six Seven Eight Nine Ten 항공무선통신사 영문 수신 준비
본문	ALTITUDE CLIMB TO ONE THAT WOULD PUT YOU IN OR CLOSE TO THE BASE OF THE OVERCAST CEILING. YOU WOULD THEN BE LESS THAN 576 FEET BELOW THE CLOUD LAYER AND INN VIOLATION OF VFR REGULATIONS out

* 실제 시험에서는 본문만 송신 및 수신하면 됩니다.

• 실기시험(무선통신술) 영문통화표-문자약어

문자	약어	약어의 발음방법	문자	약어	약어의 발음방법
A	Alfa	AL FAH	N	November	NO VEM BER
B	Bravo	BRAH VOH	O	Oscar	OSS CAH
C	Charlie	CHAR LEE 또는 SHAR LEE	P	Papa	PAH PAH
D	Delta	DELL TAH	Q	Quebec	QUE BECK
E	Echo	ECK OH	R	Romeo	ROW ME OH
F	Foxtrot	FOKS TROT	S	Sierra	SEE AIR RAH
G	Golf	GOLF	T	Tango	TANG GO
H	Hotel	HOH TELL	U	Uniform	YOU NEEFORM 또는 OONEE FORM
I	India	IN DEE AH	V	Victor	VIK TAH
J	Juliett	JEW LEE ETT	W	Whiskey	WISS KEY
K	Kilo	KEY LOH	X	X-ray	ECKS RAY
L	Lima	LEE MAH	Y	Yangkee	YANG KEY
M	Mike	MIKE	Z	Julu	ZOO LOO

• 실기시험(무선통신술) 숫자약어

문자	약어	약어의 발음방법	문자	약어	약어의 발음방법
0	NADAZERO	NAH-DAH-ZAY-ROH	6	SOXISIX	SOK-SEE-SIX
1	UNAONE	OO-NAH-WUN	7	SETTESEVEN	SAY-TAY-SEVEN
2	BISSOTWO	BEES-SOH-TOO	8	OKTOEIGHT	OK-TOH-AIT
3	TERRATHREE	TAY-RAH-TREE	9	NOVENINE	NO-VAY-NINER
4	KARTEFOUR	KAR-TAY-FOWER	소숫점	DECIMAL	DAY-SEE-MAL
5	PANTAFIVE	PAN-TAH-FIVE	종지부	STOP	STOP

4. 항공무선통신사 실기시험(무선통신술) 채점기준 변경 내용 확인

- **적용시점 및 요청사항**
  - (변경사유) 항공무선통신의 기본역량을 검정하고, 안정적 실무능력 적용을 위한 채점기준 변경
  - (적용시점) 2023년 1월 1일
- **수신**

현행		변경 (안)	
① 오자, 불필요한 자	매자호마다 3점	① 오자, 불필요한 자, <u>탈자</u>	<u>각</u> 매 자호마다 3점
② 탈자, 자체 불명료	매자호마다 2점	② 자체 불명료	매 자호마다 2점
③ 품위 불량	5점 이내	③ 품위 불량	<u>총 배점의</u> 5점 이내

- **송신**

현행		변경 (안)	
① 오자, 탈자, 불필요한 자	매자호마다 3점	① 오자, 탈자, 불필요한 자, <u>기준자호 미달</u>	<u>각</u> 매 자호마다 3점
② 자호 부정확	매자호마다 2점	② 자호 부정확	매 자호마다 2점
③ 정정	매1회마다 1점	~~③ 정정~~	~~매1회마다 1점~~
④ 정정방법 위반	매1회마다 2점	③ 정정방법 위반	매1회마다 2점
⑤ 기준자호 미달	매자호마다 1점	~~⑤ 기준자호 미달~~	~~매자호마다 3점~~
⑥ 품위불량	5점 이내	④ 품위불량	<u>총 배점의</u> 5점 이내

- **송신 정정방법**
  - 기존 : 잘못 송신한 부분에 대하여 정정을 하고자 하는 경우 "CORRECTION"를 전치하고, 정정하고자 하는 단어의 이전 단어 첫 자호부터 송신
  - 변경 : 잘못 송신한 부분에 대하여 정정을 하고자 하는 경우 "CORRECTION"를 전치하고, <u>정정하고자 하는 단어의 첫 자호부터 송신</u>

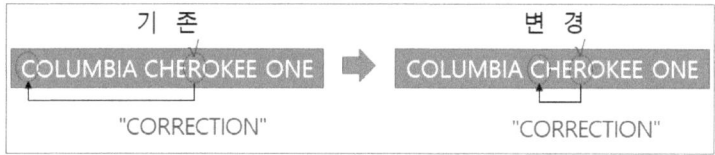

무선통신술 채점기준 및 수험생 유의사항
(항공무선통신사)

■ **무선통신술 채점(감점)기준**

수신 및 송신을 각각 100점을 만점으로 하고 다음의 감점기준에 따라 채점한 결과를 득점으로 하여 성적을 결정한다.

1. 감점기준

   가. 수 신
     ① 오자, 불필요한 자, <u>탈자</u>   : 각 매 자호마다 <u>3점</u>
     ② 자체 불명료   : 매 자호마다 2점
     ③ 품위 불량(자호간격 부정확, 띄어쓰기 부적정, 글씨체 혼용 및 박스 바깥 표기 등 수신의 수준이 미흡하다고 인정되는 경우)   : <u>총 배점</u>의 5점 이내

   나. 송 신
     ① 오자, 탈자, 불필요한 자, <u>기준자호 미달</u> : 각 매 자호마다 <u>3점</u>
     ② 자호 부정확   : 매 자호마다 2점
     ③ 품위불량(자호간격 부정확, 발음 부정확 등 송신의 수준이 미흡하다고 인정되는 경우)   : <u>총 배점</u>의 5점 이내

2. 채점기준

   가. 수신에서의 누락된 자호는 탈자로 감점한다.
   나. 시험문제와 관련 없는 내용을 송수신한 경우에는 불필요한 자로 감정한다.
   다. 잘못 송신한 부분에 대하여 정정을 하고자 하는 경우 "CORRECTION"를 전치하고, <u>정정하고자 하는 단어의 첫 자호부터 다시 송신</u>
   라. 전반적으로 송신부호가 부정확하거나 수신답안지의 작성상태가 불량하여 채점이 곤란하다고 판단되는 경우에는 "채점불가"로 처리할 수 있다.
   마. 채점결과 득점이 0점 이하인 경우에는 0점으로 기재한다.

5. 항공무선통신사 정기검정 PBT(Paper Based Test) 종이시험 폐지

- 2023년도 제4회 정기검정부터 CBT(Computer Based Test)로 전면 전환(PBT폐지) 시행

- CBT 응시 유의사항
    - 정기검정 회별 응시기회는 종목당 1회로 한정
    - CBT시험은 문제은행에서 개인별로 상이하게 문제가 출제되며 시험문제 비공개

- CBT 디지털 시험장 위치

구 분	주 소	연 락 처
서울본부	서울시 송파구 중대로 135 IT벤처타워 서관2층	(02)2142-2060
북서울본부	서울시 마포구 성암로 189 중소기업 DMC타워 10층(상암동 1622)	(02)3151-9900
부산본부	부산시 동구 초량중로 29(초량동 1056-2)	(051)440-1001
경인본부	인천시 남동구 미래로 7 현대해상빌딩 4층 (구월동 1128-10)	(032)442-8701
충청본부	대전시 서구 계룡로 553번길 24	(042)602-0114
전남본부	광주시 서구 운천로 219(치평동 1241-3)	(062)383-5070
경북본부	대구시 수성구 청수로 66(상동 6-12)	(053)766-9001
전북본부	전북 전주시 덕진구 견훤로 279(인후동 1가 784-4)	(063)244-1116
강원본부	강원도 원주시 만대로 15-1 한국정보통신공사협회 2층	(033)732-8501
제주본부	제주도 제주시 중앙로 265 성우빌딩 7층 (이도2동 1034-4)	(064)752-0386

※ 기타 자세한 사항은 홈페이지(www.CQ.or.kr)를 참고하시기 바랍니다. ☎ 1688-0013

차 례

머리말_3
항공무선통신사 시험 소개_5

제1편 전파법규

기본해설 15

기출문제
2023년도 제1회 정기검정 63
2022년도 제4회 정기검정 66
2022년도 제1회 정기검정 69
2020년도 제4회 정기검정 72
2019년도 제4회 정기검정 75
2018년도 제4회 정기검정 78
2018년도 제1회 정기검정 81
2017년도 제1회 정기검정 84
2016년도 제1회 정기검정 87
2015년도 제4회 정기검정 90
2015년도 제1회 정기검정 93
2014년도 제4회 정기검정 96
2014년도 제1회 정기검정 99
2013년도 제4회 정기검정 102
2013년도 제1회 정기검정 105

정답 및 심화해설
2023년도 제1회 정기검정 111
2022년도 제4회 정기검정 119
2022년도 제1회 정기검정 125
2020년도 제4회 정기검정 131
2019년도 제4회 정기검정 138
2018년도 제4회 정기검정 144
2018년도 제1회 정기검정 149
2017년도 제1회 정기검정 155
2016년도 제1회 정기검정 160
2015년도 제4회 정기검정 166
2015년도 제1회 정기검정 171
2014년도 제4회 정기검정 178
2014년도 제1회 정기검정 184
2013년도 제4회 정기검정 190
2013년도 제1회 정기검정 197

제2편 영어

기본해설 205

기출문제
2023년도 제1회 정기검정 251
2022년도 제4회 정기검정 254
2022년도 제1회 정기검정 257
2020년도 제4회 정기검정 260
2019년도 제4회 정기검정 263
2018년도 제4회 정기검정 266
2018년도 제1회 정기검정 269
2017년도 제1회 정기검정 272
2016년도 제1회 정기검정 275
2015년도 제4회 정기검정 278
2015년도 제1회 정기검정 281
2014년도 제4회 정기검정 284
2014년도 제1회 정기검정 287
2013년도 제4회 정기검정 290
2013년도 제1회 정기검정 293

정답 및 심화해설
2023년도 제1회 정기검정 299
2022년도 제4회 정기검정 307
2022년도 제1회 정기검정 313
2020년도 제4회 정기검정 319
2019년도 제4회 정기검정 326
2018년도 제4회 정기검정 332
2018년도 제1회 정기검정 338
2017년도 제1회 정기검정 344
2016년도 제1회 정기검정 350
2015년도 제4회 정기검정 355
2015년도 제1회 정기검정 361
2014년도 제4회 정기검정 366
2014년도 제1회 정기검정 373
2013년도 제4회 정기검정 379
2013년도 제1회 정기검정 385

PART 01 전파법규

기본해설

05

규탄하다

기도하기

전파법규 기출문제
기본 해설

전파법규 기출문제를 보면 주로 『전파법』, 『전파법 시행령』, 『무선설비규칙』, 『무선국의 운용 등에 관한 규정』, 『항공통신업무 운영 규정』, 『항공업무용 무선설비의 기술기준』, 국제전기통신연합(ITU) 헌장, 전파규칙(Radio Regulations), ICAO 부속서 10(항공통신 업무) 등에서 출제되고 있습니다. 이러한 전파법규는 각각의 내용이 방대하고 비교적 난해하기 때문에 시험을 준비하는 초심자(beginner)에게는 기출문제를 통해 핵심 부분을 파악하는 것이 효율적인 접근방법이라 하겠습니다.

1. 다음 중 전파법의 목적이 아닌 것은? 2022년도 제1회 검정
  ① 전파이용과 전파에 관한 기술의 개발을 촉진
  ② 공공복리의 증진에 이바지
  ③ 전파 관련 분야의 진흥을 도모
  ❹ 국가간의 분쟁을 조정

2. 다음 중 전파법의 목적이 아닌 것은? 2018년도 제1회 검정
  ① 전파의 효율적인 이용 및 관리
  ② 전파의 이용 및 전파에 관한 기술의 개발 촉진
  ❸ 전파 관련 기관의 육성 및 지원
  ④ 공공복리의 증진에 이바지

『전파법』 제1조(목적)
이 법은 <u>전파의 효율적이고 안전한 이용 및 관리</u>에 관한 사항을 정하여 <u>전파이용과 전파에 관한 기술의 개발을 촉진</u>함으로써 <u>전파 관련 분야의 진흥과 공공복리의 증진</u>에 이바지함을 목적으로 한다.

3. 전파를 이용하여 모든 종류의 기호, 신호, 문언, 영상, 음향 등의 정보를 보내거나 받는 것을 무엇이라 하는가? 2017년 제1회 검정
  ① 전파통신 ❷ 무선통신 ③ 종합통신 ④ 다중통신

『전파법』 제2조(정의)
  ① 이 법에서 사용하는 용어의 뜻은 다음과 같다.
    1. "전파"란 인공적인 유도(誘導) 없이 공간에 퍼져 나가는 전자파로서 국제전기통신연합이 정한 범위의 주파수를 가진 것을 말한다.
    2. "주파수분배"란 특정한 주파수의 용도를 정하는 것을 말한다.
    3. "주파수할당"이란 특정한 주파수를 이용할 수 있는 권리를 특정인에게 주는 것을 말한다.
    4. "주파수지정"이란 허가나 신고로 개설하는 무선국에서 이용할 특정한 주파수를 지정하는 것을 말한다.
      4의2. "주파수 사용승인"이란 안보·외교적 목적 또는 국제적·국가적 행사 등을 위하여 특정한 주파수의 사용을 허용하는 것을 말한다.
      4의3. "주파수회수"란 주파수할당, 주파수지정 또는 주파수 사용승인의 전부나 일부를 철회하는 것을 말한다.
      4의4. "주파수재배치"란 주파수회수를 하고 이를 대체하여 주파수할당, 주파수지정 또는 주파수 사용승인을 하는

것을 말한다.
4의5. "**주파수 공동사용**"이란 둘 이상의 주파수 이용자가 동일한 범위의 주파수를 상호 배제하지 아니하고 사용하는 것을 말한다.
5. "**무선설비**"란 전파를 보내거나 받는 전기적 시설을 말한다.
5의2. "**무선통신**"이란 전파를 이용하여 **모든 종류의 기호·신호·문언·영상·음향 등의 정보를 보내거나 받는 것을 말한다.**
6. "**무선국(無線局)**"이란 무선설비와 무선설비를 조작하는 자의 총체를 말한다. 다만, 방송수신만을 목적으로 하는 것은 제외한다.
7. "**무선종사자**"란 무선설비를 조작하거나 설치공사를 하는 사람으로서 제70조제2항에 따라 기술자격증을 발급받은 사람을 말한다.
8. "**시설자**"란 과학기술정보통신부장관으로부터 무선국의 개설허가를 받거나 과학기술정보통신부장관에게 개설신고를 하고 무선국을 개설한 자를 말한다.
9. "**방송국**"이란 공중(公衆)이 방송신호를 직접 수신할 수 있도록 할 목적으로 개설한 무선국을 말한다.
10. "**우주국(宇宙局)**"이란 인공위성에 개설한 무선국을 말한다.
11. "**지구국(地球局)**"이란 우주국과 통신을 하기 위하여 지구에 개설한 무선국을 말한다.
12. "**위성망**"이란 우주국과 지구국으로 구성된 통신망(위성주파수와 위성궤도를 포함한다. 이하 같다)의 총체를 말한다.
13. "**위성궤도**"란 우주국의 위치나 궤적(軌跡)을 말한다.
14. "**전자파장해**"란 전자파를 발생시키는 기자재로부터 전자파가 방사(放射: 전자파에너지가 공간으로 퍼져나가는 것을 말한다) 또는 전도[전도: 전자파에너지가 전원선(電源線)을 통하여 흐르는 것을 말한다]되어 다른 기자재의 성능에 장해를 주는 것을 말한다.
15. "**전자파적합**"이란 전자파장해를 일으키는 기자재나 전자파로부터 영향을 받는 기자재가 제47조의3제1항에 따른 전자파장해 방지기준 및 보호기준에 적합한 것을 말한다.
16. "**방송통신기자재**"란 방송통신설비에 사용하는 장치·기기·부품 또는 선조(線條) 등을 말한다.
17. "**전파환경**"이란 인체, 기자재, 무선설비 등을 둘러싸고 있는 전파의 세기, 잡음 등 전자파의 총체적인 분포 상황을 말한다.

⚠️ 용어정의 문제는 용어를 달리하며 반복 출제되므로, 암기는 하지 않더라도 전체 용어를 한 번 정도는 정독해 두어야 하겠습니다. 그리고 시험 전 날에는 다시 한 번 정독할 것을 권고 드립니다.

4. 다음 중 외국정부 또는 그 대표자에게 무선국의 개설을 허용할 수 없는 무선국은? 2013년 제1회 검정

① 실험국 ② 의무선박국 ③ 의무항공기국 ❹ 방송국

5. 다음 중 외국인이 개설할 수 있는 무선국이 아닌 것은? 2015년 제1회 검정

① 실험국
❷ 공중통신업무를 위한 고정국
③ 항공법에 의한 허가를 받아 국내항공에 사용되는 항공기의 무선국
④ 국내에서 열리는 국제적 행사를 위하여 필요한 경우 그 기간에만 미래창조과학부장관이 허용하는 무선국

해설

『전파법』 제20조(무선국 개설의 결격사유)
① 다음 각 호의 어느 하나에 해당하는 자는 무선국을 개설할 수 없다. 다만, 제19조제2항, 제19조의2제1항제1호·제2호 및 같은 조 제2항에 따라 개설하는 것은 그러하지 아니하다.
  1. 대한민국의 국적을 가지지 아니한 자
  2. **외국정부 또는 그 대표자**

3. 외국의 법인 또는 단체
   4. 이 법을 위반하여 금고 이상의 실형을 선고받고 그 집행이 끝나거나 집행을 받지 아니하기로 확정된 날부터 3년이 지나지 아니한 자
   5. 이 법을 위반하여 금고 이상의 형의 집행유예를 선고받고 그 유예기간 중에 있는 자
   6. 「형법」 중 내란의 죄와 외환의 죄, 「군형법」 중 이적의 죄 또는 「국가보안법」을 위반한 죄를 저질러 실형을 선고받고 그 형의 집행이 끝나거나 집행을 받지 아니하기로 확정된 날부터 3년이 지나지 아니한 자
   7. 제72조제2항에 따라 무선국 개설허가의 취소나 개설신고된 무선국의 폐지 명령을 받고 그 사유가 없어지지 아니한 자
   8. 대표자가 제4호부터 제7호까지의 규정 중 어느 하나에 해당하는 법인 또는 단체
② 제1항 제1호부터 제3호까지의 규정은 다음 각 호의 어느 하나에 해당하는 무선국에 대하여는 적용하지 아니한다.
   1. **실험국**(과학이나 기술발전을 위한 실험에만 사용하는 무선국을 말한다. 이하 같다)
   2. 「선박안전법」, 「어선법」 또는 「수상레저기구의 등록 및 검사에 관한 법률」에 따른 **선박의 무선국**
   3. 「항공안전법」 제101조 단서 및 「항공사업법」 제55조에 따른 허가를 받아 **국내항공에 사용되는 항공기의 무선국**
   4. 다음 각 목의 어느 하나에 해당하는 무선국으로서 대한민국의 정부·대표자 또는 국민에게 자국(自國)에서 무선국 개설을 허용하는 국가의 정부·대표자 또는 국민에게 그 국가가 허용하는 무선국과 같은 종류의 무선국
      가. 대한민국에서 해당 국가의 외교와 영사 업무를 하는 대사관 등의 공관에서 특정 지점 간의 통신을 위하여 공관 안에 개설하는 무선국
      나. **아마추어국**(개인적으로 무선기술에 흥미를 가지고 자기훈련과 기술연구에만 사용하는 무선국을 말한다. 이하 같다)
      다. 육상이동 업무를 하는 무선국으로서 대통령령으로 정하는 것
   5. **국내에서 열리는 국제적 또는 국가적인 행사를 위하여** 필요한 경우 그 기간에만 **과학기술정보통신부장관이 허용하는 무선국**
   6. 아마추어국으로서 다음 각 목의 어느 하나에 해당하는 자가 개설하는 무선국
      가. 제70조에 따라 대한민국의 아마추어무선기사 자격을 취득한 자
      나. 대한민국에 잠시 머무르는 동안 무선국을 운용하려는 자(자국에서 아마추어무선기사 자격을 취득한 자에 한정한다)로서 과학기술정보통신부장관이 지정하는 단체의 추천을 받은 자
   7. 대한민국에 들어오거나 대한민국에서 나가는 항공기나 선박에서 전기통신역무를 제공하기 위하여 해당 항공기 또는 선박 안에 개설하는 무선국

> ⚠ 우리나라 행정부 명칭 변경에 따라 과거 '미래창조과학부장관'이 현재는 '과학기술정보통신부장관'입니다. 기출문제에서 이런 부분이 발견이 되는데, 이는 현재의 명칭으로 이해하면 되겠습니다.

6. 다음 중 무선국 개설허가의 유효기간으로 잘못된 것은? 　　　　　　　　　　　　　　　2013년 제1회 검정
① 실험국 : 1년
❷ 항공국 : 3년
③ 우주국 : 5년
④ 항공법에 의해 항공기에 의무적으로 개설하는 무선국 : 무기한

해설

『전파법』 제22조(주파수 사용승인 및 무선국 개설허가의 유효기간)
① 제18조의2제3항에 따른 **주파수 사용승인의 유효기간은 10년 이내의 범위**에서, 제19조제1항에 따른 **무선국 개설허가의 유효기간은 7년 이내의 범위에서 대통령령으로 각각 정하며**, 그 기간이 끝나면 재승인이나 재허가를 할 수 있다.
(⚠ 전파법 시행령 제36조)
② 제1항에도 불구하고 「선박안전법」, 「어선법」 또는 「수상레저안전법」에 따라 선박에 의무적으로 개설하여야 하는 무선국(이하 "의무선박국"이라 한다)이나 「항공안전법」에 따라 항공기 또는 경량항공기에 의무적으로 개설하여야 하는 무선국(이하 "의무항공기국"이라 한다)의 개설허가 유효기간은 **무기한**으로 한다.

③ 제1항에 따른 승인이나 허가의 유효기간은 다음 각 호에서 정한 날부터 기산한다.
   1. 주파수 사용승인은 제18조의2제3항에 따라 주파수 사용승인을 받은 날
   2. 무선국 개설허가는 제24조제3항 본문에 따른 검사증명서를 발급받은 날. 다만, 제24조의2제1항 각 호에 따른 무선국의 개설허가는 그 허가를 받은 날로 한다.
④ 제1항에 따른 재승인이나 재허가의 절차와 그 밖에 필요한 사항은 대통령령으로 정한다.

『전파법 시행령』 제36조(무선국 개설허가의 유효기간)
① 법 제22조제1항에 따른 무선국 개설허가의 유효기간은 다음 각 호와 같다.
   1. 실험국 및 실용화시험국: 1년
   2. 이동국·육상국·육상이동국·기지국·이동중계국·선박국[「선박안전법」, 「어선법」 또는 「수상레저안전법」에 따라 선박에 의무적으로 개설하여야 하는 무선국(이하 "의무선박국"이라 한다)은 제외한다]·선상통신국·무선표지국·무선측위국·우주국·일반지구국·해안지구국·항공지구국·육상지구국·이동지구국·기지지구국·육상이동지구국·아마추어국·간이무선국·항공국·고정국·무선항행육상국·무선항행이동국·무선탐지육상국·무선탐지이동국·비상국·기상원조국·항공기지구국·무선조정국·무선조정이동국·무선조정중계국·전파천문국·선박지구국·항공기국[「항공안전법」에 따라 항공기 또는 경량항공기에 의무적으로 개설하여야 하는 무선국(이하 "의무항공기국"이라 한다)은 제외한다]·비상위치지시용무선표지국·비상위치지시용위성무선표지국·해안국 및 무선방향탐지국: 5년
   2의2. 방송국: 5년
   3. 제1호·제2호 및 제2호의2 외의 무선국: 3년
② 과학기술정보통신부장관은 제1항 각 호에도 불구하고 같은 시설자의 같은 종별 또는 통신망에 속하는 무선국에 대하여는 각 무선국의 허가시기가 다르더라도 그 유효기간이 동시에 끝나도록 허가할 수 있다.
③ 과학기술정보통신부장관은 법 제20조제2항제4호 및 제5호에 따른 무선국의 시설자 또는 신청인이 원하는 경우에는 제1항 각 호에 따른 허가유효기간의 범위에서 허가의 유효기간을 달리 정할 수 있다.
④ 과학기술정보통신부장관(법 제34조에 따라 개설허가를 하는 방송통신위원회를 포함한다)은 제1항제2호의2에도 불구하고 전파의 효율적인 이용 및 관리를 통한 공공복리증진을 위하여 필요하다고 판단하는 경우에는 「방송법」 제10조제1항 또는 제17조제3항에 따른 심사결과를 고려하여 2년을 초과하지 아니하는 범위에서 허가의 유효기간을 단축하여 허가할 수 있다.
⑤ 과학기술정보통신부장관은 무선국 개설허가의 유효기간이 끝나는 날의 4개월 전까지 시설자에게 재허가 절차와 제38조제1항에 따른 재허가 신청기간 내에 신청하지 않으면 재허가를 받을 수 없다는 사실을 미리 알려야 한다. 이 경우 통지는 문서, 전화 또는 팩스의 방법 등으로 할 수 있다.

⚠ 『전파법』을 확인하고, 이에 따른 『전파법 시행령』을 다시 확인해야 하는 문제는 난이도가 비교적 높다고 할 수 있으며, 정답을 확인하는데 많은 시간을 소요하게 만듭니다. 이런 측면에서 이 해설서는 여러분의 시험 준비 시간을 대폭적으로 단축시킬 것입니다.

⚠ 위 기출문제 보기 ④의 『항공법』은 2017년에 『항공사업법』, 『항공안전법』, 『공항시설법』의 3개 법률로 분법되었습니다. 2017년 이전 문제에서 『항공법』은 특별한 경우가 아니면 대체로 『항공안전법』을 의미합니다.

7. 항공기국이 항행 중 또는 항행 준비 중에 허가증에 기재된 사항의 범위 외에 운용할 수 있는 경우가 아닌 것은?

2015년 제1회 검정

① 기상의 조회 또는 시각의 조합을 위하여 행하는 항공국과 항공기국 간의 통신
② 항공기국에서 그 시설자의 업무를 위한 전보를 항공국에 보내기 위하여 행하는 통신
❸ 동일한 시설자에 속하는 항공기국과 이동업무의 무선국 간에 행하는 시급하지 않은 통신
④ 비상통신의 통신체제 확보를 위한 훈련목적의 통신

해설

『전파법』제25조(무선국의 운용)
② 무선국은 제18조의2제3항에 따른 사용승인서, 제21조제4항에 따른 허가증 또는 제22조의2제2항에 따른 무선국 신고증명서에 적힌 사항의 범위에서 운용하여야 한다. 다만, 다음 각 호의 어느 하나에 해당하는 통신을 하는 경우에는 그러하지 아니하다.
  1. 조난통신(선박이나 항공기가 중대하고 급박한 위기에 처한 경우에 조난신호를 먼저 보낸 후에 하는 무선통신을 말한다. 이하 같다)
  2. 긴급통신(선박이나 항공기가 중대하고 급박한 위험에 처할 우려가 있는 경우나 그 밖에 긴박한 사태가 발생한 경우에 긴급신호를 먼저 보낸 후에 하는 무선통신을 말한다. 이하 같다)
  3. 안전통신(선박이나 항공기의 항행 중에 발생하는 중대한 위험을 예방하기 위하여 안전신호를 먼저 보낸 후에 하는 무선통신을 말한다. 이하 같다)
  4. 비상통신(지진·태풍·홍수·해일·화재, 그 밖의 비상사태가 발생하였거나 발생할 우려가 있는 경우로서 유선통신을 이용할 수 없거나 이용하기 곤란할 때에 인명의 구조, 재해의 구호, 교통통신의 확보 또는 질서유지를 위하여 하는 무선통신을 말한다. 이하 같다)
  5. 그 밖에 대통령령으로 정하는 통신 (⚠ 전파법 시행령 제49조)

8. 다음 중 전파사용료 면제대상 무선국이 아닌 것은?   2016년 제1회 검정
① 아마추어국   ❷ 실용화 시험국   ③ 비상국   ④ 시보국

해설

『전파법』제67조(전파사용료)
① 과학기술정보통신부장관 또는 방송통신위원회는 시설자에게 해당 무선국이 사용하는 전파에 대한 사용료를 부과·징수할 수 있다. 다만, 제1호부터 제3호까지의 무선국 시설자에게는 전부를 면제하고, 제4호부터 제7호까지의 무선국 시설자에게는 대통령령으로 정하는 바에 따라 전부나 일부를 감면할 수 있다.
  1. 국가나 지방자치단체가 개설한 무선국
  2. 방송국 중 영리를 목적으로 하지 아니하는 방송국과 「방송통신발전 기본법」제25조제2항에 따라 분담금을 내는 지상파방송사업자의 방송국
  3. 제19조제2항에 따른 무선국
  4. 「방송통신발전 기본법」제25조제3항에 따라 분담금을 내는 위성방송사업자 및 종합유선방송사업자의 방송국
  5. 제11조에 따라 할당받은 주파수를 이용하여 전기통신역무를 제공하는 무선국
  6. 영리를 목적으로 하지 아니하거나 공공복리를 증진시키기 위하여 개설한 무선국 중 대통령령으로 정하는 무선국
   (⚠ 전파법 시행령 제89조)
  7. 「재난 및 안전관리 기본법」제60조제1항에 따라 특별재난지역으로 선포된 지역에 개설된 무선국 중 과학기술정보통신부장관이 고시로 정하는 기준에 부합되는 무선국

『전파법 시행령』제89조(전파사용료의 감면)
① 법 제67조제1항제6호에서 "대통령령으로 정하는 무선국"이란 다음 각 호의 무선국을 말한다.
  1. 비상국, 실험국, 아마추어국, 표준주파수 및 시보국
  2. 「대한적십자사 조직법」에 따른 대한적십자사가 시설자인 무선국 및 「응급의료에 관한 법률」제25조제1항제6호에 따른 응급의료 통신망의 관리·운영을 위하여 개설한 무선국
  3. 제90조제2항제1호 또는 제2호에 해당하는 무선국으로서 부과할 전파사용료가 3천원 미만인 무선국과 별표 7에 해당하는 무선국 (⚠ 전파법 시행령 [별표 7])
  4. 터널, 도시철도(지하에 설치된 부분만 해당한다), 건축물의 지하층 등에 개설한 다음 각 목의 무선국
   가. 기간통신사업자가 제공하는 전기통신역무를 이용할 수 있도록 개설한 무선국

나. 위성이동멀티미디어방송사업자가 개설한 위성방송보조국
　5. 홍수의 예보·경보 등 재해예방을 위한 무선국
　6. 기간통신사업자가 개설한 무선국으로서 국가의 공공업무 수행을 위하여 제공되는 무선국
　7. 농어촌 지역에 위성을 이용한 인터넷서비스를 제공하기 위하여 기간통신사업자가 개설한 지구국
　8. 교육이나 연구 목적의 비영리법인 중 과학기술정보통신부장관이 정하여 고시하는 자가 건물 등 일정한 구역 내에서만 28.9기가헤르츠(GHz) 이상 29.5기가헤르츠(GHz) 이하의 주파수를 이용하기 위하여 개설한 무선국
② 법 제67조제1항 각 호 외의 부분 단서에 따른 전파사용료의 감면은 다음 각 호의 구분에 따른다.
　1. 법 제67조제1항제6호 및 제7호에 해당하는 무선국의 시설자에 대하여는 전파사용료의 전부를 감면한다.
　2. 법 제67조제1항제4호 또는 제5호에 해당하는 무선국의 시설자에 대하여는 전파사용료의 100분의 30을 감면한다.

『전파법 시행령』 [별표 7] <개정 2020. 12. 29.>

전파사용료를 면제하는 무선국(제89조제1항제3호 관련)

구분	주파수대(MHz)	전파의 폭(kHz)	안테나공급전력(w)
선박국	2	2.8	50w 이하
	27	2.8	20w 이하
	156	16	25w 이하
항공기국	100	6	10w 이하
간이무선국	146	8.5 이하	5w 이하
이동국	897	10	3w 이하

비고: 이동국은 해양경비안전망용 주파수(897.90 ~ 897.93MHz)를 사용하는 무선국으로 한정한다.

9. 전파법을 위반하여 금고 이상의 실형을 선고 받고 그 집행이 종료된 날부터 최소 몇 년이 경과하여야 무선국을 개설할 수 있는가?　　　　　　　　　　　　　　　　　　　　　　　　　　　　　　　　　2016년 제1회 검정

① 1년 6개월　　　❷ 2년(×)　　　③ 2년 6개월　　　④ 3년(○)

 법 개정 이전 정답은 ❷번, 이후(2021.6.8.) 정답은 ❹번

해설

[개정 이전] 『전파법』 제20조(무선국 개설의 결격사유)
① 다음 각 호의 어느 하나에 해당하는 자는 무선국을 개설할 수 없다. 다만, 제19조제2항, 제19조의2제1항제1호·제2호 및 같은 조 제2항에 따라 개설하는 것은 그러하지 아니하다. <개정 2005. 12. 30., 2007. 12. 21., 2008. 6. 13., 2010. 7. 23., 2015. 12. 22., 2020. 6. 9.>
　1. 대한민국의 국적을 가지지 아니한 자
　2. 외국정부 또는 그 대표자
　3. 외국의 법인 또는 단체
　4. 이 법을 위반하여 **금고 이상의 실형을 선고받고 그 집행이 끝나거나 집행을 받지 아니하기로 확정된 날부터 2년이 지나지 아니한 자**
　5. 이 법을 위반하여 금고 이상의 형의 집행유예를 선고받고 그 유예기간 중에 있는 자
　6. 「형법」 중 내란의 죄와 외환의 죄, 「군형법」 중 이적의 죄 또는 「국가보안법」을 위반한 죄를 저질러 실형을 선고받고 그 형의 집행이 끝나거나 집행을 받지 아니하기로 확정된 날부터 **2년이 지나지 아니한 자**
　7. 제72조제2항에 따라 무선국 개설허가의 취소나 개설신고된 무선국의 폐지 명령을 받고 그 사유가 없어지지 아니한 자
　8. 대표자가 제4호부터 제7호까지의 규정 중 어느 하나에 해당하는 법인 또는 단체

[개정 이후] 『전파법』 제20조(무선국 개설의 결격사유) <시행 2021. 6. 8.>

① 다음 각 호의 어느 하나에 해당하는 자는 무선국을 개설할 수 없다. 다만, 제19조제2항, 제19조의2제1항제1호·제2호 및 같은 조 제2항에 따라 개설하는 것은 그러하지 아니하다. <개정 2005. 12. 30., 2007. 12. 21., 2008. 6. 13., 2010. 7. 23., 2015. 12. 22., 2020. 6. 9., 2021. 6. 8.>

1. 대한민국의 국적을 가지지 아니한 자
2. 외국정부 또는 그 대표자
3. 외국의 법인 또는 단체
4. 이 법을 위반하여 금고 이상의 실형을 선고받고 그 집행이 끝나거나 집행을 받지 아니하기로 확정된 날부터 3년이 지나지 아니한 자
5. 이 법을 위반하여 금고 이상의 형의 집행유예를 선고받고 그 유예기간 중에 있는 자
6. 「형법」 중 내란의 죄와 외환의 죄, 「군형법」 중 이적의 죄 또는 「국가보안법」을 위반한 죄를 저질러 실형을 선고받고 그 형의 집행이 끝나거나 집행을 받지 아니하기로 확정된 날부터 3년이 지나지 아니한 자
7. 제72조제2항에 따라 무선국 개설허가의 취소나 개설신고된 무선국의 폐지 명령을 받고 그 사유가 없어지지 아니한 자
8. 대표자가 제4호부터 제7호까지의 규정 중 어느 하나에 해당하는 법인 또는 단체

10. 다음 중 비상사태가 발생하거나 혼신방지상 필요한 경우 과학기술정보부장관이 취할 수 있는 조치로 틀린 것은?

2018년 제4회 검정, 2019년 제4회 검정

❶ 무선종사자 기술자격정지
② 무선국의 변경
③ 무선국의 운용제한
④ 무선국의 운용정지

11. 다음 중 정당한 사유 없이 계속하여 6개월 이상 무선국의 운용을 휴지한 경우 미래창조과학부장관이 취할 수 있는 조치는?

2015년 제1회 검정, 2022년 제1회 검정, 2022년 제4회 검정

① 무선종사자 기술자격의 정지
② 무선국의 운용정지
③ 무선국의 운용제한
❹ 무선국 개설허가의 취소

12. 다음 중 비상사태가 발생한 경우 미래창조과학부장관이 무선국에 대하여 취할 수 있는 조치가 아닌 것은?

2016년 제1회 검정

① 무선국의 개설허가 취소
❷ 무선국의 위탁운용 명령
③ 무선국의 운용정지 명령
④ 무선국의 변경 명령

13. 다음 중 과학기술정보통신부장관이 무선국의 허가를 취소 할 수 있는 경우가 아닌 것은?

2019년 제4회 검정

❶ 정당한 사유없이 계속하여 3개월 동안 무선국의 운용을 휴지한 경우
② 부정한 방법으로 무선국의 허가를 받은 경우
③ 개설허가 받은 항공국을 준공검사 받지 않고 운용한 경우
④ 전파사용료를 납부하지 아니한 경우

14. 무선국의 허가를 받은 자가 준공기한(기한을 연장한 경우에는 그 기한)이 지난 후 몇 일이 지날 때까지 준공신고를 마치지 아니한 경우에 무선국의 개설허가를 취소할 수 있는가?

2013년 제4회 검정, 2018년 제1회 검정, 2020년 제4회 검정

① 20일
❷ 30일
③ 40일
④ 50일

> **해설**

『전파법』제72조(무선국의 개설허가 취소 등)
① 시설자등이 다음 각 호의 어느 하나에 해당하는 경우에는 무선국의 개설허가나 개설신고 또는 주파수 사용승인은 그 효력을 상실한다.
  1. 제11조 및 제12조에 따라 주파수할당을 받은 시설자가 제15조의2에 따라 주파수할당이 취소되거나 제16조제1항에 따른 재할당을 받지 못하는 경우
  2. 제20조제1항제1호부터 제3호까지의 규정에 따른 결격사유에 해당하게 된 경우
  3. 제22조제1항에 따른 재승인이나 재허가를 받지 못하는 경우
② 과학기술정보통신부장관 또는 방송통신위원회는 시설자가 다음 각 호의 어느 하나에 해당하는 때에는 <u>무선국 개설허가의 취소</u> 또는 개설신고한 <u>무선국의 폐지</u>를 명하거나 <u>6개월 이내의 기간을 정하여 무선국의 운용정지</u>, 무선국의 운용허용시간, 주파수 또는 <u>안테나공급전력의 제한</u>을 명할 수 있다. 다만, <u>제1호 및 제2호에 해당하는</u> 경우에는 무선국의 취소 또는 폐지를 명하여야 한다.
  1. 시설자가 제20조제1항 각 호의 어느 하나에 해당하게 된 경우
  2. 거짓이나 그 밖의 부정한 방법으로 제21조에 따른 무선국의 개설허가 또는 변경허가를 받은 경우
  3. 제21조제4항에 따른 무선국의 허가증 또는 제22조의2제2항에 따른 <u>무선국 신고증명서에 적혀있는</u> <u>준공기한</u>(제24조제2항에 따라 기한을 연장한 경우에는 그 기한)<u>이 지난 후 30일이 지날 때까지 준공신고를 마치지 아니한 경우</u>
  4. 제23조제2항에 따른 인가를 받지 아니하거나 제3항에 따른 신고를 하지 아니하고 무선국을 운용한 경우
    4의2. 제19조의2제1항제3호의 무선국을 제24조제1항에 따른 준공신고를 하지 아니하고 운용하거나 제25조제3항(제58조제3항 단서에 따라 준용되는 경우를 포함한다)을 위반하여 재검사를 받지 아니하고 운용한 때
    4의3. 제24조제3항 단서 및 제25조제3항 단서(제58조제3항 단서에 따라 준용되는 경우를 포함한다)에 따른 기한(검사기관의 사정으로 발생한 지연 일수는 검사기간 산정에서 제외한다)까지 재검사를 신청하지 아니하거나 재검사 신청 후 재검사에 합격하지 못한 경우
  5. 제24조제4항 및 제5항(제58조제3항 본문에 따라 준용되는 경우를 포함한다)에 따른 검사를 거부하거나 방해한 경우
  6. 제25조제1항을 위반하여 준공검사를 받지 아니하고 무선국을 운용한 경우
    6의2. 삭제
  7. <u>정당한 사유 없이 계속하여 6개월 이상 무선국의 운용을 휴지한 경우</u>
  8. 전파사용료를 내지 아니한 경우
  9. 제25조제2항을 위반하여 허가 또는 신고 사항의 범위를 벗어나 무선국을 운용한 경우
  10. 제28조제1항을 위반하여 의무선박국 및 의무항공기국이 갖추어야 할 사용주파수 및 전파형식 등의 무선국의 조건을 갖추지 아니한 경우
  11. 제30조제1항을 위반하여 통신보안에 관한 사항을 지키지 아니한 경우
  12. 제31조제1항을 위반하여 외국의 실험국과 통신을 한 경우
  13. 제31조제2항을 위반하여 실험국과 아마추어국이 암어를 사용하여 통신을 한 경우
  14. 제45조를 위반하여 무선설비의 기술기준이 적합하지 아니한 경우
  15. 제47조를 위반하여 무선설비를 안전시설기준에 따라 설치하지 아니한 경우
  16. 제48조제1항을 위반하여 승인을 받지 아니하고 무선설비를 다른 사람에게 임대·위탁운용하거나 다른 사람과 공동으로 사용한 경우
  17. 제69조제1항을 위반하여 수수료를 내지 아니한 경우
  18. 제70조제3항을 위반하여 무선종사자가 종사범위를 벗어나 무선설비를 운용하거나 공사를 한 경우
  19. 제70조제4항을 위반하여 무선종사자가 아닌 자가 무선설비를 운용하거나 공사를 한 경우
  20. 제71조를 위반하여 무선종사자를 무선국에 배치하지 아니하거나 제71조 각 호의 어느 하나에 해당하는 사람을 무선국에 배치한 경우
③ 과학기술정보통신부장관 또는 방송통신위원회는 <u>다음 각 호의 어느 하나에 해당하는 경우에는 무선국 개설허가의 취소</u> 또는 개설신고한 <u>무선국의 폐지</u>를 명하거나 <u>무선국의 변경·운용제한</u> 또는 <u>운용정지</u>를 명할 수 있다.
  1. <u>비상사태가 발생한 경우</u>
  2. <u>혼신을 방지하기 위하여 필요한 경우</u>
  3. 제6조의2에 따라 주파수회수 또는 주파수재배치를 한 경우

④ 과학기술정보통신부장관 또는 방송통신위원회는 제1항의 경우에는 효력상실의 뜻을, 제2항이나 제3항에 따른 처분을 한 경우에는 처분내용과 그 사유를 시설자에게 서면으로 알려주어야 한다.
⑤ 제2항과 제3항에 따른 무선국 개설허가의 취소 또는 개설신고한 무선국의 폐지 명령 등에 대한 세부적인 기준, 그 밖에 필요한 사항은 대통령령으로 정한다.

15. 「대한민국 헌법」 또는 「대한민국 헌법」에 따라 설치된 국가기관을 폭력으로 파괴할 것을 주장하는 통신을 한 자에 대한 벌칙은? 2018년 제4회 검정

① 3년 이하의 징역 또는 1,000만원 이하의 벌금
❷ 1년 이상 15년 이하의 징역
③ 5년 이하의 징역 또는 5,000만원 이하의 벌금
④ 5년 이상의 징역 또는 금고

16. 무선국의 검사를 거부하거나 방해한 자에 대한 벌칙은? 2014년 제1회 검정

❶ 1년 이하의 징역 또는 <u>500만원</u> 이하의 벌금 (현재는 ×)
② 1년 이하의 징역 또는 300만원 이하의 벌금
③ 500만원 이하의 과태료
④ 300만원 이하의 과태료

 ❶ 전파법 개정(2022.6.9.)에 따라 현재는 "1년 이하의 징역 또는 1천만원 이하의 벌금"으로 변경됨.

17. 다음 중 과태료 200만원 이하의 벌칙 규정에 해당되지 않는 것은? 2018년 제4회 검정

① 긴급통신에 관한 의무를 이행하지 아니한 경우
② 통신보안교육을 받지 아니한 경우
❸ 무선국을 신고하지 아니하고 무선국을 운용한 경우
④ 안전시설기준에 적합하지 아니한 무선설비를 운용한 경우

해설

『전파법』 제86조(벌칙)[시행 2022.6.9.]
제80조(벌칙)
① 무선설비나 전선로에 주파수가 9킬로헤르츠 이상인 전류가 흐르는 통신설비(케이블전송설비 및 평형2선식 나선전송설비를 제외한 통신설비를 말한다)를 이용하여 「대한민국헌법」 또는 「대한민국헌법」에 따라 설치된 <u>국가기관을 폭력으로 파괴할 것을 주장하는 통신을 한 자는 1년 이상 15년 이하의 징역에 처한다.</u>
② 제1항의 미수범은 처벌한다.
③ 제1항의 죄를 저지를 목적으로 예비하거나 음모한 자는 10년 이하의 징역에 처한다.

제81조(벌칙)
① 다음 각 호의 어느 하나에 해당하는 자는 <u>10년 이하의 징역 또는 1억원 이하의 벌금</u>에 처한다.
  1. 조난통신·긴급통신 또는 안전통신을 발신하여야 할 사태에 이르렀는데도 그 선장이나 기장이 필요한 명령을 하지 아니하거나 무선통신 업무에 종사하는 자로서 그 명령을 받고 지체 없이 이를 발신하지 아니한 자
  2. 무선통신 업무에 종사하는 자로서 제28조제2항에 따른 조난통신의 조치를 하지 아니하거나 지연시킨 자
  3. 조난통신의 조치를 방해한 자
② 제1항제2호 및 제3호의 미수범은 처벌한다.

제82조(벌칙)
① 다음 각 호 어느 하나의 업무에 제공되는 무선국의 무선설비를 손괴(損壞)하거나 물품의 접촉, 그 밖의 방법으로 무선설비의 기능에 장해를 주어 무선통신을 방해한 자는 <u>10년 이하의 징역 또는 1억원 이하의 벌금</u>에 처한다.
  1. 전기통신 업무

2. 방송 업무
   3. 치안유지 업무
   4. 기상 업무
   5. 전기공급 업무
   6. 철도·선박·항공기의 운행 업무
② 제1항에 따른 무선설비 외의 무선설비에 대하여 제1항에 해당하는 행위를 한 자는 <u>5년 이하의 징역 또는 5천만원 이하의 벌금</u>에 처한다.
③ 제1항과 제2항의 미수범은 처벌한다.

제83조(벌칙) ① 삭제
② 선박이나 항공기의 조난이 없음에도 불구하고 무선설비로 조난통신을 한 자는 <u>5년 이하의 징역</u>에 처한다.
③ 무선통신 업무에 종사하는 자가 제2항에 따른 행위를 하면 <u>10년 이하의 징역 또는 1억원 이하의 벌금</u>에 처한다.

제84조(벌칙) 다음 각 호의 어느 하나에 해당하는 자는 <u>3년 이하의 징역 또는 3천만원 이하의 벌금</u>에 처한다.
  1. 제19조제1항에 따른 허가를 받지 아니하거나 제19조의2제1항에 따른 신고를 하지 아니하고 같은 항 제3호 및 제4호의 무선국을 개설하거나 운용한 자
     1의2. 제29조제5항에 따른 인가를 받지 아니하고 전파차단장치를 제조·수입 또는 판매한 자
  2. 제41조제3항에 따른 승인을 받지 아니하고 위성주파수이용권의 전부 또는 일부를 양도·양수 또는 임대·임차하거나 위성주파수등의 이용을 중단한 자
  3. 제42조의2제1항에 따른 승인을 받지 아니하고 우주국 무선설비의 전부나 일부를 양도·양수하거나 임대·임차(무선설비를 위탁운용하거나 다른 자와 공동으로 사용하는 경우를 포함한다)한 자
  4. 제58조제1항에 따른 허가를 받지 아니하고 같은 항 제2호에 따른 통신설비를 설치하거나 운용한 자
  5. 제58조의2에 따른 적합성평가를 받지 아니한 기자재를 판매하거나 판매할 목적으로 제조·수입한 자
  6. 제58조의10제1항을 위반하여 적합성평가를 받은 기자재를 복제·개조 또는 변조한 자
[전문개정 2008. 6. 13.]

제85조 삭제 <2015. 12. 22.>

제86조(벌칙) 다음 각 호의 어느 하나에 해당하는 자는 <u>1년 이하의 징역 또는 1천만원 이하의 벌금</u>에 처한다.
  1. 제24조제4항 및 제5항(제58조제3항 본문에 따라 준용되는 경우를 포함한다), 제47조의2제5항 및 제71조의2제1항 및 제2항(제47조의3제4항에 따라 준용되는 경우를 포함한다)에 따른 <u>검사·측정·조사·시험 또는 현장 출입을 거부하거나 방해한 자</u>
     1의2. 삭제
  2. 삭제
  3. 제47조의2제6항에 따른 명령을 이행하지 아니한 자
  4. 제52조제1항에 따른 승인을 얻지 아니하고 건조물 또는 인공구조물을 건설한 자
     4의2. 제58조의2제1항을 위반하여 적합성평가를 받지 아니한 기자재를 판매·대여할 목적으로 진열·보관 또는 운송하거나 무선국·방송통신망에 설치한 자
  5. 제58조의4제1항 및 제71조의2제5항에 따른 명령을 이행하지 아니한 자
     5의2. 제58조의10제2항을 위반하여 복제 또는 개조·변조한 기자재를 판매·대여하거나 판매·대여할 목적으로 진열·보관 또는 운송하거나 무선국·방송통신망에 설치한 자
     5의3. 제70조제5항을 위반하여 무선종사자의 기술자격증을 다른 사람에게 빌려주거나 빌린 사람
     5의4. 제70조제6항을 위반하여 무선종사자의 기술자격증을 빌려주거나 빌리는 것을 알선한 사람
  6. 제72조제2항 또는 제3항(제58조제3항에 따라 준용되는 경우를 포함한다)에 따라 운용정지 명령을 받은 무선국·무선설비 또는 제58조제1항제2호에 따른 통신설비를 운용한 자

제87조(벌칙) 다음 각 호의 어느 하나에 해당하는 자는 <u>100만원 이하의 벌금</u>에 처한다.
  1. 제24조의2제1항제1호부터 제3호까지의 무선국을 제19조제1항에 따른 허가를 받지 아니하고 개설하거나 운용한 자
  2. 제72조제3항(제58조제3항에 따라 준용되는 경우를 포함한다)에 따라 운용이 정지된 제58조제1항제1호에 따른 설비를 운용한 자

제88조(양벌규정) 법인의 대표자나 법인 또는 개인의 대리인, 사용인, 그 밖의 종업원이 그 법인 또는 개인의 업무에 관하여 제84조 또는 제86조의 위반행위를 하면 그 행위자를 벌하는 외에 그 법인 또는 개인에게도 해당 조문의 벌금형을 과(科)한다. 다만, 법인 또는 개인이 그 위반행위를 방지하기 위하여 해당 업무에 관하여 상당한 주의와 감독을 게을리하지 아니한 경우에는 그러하지 아니하다.

제89조(벌칙 적용에서 공무원 의제) 다음 각 호의 어느 하나에 해당하는 사람은 「형법」제129조부터 제132조까지의 규정에 따른 벌칙을 적용할 때에는 공무원으로 본다.
  1. 제6조의2제3항에 따른 주파수심의위원회의 위원 중 공무원이 아닌 사람
  2. 제58조의5제1항에 따라 적합성평가 시험 업무를 취급하는 사람
  3. 제78조제2항·제3항에 따라 과학기술정보통신부장관 또는 방송통신위원회로부터 위탁받은 업무에 종사하는 사람

제89조의2(과태료) 제19조제3항에 따라 신규로 이용계약을 체결한 가입자의 수와 전체 가입자의 수를 통보하지 아니하거나 거짓으로 통보한 자에게는 1천만원 이하의 과태료를 부과한다.

제89조의3(과태료) 다음 각 호의 어느 하나에 해당하는 자에게는 500만원 이하의 과태료를 부과한다.
  1. 제24조제7항을 위반하여 무선국을 검사받지 아니하고 운용하는 자
  2. 제48조의2제1항의 명령을 위반하여 무선국을 공동으로 사용하지 아니하거나 환경친화적으로 설치하지 아니하고 사용한 자

제90조(과태료) 다음 각 호의 어느 하나에 해당하는 자에게는 300만원 이하의 과태료를 부과한다.
  1. 제18조의2제3항에 따른 사용승인서에 포함된 전파의 형식, 점유주파수대역폭 및 주파수, 안테나공급전력, 안테나의 형식·구성 및 이득에 관한 사항을 위반하여 운용한 경우
    1의2. 제19조의2제1항제1호 및 제2호에 따른 무선국을 신고하지 아니하고 운용한 자
  2. 제19조의2제1항제3호의 무선국을 제24조제1항을 위반하여 준공신고를 하지 아니하고 운용하거나 제25조제3항(제58조제3항 단서에 따라 준용되는 경우를 포함한다)을 위반하여 재검사를 받지 아니하고 운용하는 자
    2의2. 제25조제1항을 위반하여 무선설비를 운용한 자
  3. 제25조제2항 각 호 외의 부분 본문을 위반하여 무선국의 허가 또는 신고 사항을 벗어나 무선국을 운용한 경우
    3의2. 삭제
  4. 제47조의2제8항을 위반하여 전자파 등급을 표시하지 아니한 자
  5. 제58조제1항제1호에 따른 설비를 허가받지 아니하고 운용한 자
    5의2. 제58조의2제4항을 위반하여 적합등록 후 관련 서류를 비치하지 아니한 자
    5의3. 제58조의2제6항을 위반하여 적합성평가를 받은 사실을 표시하지 아니하고 판매·대여한 자나 판매·대여할 목적으로 진열·보관 또는 운송하거나 무선국·방송통신망에 설치한 자
    5의4. 제58조의6제1항에 따른 검사 및 현장 출입을 거부하거나 방해한 자
    5의5. 제58조의6제1항 및 제71조의2제2항(제47조의3제4항에 따라 준용되는 경우를 포함한다)에 따른 자료 또는 기자재 제출 요구를 거부하거나 방해한 자
    5의6. 제58조의12제1항에 따른 표시를 하지 아니한 자
    5의7. 제58조의12제3항에 따른 명령을 이행하지 아니한 자
    5의8. 제71조의2제5항에 따른 명령을 위반하여 무선국을 운용한 자
  6. 제72조제2항 또는 제3항(제58조제3항에 따라 준용되는 경우를 포함한다)에 따른 운용의 제한을 위반한 자

제91조(과태료) 다음 각 호의 어느 하나에 해당하는 자에게는 200만원 이하의 과태료를 부과한다.
  1. 제28조제2항을 위반하여 긴급통신·안전통신 또는 비상통신에 관한 의무를 이행하지 아니한 자
  2. 제29조제2항 본문을 위반하여 무선국을 운용한 자
  3. 제30조제1항에 따른 통신보안사항을 지키지 아니하거나 같은 조 제2항에 따른 통신보안교육을 받지 아니한 자
  4. 제45조와 제47조를 위반하여 무선설비의 기술기준 또는 안전시설기준에 적합하지 아니한 무선설비를 운용한 자
  5. 제47조의2제3항을 위반하여 전자파 강도의 측정 결과를 보고하지 아니하거나 거짓으로 보고한 자
  6. 제70조제4항 본문을 위반하여 무선설비를 운용하거나 공사를 한 자
  7. 제76조에 따라 업무종사의 정지를 당한 후 그 기간에 무선설비를 운용하거나 그 공사를 한 자

제92조(과태료) 다음 각 호의 어느 하나에 해당하는 자에게는 <u>100만원 이하의 과태료</u>를 부과한다.
1. 제14조제3항을 위반하여 **승인**을 받지 아니한 자
2. 제23조제2항을 위반하여 **인가**를 받지 아니하거나 같은 조 제3항을 위반하여 **신고**를 하지 아니한 자
3. 제25조의2제1항을 위반하여 **신고**를 하지 아니한 자
4. 제58조의2제5항을 위반하여 **변경신고**를 하지 아니한 자
5. 제58조의2제7항에 따른 잠정인증의 조건을 이행하지 아니한 자

제93조(과태료의 부과·징수) 제89조의2, 제89조의3 및 제90조부터 제92조까지의 규정에 따른 과태료는 대통령령으로 정하는 바에 따라 과학기술정보통신부장관 또는 방송통신위원회가 부과·징수한다.

 벌칙과 과태료를 항목별로 모두 암기하는 것은 출제빈도 대비 효율적인 시간 투자는 아닐 것입니다. 우선은 기출문제 위주로 숙지하고, 시험 전 날에 전체를 한 번 정도 정독할 것을 추천합니다.

18. 전파의 전파특성을 이용하여 위치·속도 및 기타 사물의 특징에 관한 정보를 취득하는 것을 무엇이라 하는가?

2015년 제1회 검정

① 무선탐지　　　❷ 무선측위　　　③ 무선항행　　　④ 무선방향탐지

해설

『전파법 시행령』
제2조(정의) 이 영에서 사용하는 용어의 뜻은 다음과 같다.
1. 삭제
2. "**송신설비**"란 전파를 보내는 설비로서 송신장치와 송신안테나계로 구성되는 설비를 말한다.
3. "**수신설비**"란 전파를 받는 설비로서 수신장치와 수신안테나계로 구성되는 설비를 말한다.
4. "**송신장치**"란 무선통신의 송신을 위한 고주파 에너지를 발생하는 장치와 이에 부가되는 장치를 말한다.
5. "**송신안테나계**"란 송신장치에서 발생하는 고주파 에너지를 공간에 복사하는 설비를 말한다.
6. "**안테나공급전력**"이란 안테나의 급전선(전파에너지를 전송하기 위하여 송신장치 또는 수신장치와 안테나 사이를 연결하는 선을 말한다)에 공급되는 전력을 말한다.
7. "**실효복사전력**(實效輻射電力)"이란 안테나공급전력에 주어진 방향에서의 반파장 다이폴 안테나의 상대이득(相對利得)을 곱한 것을 말한다.
8. "**중파방송**"이란 300킬로헤르츠(㎑)부터 3메가헤르츠(㎒)까지의 주파수대역 중 방송용으로 분배된 주파수의 전파를 이용하여 음성·음향 등을 보내는 방송을 말한다.
9. "**단파방송**"이란 3메가헤르츠(㎒)부터 30메가헤르츠(㎒)까지의 주파수대역 중 방송용으로 분배된 주파수의 전파를 이용하여 음성·음향 등을 보내는 방송을 말한다.
10. "**초단파방송**"이란 30메가헤르츠(㎒)부터 300메가헤르츠(㎒)까지의 주파수대역 중 방송용으로 분배된 주파수의 전파를 이용하여 음성·음향 등을 보내는 방송으로서 제11호 및 제12호의 방송에 해당하지 아니하는 방송을 말한다.
11. "**텔레비전방송**"이란 정지 또는 이동하는 사물의 순간적 영상과 이에 따르는 음성·음향 등을 보내는 방송을 말한다.
12. "**데이터방송**"이란 데이터와 이에 따르는 영상·음성·음향 등을 보내는 방송으로서 제8호부터 제11호까지의 방송에 해당하지 아니하는 방송을 말한다.
13. "**방송구역**"이란 방송을 양호하게 수신할 수 있는 구역으로서 전계강도(電界强度)가 과학기술정보통신부장관이 정하여 고시하는 기준 이상인 구역을 말한다.
14. "**블랭킷에어리어**"란 방송국의 송신안테나로부터 발사되는 강한 전파로 다른 전파와의 간섭이 일어나는 지역을 말한다. 이 경우 중파방송의 경우에는 지상파의 전계강도가 미터마다 1볼트 이상인 지역을 말한다.
15. "**연주소**"란 방송사항의 제작·편성 및 조정에 필요한 설비와 그 종사자의 총체를 말한다.
16. "<u>**무선측위**(無線測位)</u>"란 <u>전파의 전파특성(傳播特性)을 이용하여 위치·속도 및 기타 사물의 특징에 관한 정보를 취득하는 것</u>을 말한다.
17. "**무선항행**"이란 항행을 위하여 하는 무선측위를 말한다(장애물의 탐지를 포함한다).

18. "무선탐지"란 무선항행 외의 무선측위를 말한다.
19. "무선방향탐지"란 무선국 또는 물체의 방향을 결정하기 위하여 전파를 수신하여 하는 무선측위를 말한다.
20. "레이다"란 결정하려는 위치에서 반사 또는 재발사되는 무선신호와 기준신호와의 비교를 기초로 하는 무선측위 설비를 말한다.

 용어정의 문제는 용어를 달리하며 반복 출제되므로, 암기는 하지 않더라도 전체 용어를 한 번 정도는 정독해 두어야 하겠습니다. 그리고 시험 전 날에 다시 한 번 정독할 것을 추천합니다.

19. 신고하고 개설할 수 있는 무선국에 해당하는 것은?   2016년 제1회 검정
① 방송사 소속 기지국
② 어선의 선박국
③ 지방자치단체 소속 기지국
❹ 이동통신(셀룰러, PCS, IMT2000) 기지국 및 이동중계국

20. 다음 중 허가 또는 신고하지 아니하고 개설할 수 있는 무선국은?   2022년 제1회 검정
① 항공기에 설치되는 레이다 설비
② 항공기용 비상위치지시용 무선표지설비
❸ 항공관제탑에 설치되는 수신전용 무선기기를 사용하는 무선국   ⚠ 참고 : 핵심은 <u>수신전용</u>
④ 항공기에 설치되는 송수신기

해설

『전파법 시행령』 제24조(<u>신고하고 개설할 수 있는 무선국</u>)
① 법 제19조의2제1항제1호 및 제2호에 따라 신고하고 개설할 수 있는 무선국은 다음 각 호의 어느 하나에 해당하는 무선기기를 사용하는 무선국으로 한다.
   1. 간이무선국용 무선설비 중 휴대용 무선기기. 다만, 차량·선박 등 이동체에 설치하는 경우는 제외한다.
   2. 전파천문업무를 하는 수신전용 무선기기
   3. 이동국·육상이동국용 무선설비 중 휴대용 무선기기. 다만, 차량·선박 등 이동체에 설치하는 경우는 제외한다.
   4. 다른 일반지구국으로부터 주파수, 출력, 전파형식 등 송신의 제어를 받는 일반지구국의 무선기기
② 법 제19조의2제1항제3호에 따라 신고하고 개설할 수 있는 무선국은 다음 각 호의 어느 하나에 해당하는 무선국을 말한다.
   1. 「전기통신사업법」 제2조제11호 본문에 따른 기간통신역무를 제공하기 위한 무선국 중 다음 각 목의 어느 하나에 해당하는 무선국
     가. <u>이동통신</u>
     나. 휴대인터넷
     다. 위치기반서비스
     라. 무선데이터통신
     마. 서비스제공지역이 전국인 주파수공용통신 및 무선호출
     바. 그 밖에 국가간·지역간 전파혼신 방지 등을 위하여 과학기술정보통신부장관이 무선국의 설치장소, 운영시간, 주파수 또는 안테나공급전력 등을 제한할 필요가 없다고 인정하여 고시하는 무선국
   2. 「방송법」 제2조제2호나목에 따른 종합유선방송사업을 하기 위한 무선국 또는 같은 조 제13호에 따른 전송망사업을 하기 위한 무선국
③ 법 제19조의2제1항제4호에 따라 신고하고 개설할 수 있는 무선국은 다음 각 호의 어느 하나에 해당하는 무선국을 말한다.
   1. 위성방송보조국
   2. 지하·터널내에 개설하는 지상파방송보조국

제25조(신고하지 아니하고 개설할 수 있는 무선국) 법 제19조의2제2항에서 "대통령령으로 정하는 무선국"이란 다음 각 호의 어느 하나에 해당하는 무선기기를 사용하는 무선국을 말한다.
1. 표준전계발생기·헤테르다인방식 주파수 측정장치, 그 밖의 측정용 소형발진기
2. 법 제58조의2제1항에 따른 적합성평가(이하 "적합성평가"라 한다)를 받은 무선기기로서 개인의 일상생활에 자유로이 사용하기 위하여 과학기술정보통신부장관이 정한 주파수를 이용하여 개설하는 생활무선국용 무선기기
3. 제24조제1항제2호에 따른 무선기기 외의 수신전용 무선기기
4. 적합성평가를 받은 무선기기로서 다른 무선국의 통신을 방해하지 아니하는 출력의 범위에서 사용할 목적으로 과학기술정보통신부장관이 용도 및 주파수와 안테나공급전력 또는 전계강도 등을 정하여 고시하는 무선기기

21. 항공기국과 항공국간 또는 항공기국 상호간의 무선통신업무를 무엇이라 하는가? 2018년 제1회 검정
① 항공무선항행업무　❷ 항공이동업무　③ 항공무선통신업무　④ 항공무선조정업무

해설

『전파법 시행령』 제28조(업무의 분류)
① 법 제20조의2제3항에 따라 무선국이 하는 업무는 다음 각 호와 같이 분류한다.
1. **고정업무**: 일정한 고정지점 간의 무선통신업무
2. **방송업무**
   가. 지상파방송업무: 공중이 직접 수신하도록 할 목적으로 지상의 송신설비를 이용하여 송신하는 무선통신업무
   나. 위성방송업무: 공중이 직접 수신하도록 할 목적으로 인공위성의 송신설비를 이용하여 송신하는 무선통신업무
   다. 지상파방송보조업무: 지상파방송의 난시청을 해소할 목적으로 지상의 송신설비를 이용하여 지상파방송신호를 중계하는 무선통신업무
   라. 위성방송보조업무: 위성방송의 난시청을 해소할 목적으로 지상의 송신설비를 이용하여 위성방송신호를 중계하는 무선통신업무
3. **육상이동업무**: 기지국과 육상이동국 간, 육상이동국 상호 간 또는 이동중계국의 중계에 의한 이들 상호 간의 무선통신업무
4. **해상이동업무**: 선박국과 해안국 간, 선박국 상호 간 또는 선상통신국 상호 간의 무선통신업무[구명부기국 및 비상위치지시용(위성)무선표지국이 하는 업무를 포함한다]
5. **항공이동업무**: 항공기국과 항공국 간 또는 항공기국 상호 간의 무선통신업무[구명부기국 및 비상위치지시용(위성)무선표지국이 하는 업무를 포함한다]
6. **이동업무**: 이동국과 육상국 간, 이동국 상호 간 또는 이동중계국의 중계에 의한 이들 상호 간의 무선통신업무
7. **무선측위업무**: 무선측위를 위한 다음 각 목의 무선통신업무
   가. **무선항행업무**: 무선항행을 위한 무선측위업무
     1) 해상무선항행업무: 선박을 위한 무선항행업무
     2) 항공무선항행업무: 항공기를 위한 무선항행업무
     3) 무선표지업무: 이동체에 개설한 무선국에 대하여 전파를 발사하여 그 전파발사 위치에서의 방향 또는 방위를 그 무선국이 결정하게 할 수 있도록 하기 위한 무선항행업무
   나. **무선탐지업무**: 무선항행업무 외의 무선측위업무
8. **기상원조업무**: 기상(氣象) 및 수상(水象)의 관측과 조사를 위한 무선통신업무
9. **표준주파수 및 시보업무**: 과학·기술, 그 밖의 목적을 위하여 공중이 수신 가능하도록 높은 정확도를 가진 표준주파수 및 시각정보를 송신하는 무선통신업무
10. **무선조정업무**: 무선에 의한 원격조정을 하는 업무
11. **무선조정이동업무**: 무선조정국과 무선조정이동국 간, 무선조정이동국 상호 간 또는 무선조정중계국의 중계에 의한 이들 상호 간의 무선통신업무
12. **아마추어업무**: 금전상의 이익을 목적으로 하지 아니하고 개인적인 무선기술의 흥미에 따라 하는 자기훈련과 기술연구 목적의 통신업무

13. **비상통신업무**: 지진·태풍·홍수·해일·눈피해[雪害]·화재, 그 밖의 비상사태가 발생하거나 발생할 우려가 있는 경우에 인명구조·재해구호·교통통신의 확보 또는 질서유지를 위하여 하는 무선통신업무
14. **우주무선통신업무**: 우주국·수동위성 또는 우주 내에 있는 그 밖의 물체를 이용하여 하는 무선통신업무
15. **고정위성업무**: 우주국을 이용하여 특정한 고정지점의 지구국 상호 간의 우주무선통신업무
16. **육상이동위성업무**: 우주국과 육상이동지구국 간, 우주국을 이용하는 육상이동지구국 상호 간 또는 우주국을 이용하는 일정한 고정지점의 지구국과 육상이동지구국 간의 우주무선통신업무
17. **해상이동위성업무**: 우주국과 선박지구국 간, 우주국을 이용하는 선박지구국 상호 간 또는 우주국을 이용하는 일정한 고정지점의 지구국과 선박지구국 간의 우주무선통신업무(구명부기국 및 비상위치지시용위성무선표지국이 하는 업무를 포함한다)
18. **항공이동위성업무**: 우주국과 항공기지구국 간, 우주국을 이용하는 항공기지구국 상호 간 또는 우주국을 이용하는 일정한 고정지점의 지구국과 항공기지구국 간의 우주무선통신업무(구명부기국 및 비상위치지시용위성무선표지국이 하는 업무를 포함한다)
19. **이동위성업무**: 우주국과 이동지구국 간, 우주국을 이용하는 이동지구국 상호 간, 우주국을 이용하는 일정한 고정지점의 지구국과 이동지구국 간 또는 우주국 상호 간의 우주무선통신업무
20. **무선측위성업무**: 우주국을 이용하여 무선측위를 하는 우주무선통신업무
21. **표준주파수 및 시보 위성업무**: 우주국을 이용하여 표준주파수 및 시각정보를 보내는 우주무선통신업무
22. **전파천문업무**: 전파를 이용하여 하는 천문업무

업무의 분류 또한 반복 출제되므로, 암기는 하지 않더라도 전체를 한 번 정도는 정독해 두어야 하겠습니다. 그리고 시험 전 날에 다시 한 번 정독할 것을 추천합니다.

22. 기지국과 육상이동국, 육상국과 이동국, 육상이동국 상호간 및 이동국 상호간의 통신을 중계하기 위하여 설치하는 무선국을 무엇이라 하는가?   2013년 제4회 검정, 2018년 제4회 검정

① 이동국   ❷ 이동중계국   ③ 기지국   ④ 육상국

『전파법 시행령』 제29조(무선국의 분류)
① 법 제20조의2제3항에 따라 무선국은 다음 각 호와 같이 분류한다.
  1. **고정국**: 고정업무를 하는 무선국
  2. **방송국**
     가. 지상파방송국: 지상파방송업무를 하는 무선국
     나. 위성방송국: 위성방송업무를 하는 무선국
     다. 지상파방송보조국: 지상파방송보조업무를 하는 무선국
     라. 위성방송보조국: 위성방송보조업무를 하는 무선국
  3. **육상이동국**: 육상(하천이나 그 밖에 이에 준하는 수역을 포함한다)에서 육상이동업무를 하는 무선국
  4. **선박국**: 선박에 개설하여 해상이동업무를 하는 무선국
  5. **선상통신국**: 선박의 선내통신, 구명정의 구조훈련 또는 구조작업이 이루어지는 때의 선박과 그 구명정이나 구명뗏목 간의 통신, 끄는 배와 끌리는 배 또는 미는 배와 밀리는 배로 구성되는 선단(船團) 내의 통신과 밧줄연결 및 계류지시를 목적으로 해상이동업무를 하는 저전력의 무선국
  6. **구명부기국**: 구명정·구명복, 그 밖의 구명설비에 개설하여 해상이동(위성)업무 또는 항공이동(위성)업무를 하는 무선국
  7. **항공기국**: 항공기에 개설하여 항공이동업무를 하는 무선국
  8. **이동국**: 이동체에 개설하거나 휴대하여 이동업무를 행하는 무선국으로서 육상이동국·선박국·선상통신국·구명부기국 및 항공기국에 해당하지 아니하는 무선국
  9. **기지국**: 육상이동국과의 통신 또는 이동중계국의 중계에 의한 통신을 하기 위하여 육상의 일정한 고정지점에 개설하는 무선국. 다만, 재난상황 또는 심각한 통신장애 등에 대비하기 위하여 이동체에 개설하거나 휴대 가능한 형태로 개설하는 무선국을 포함한다.

10. **해안국**: 선박국과 통신을 하기 위하여 육상의 일정한 고정지점에 개설하는 무선국
11. **항공국**: 항공기국과 통신을 하기 위하여 육상의 일정한 고정지점에 개설하는 무선국. 다만, 선박상 또는 지구위성상에 개설하는 경우에는 이동하는 무선국을 포함한다.
12. **육상국**: 육상의 일정한 고정지점에 개설하여 이동업무를 하는 무선국으로서 기지국·해안국·항공국 및 이동중계국에 해당하지 아니하는 무선국. 다만, 재난상황 또는 심각한 통신장애 등에 대비하기 위하여 이동체에 개설하거나 휴대 가능한 형태로 개설하는 무선국을 포함한다.
13. **이동중계국**: 기지국과 육상이동국, 육상국과 이동국, 육상이동국 상호 간 및 이동국 상호 간의 통신을 중계하기 위한 다음 각 목의 어느 하나에 해당하는 무선국
    가. 육상의 일정한 고정 지점에 개설하는 무선국
    나. 선박에 개설하는 무선국
    다. 자동차에 개설하여 육상의 일정하지 아니한 지점에서 정지 중에 운용하는 무선국
14. **무선항행육상국**: 무선항행업무를 하는 이동하지 아니하는 무선국
15. **무선항행이동국**: 무선항행업무를 하는 이동하는 무선국
16. **무선표지국**: 무선표지업무를 하는 무선국
17. **비상위치지시용무선표지국**: 탐색과 구조작업을 쉽게 하기 위하여 비상위치지시용 무선표지설비만을 사용하여 전파를 발사하는 무선표지국
18. **무선탐지육상국**: 무선탐지업무를 하는 이동하지 아니하는 무선국
19. **무선탐지이동국**: 무선탐지업무를 하는 이동하는 무선국
20. **무선방향탐지국**: 무선방향탐지를 하는 무선국
21. **무선측위국**: 무선측위업무를 하는 무선국으로서 무선항행육상국·무선항행이동국·무선표지국·비상위치지시용무선표지국·무선탐지육상국·무선탐지이동국 및 무선방향탐지국에 해당하지 아니하는 무선국
22. **기상원조국**: 기상원조업무를 하는 무선국
23. **표준주파수 및 시보국**: 표준주파수 및 시보업무를 하는 무선국
24. **무선조정국**: 무선조정업무 및 무선조정이동업무를 하는 무선국
25. **무선조정이동국**: 이동체에 개설하여 무선조정이동업무를 하는 무선국
26. **무선조정중계국**: 무선조정국과 무선조정이동국 간, 무선조정이동국 상호 간의 무선통신을 중계하는 다음 각 목의 어느 하나에 해당하는 무선국
    가. 육상의 일정한 고정지점에 개설한 무선국
    나. 이동체에 개설하여 이동 중 또는 일정하지 아니한 지점에서 정지 중에 운용하는 무선국
27. **아마추어국**: 개인적인 무선기술에의 흥미에 따라 자기훈련과 기술연구에 전용하는 무선국
28. **비상국**: 비상통신업무만을 하는 것을 목적으로 개설하는 무선국
29. **우주국**: 인공위성에 개설하여 위성방송업무 외의 우주무선통신업무를 하는 무선국
30. **일반지구국**: 육상의 일정한 고정 지점에 개설하여 고정위성업무 또는 위성방송업무를 하는 지구국
31. **기지지구국**: 육상의 일정한 고정 지점에 개설하여 육상이동위성업무를 하는 지구국
32. **해안지구국**: 육상의 일정한 고정 지점에 개설하여 해상이동위성업무를 하는 지구국
33. **항공지구국**: 육상의 일정한 고정 지점에 개설하여 항공이동위성업무를 하는 지구국
34. **육상지구국**: 육상의 일정한 고정 지점에 개설하여 이동위성업무를 하는 지구국으로서 기지지구국·해안지구국 및 항공지구국에 해당하지 아니하는 지구국
35. **육상이동지구국**: 육상(하천이나 그 밖에 이에 준하는 수역을 포함한다)의 이동체에 개설하거나 휴대하여 육상이동위성업무를 하는 지구국
36. **선박지구국**: 선박에 개설하여 해상이동위성업무를 하는 지구국
37. **항공기지구국**: 항공기에 개설하여 항공이동위성업무를 하는 지구국
38. **이동지구국**: 이동체에 개설하거나 휴대하여 이동위성업무를 하는 지구국으로서 육상이동지구국·선박지구국 및 항공기지구국에 해당하지 아니하는 지구국
39. **비상위치지시용위성무선표지국**: 위성을 이용하는 비상위치지시용무선표지국
40. **전파천문국**: 전파천문업무를 하는 무선국
41. **실험국**: 과학 또는 기술의 발전을 위한 실험에 전용하는 무선국

42. 실용화시험국: 해당 무선통신업무를 실용에 옮길 목적으로 시험적으로 개설하는 무선국
43. 간이무선국: 일정 지역에서 간단한 업무연락을 위하여 사용할 목적으로 과학기술정보통신부장관이 정하여 고시한 전파형식·주파수 및 안테나공급전력 등의 기준에 적합한 무선국

> ⚠️ 무선국의 분류 또한 반복 출제되므로, 암기는 하지 않더라도 전체를 한 번 정도는 정독해 두어야 하겠습니다. 그리고 시험 전 날에 다시 한 번 정독할 것을 추천합니다.

23. 위상변조 무선전화를 표시하는 전파형식은? _{2011년 제4회 검정}
① F3E   ② A3E   ❸ G3E   ④ P3E

24. 전파형식의 등급표시에 있어 기본 특성의 셋째 기호(송신할 정보형태) 중 '전화'를 나타내는 문자는? _{2014년 제1회 검정}
① A   ② C   ❸ E   ④ F

25. 의무항공기국이 운용의무시간 중에 청취하여야 할 전파형식은? _{2014년 제1회 검정}
① J3E   ② F3E   ❸ A3E   ④ E3E

26. 항공기국의 A3E저파 118MHz부터 136.975MHz까지의 주파수대를 사용하는 무선설비의 변조방식은?
_{2015년 제1회 검정, 2022년 제1회 검정}
❶ 진폭변조   ② 주파수변조   ③ 위상변조   ④ 혼합변조

27. 다음 중 전파형식 'A3E'에 대한 설명으로 틀린 것은? _{2014년 제4회 검정, 2018년 제4회 검정, 2019년 제4회 검정}
① 주반송파의 변호형식이 진폭변조이고 양측파대이다.
② 주반송파를 변조시키는 신호의 특성이 아날로그 정보를 포함하는 단일채널이다.
③ 송신할 정보가 전화이다.
❹ 4조건 부호로서 각각의 조건이 신호소자를 표시한 것이다.

해설

『전파법 시행령』 제29조의2 [별표 4] <개정 2016. 6. 21.>
전파형식의 표시(제29조의2 관련)
전파발사는 필요주파수대폭과 그 등급에 따라 다음 표와 같이 표시한다.

구분	필요주파수대폭 및 특성	문자 및 기호
1. 필요주파수대폭 : 필요주파수대폭은 3개 숫자와 1개 문자로 표시하여야 하며, 문자는 소수점 자리에 두어 필요주파수대폭단위를 표시한다(0의숫자, K, M 또는 G의 문자는 필요주파수대 표시 첫 머리에 둘 수 없다).	0.001Hz에서 999Hz 사이의 Hz 1.00kHz에서 999kHz 사이의 kHz 1.00MHz에서 999MHz 사이의 MHz 1.00GHz에서 999GHz 사이의 GHz	H K M G

구분	필요주파수대폭 및 특성	문자 및 기호
2. 등급 : 발사전파는 기본 특성에 따른 등급과 기호로 표시하되, 보다 완벽한 기술을 표시하기 위하여 취사형 추가 특성을 첨가 사용할 수 있다.	**1. 기본 특성** 　가. **첫째 기호: 주반송파의 변조형식** 　　(1) 무변조반송파의 발사 　　(2) 주반송파가 **진폭변조**(부반송파의 각이 변조된 경우를 포함한다. 이하 같다)**된 발사** 　　　**(가) 양측파대** 　　　(나) 단측파대의 전반송파 　　　(다) 단측파대의 저감 또는 가변레벨반송파 　　　(라) 단측파대의 억압반송파 　　　(마) 독립측파대 　　　(바) 잔류측파대 　　(3) 주반송파의 각이 변조된 발사전파 　　　**(가) 주파수변조** 　　　**(나) 위상변조** 　　(4) 주반송파가 동시 또는 미리 정하여진 순서중 하나의 방식에 따라 진폭과 각이 변조된 발사전파 　　(5) 펄스발사[주반송파가 퀀타이즈(펄스부호변조 등을 말한다. 이하 같다) 형식으로 부호화된 신호에 따라 직접 변조된 발사는 (2) 및 (3)에 따라 표시하여야 한다] 　　　**(가) 무변조 연속펄스** 　　　(나) 연속펄스 　　　　1) 진폭변조된 것 　　　　2) 폭(기간)이 변조된 것 　　　　3) 위치(위상)가 변조된 것 　　　　4) 반송파가 펄스기간 중 각이 변조된 것 　　　　5) 위 변조된 펄스의 조합 또는 다른 방법에 따라 발생된 것 　　(6) (1)부터 (5)까지 규정된 것 외의 경우로서 주반송파가 진폭각 및 펄스 중 둘 이상이 조합되어 동시 또는 미리 정하여진 순서 중 하나의 방식에 따라 변조된 것 　　(7) (1)부터 (6)까지 규정된 것 외에 변조된 것 　나. **둘째 기호: 주반송파를 변조시키는 신호의 특성** 　　(1) 무변조신호 　　(2) 변조용 부반송파(시분할다중방식을 제외한다. 이하 같다)를 사용하지 아니하고 퀀타이즈 또는 디지털정보를 포함하는 단일채널 　　(3) 변조용 부반송파를 사용한 퀀타이즈 또는 디지털정보를 포함하는 단일채널 　　**(4) 아날로그정보를 포함하는 단일채널** 　　(5) 퀀타이즈 또는 디지털정보를 포함하는 둘 이상의 채널 　　(6) 아날로그정보를 포함하는 둘 이상의 채널	 N A H R J B C F G D P K L M Q V W X 0 1 2 3 7 8

구분	필요주파수대폭 및 특성	문자 및 기호
	(7) 퀀타이즈 또는 디지털정보를 포함하는 하나 이상의 채널에 아날로그정보를 포함하는 하나 이상의 채널과의 조합방식	9
	(8) (1)부터 (7)까지 규정된 것 외의 방식 및 채널	X
	다. 셋째 기호: 송신할 정보(표준주파수발사·지속파 및 펄스데이터등과 같은 일정한 불변특성의 정보를 제외한다) **형태**	
	(1) 정보송출이 없는 것	N
	(2) 전신: 가청수신용	A
	(3) 전신: 자동수신용	B
	(4) 팩시밀리	C
	(5) 데이터전송·텔레메트리·텔레코멘트	D
	(6) 전화(음성방송을 포함한다)	**E**
	(7) 텔레비전(영상)	F
	(8) (1)부터 (7)까지의 조합	W
	(9) (1)부터 (8)까지 규정된 것 외의 정보형태	X
	라. 첫째 기호, 둘째 기호 및 셋째 기호에 있어서 지정된 필요주파수대폭이 그로 인하여 증대되지 아니할 경우 단기간 및 식별 또는 호출용 등 부수목적용으로만 사용된 변조는 무시할 수 있다.	
	2. 취사형 추가적 특성	
	가. 넷째 기호: 신호의 항목	
	(1) **상이한 수 또는 기간의 소자로 된 2조건 부호**	**A**
	(2) 오자 정정장치가 없고 동일한 수와 기간의 소자로 된 2조건 부호	B
	(3) 오자 정정장치가 있고 동일한 수와 기간의 소자로 된 2조건 부호	C
	(4) **4조건 부호로서 각각의 조건이 신호소자**(1이상의 비트. 이하 같다)를 표시한 것	**D**
	(5) 다중조건부호로서 각각의 조건이 신호소자를 표시한 것	E
	(6) 다중조건부호로서 각각의 조건 또는 조건의 조합이 한 문자로 표시된 것	F
	(7) 음성방송(모노포닉)	G
	(8) 음성방송(스트레오 또는 콰트라포닉)	H
	(9) 상용음성[(10) 및 (11)의 분류를 제외한다]	J
	(10) 주파수반전 또는 주파수대 분할방식을 사용한 상용음성	K
	(11) 복조신호레벨을 조정하기 위하여 별도의 주파수변조신호를 가진 상용음성	L
	(12) 흑백	M
	(13) 천연색	N
	(14) (1)부터 (13)까지의 조합	W
	(15) (1)부터 (14)까지 규정된 것 외의 것	X

구분	필요주파수대폭 및 특성	문자 및 기호
	나. 다섯째 기호: 다중화 특성 (1) 다중화가 아닌 것 (2) 부호-분할다중(대역폭 확장기술을 포함한다) (3) 주파수-분할다중 (4) 시-분할다중 (5) 주파수-분할다중과 시분할다중의 조합 (6) (1)부터 (5)까지 규정된 것 외의 다중방식 다. 넷째 기호 및 다섯째 기호에 있어서는 그 기호를 사용하지 아니할 경우 그 기호자리는 대시(-)로 표시한다.	N C F T W X

⚠️ 『전파법 시행령』 제29조 [별표4] 관련 문제이며, 2010년 제1회 정기검정에서는 A3E, F3E, P3E, G3E를 구분하는 문제가 출제되었고, 최근(2022년도 제1회)에도 유사한 문제가 출제되었습니다.
- **A3E** : 진폭변조 양측파대 무선전화
- **F3E** : 주파수변조 무선전화
- **P3E** : 무변조 연속펄스 변조 무선전화
- **G3E** : 위상변조 무선전화

A-진폭변조 양측파대 3-아날로그 정보 단일 채널 E-무선전화(음성방송 포함)	F-주파수변조 3-아날로그 정보 단일 채널 E-무선전화(음성방송 포함)
P-무변조 연속펄스 3-아날로그 정보 단일 채널 E-무선전화(음성방송 포함)	G-위상변조 3-아날로그 정보 단일 채널 E-무선전화(음성방송 포함)

- **진폭변조** : 영어로 Amplitude Modulation
- **주파수변조** : 영어로 Frequency Modulation

28. 최초로 정기검사를 받는 무선국의 정기검사 유효기간의 기산일은 언제부터인가? <small>2016년 제1회 검정</small>

❶ 준공검사증명서를 발급 받은 날
② 준공신고서를 제출한 날
③ 준공검사증명서를 발급 받은 다음날
④ 무선국 허가증을 발급 받은 다음날

29. 다음 중 무선국의 정기검사 유효기간이 옳은 것은? <small>2019년 제4회 검정</small>

① 실용화 시험국 : 3년
❷ 항공국 : 5년
③ 실험국 : 2년
④ 헬리콥터 및 경량항공기의 의무항공기국 : 1년

30. 헬리콥터 및 경량항공기에 개설한 의무항공기국에 대한 무선국 정기검사의 유효기간은? <small>2020년 제4회 검정</small>

① 1년   ❷ 2년   ③ 3년   ④ 4년

31. 헬리콥터 및 경량항공기를 제외한 의무항공기국의 정기검사 유효기간은? <small>2022년 제1회 검정</small>

① 6개월   ❷ 1년   ③ 2년   ④ 3년

> 해설

『전파법 시행령』 제44조, 제36조
제44조(정기검사의 유효기간) ① 법 제24조제4항 각 호 외의 부분에서 "대통령령으로 정하는 기간"이란 다음 각 호의 구분에 따른 기간을 말한다.
1. 다음 각 목에 따른 무선국: 1년
    가. 의무선박국(제2호가목 및 나목에 따른 의무선박국은 제외한다)
    나. 의무항공기국(제2호다목에 따른 의무항공기국은 제외한다)
    다. 실험국
    라. 실용화시험국
2. 다음 각 목에 따른 무선국: 2년
    가. 총톤수 40톤 미만인 어선의 의무선박국
    나. 「선박안전법 시행령」 제2조제1항제3호가목에 따른 평수구역 안에서만 운항하는 선박(여객선 및 어선은 제외한다)의 의무선박국
    다. 「항공안전법」 제2조제1호 및 제2호에 따른 헬리콥터 및 경량항공기의 의무항공기국
3. 제36조제1항제2호의2 및 제3호에 따른 무선국: 3년
4. **제36조제1항제2호에 따른 무선국: 5년**. 다만, 인명구조 및 재난 관련 무선국으로서 과학기술정보통신부장관이 정하여 고시하는 무선국은 2년으로 한다.

> ⚠️ 『전파법』 제36조제1항제2호 : 이동국·육상국·육상이동국·기지국·이동중계국·선박국[「선박안전법」, 「어선법」 또는 「수상레저안전법」에 따라 선박에 의무적으로 개설하여야 하는 무선국(이하 "의무선박국"이라 한다)은 제외한다]·선상통신국·무선표지국·무선측위국·**우주국**·일반지구국·해안지구국·**항공지구국**·육상지구국·이동지구국·기지지구국·육상이동지구국·아마추어국·간이무선국·**항공국**·고정국·무선항행육상국·무선항행이동국·무선탐지육상국·무선탐지이동국·비상국·기상원조국·**항공기지구국**·무선조정국·무선조정이동국·무선조정중계국·전파천문국·선박지구국·**항공국**[「항공안전법」에 따라 항공기 또는 경량항공기에 의무적으로 개설하여야 하는 무선국(이하 "의무항공기국"이라 한다)은 제외한다]·비상위치지시용무선표지국·비상위치지시용위성무선표지국·해안국 및 무선방향탐지국: **5년**

② 제1항에 따른 정기검사의 유효기간은 다음 각 호의 어느 하나에 해당하는 날부터 기산한다.
1. 최초로 정기검사를 받는 무선국: 법 제24조제3항에 따른 검사증명서(이하 "준공검사증명서"라 한다)를 발급받은 날(법 제24조의2제1항 각 호에 따른 무선국의 경우에는 무선국의 허가를 받은 날을 말한다)
2. 정기검사 유효기간이 만료되어 다시 정기검사를 받는 무선국: 종전의 정기검사 유효기간의 만료일 다음날
3. 정기검사의 유효기간 중에 법 제24조제5항에 따른 검사(이하 "수시검사"라 한다)를 받은 무선국: 수시검사를 받고 제45조제7항에 따른 검사증명서(이하 이 조에서 "검사증명서"라 한다)를 발급받은 날. 이 경우 종전의 정기검사의 유효기간은 수시검사를 받고 검사증명서를 발급받은 날의 전날 만료된 것으로 본다.
4. 정기검사의 유효기간 중에 다시 제45조제2항에 따른 정기검사를 받은 무선국: 해당 정기검사를 받고 검사증명서를 발급받은 날. 이 경우 종전의 정기검사의 유효기간은 검사증명서를 발급받은 날의 전날 만료된 것으로 본다.

32. 다음 중 무선국 검사 시 허가 또는 신고사항 등과 일치 하는지 여부를 대조·확인하는 대조검사 항목에 포함되지 않는 것은?　　　　2014년 제1회 검정, 2018년 제1회 검정
① 시설자　　② 설치장소　　③ 무선종사자 배치　　❹ 안테나공급전력

33. 다음 중 무선국 검사 시 성능검사 항목이 아닌 것은?　　2017년 제1회 검정
❶ 설치장소　　② 안테나공급전력　　③ 불요발사　　④ 점유주파수대폭

> **『전파법 시행령』 제45조(검사의 시기·방법 등)**
> ① 법 제24조제4항에 따른 정기검사의 시기는 다음 각 호의 구분에 따르며, 이 시기에 정기검사에 합격한 경우에는 정기검사 유효기간의 만료일에 정기검사를 받은 것으로 본다. 다만, 과학기술정보통신부장관은「재난 및 안전관리 기본법」에 따른 재난이 발생하여 다음 각 호의 구분에 따른 정기검사 시기에 정기검사가 곤란한 경우에는 그 정기검사 시기의 종료일부터 1년 이내의 범위에서 정기검사 시기를 따로 정할 수 있다.
>   1. 제44조제1항제1호에 따른 무선국: 해당 무선국의 정기검사 유효기간의 만료일 전후 2개월 이내
>   2. 제44조제1항제2호·제3호 및 같은 항 제4호 단서에 따른 무선국: 해당 무선국의 정기검사 유효기간의 만료일 전후 3개월 이내
>   3. 제44조제1항제4호에 따른 무선국: 해당 무선국의 정기검사 유효기간의 만료일 전후 6개월 이내
> ② 과학기술정보통신부장관은 필요하다고 인정하는 경우에는 무선국에 대하여 제1항 각 호에 따른 정기검사의 시기 이전에 정기검사를 실시할 수 있다.
> ③ 정기검사, 수시검사 및 법 제24조제8항에 따른 검사는 다음 각 호의 구분에 따라 실시하며, 구체적인 검사항목 등 검사에 필요한 세부사항은 과학기술정보통신부장관이 정하여 고시한다.
>   1. <u>성능검사</u>: <u>안테나공급전력</u>·<u>주파수</u>·<u>불요발사(不要發射)</u>·<u>점유주파수대폭</u>·등가등방복사전력(等價等方輻射電力)·실효복사전력(實效輻射電力)·변조도 등 무선설비의 <u>성능에 대하여 행하는 검사</u>
>   2. <u>대조검사</u>: 시설자·<u>무선설비</u>·<u>설치장소</u> 및 <u>무선종사자의 배치</u> 등이 무선국허가·신고사항 등과 일치하는지 여부를 <u>대조·확인하는 검사</u>
> ④ 정기검사를 하는 기관의 장은 정기검사대상 무선국의 시설자에게 정기검사일 및 정기검사수수료 등에 관한 사항을 정하여 정기검사일 1개월 전까지 통보하여야 한다.
> ⑤ 수시검사는 다음 각 호의 어느 하나에 해당하는 경우 실시할 수 있다. 다만, 제1호에 따른 수시검사의 대상이 되는 무선국의 비율은 100분의 30에서 표본추출비율을 공제한 비율을 초과하지 않는 범위에서 표본검사의 불합격률을 고려하여 과학기술정보통신부장관이 정하여 고시한다.
>   1. 표본추출비율을 100분의 30 미만으로 한 표본검사의 결과 그 불합격률이 100분의 15 이하인 경우
>   2. 무선국 시설자가 수시검사를 요청한 경우(혼신 제거나 혼신 영향 파악을 위한 경우로 한정한다)
>   3. 무선국이 있는 선박이나 항공기가 외국에 출항하려는 경우 또는 법 제29조제2항에 따른 혼신 등을 방지하려는 경우 등 과학기술정보통신부장관이 전파의 효율적 이용이나 관리를 위하여 특히 필요하다고 인정하는 경우
> ⑥ 수시검사를 하는 기관의 장은 수시검사 대상 무선국의 시설자에게 수시검사일 및 수시검사수수료 등에 관한 사항을 정하여 미리 통보하여야 한다.
> ⑦ 법 제24조제4항·제5항 및 제8항에 따른 검사에 합격한 경우에는 검사증명서를 발급한다.
> ⑧ 법 제24조제8항에서 전파의 효율적인 이용이나 관리를 위하여 필요한 경우는 다음 각 호의 경우로 한다.
>   1. 사용승인을 받은 주파수의 실제 사용 여부를 확인할 필요가 있는 경우
>   2. 법 제29조제2항에 따른 혼신 등을 방지하려는 경우 등 과학기술정보통신부장관이 전파의 효율적인 이용이나 관리를 위하여 특히 필요하다고 인정하는 경우
> ⑨ 법 제24조제1항·제4항·제5항 및 제8항에 따른 검사를 하는 자는 무선국검사관임을 증명하는 증표나 공무원증을 관계인에게 내보여야 한다.
> ⑩ 이 영에서 정한 것 외에 법 제24조제1항·제4항·제5항 및 제8항에 따른 검사의 시기·방법 및 절차 등은 과학기술정보통신부장관이 정하여 고시한다.

34. 다음 중 무선설비의 효율적 이용을 위하여 미래창조과학부장관의 승인을 얻어 위탁운용 또는 공동사용할 수 있는 무선설비가 아닌 것은? _{2014년 제1회 감정}

① 무선국의 공중선주　　　　　　　　② 송신설비
❸ 무선국의 성능측정 설비　　　　　　④ 수신설비

> ⚠ 『전파법 시행령』 2014년의 '<u>공중선주</u>' 용어는 현재[시행 2016.6.23 ~] '<u>안테나설치대</u>'로 변경되었습니다.
> 따라서 34번 문제와 35문제는 동일한 문제입니다.

35. 다음중 무선설비의 효율적 이용을 위하여 과학기술정보통신부장관의 승인을 얻어 위탁운용 또는 공동사용 할 수 있는 무선설비가 아닌 것은? 2018년 제1회 검정 .　　　　　　　　　　　　　　　　　　　2022년 제4회 검정

① 무선국의 안테나설치대　　　　　　　　② 송신설비
❸ 무선국의 성능측정 설비　　　　　　　　④ 수신설비

36. 기간통신사업자가 개설하는 무선국의 공중선주, 송신설비 및 수신설비는 공동사용명령의 대상이다. 이에 해당되지 않는 무선국은?　　　　　　　　　　　　　　　　　　　　　　　　　　　　　　　　　　2013년 제4회 검정

① 기지국　　　　② 이동중계국　　　　③ 고정국　　　　❹ 이동국

해설

『전파법 시행령』 제69조(무선설비의 위탁운용 및 공동사용)
① 법 제48조제1항에 따라 <u>위탁운용 또는 공동사용할 수 있는 무선설비</u>(우주국 무선설비는 제외한다)는 다음 각 호와 같다.
  1. <u>무선국의 안테나설치대</u> (⚠ 2016년 이전에는 '안테나설치대'를 '공중선주'로 사용하였음.)
  2. <u>송신설비</u> 및 <u>수신설비</u>
  3. 시설자가 동일한 무선국의 무선설비
  4. 과학기술정보통신부장관이 정하는 <u>아마추어국의 무선설비</u>
  5. 그 밖에 공공의 안전을 위한 무선국으로서 과학기술정보통신부장관이 특히 필요하다고 인정하여 고시하는 무선설비
② 제1항에 따른 무선설비를 위탁운용하거나 공동사용하는 경우에는 다음 각 호의 조건에 적합하여야 한다.
  1. 전파가 능률적으로 발사될 수 있는 곳에 설치할 것
  2. 이미 시설된 무선국의 운용에 지장을 주지 아니할 것
  3. 무선설비로부터 발사되는 전파가 인근 주택가의 방송수신에 장애를 주지 아니할 것
  4. 그 밖에 과학기술정보통신부장관이 필요하다고 인정하여 정하는 기준에 적합할 것
③ 제1항에 따른 무선설비를 위탁운용하거나 공동사용하기 위하여 과학기술정보통신부장관의 승인을 받으려는 자는 합의서 또는 공동사용계약서를 갖추어 과학기술정보통신부장관에게 무선설비 위탁운용 및 공동사용의 승인을 신청하여야 한다.

『전파법 시행령』 제69조의2(무선설비의 공동사용 명령 등)
① 법 제48조의2제2항에 따른 무선설비의 공동사용 명령과 환경친화적 설치명령(이하 "공동사용명령등"이라 한다)의 요건은 다음 각 호와 같다.
  1. 국립·공립공원지역 및 개발제한구역 등에 설치·운용하는 무선설비로서 자연환경을 훼손할 우려가 있다고 인정되는 경우
  2. 도시지역에 설치·운용하는 무선설비로서 도시미관을 해칠 우려가 있다고 인정되는 경우
  3. 건물·도로·나대지 등에 설치·운용하는 무선설비로서 도시미관 및 자연환경을 훼손할 우려가 있다고 인정되는 경우
② <u>공동사용명령등의 대상</u>은 기간통신사업자가 개설·운용하는 <u>기지국·이동중계국 및 고정국</u>에 설치되는 다음 각 호의 무선설비로 한다.
  1. 무선국의 안테나설치대
  2. 송신설비 및 수신설비
③ 과학기술정보통신부장관이 공동사용명령등을 하는 경우에는 다음 각 호의 사항을 고려하여야 한다.
  1. 전파의 혼신발생 가능 여부
  2. 건물 또는 부지의 임차 가능 여부
  3. 건물·옥상·철탑 등의 안전 여부
  4. 전자파강도의 전자파 인체보호기준 초과 여부(무선설비의 공동사용 명령만 해당한다)
  5. 지하·터널 또는 건물 내의 설치 가능 여부(무선설비의 환경친화적 설치명령만 해당한다)
  6. 그 밖에 무선설비의 효율적 운용 및 관리 등을 위하여 과학기술정보통신부장관이 필요하다고 인정하는 사항
④ 과학기술정보통신부장관이 공동사용명령등을 하는 경우에는 다음 각 호의 사항을 적어 서면으로 통지하여야 한다.
  1. 공동 또는 환경친화적으로 사용할 무선국명
  2. 무선설비의 설치장소

3. 무선설비의 설치기간

⑤ 제1항부터 제4항까지의 규정에 따른 공동사용명령등의 요건·대상 및 절차 등에 관하여 필요한 세부사항은 과학기술정보통신부장관이 정하여 고시한다.

37. 항공무선통신사 자격증을 소지하고 제3급아마추어무선기사(전신급) 자격검정에 응시하는 경우 면제받을 수 있는 과목이 아닌 것은? 2013년 제1회 검정

① 전파법규　　　② 통신보안　　　❸ 무선통신술　　　④ 무선설비취급방법

『전파법 시행령』제106조제2항 [별표 16]
무선통신사 및 아마추어무선기사 기술자격검정 면제과목(제106조제2항 관련)

보유자격 및 업무경력	응시하는 기술자격검정	면제과목
1. 무선설비기사, 무선설비산업기사, 무선설비기능사	제1급 아마추어무선기사 또는 제2급 아마추어 무선기사	전파공학
	제3급 아마추어무선기사(전신급 및 전화급) 또는 제4급 아마추어무선기사	무선설비취급방법
	육상무선통신사	기초전파공학
2. 전파전자통신기능사	제1급 아마추어무선기사	전파공학·통신보안
3. 전파전자통신기사, 전파전자통신산업기사, 전파전자통신기능사	육상무선통신사, 해상무선통신사, 항공무선통신사	통신보안
4. 제2급 아마추어무선기사 자격으로 허가 또는 신고를 통해 개설된 무선국을 기술자격검정 접수일 현재 3년 이상 계속하여 운용하는 사람	제1급 아마추어무선기사	영어·통신보안·무선통신술
5. 제3급 아마추어무선기사(전신급)자격으로 허가 또는 신고를 통해 개설된 무선국을 기술자격검정 접수일 현재 2년 이상 계속하여 운용하는 사람	제2급 아마추어무선기사	통신보안·무선통신술
6. 제4급 아마추어무선기사 자격으로 허가 또는 신고를 통해 개설된 무선국을 기술자격검정 접수일 현재 2년 이상 계속하여 운영하는 사람	제3급 아마추어무선기사 (전신급 또는 전화급)	통신보안
7. 육상무선통신사	항공무선통신사, 해상무선통신사	통신보안
8. 해상무선통신사	육상무선통신사, 항공무선통신사	통신보안
9. 항공무선통신사	육상무선통신사, 해상무선통신사	통신보안
10. **항공무선통신사, 육상무선통신사, 제3급 아마추어 무선기사(전화급)**	**제3급 아마추어무선기사(전신급)**	**전파법규·통신보안·무선설비 취급방법**
11. 제한무선통신사 자격으로 기술자격검정 접수일 현재 육상의 무선국에서 3년 이상 계속하여 통신운용을 하는 사람	육상무선통신사	전파법규·통신보안
12. 제한무선통신사 자격으로 기술자격검정 접수일 현재 해상의 무선국에서 3년 이상 계속하여 통신운용을 하는 사람	해상무선통신사	전파법규·통신보안

38. 다음 중 각 지방 전파관리소에서 수행하는 업무가 아닌 것은?
2018년 제4회 검정

❶ 적합성평가의 변경신고 및 잠정인증 ⚠ 참고 : 국립전파연구원장의 업무임.
② 무선국의 개설허가 및 변경허가
③ 무선국의 검사
④ 무선국 폐지 · 운용휴지의 신고수리

39. 권한의 위임 · 위탁 규정에 따라 무선국의 폐지 또는 운용휴지를 하고자 하는 경우 누구에게 신고서를 제출하여야 하는가?
2020년 제4회 검정, 2022년 제1회 검정

① 한국방송통신전파진흥원장 ❷ 중앙전파관리소장
③ 우정사업본부장 ④ 국립전파연구원장

> **해설**

『전파법시행령』 제123조(권한의 위임 · 위탁)
① 과학기술정보통신부장관은 다음 각 호의 권한을 <u>국립전파연구원장에게 위임한다.</u>
  1. 주파수의 국제등록
   1의2. 주파수 사용승인 여부 심사, 공공용 주파수 이용계획서의 적정성 여부 평가 및 주파수 지정 가능 여부 심사를 위한 전파혼신 분석
   1의3. 주파수 사용의 재승인 절차 등의 통지에 관한 사항
   1의4. 전파차단장치에 대한 제조 · 수입 · 판매인가에 필요한 전파 주파수의 적정성 평가
   1의5. 위성운용계획의 제출 요청 등에 관한 사항
   1의6. 전자파가 인체에 미치는 영향에 관한 정보 전달과 방송통신기자재 등의 안전한 사용 등에 관한 교육 및 홍보
   1의7. 기술기준 중 다음 각 목에 대한 기술기준의 고시
    가. 해상업무용 무선설비
    나. 항공업무용 무선설비
    다. 전기통신사업용 무선설비
    라. 간이무선국 · 우주국 · 지구국의 무선설비, 전파탐지용 무선설비, 그 밖의 업무용 무선설비(신고하지 아니하고 개설할 수 있는 무선국의 무선설비는 제외한다)
    마. 전파응용설비
    바. 무선설비의 안테나공급전력과 전파응용설비의 고주파 출력 측정방법 및 산출방법
   1의8. 무선설비의 안전시설기준
  2. 전자파 강도 · 전자파 흡수율 측정기준의 고시
   2의2. 전자파 측정대상 기자재와 측정방법의 고시
  3. 전자파적합성기준에 관한 사항 중 제67조의2제2항에 따른 세부적인 기준의 고시
  4. 전자파적합성 여부에 관한 측정 · 조사 및 전자파 저감 · 차폐를 위한 조치 권고
  5. 전파감시업무에 관한 사항 중 전파의 탐지 및 분석
  6. 전파환경의 보호를 위하여 필요한 조치에 관한 사항(전파환경의 조사에 관한 사항은 제외한다)
  7. 전파환경 측정 등에 관한 고시
   7의2. 고출력 · 누설 전자파 안전성 평가에 관한 사항
   7의3. 고출력 · 누설 전자파 안전성 평가기준 및 방법 등에 관한 고시
  8. 적합인증, 적합등록, <u>적합성평가의 변경신고 및 잠정인증</u> 등에 관한 사항
  9. 적합성평가의 면제에 관한 사항
  10. 적합성평가의 취소 및 개선 · 시정 등의 조치명령에 관한 사항
  11. 시험기관의 지정, 지정사항의 변경, 지정시험업무의 폐지, 양수 · 합병의 승인 및 전문심사기구에 의한 심사에 관한 사항
  12. 지정시험기관에 대한 자료제출 요구 및 검사에 관한 사항

13. 지정시험기관에 대한 시정명령, 업무정지명령 및 지정취소에 관한 사항
14. 국제적 적합성평가체계의 구축에 관한 사항
15. 부적합보고의 접수에 관한 사항
16. 전파연구에 관한 사항
17. 조사·시험 및 조치 등에 관한 사항(법 제71조의2제1항제2호만 해당한다)
18. 법 제77조제2호의 2 및 제2호의3에 따른 청문
19. 과태료의 부과·징수

② 과학기술정보통신부장관은 다음 각 호의 권한을 <u>중앙전파관리소장에게 위임한다.</u>
   1. 주파수 이용현황의 조사·확인에 관한 사항
   2. <u>무선국의 개설허가·변경허가·개설신고·변경신고</u> 및 재허가 등에 관한 사항. 다만, 연주소를 갖추고 안테나공급전력이 1와트를 초과하는 방송국의 개설허가·재허가와 이 영 제31조제4항제1호부터 제6호까지의 규정에 따른 변경허가는 제외한다.
   3. 시설자 지위(연주소를 갖추고 안테나공급전력이 1와트를 초과하는 방송국에 대한 것은 제외한다) 승계의 인가 및 신고 수리
   4. <u>무선국의 검사</u>(같은 조 제4항제2호에 따른 무선국의 검사는 제외한다)에 관한 사항
   5. <u>무선국</u>(연주소를 갖추고 안테나공급전력이 1와트를 초과하는 방송국은 제외한다)<u>의 폐지·운용휴지</u> 및 재운용의 신고에 관한 사항
   6. 통신방법 등의 준수에 관한 사항
   7. 조난통신 등에 관한 사항
      7의2. 전파차단장치의 도입·폐기신고
      7의3. 전파차단장치의 제조·수입·판매인가(제1항제1호의4에 따른 제조·수입·판매인가에 필요한 전파 주파수의 적정성 평가는 제외한다)
   8. 통신보안의 준수에 관한 사항
   9. 심사 중 지상파방송보조국에 대한 심사
   10. 전자파 강도 측정 결과 보고의 수리
   11. 무선국 전자파 강도의 측정·조사
   12. 안전시설의 설치 등의 명령(연주소를 갖추고 안테나공급전력이 1와트를 초과하는 방송국은 제외한다)
   13. 무선국 무선설비의 임대·위탁운용 및 공동사용의 승인
   14. 무선설비의 공동사용 명령 및 환경친화적 설치명령에 관한 사항
   15. 전파감시 및 국제전파감시 업무(제70조제2호·제2호의2에 따른 전파의 탐지·분석은 제외한다)에 관한 사항
   16. 건축물 또는 공작물에 대한 승인 및 무선방위측정장치 설치장소의 공고
   17. 조사·확인 및 통지
   18. 전파환경의 측정 등 전파환경의 보호에 관한 사항(전파환경에 관한 조사만 해당한다)
   19. 전파응용설비의 허가·허가취소·변경허가, 검사, 폐지·운용휴지·재운용 신고의 수리 및 허가증의 발급·정정 및 재발급
      19의2. 주파수분배 변경에 따른 방송통신기자재등의 수입·판매 중지 등의 조치에 관한 사항
   20. 전파사용료의 부과·징수
   21. 조사·시험 및 조치 등에 관한 사항(법 제71조의2제1항제2호는 제외한다)
   22. 무선국(연주소를 갖추고 안테나공급전력이 1와트를 초과하는 방송국은 제외한다)의 개설허가의 취소, 개설신고한 무선국의 폐지, 운용정지명령 및 운용제한명령에 관한 사항
   23. 과징금의 부과·징수(연주소를 갖추고 안테나공급전력이 1와트를 초과하는 방송국은 제외한다)에 관한 사항
   24. 무선종사자의 기술자격의 취소 및 업무종사의 정지명령에 관한 사항
   25. 청문(연주소를 갖추고 안테나공급전력이 1와트를 초과하는 방송국은 제외한다)
   26. 과학기술정보통신부장관이 업무의 일부를 위탁한 진흥원에 대한 지도·감독
   27. 과태료의 부과·징수. 다만, 연주소를 갖추고 안테나공급전력이 1와트를 초과하는 방송국에 대한 부과·징수 및 법 제90조제5호의2부터 제5호의5까지 및 제92조제4호·제5호에 해당하는 경우는 제외한다.
   28. 무선국 허가증 및 신고증명서의 정정·재발급

③ 과학기술정보통신부장관은 다음 각 호의 업무를 **진흥원에 위탁한다.**
   1. 주파수이용권관리대장의 유지·관리
   2. 손실보상에 관한 사항 및 그 손실보상에 관한 이의신청(법 제7조제2항에 따른 징수는 제외한다)
   3. 준공검사 등의 검사
   4. 전자파강도 측정요청의 수리 및 측정
   5. 산업·과학·의료용 전파응용설비 등에 대한 준공검사 등의 검사
   6. **무선종사자의 자격검정 시험의 실시**(「국가기술자격법」에 따라 진흥원에 위탁한 사항은 제외한다)
   7. **무선종사자 기술자격증의 발급에 관한 사항**(「국가기술자격법」에 따라 진흥원에 위탁한 사항은 제외한다)

④ 과학기술정보통신부장관은 다음 각 호의 업무를 **협회에 위탁한다.**
   1. 전파 및 방송기술 전문인력 양성사업의 지원에 관한 업무
   2. 전파 관련 교육프로그램의 개발·보급 및 지원에 관한 업무
   3. 전파 관련 전문인력의 양성에 관한 업무
   4. 국제협력사업의 지원에 관한 업무

⑤ **국립전파연구원장, 중앙전파관리소장 및 진흥원은** 과학기술정보통신부장관의 승인을 받아 **수수료를 징수할 수 있다.**

⑥ 방송통신위원회는 다음 각 호의 권한을 **방송통신사무소 소장에게 위임한다.**
   1. 방송국의 개설허가, 재허가 및 변경허가에 관한 사항
   2. 무선국의 개설허가 취소, 무선국의 변경·운용제한 및 운용정지 명령에 관한 사항
   3. 법 제77조제8호에 따른 청문에 관한 사항
   4. 과태료의 부과·징수에 관한 사항

 권한의 위임·위탁 규정에 따른 업무 구분 또한 간혹 출제되므로, 암기는 하지 않더라도 전체를 한 번 정도는 정독해 두어야 하겠습니다. 그리고 시험 전 날에 다시 한 번 정독할 것을 추천합니다.

40. 다음 중 송신설비의 안테나공급전력 표시방법이 아닌 것은?   2022년 제1회 검정
① 평균전력(PY)   ② 첨두포락선전력(PX)
③ 반송파전력(PZ)   ❹ 필요전력(PN)

해설

『무선설비규칙』 제2조(정의)
   16. "**첨두포락선전력**"이란 정상동작 상태에서 송신장치로부터 송신안테나계의 급전선에 공급되는 전력으로서 변조포락선의 첨두에서 무선주파수 1주기 동안의 평균값을 말하며 **PX로 표시**한다.
   17. "**평균전력**"이란 정상동작 상태에서 송신장치로부터 송신안테나계의 급전선에 공급되는 전력으로 변조에 사용되는 최저주파수의 1주기와 비교하여 충분히 긴 시간 동안의 평균값을 말하며 **PY로 표시**한다.
   18. "**반송파전력**"이란 무변조 상태에서 송신장치로부터 송신안테나계의 급전선에 공급되는 전력으로 무선주파수의 1주기 동안의 평균값을 말하며 **PZ로 표시**한다.

『무선설비규칙』 제9조(안테나공급전력 등)
① **전파형식별 안테나공급전력의 표시**와 환산비는 **별표 5**와 같고, 송신설비의 안테나공급전력 허용편차는 **별표 6**과 같다. 다만, 과학기술정보통신부장관은 무선설비의 용도에 따라 송신설비의 안테나공급전력 허용편차를 별도로 정하여 고시할 수 있다.

『무선설비규칙』 [별표 5] 전파형식별 안테나공급전력의 표시와 환산비(제9조제1항 본문 관련)
1. 전파형식별 안테나공급전력의 표시

구분	전파형식	전력의 표시
가.	A1A A1B A1D A2A A3C(전반송파1)를 단속하는 것만 해당한다) A8W(전반송파를 단속하는 것만 해당한다) A9W(전반송파를 단속하는 것만 해당한다) B7W B8C B8E B9B B9W C3F(방송국 설비만 해당한다) C9F J2A J2B J3C J3E J8E K1A K2A K3E L1D L2A L3E M2A M3D M3E M7E P0N Q0N R3C R3E R7B V3E	첨두포락선전력(PX)
나.	A3E(방송국 설비만 해당한다)	반송파전력(PZ)
다.	그 밖의 전파형식	평균전력(PY) (과학기술정보통신부장관이 별도로 정하여 고시하는 경우는 예외로 한다)

2. 전파형식별 안테나공급전력의 환산비

전파형식	변조특성	환산비 반송파전력 (PZ)	환산비 평균전력 (PY)	환산비 첨두포락선전력 (PX)	비 고
A1A A1B			0.5	1	
A2A A2B	가. 변조용 가청주파수의 전건운용 나. 변조파의 전건운용	1 1	1.25 0.75	4 4	
A3E		1	1	4	
R3E			0.14	1	2)
B8E			0.075	1	3)
J3E			0.16	1	2)
A3C	가. 주반송파의 단속 나. 기타	1	0.5 1	1 4	
R3C			0.14	1	
J3C			0.16	1	
C3F C9F			1	1.68	방송국만 해당한다4)
C2W C7W			1	4	방송국만 해당한다
R7B			0.14	1	
R7A			0.075	1	
P0N			1	1/d	5)
K1A			0.5	1/d	
K2A K2B	가. 변조용 가청주파수의 전건운용 나. 변조파의 전건운용		1.25 0.75	4/d 4/d	
L2A L2B	가. 변조용 가청주파수의 전건운용 나. 변조파의 전건운용		1 0.5	1/da 1/da	5)
M2A M2B	가. 변조용 가청주파수의 전건운용 나. 변조파의 전건운용		1 0.6	1/da 1/da	
K3E			1	4/da	
L3E			1	1/da	
M3E			1	1/da	

(주)
1) "전반송파"란 양측파대(兩側波帶) 수신기에 의하여 수신이 가능하도록 반송파를 일정한 레벨로 송출하는 전파를 말한다.
2) 저감반송파 또는 억압반송파를 이용하는 단일통신로 송신장치의 첨두포락선전력(PX)은 하나의 변조주파수에 따라 송신전력의 포화레벨로 변조한 경우의 평균전력(PY)으로 한다. 이 경우 "저감반송파"란 수신측에서 국부주파수의 제어 등에 이용할 수 있는 일정 레벨까지 반송파를 저감하여 송출하는 전파를 말하고, "억압반송파"란 수신측에서 복조(復調)에 사용하지 아니하는 반송파를 억압하여 송출하는 전파를 말한다.
3) 저감반송파를 이용하는 송신장치 또는 다중 통신로 송신장치의 첨두포락선전력(PX)은 임의의 변조주파수에 따라 변조한 평균전력(PY)의 4배로 한다. 이 경우 동일 통신로에 위의 변조주파수와 같은 강도로서 주파수가 다른 임의의 변조주파수를 가하였을 때에는 송신장치의 고조파 출력에서 제3차 혼변조 신호가 단일변조주파수만을 가하였을 때보다 25dB 내려간 것으로 한다.
4) 방송용 송신장치에서 페데스탈(시험용 영상신호)에 해당하는 영상을 보냈을 때의 평균전력(PY)을 1로 한다.
5) 표 중 d는 충격계수(펄스폭과 펄스주기와 비를 말한다)를, da는 평균 충격계수를 표시한다.

41. 항공기용 구명무선설비의 안테나공급전력의 허용편차로 맞는 것은? 　2015년 제4회 검정, 2017년 제1회 검정, 2022년 제4회 검정

❶ 상한 50[%] 하한 20[%]　　　　② 상한 50[%] 하한 50[%]
③ 사항 10[%] 하한 20[%]　　　　④ 사항 20[%] 하한 50[%]

해설

『무선설비규칙』 제9조(안테나공급전력 등)
① 전파형식별 안테나공급전력의 표시와 환산비는 별표 5와 같고, **송신설비의 안테나공급전력 허용편차는 별표 6과 같다.** 다만, 과학기술정보통신부장관은 무선설비의 용도에 따라 송신설비의 안테나공급전력 허용편차를 별도로 정하여 고시할 수 있다.
② 송신설비의 전력은 안테나공급전력으로 표시한다. 다만, 다음 각 호의 어느 하나에 해당하는 송신설비의 전력은 규격전력으로 표시한다.
　1. 500메가헤르츠(㎒) 이하의 주파수의 전파를 사용하는 송신설비로서 정격출력 1와트(W) 이하의 전력을 사용하는 것
　2. 생존정(生存艇)에 사용되는 비상용 무선설비와 비상위치지시용 무선표지설비(라디오 부표의 송신설비 및 항공이동업무 또는 항공무선항행업무용 무선설비의 송신설비는 제외한다)
　3. 아마추어국 및 실험국의 송신설비(방송을 하는 실험국의 송신설비는 제외한다)
　4. 그 밖에 과학기술정보통신부장관이 첨두포락선전력, 평균전력 또는 반송파전력을 측정하기 어렵거나 측정할 필요가 없다고 인정하는 송신설비

『무선설비규칙』 [별표 6] <개정 2020. 12. 24.>
안테나공급전력 허용편차(제9조제1항 본문 관련)

송신설비	허용편차	
	상한 퍼센트	하한 퍼센트
1. 방송국(초단파방송 또는 텔레비전방송을 하는 방송국 및 위성방송보조국은 제외한다)의 송신설비	5	10
2. 초단파방송을 하는 방송국의 송신설비	10	20
3. 지상파 디지털 텔레비전방송국의 송신설비	5	5
4. 해안국, 항공국 또는 선박을 위한 무선표지국의 송신설비로서 25.11㎑ 이하의 주파수의 전파를 사용하는 것		
5. 선박국의 송신설비로서 다음 각 목에 해당하는 것 　가. 의무선박국의 무선설비로서 405㎑부터 535㎑ 이하의 주파수의 전파를 사용하는 것 　나. 의무선박국의 무선설비로서 1,605㎑부터 3,900㎑ 이하의 주파수의 전파를 사용하는 것	10	20
6. 다음 각 목의 송신설비 　가. **비상위치지시용 무선표지설비** 　나. 생존정의 송신설비 　다. **항공기용 구명무선설비** 　라. 초단파대 양방향 무선전화	50	20
7. 다음 각 목의 송신설비 　가. 아마추어국의 송신설비 　나. 전기통신역무를 제공하는 무선국의 송신설비 　다. 위성방송보조국의 송신설비 　라. 신고하지 않고 개설할 수 있는 무선국의 송신설비 　마. 주파수공용통신(TRS) 무선국의 송신설비 　바. 영 제90조제2항제1호다목에 따른 통합공공망 전용주파수를 사용하는 무선국의 송신설비	20	-
8. 그 밖의 송신설비	20	50

42. 항공국의 의무청취 및 지정청취 주파수가 아닌 것은? 2015년 제1회 검정

① 121.5 MHz
② 2,850 kHz부터 17,970 kHz 까지의 당해 무선국에 지정된 주파수
③ 117.975 MHz부터 137 MHz 까지의 당해 무선국에 지정된 주파수
❹ 243 MHz

43. 수색구조에 종사하는 항공기에 있어서 장거리 취항 비행을 행하는 항공기국이 사용하는 주파수로 맞는 것은? 2015년 제4회 검정 , 2018년 제1회 검정

① 108[MHz]   ② 156.8[MHz]   ③ 156.525[MHz]   ❹ 243.0[MHz]

『무선국의 운용 등에 관한 규정』
[별표7] 항공기국이 사용하여야 하는 전파형식 및 사용주파수(제9조제1항관련)

항공기국의 구별	전파형식 및 사용주파수
의무항공기국	1. 전파형식 A3E 주파수 121.5 MHz 2. 전파형식 A3E 주파수 117.975 MHz 부터 137 MHz까지의 주파수대에서 과학기술정보통신부장관이 정하는 주파수 3. 전파형식 J3E 또는 H3E, 주파수 2850 kHz부터 22000 kHz까지의 주파수대에서 과학기술정보통신부장관이 정하는 주파수(과학기술정보통신부장관이 상기1 및 2에 정한 전파의 주파수에 의하여 항공교통관계에 관한 통신을 취급하는 항공국과 통신이 가능하다고 인정하는 국내노선 취항 항공기국은 제외한다) 4. 전파형식 A3E 주파수 243 MHz(수색구조에 종사하는 항공기에 있어서 장거리 취항 비행을 행하는 항공기국의 경우에 한한다)
기타의 항공기국	1. 전파형식 A3E 주파수 121.5 MHz 2. 전파형식 A3E 주파수 117.975 MHz 부터 137 MHz까지의 주파수대에서 과학기술정보통신부장관이 정하는 주파수

44. 항공고정업무국의 통신연락 방법 중 "수송방식에 의하여 송신"하는 방법으로 옳은 것은? 2022년 제1회 검정

① "O" 적의 연속 - 자국의 호출부호 1회
② "S" 적의 연속 - 자국의 호출부호 1회
❸ "V" 적의 연속 - 자국의 호출부호 1회
④ "X" 적의 연속 - 자국의 호출부호 1회

⚠ 아주 가끔은 이미 삭제, 폐지된 조항이 문제로 출제되는 경우가 있습니다. 따라서 시험을 준비하는 입장에서는 가능한 많은 문제를 풀어보고, 일단은 정답을 올바로 고르는 것이 중요하겠습니다.

<과거> 『무선국의 운용 등에 관한 규정』 제94조(소통의 확보) <2019.12.2.>
① 무선국은 수신상태의 불량으로 통신연락을 설정할 수 없는 경우에는 당해 통신연락을 설정하기 위하여 통상 사용하는 전파에 의하여 청취하는 동시에 다음 각 호의 구분에 따라 송신하여야 한다. 다만, 제1호 가목의 경우에는 3분을 초과하지 아니하는 규칙적인 간격을 두어야 한다.
  1. 수송방식에 의하여 송신하는 경우

가. "V" 적의(適宜) 연속　　　　　　나. 자국의 호출부호 1회
　2. 텔레타이프라이터에 의하여 송신하는 경우
　　가. 상대국의 식별표지 3회　　　　나. "DE" 1회
　　다. 자국의 식별표지 3회　　　　　라. "RY" 일렬로 무간격으로 반복

<현재> 『무선국의 운용 등에 관한 규정』 제94조(소통의 확보) <2020. 9. 22. 일부개정>
① 무선국은 수신상태의 불량으로 통신연락을 설정할 수 없는 경우에는 당해 통신연락을 설정하기 위하여 **통상 사용하는 주파수를 유지하여야 한다.**
　1. <삭 제>
　2. <삭 제>

45. 무선전화에 의한 경보신호는 교대로 송신하는 실질적인 정현파인 가청주파수가 다른 2음으로 구성된다. 그 2음의 주파수는?
2018년 제1회 검정 , 2019년 제4회 검정

① 2,200[Hz], 1,000[Hz]
❷ 2,200[Hz], 1,300[Hz]
③ 2,200[Hz], 1,500[Hz]
④ 2,200[Hz], 1,800[Hz]

해설

 과거 『무선국의 운용 등에 관한 규정』 제33조(경보신호) 제2항 제2호의 내용이나 최근(2020.9.22.) 개정 시 제33조 전체 내용이(제32조부터 제35조까지) 삭제되었습니다.

<과거> 『무선국의 운용 등에 관한 규정』 <시행 2018. 12. 12.>

제33조(경보신호)
① 경보신호는 다음 각 호의 통신을 행하는 경우에 한정하여 사용하여야 한다.
　1. 조난호출 또는 조난통보
　2. 승객 또는 승무원이 선외로 떨어진 경우에 다른 선박에 구조를 구하기 위한 긴급호출(긴급신호의 송신만으로는 목적을 달성할 수 없다고 인정하는 때에 한정한다)
　3. 안전신호를 먼저 보내고 행하는 긴급 폭풍경보
② 경보신호의 구성은 다음 각 호와 같다.
　1. 무선전신에 의한 경보신호는 1 분간에 송신하는 12선으로 구성되고 각선의 길이는 4 초간, 그 간격은 1 초간으로 한다.
　2. 무선전화에 의한 경보신호는 교대로 송신하는 실질적인 정현파인 가청주파수가 다른 2음(**1음은 2200Hz의 주파수, 다른 1음은 1300Hz의 주파수**)으로 구성되고 각 음의 길이는 250 밀리초로 한다. 이 경우 자동송신기에 의하는 때에는 30 초 이상 송신하되 1 분을 초과하여서는 아니 되고, 다른 방법에 의하는 때에는 가능한 약 1 분간 계속하여 송신하여야 한다.
　3. 디지털선택호출장치에 의한 경보신호는 별표 16과 같다.
　4. 인마세트 선박지구국에 의한 경보신호는 별표 17과 같다.
　5. 해안지구국의 인마세트 고기능그룹호출수신기에 의한 경보신호는 별표 18과 같다.

제34조(경보신호의 송신 등)
① 무선통신에서 제33조제1항제2호에 따른 긴급호출과 동조동항제3호에 따른 안전호출전에 경보신호를 송신하는 때에는 그 종료후 2분을 경과한 후가 아니면 당해 호출을 개시하여서는 아니 된다.
② 제28조의 규정은 경보신호를 수신한 무선국의 경보신호의 취급에 관하여 이를 준용한다.

제35조(항행경보신호)
① 해안국중에서 전파형식이 A3E이고 주파수가 2182 kHz인 전파에 의하여 긴급히 항행경보(기상통보를 제외한다)를 송신하고자 하는 때에는 안전호출전에 항행경보신호를 송신하여야 한다.
② 제1항의 항행경보신호는 15 초간 송신하는 실질적인 정현파로서 2200 Hz의 가청주파수의 단속음으로 각 음의 길이 및 간격을 각각 250 밀리초로 한다.

<현재> 『무선국의 운용 등에 관한 규정 』 <시행 2020. 9. 22.>
제31조(조난통신으로 보는 통보) 비상위치지시용 무선표지설비에서 송신하는 통보는 이를 조난통신으로 본다.
제32조 <삭 제>
제33조 <삭 제>
제34조 <삭 제>
제35조 <삭 제>

46. 다음 중 항공기의 정상운항에 관한 통신의 통보가 아닌 것은? 2018년 제4회 검정
① 항공기의 운항계획 변경에 관한 통보
② 항공기의 예정 외 착륙에 관한 통보
③ 시급히 입수하여야 할 항공기 부분품에 관한 통보
❹ 항공교통관제에 관한 통보

『무선국의 운용 등에 관한 규정』 제81조 제3항관련 [별표21]
[별표21] 항공기의 안전운항 및 항공기의 정상운항에 관한 통신의 통보요령
  1. 항공기의 안전운항에 관한 통신의 통보
     가. 항공교통관제에 관한 통보
     나. 항공기의 위치보고
     다. 항행중 항공기에 관하여 시급한 통보
  2. 항공기의 정상운항에 관한 통신의 통보
     가. 항공기의 운항계획 변경에 관한 통보
     나. 항공기의 운항에 관한 통보
     다. 운항계획 변경에 의한 여객 및 승무원의 용품의 변경에 관한 통보
     라. 항공기의 예정 외에 착륙에 관한 통보
     마. 항공기의 안전운항 또는 정상 운항에 관하여 필요한 시설의 운용 또는 보수에 관한 통보
     바. 시급히 입수하여야 할 항공기의 부분품 및 재료에 관한 통보

47. 선박, 항공기 또는 기타 이동체의안전, 선상 또는 시계 내에 있는 인명의 안전에 관련되 긴급 전문의 우선순위 약어는?
2014년 제1회 검정 , 2020년 제4회 검정 , 2022년 제1회 검정 , 2022년 제4회 검정

① SS ❷ DD ③ FF ④ GG

『항공통신업무 운영 규정』 <시행 2020. 12. 11.>
[별표] 항공통신업무 운영기준 및 절차
 1. 항공고정통신업무
 2. 항공고정통신업무(AFS) 운용기준 및 절차

2.3 항공고정통신망(AFTN)
2.3.1 일반사항
2.3.1.1 항공고정통신망에서 취급하는 전문의 종류는 다음과 같다.
1) 조난전문
2) 긴급전문
3) 비행안전전문
4) 기상전문
5) 비행규칙전문
6) 항공정보업무(AIS)전문
7) 항공행정전문
8) 서비스전문

2.3.1.1.1 조난전문(우선순위 SS)은 이동통신국이 중대하고 급박한 위험에 처해있는 상황을 보고하는 이동통신국에 의해 송신되는 전문과 조난중에 있는 이동통신국에서 필요로 하는 긴급한 지원에 관련된 기타 모든 전문들로 구성되어야 한다.

2.3.1.1.2 긴급전문(우선순위 DD)은 선박, 항공기 또는 기타 이동체, 선상 또는 시계안에 있는 인명의 안전에 관련된 전문들로 구성되어야 한다.

2.3.1.1.3 비행안전전문(우선순위 FF)은 다음과 같은 전문들로 구성되어야 한다.
1) ICAO PANS-ATM(Doc4444), Chapter 11에 규정된 이동 및 관제전문<개정 2007.12.26>
2) 비행중이거나 이륙준비중인 항공기에 대하여 직접 관련된 항공사가 발신하는 전문
3) SIGMET 정보, 특별 비행보고서, AIRMET 전문, 화산재 및 열대성태풍 정보 및 수정예보들로 제한된 기상전문

2.3.1.1.4 기상전문(우선순위 GG)은 다음과 같은 전문들로 구성되어야 한다.
1) 터미널공항예보(TAFs), 지역 및 항로예보 등과 같은 예보에 관련된 전문
2) METAR, SPECI 등과 같은 관측 및 보고에 관련된 전문

2.3.1.1.5 비행규칙전문(우선순위 GG)은 다음과 같은 전문들로 구성되어야 한다.
1) 중량 배분의 산출에 필요한 항공기 하중전문
2) 항공기 운항스케쥴 변경에 관련된 전문
3) 항공기 지상조업 업무에 관련된 전문
4) 정상 운항스케쥴의 변경으로 인한 승객, 승무원 및 화물 등의 집단적인 요구사항에 대한 변경에 관련된 전문
5) 비정상적인 착륙에 관련된 전문
6) 항공항행 업무를 위한 비행전 준비 및 영공통과 허가 요청과 같은 부정기 항공기의 운항을 위한 운영업무에 관련된 전문
7) 항공사에서 항공기의 도착 또는 출발보고가 발신되는 전문
8) 항공기의 운항을 위하여 긴급하게 요구되는 부품 및 자재 등에 관련된 전문

2.3.1.1.6 항공정보업무(AIS) 전문(우선순위 GG)은 다음과 같은 전문들로 구성되어야 한다.
1) NOTAM에 관련된 전문
2) SNOWTAM에 관련된 전문

2.3.1.1.7 항공행정전문(우선순위 KK)은 다음과 같은 전문들로 구성되어야 한다.
1) 항공기 운항의 안전성 또는 정시성을 위하여 제공되는 항공통신시설의 운영 또는 유지보수에 관련된 전문
2) 항공통신업무의 기능에 관련된 전문
3) 항공업무에 관련된 민간항공 기관들 사이에 교환되는 전문

2.3.1.1.8 정보를 요구하는 전문은 비행안전을 위하여 높은 우선순위가 필요할 때를 제외하고 요구되는 전문의 등급과 동일한 우선순위를 적용하여야 한다.

2.3.1.1.9 서비스전문(적절한 우선순위)은 항공고정통신업무에서 부정확하게 전송함으로써 발생한 전문 및 채널-일련번호의 확인 등에 관한 정보를 얻거나 검증을 하기 위해 항공고정통신국에 의해 발신되는 전문으로 구성되

어야 한다.

2.3.1.1.9.1 서비스전문은 2.3.2 또는 2.3.13에 규정된 형식으로 작성하여야 한다. 항공고정통신국으로 주소가 지정된 서비스전문은 2.3.3.1.2 또는 2.3.13.2.1.3의 규정에 따라 지명약어 뒤에 IACO 3-문자 부호인 YFY와 그 다음에 적절한 8번째 문자를 지정하여야 한다.

2.3.1.1.9.2 서비스전문은 적절한 우선순위를 부여하여야 한다.

2.3.1.1.9.2.1 서비스전문이 이전에 전송된 전문에 관련될 때, 부여되는 우선순위는 그 전문에 사용된 것이어야 한다.

2.3.1.1.9.3 전송오류를 정정하는 서비스전문은 오류전문을 수신한 모든 수신자들에게 발송하여야 한다.

2.3.1.1.9.4 서비스전문에 대한 회신은 해당 서비스전문의 최초 발신국으로 발송하여야 한다.

2.3.1.1.9.5 모든 서비스 전문의 본문은 가능한 한 간결하여야 한다.

2.3.1.1.9.6 SS 전문의 수신증 이외의 서비스전문은 본문의 첫 번째 항목에 약어 SVC를 표시하여야 한다.

2.3.1.1.9.7 서비스전문이 이전에 처리된 전문을 참조할 때, 그 전문에 대한 참조는 전송식별부호 또는 전문의 발송시간 및 발신국 주소를 사용하여야 한다.

2.3.1.2 우선순위의 순서

2.3.1.2.1 항공고정통신망에서 전문을 전송할 때 우선순위의 순서는 다음과 같다.

전송순위	우선순위
1	SS
2	DD FF
3	GG KK

2.3.1.2.2 동일한 우선순위의 전문은 수신된 순서대로 전송하여야 한다.

⚠️ 항공고정통신망 전문 전송 우선순위는 반복 출제되고 있으므로, 이를 모두 숙지하는 것이 바람직하겠습니다. 숙지의 편의를 위하여 아래와 같이 표로 정리하였습니다.

전송순위	전문의 종류(우선순위)	전문의 종류(우선순위)	전송순위
제1순위	조난전문(SS)	1. 조난전문(SS)	제1순위 SS
제2순위	긴급전문(DD) 비행안전전문(FF)	2. 긴급전문(DD) 3. 비행안전전문(FF)	제2순위 DD 또는 FF
제3순위	기상전문(GG) 비행규칙전문(GG) 항공정보업무(AIS) 전문(GG) 항공행정전문(KK)	4. 기상전문(GG) 5. 비행규칙전문(GG) 6. 항공정보업무(AIS) 전문(GG) 7. 항공행정전문(KK)	제3순위 GG 또는 KK
적절한 우선순위	서비스전문	8. 서비스전문	적절한 우선순위

48. 다음 중 국제민간항공기구에서 정한 국제항공통신업무의 분류로 옳지 않은 것은? 2018년 제1회 검정

① 항공고정업무
② 항공이동업무
③ 항공무선항행업무
❹ 항공무선측위업무

해설

⚠️ ICAO(국제민간항공기구)가 정한 항공통신업무에 관한 사항은 그 내용이 방대하므로, 우선은 기출문제 위주로 숙지하고, 영어 기출문제를 설명하면서 좀 더 이해의 폭을 넓히도록 하겠습니다.

> ICAO Annex 10. Aeronautical Telecommunications(항공통신 업무)
>
> Volume II. 2.1 DIVISION OF SERVICE (업무의 분류)
>
> The international aeronautical telecommunication service shall be divided into four parts:
>
> 국제항공통신업무는 다음 4가지로 분류한다:
>
> 1) aeronautical fixed service; 항공고정업무
> 2) aeronautical mobile service; 항공이동업무
> 3) aeronautical radio navigation service; 항공무선항행업무
> 4) aeronautical broadcasting service; 항공방송업무

49. 다음은 ICAO의 항공이동업무에 관한 사항이다. 괄호 안에 들어갈 알맞은 것은? 2014년 제1회 검정

> 항공이동업무에서 단일채널단신은 전적으로 항공이동업무에 단독으로 분배된 대역에서 (　　) 이하의 무선주파수를 사용하는 무선전화통신에 사용되어야 한다.

① 20[MHz]　　❷ 30[MHz]　　③ 40[MHz]　　④ 50[MHz]

해설

> ICAO Annex 10. Aeronautical Telecommunications(항공통신 업무)
>
> Volume V. 3.1 Method of operations(운영 방법)
>
> 3.1.1 In the **aeronautical mobile service**, single channel simplex shall be used in radiotelephone communications utilizing radio frequencies below **30 MHz** in the bands allocated exclusively to the aeronautical mobile (R) Service.
>
> **항공이동업무**에서 단일채널단신은 전적으로 항공이동업무에 단독으로 분배된 대역에서 (**30 MHz**) 이하의 무선주파수를 사용하는 무선전화통신에 사용되어야 한다.

50. 국제전기통신연합의 회원국이 요구한 국제전기통신연합의 헌장과 협약의 개정안을 검토하고 채택하는 기구는? 2013년 제4회 검정

❶ 전권위원회　　② 이사회　　③ 사무총국　　④ 세계전파통신회의

해설

국제전기통신연합(ITU)에 관한 내용이나 ITU에서 정한 전파규칙(Radio Regulations)의 내용 또한 방대하므로, 우선은 기출문제 위주로 숙지하고, 영어 기출문제를 설명하면서 좀 더 이해의 폭을 넓히도록 하겠습니다. 시험 전 날에 이 해설서의 전파규칙(RR)을 다시 한 번 정독할 것을 추천합니다.
　• ITU : International Telecommunication Union

> 『국제전파 감시백서』 중앙전파관리소(2009. 12) pp.13-14.
> • 전권위원회(Plenipotentiary Conference)
>   - ITU 헌장과 협약에 규정된 조직, 활동, 중요정책을 결정하는 최상위기구로 4년마다 개최
>   - ITU의 모든 활동과 전략적 정책 및 기획에 대한 이사회 보고 내용 검토
>   - 차기 전권위원회의까지의 예산 집행기준 설정
>   - 사무총국의 직원 채용 및 보수지급기준 결정

- ITU의 회계 승인 및 이사국 선출, 전파규칙위원회(RRB) 위원 선출
- 사무총장, 사무차장, 각 부문국장 선출
- 회원국이 요구한 헌장 및 협약 개정안 검토 및 채택
- 타 국제기구와의 협정체결 및 개정, 이사회가 체결한 잠정협약 검토 및 조치
- 국제전기통신세계회의(World Conferences on International Telecommunication)
  - 전권위원회의 요청에 따라 수시 개최, 국제전기통신서비스 및 국제통신수단에 관한 일반원칙을 정함. 국제 공중통신서비스의 능률적인 운용을 촉진하기 위해 제정한 국제전기통신규칙(ITR)을 개정
  - ITU 회원국, UN 및 UN 산하기구, 지역통신기구, 위성통신기구 등 참가
- 이사회(Council)
  - 1947년 전권위원회에 의해 설립, 세계 5개 지역(미주, 서유럽, 동유럽 및 북아시아, 아프리카, 아시아 및 대양주)의 회원국수에 비례하여 전권위원회가 선출한 46개 이사국으로 구성, 매년 개최
  - 헌장, 협약, 운영규칙에서 규정된 사항과 전권위원회 및 주요 회의에서 결의된 사항의 시행을 위한 검토 및 조치
  - ITU의 전략 및 정책수립을 위한 제반 통신문제를 검토 및 심의
    ※ 회원국수의 최대 25%, 회원국수 46개국

51. 다음 중 ITU의 공용어가 아닌 것은? 2018년 제4회 검정

① 중국어 ② 프랑스어 ❸ 일본어 ④ 영어

52. 국제전기통신연합의 공용어 중 오해나 분쟁이 있을 경우 우선하는 것은? 2022년 제4회 검정

① 영어 원본 ❷ 프랑스어 원본 ③ 스페인어 원본 ④ 러시아어 원본

국제전기통신연합(ITU) 헌장

ARTICLE 29. Languages(언어)

1 1) The official languages of the Union shall be **Arabic, Chinese, English, French, Russian and Spanish**.
   1) 연합의 공식 언어는 아랍어, 중국어, 영어, 프랑스어, 러시아어 및 스페인어로 한다.

   2) In accordance with the relevant decisions of the Plenipotentiary Conference, these languages shall be used for drawing up and publishing documents and texts of the Union, in versions equivalent in form and content, as well as for reciprocal interpretation during conferences and meetings of the Union.
   2) 전권위원회의 관련 결정에 따라 이러한 언어는 연합의 문서와 텍스트를 형식과 내용에 동등한 버전으로 작성 및 게시할 뿐만 아니라 연합의 회의 및 회의 중 상호 통역을 위해 사용될 것이다.

   3) In case of discrepancy or dispute, the **French text** shall prevail.
   3) 불일치 또는 분쟁이 있는 경우 프랑스어 텍스트가 우선한다.

2 When all participants in a conference or in a meeting so agree, discussions may be conducted in fewer languages than those mentioned above.\
2 회의 또는 회의의 모든 참가자가 동의하는 경우 위에서 언급된 것보다 적은 수의 언어로 토론이 진행될 수 있다.

전파규칙(Radio Regulations) Volume 1

ARTICLE 5. Frequency allocations (주파수의 분배)

5.1 In all documents of the Union where the terms allocation, allotment and assignment are to be used, they shall have the meaning given them in Nos. 1.16 to 1.18, the terms used in the **six working** languages being as follows:

ITU의 모든 문서에서 사용되는 분배(allocation), 구역분배(allotment) 및 할당(assignment)의 용어는 제1.16호에서 제1.18호까지 정의되어 있으며, 다음과 같이 6개의 언어로 사용된다.:

Frequency distribution to (주파수 분배 대상)	French (프랑스어)	English (영어)	Spanish (스페인어)	Arabic (아랍어)	Chinese (중국어)	Russian (러시아어)
Services (업무)	Attribution (attribuer)	Allocation (to allocate)	Atribución (atribuir)	توزيع (يوزع)	划分	распределение (распределять)
Areas or countries (구역 또는 국가)	Allotissement (allotir)	Allotment (to allot)	Adjudicación (adjudicar)	تعيين (يعين)	分配	выделение (выделять)
Stations (무선국)	Assignation (assigner)	Assignment (to assign)	Asignación (asignar)	تخصيص (يخصص)	指配	присвоение (присваивать)

53. 다음 중 ITU(국제전기통신연합)의 목적이 아닌 것은? 2017년 제1회 검정

① 전기통신의 개선과 합리적 이용을 위한 회원국간의 국제협력의 유지 및 증진
② 전기통신분야에서 개발도상국에 대한 기술지원의 장려 및 제공
❸ 평화적 관계를 증진할 목적으로 하는 전기통신업무의 이용제한
④ 일반대중에 의한 이용보급을 위한 기술설비의 개발 촉진

국제전기통신연합(ITU) 헌장

제1장 기본규정. 제1조 연합의 목적

2 1 The purposes of the Union are: <u>연합의 목적</u>은 다음과 같다.

3 a) to maintain and extend international cooperation among all its Member States for the improvement and rational use of telecommunications of all kinds;
<u>모든 종류의 전기통신의 개선과 합리적인 이용을 위한 모든 회원국 간의 국제 협력을 유지하고 증진한다.</u>

3A a bis) to promote and enhance participation of entities and organizations in the activities of the Union and foster fruitful cooperation and partnership between them and Member States for the fulfilment of the overall objectives as embodied in the purposes of the Union;
연합의 목적에 구체화된 전반적인 목표를 달성하기 위해 연합의 활동에 대한 단체와 조직의 참여를 촉진하고 강화하며, 그들과 회원국 간의 유익한 협력과 파트너십을 촉진한다.

4 b) to promote and to offer technical assistance to developing countries in the field of telecommunications, and also to promote the mobilization of the material, human and financial resources needed for its implementation, as well as access to information;
<u>전기통신 분야에서 개발도상국에 대한 기술 지원을 장려하고 제공하며,</u> 정보에 대한 접근뿐만 아니라 구현에 필요한 물질, 인적, 재정 자원의 동원을 증진한다.

5 c) to promote the development of technical facilities and their most efficient operation with a view to improving the efficiency of telecommunication services, increasing their usefulness and making them, so far as possible, generally available to the public;
전기통신 서비스의 효율성을 향상시키고, 그 유용성을 증가시키며, 가능한 한 <u>일반적으로 대중이 이용할 수 있도록</u>

하기 위한 목적으로 기술 설비의 개발과 가장 효율적인 운영을 촉진한다.

6   d) to promote the extension of the benefits of the new telecommunication technologies to all the world's inhabitants;
전 세계 모든 주민에게 새로운 전기통신 기술의 혜택을 확대하도록 촉진한다.

7   e) to promote the use of telecommunication services with the objective of facilitating peaceful relations;
평화적 관계를 촉진하기 위한 목적으로 전기통신 서비스의 이용을 증진한다.

8   f) to harmonize the actions of Member States and promote fruitful and constructive cooperation and partnership between Member States and Sector Members in the attainment of those ends;
회원국의 행동을 조화시키고 회원국과 부문 회원국 간의 생산적이고 건설적인 협력과 파트너십을 촉진한다.

9   g) to promote, at the international level, the adoption of a broader approach to the issues of telecommunications in the global information economy and society, by cooperating with other world and regional intergovernmental organizations and those non-governmental organizations concerned with telecommunications.
국제적 수준에서 다른 세계·지역 정부 간 조직 및 전기 통신과 관련된 비정부 조직과 협력하여 글로벌 정보 경제 및 사회에서 전기 통신 문제에 대한 광범위한 접근 방식을 채택하도록 촉진한다.

54. 항공이동위성업무용 무선국의 운용 시 기준으로 삼아야 하는 시간으로 알맞은 것은?   2022년 제1회 검정

① 중앙표준시
② 국가표준시(NST)
❸ 협정세계시(UTC)
④ 표준 시보국에 의한 시간

해설

 협정 세계시(UTC, Coordinated Universal Time)는 1972년부터 시행된 국제 표준시이다. 세슘 원자 진동수를 기반으로 측정해 매우 정확하고, 국제원자시와 윤초 보정을 기반으로 표준화되었다.

전파규칙(Radio Regulations) Volume 1

Section I. Dates and time (일자 및 시각)

2.6 Whenever a specified time is used in international radiocommunication activities, **UTC shall be applied,** unless otherwise indicated, and it shall be presented as a four-digit group (0000-2359). The abbreviation UTC shall be used in all languages.

2.6 **국제무선통신업무에서** 어떤 특정한 시각이 사용될 때에는 별도로 명시되지 아니하는 한 언제나 **UTC(국제표준시/협정세계시)가 적용되어야 하며**, 그것은 또한 4자리의 숫자집합(0000 - 2359)으로 표기되어야 한다. 약어 UTC는 모든 언어에서 사용되어야 한다.

『항공통신업무 운영 규정』 제6조(업무시간)

⑤ **항공통신업무를 수행할 때에는 국제표준시(UTC)를 사용하여야 하며**, 하루의 시작은 0000으로 하루의 끝은 2400으로 지정하여야 한다.

55. 다음 중 무선전화를 사용하는 항공기국의 식별표시로 옳지 않은 것은?

2018년 제1회 검정

❶ 장소의 지리적 명칭과 무선국의 기능을 표시하는 단어의 조합
② 항공기의 소유자를 표시하는 단어를 전치한 호출부호
③ 항공기에 할당된 공식 등록기호에 상당하는 글자의 조합
④ 정기항공로를 표시하는 단어와 그 다음에 이어지는 항공편 식별번호

> 전파규칙(Radio Regulations) Volume 1
>
> ARTICLE 19. Identification of stations (무선국의 식별)
>
> Section IV — Identification of stations using radiotelephony(무선전신을 사용하는 무선국의 식별)
>
> T19.77 §34 1) Aeronautical stations
>
>   1) 항공국
>
> - the name of the airport or geographical name of the place followed, if necessary, by a suitable word indicating the function of the station.
>   공항의 명칭 또는 장소의 지리적 명칭과 필요한 경우 그 다음에 이어지는 그 무선국의 기능을 표시하는 적당한 단어
>
> 19.78 2) Aircraft stations
>   2) 항공기국
>
> - a call sign (see No. 19.58), which may be preceded by a word designating the owner or the type of aircraft; or
>   항공기의 소유자 또는 항공기 기종을 표시하는 단어를 전치한 호출부호 (제19.58호 참조); 또는
>
> - a combination of characters corresponding to the official registration mark assigned to the aircraft; or
>   항공기에게 할당된 공식등록 기호에 상당하는 글자의 조합; 또는
>
> - a word designating the airline, followed by the flight identification number.
>   정기항공로를 표시하는 단어와 그 다음에 이어지는 항공편 식별번호

56. 다음 중 국제전파규칙(RR)에서 규정한 자격증을 소유하고 있지 않은 임시통신사의 업무가 아닌 것은?

2020년 제4회 검정

❶ 화물운송 계획에 관한 메시지
② 인명안전과 직접 관련되는 메시지
③ 항공기의 안전운항과 관련되는 메시지
④ 조난신호와 그에 관련되는 메시지

> 전파규칙(Radio Regulations) Volume 1
>
> ARTICLE 37. Operator's certificates (통신사의 자격증)
>
> Section I — General provisions (총칙)
>
> 37.6 §2 1) In the case of complete unavailability of the operator in the course of a flight, and solely as a temporary measure, the person responsible for the station may authorize an operator holding a certificate issued by the government of another Member State to perform the radiocommunication service.

	1) 어떤 비행노선의 비행도중에 통신사의 운용불능인 경우 오직 임시 조치로서 무선국의 책임자가 무선통신 서비스를 수행할 수 있도록 기타 회원국의 정부에 의해 통신사에 자격을 부여할 수 있다.
37.7	2) When it is necessary to employ a person without a certificate or an operator not holding an adequate certificate as a temporary operator, his performance as such must be limited solely to signals of distress, urgency and safety, messages relating thereto, messages relating directly to the safety of life and essential messages relating to the navigation and safe movement of the aircraft.
	2) 자격증을 소지하고 있지 않은 자 또는 충분한 자격증을 소지하고 있지 않은 자를 <u>임시 통신사로서 채용하는 것이 필요한 경우에는 임시통신사로서의 그의 업무</u>는 오로지 <u>조난, 긴급 및 안전신호</u>와 그러한 신호와 관련되는 메시지, <u>인명의 안전</u>과 직접 관련되는 메시지, 그리고 <u>항공기의 항행과 안전운항</u>과 관련되는 필수적인 메시지로 한정되어야 한다.
37.8	3) In all cases, such temporary operators must be replaced as soon as possible by operators holding the certificate prescribed in § 1 of this Article.
	3) 모든 경우에 있어서 이러한 임시 통신사는 가능한 신속하게 이 조항의 § 1에 규정되어 있는 바와 같이 적절한 자격증을 소지하고 있는 통신사로 교체되어야 한다.

57. 다음 중 전파규칙(RR)의 항공업무에서 규정한 무선전화통신사 일반 자격증 소지자(Radiotelephone Operator's General Certificate)의 업무로 옳은 것은?   2019년 제4회 검정

① 모든 항공기국의 무선전신 업무
② 모든 항공국의 무선전신업무
❸ 모든 항공기국 또는 항공기지구국의 무선전화 업무
④ 모든 항공국의 무선전신 업무 및 항공지구국의 무선전화 업무

전파규칙(Radio Regulations) Volume 1

　　　Section Ⅱ — Classes and categories of certificates(통신사 자격증의 등급과 종류)

37.12 §5	1) There are two categories of radiotelephone operators' certificates, <u>general</u> and **restricted**.
	1) 무선전화통신사 자격증에는 <u>일반자격증</u>과 한정자격증의 2개 종류가 있다.
37.13	2) The holder of a <u>radiotelephone operator's general certificate</u> may carry out <u>the radiotelephone service of any aircraft station or of any aircraft earth station.</u>
	2) 무선전화통신사 일반자격증의 소지자는 <u>모든 항공기국 또는 항공기 지구국의 무선전화업무를 수행할 수 있다.</u>
37.14	3) The holder of a radiotelephone operator's restricted certificate may carry out the radiotelephone service of any aircraft station or aircraft earth station operating on frequencies allocated exclusively to the aeronautical mobile service or the aeronautical mobile-satellite service, provided that the operation of the transmitter requires only the use of simple external switching devices.
	3) 무선전화통신사 한정자격증의 소지자는 송신기의 조작에 단순한 외부 스위칭 장치의 사용만이 요구되는 조건하에서는 항공이동업무 또는 항공이동위성업무에 전용으로 분배되어 있는 주파수에서 운용하는 모든 항공기국 또는 항공기지구국의 무선전화업무를 수행할 수 있다.

58. 국제전파규칙(RR)에서 규정한 무선전화의 안전신호는?   2015년 제4회 검정, 2017년 제1회 검정

① PAN   ② MAYDAY   ③ SAFETY   ❹ SECURITE

 해설

전파규칙(Radio Regulations) Volume 1

Section IV — Safety communications(안전통신)

33.33 §17 The safety signal consists of the word SECURITE. In radiotelephony, it shall be pronounced as in French.

<u>안전신호는 단어 **SECURITE**로 구성된다</u>. 무선전화에서는 이 단어는 프랑스어에서와 같이 "세큐리떼"로 발음되어야 한다.

33.35 §19 1) The complete safety call should consist of the following, taking into account Nos. 32.6 and 32.7:

1) 완전한 안전호출은 다음과 같이 구성된다(제32.6호, 제32.7호):

- the safety signal "SECURITE", spoken three times;
  안전신호 "SECURITE", 구두로 3회;

- the name of the called station or "ALL STATIONS", spoken three times;
  피호출국의 명칭 또는 "ALL STATIONS", 구두로 3회;

- the words "THIS IS";
  단어 "THIS IS";

- the name of the station transmitting the safety message, spoken three times;
  안전통보를 송신하는 무선국의 명칭, 구두로 3회;

- the call sign or any other identification;
  호출부호 혹은 다른 식별부호; -

- the MMSI (if the initial announcement has been sent by DSC),
  MMSI(만약 초기 통보가 DSC로 송신된 경우),

followed by the safety message or followed by the details of the channel to be used for the message in the case where a working channel is to be used.

다음은 안전메시지 또는 전송에 통신주파수가 사용될 경우 통보에 사용되는 채널에 대한 세부 내용.

In radiotelephony, on the selected working frequency, the safety call and message should consist of the following, taking into account Nos. 32.6 and 32.7:

무선전화에 있어서는 선택 통신주파수 관련, 안전호출 및 안전메시지는 다음과 같이 구성된다(제32.6호, 제32.7호):

- the safety signal "SECURITE", spoken three times;
  안전신호 "SECURITE", 구두로 3회;

- the name of the called station or "ALL STATIONS", spoken three times;
  피호출국의 명칭 또는 "ALL STATIONS", 구두로 3회;

- the words "THIS IS";
  단어 "THIS IS";

- the name of the station transmitting the safety message, spoken three times;
  안전통보를 송신하는 무선국의 명칭, 구두로 3회;

- the call sign or any other identification;
  호출부호 또는 다른 식별부호;

- the MMSI (if the initial alert has been sent by DSC);
  MMSI(만약 초기 통보가 DSC로 송신된 경우);

- the text of the safety message. (WRC-12)
  안전 통보의 내용. (WRC-12)

59. 다음 중 전파규칙(RR)에서 규정한 항공기국의 검사에 관한 설명으로 옳지 않은 것은? 2019년 제4회 검정

① 검사관은 조사 목적으로 무선국 허가증의 제시를 요구할 수 있다.
② 무선설비기술기준의 적합여부에 대하여 무선설비를 검사 할 수 있다.
③ 검사관은 통신사의 자격증 제시를 요구 할 수 있다.
❹ 검사관은 통신사에게 직무에 관한 전문지식의 입증을 요구 할 수 있다.

전파규칙(Radio Regulations) Volume 1

ARTICLE 39. Inspection of stations (무선국의 검사)

39.1 §1 1) **The inspectors** of governments or appropriate administrations of countries who visit an aircraft station or aircraft earth station may **require the production of the licence for examination.** The operator of the station, or the person responsible for the station, shall facilitate this examination. The licence shall be kept in such a way that it can be produced upon request.

1) 항공기국 또는 항공기지구국을 임검하는 정부 또는 권한 있는 주관청의 검사관은 조사목적으로 **무선국 허가장의 제시를 요구할 수 있다.** 그 무선국의 통신사 또는 그 무선국에 대한 책임을 지고 있는 자는 이 조사에 응하고 협조하여야 한다. 허가장은 요구 즉시 제시될 수 있도록 보관되어야 한다.

39.2 2) The inspectors shall have in their possession an identity card or badge, issued by the competent authority, which they shall show on request of the person responsible for the aircraft.

2) 검사관은 권한있는 기관에 의하여 발급된 신분증명카드(ID card) 또는 뱃지를 소지하고 있거나 패용하고 있어야 하며 항공기의 기장이나 책임자의 요구에 응하여 그것을 제시하여야 한다.

39.3 3) When the licence cannot be produced or when manifest irregularities are observed, governments or administrations **may inspect the radio installations** in order to satisfy themselves that these conform to the conditions imposed by these Regulations.

3) 허가장이 제시되지 못하거나 명백한 위반사항이 적발될 경우에는 정부 또는 주관청은 무선설비가 이 규칙에 의하여 부과된 조건과 일치하는지의 여부를 직접 확인하기 위하여 무선설비를 검사할 수 있다.

39.4 4) In addition, **inspectors have the right to require the production of the operators' certificates, but proof of professional knowledge may not be demanded.**

4) 무선설비의 검사에 추가하여 검사관은 통신사의 자격증 제시를 요구할 수 있다. 그러나 통신사에게 직무에 관한 전문지식의 입증을 요구할 수는 없다.

39.5 §2 1) When a government or administration has found it necessary to adopt the course indicated in No. 39.3, or when the operator's certificates cannot be produced, the government or administration to which the aircraft station or aircraft earth station is subject shall be so informed without delay. In addition, the procedure specified in Section V of Article 15 is followed when necessary.

1) 정부 또는 주관청이 제39.3호와 같이 검사과정을 채택하는 것이 필요하다는 것을 발견하였거나 또는 통신사의 자격증이 제시되지 못하는 경우에는 그 정부 또는 주관청은 그 항공기국 또는 항공지구국을 관할하는 정부 또는 주관청에게 그러한 사실을 지체없이 통보하여야 한다. 이에 추가하여 필요한 경우에는 제15조 제IV절에 규정되어 있는 절차를 이행하여야 한다.

39.6 2) Before leaving, the inspector shall report the result of his inspection to **the person responsible for the aircraft.** If any breach of the conditions imposed by these Regulations is observed, the inspector shall make this report in writing.

2) 검사관은 떠나기 전에 자기의 검사결과를 <u>항공기의 책임자(기장)</u>에게 통고하여야 한다. 만일 이 규칙에 의하여 부과된 조건의 어떠한 위반사항이 적발된 경우에는 검사관은 이를 서면으로 통고하여야 한다.

39.7 §3 Member States undertake not to impose upon foreign aircraft stations or aircraft earth stations which are temporarily within their territorial limits or which make a temporary stay in their territory, technical and operating conditions more severe than those contemplated in these Regulations. This undertaking in no way affects arrangements which are made under international agreements relating to air navigation, and which are therefore not covered by these Regulations.

모든 회원국은 일시적으로 자국영토의 경계 내에 있거나 자국 영토 내에서 일시 체류하는 외국의 항공기국 또는 항공지구국에 대하여 이 규칙이 의도하고 기대하는 것보다 더 엄격한 기술과 운용조건을 부과하지 아니할 의무와 책임을 진다. 회원국의 이러한 의무와 책임은 국제조약 또는 협약에 의하여 체결되고 그러한 이유로 이 규칙의 적용을 받지 않는 항공항행에 관한 국제협정에는 어떠한 영향도 주지 않는다.

39.8 §4 The frequencies of emissions of aircraft stations shall be checked by the inspection service to which these stations are subject.

항공기국의 전파발사 주파수는 그 항공기국을 관할하는 검사기관에 의하여 점검되어야 한다.

60. 다음 중 우리나라에 분배된 국제호출부호가 아닌 것은? 2011년 제4회 검정

① DSA-DTZ ② HLA-HLZ ❸ HMA-HMZ ④ 6KA-6NZ

 해설

△ 전파규칙(Radio Regulations) Volume 2. APPENDIX 42, "Table of allocation of international call sign series"에서 아래 내용을 확인할 수 있음.
① DSA-DTZ → Korea (Republic of) 대한민국
② HLA-HLZ → Korea (Republic of) 대한민국
❸ HMA-HMZ → Democratic People's Republic of Korea 북한
④ 6KA-6NZ → Korea (Republic of) 대한민국

△ 전파규칙(Radio Regulations) Volume 2에서 대한민국에 할당된 국제 호출부호는 4개임.
① DSA-DTZ ② D7A-D9Z ③ HLA-HLZ ④ 6KA-6NZ

⚠️ 이는 한국정보통신기술협회에서 발행한 **<정보통신용어사전>**에서도 확인할 수 있음.

- **호출부호**(呼出符號, call sign) : 무선국을 식별하기 위해 쓰이는 각 무선국 고유의 부호. 원칙적으로 무선국에 대해서는 국제전기통신협약 부속 전파규칙(RR)에서 한국에 분배된 국제 호출 부호열을 기준으로 구성한 호출 부호를 할당한다. 호출 부호열은 국제전기통신연합(ITU)에서 각 주관청에 배정하는데 그 내역은 **전파규칙 부록 제42호에 할당되어 있으며**, 한국은 DSA-DTZ, D7A-D9Z, HLA-HLZ 및 6KA-6NZ열을 배정받아 사용하고 있다.

⚠️ 전파규칙(Radio Regulations)은 Volume 1(430페이지), Volume 2(767페이지), Volume 3(678페이지), Volume 4(520페이지)의 총 4권으로 발간되어 있으며, 시험문제는 주로 Volume 1(430페이지)에서 출제되고 있습니다. 초심자(beginner)에게는 내용이 비교적 난해하고 방대하다고 할 수 있습니다.

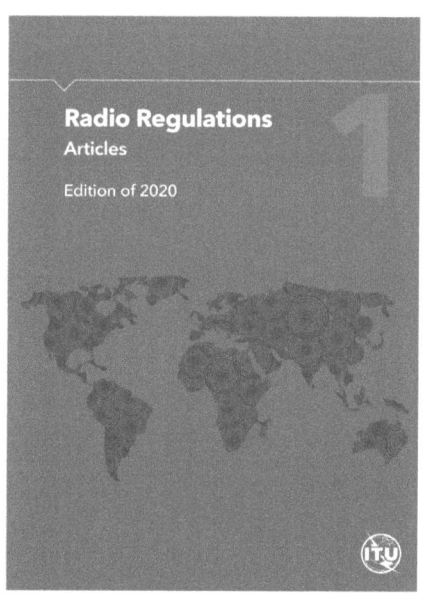

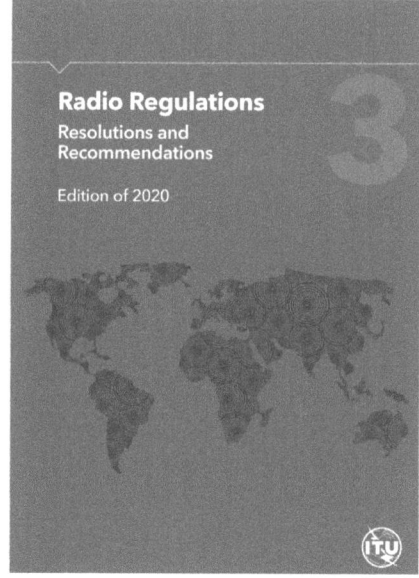
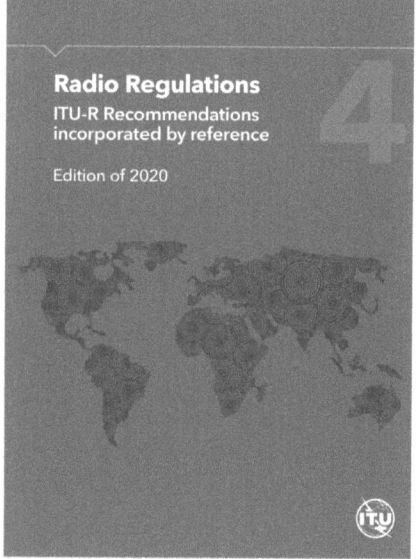

PART 01

전파법규

기출문제

2023년도 제1회 정기검정
전파법규

01 다음 중 무선전화에 의한 조난호출 순서를 맞게 나열한 것은?

> ㉠ "여기는" 또는 "THIS IS" 1회
> ㉡ "조난" 또는 "MAYDAY" 3회
> ㉢ 조난항공기국의 호출부호 또는 호출명칭 3회
> ㉣ 주파수 1회 (국내 항공에 종사하는 항공기국에서는 필요하다고 인정한 경우에 한함)

① ㉠→㉡→㉢→㉣
② ㉠→㉡→㉣→㉢
③ ㉡→㉠→㉢→㉣
④ ㉡→㉢→㉣→㉠

02 다음 중 신고를 통해 개설할 수 있는 무선국에 해당하지 않는 것은?

① 발사하는 전파가 미약한 무선국이나 무선설비의 설치공사를 할 필요가 없는 무선국
② 송신전용 무선국
③ 전파법에 따라 주파수할당을 받은 자가 전기통신업무 등을 제공하기 위하여 개설하는 무선국
④ 방송법에 따라 이동멀티미디어방송을 위하여 개설하는 무선국

03 다음 중 무선국 개설의 결격사유에 해당되지 않는 것은?

① 대한민국의 국적을 가지지 아니한 자가 항공국을 개설하고자 하는 경우
② 외국정부 또는 그 대표자가 육상국을 개설하고자 하는 경우
③ 외국의 법인 또는 단체가 해안국을 개설하고자 하는 경우
④ 외국의 법인 또는 단체가 과학이나 기술발전을 위한 실험만 사용하는 실험국을 개설하고자 하는 경우

04 다음 중 무선통신의 원칙이 아닌 것은?

① 무선통신의 내용은 필요 최소한의 사항이어야 한다.
② 무선통신에 사용하는 용어는 가능한 간명하여야 한다.
③ 교신하는 때에는 자국 호출부호·명칭 및 표지부호를 붙여 출처를 명확히 하여야 한다.
④ 교신하는 때에는 정확히 송신하고, 오류를 인지할 때에는 상황에 맞게 정정하여야 한다.

05 다음 중 초단파(VHF, Very High Frequency) 대역(30~300MHz)에서 파장의 길이로 적합한 것은?

① 100m ~ 10m   ② 10m ~ 1m
③ 1m ~ 10cm   ④ 10cm ~ 1cm

06 항공기국 무선설비 검사 시 명백한 위반사항이 관찰된 경우 국제전파규칙(RR)에서 규정하는 통보방법으로 옳은 것은?

① 구두로 직접 통보한다.
② 전화로 통보한다.
③ 서면으로 통보한다.
④ 문자전송으로 통보한다.

07 다음 중 무선국 개설허가의 유효기간은?

① 7년 이내   ② 10년 이내
③ 15년 이내   ④ 20년 이내

08 다음 중 항공기국이 항공국과 무선전화에 의한 시험통신을 행하는 경우 가장 먼저 송신하여야 하는 것은?

① 상대국의 호출부호   ② 자국의 호출부호
③ 사용하고 있는 주파수   ④ 명료도

09 항공기국이 항행 중 항공국과 1차 이상 연락하지 않은 경우의 무선종사자 행정처분 기준은?

① 업무종사 정지 3개월
② 업무종사 정지 6개월
③ 업무종사 정지 1년
④ 기술자격 취소

10 다음 중 빈 칸에 들어갈 것으로 알맞은 것은?

> 무선국 준공검사에 불합격된 경우에는 준공검사의 결과를 통보받은 날로부터 (   ) 이내에 재검사를 받아야 한다.

① 2개월   ② 4개월
③ 6개월   ④ 12개월

11 다음 중 빈칸에 들어갈 것으로 알맞은 것은?

> 무선설비의 운용을 위한 전원은 전압변동률이 정격전압을 기준으로 상하 오차범위 (   ) 이내에서 유지할 수 있어야 한다.

① 3%   ② 5%
③ 10%   ④ 15%

12 다음의 항공무선업무 관련 국제전파규칙의 괄호 안에 들어갈 것으로 맞는 것은?

> 모든 항공기국의 업무는 그 무선국을 관할하는 정부에 의하여 발급되거나 인정하는 (A)을 소지하고 있는 (B)에 의하여 관리되고 통제되어야 한다.

① A : 허가장, B : 1인의 정비사
② A : 허가장, B : 2인의 정비사
③ A : 자격증, B : 1인의 통신사
④ A : 자격증, B : 2인의 통신사

13 항공기의 항행 중 무선전화 통화에서 호출부호 사용의 약어화에 대한 설명으로 옳지 않은 것은?

① 항공기국은 통신연락이 설정된 후 혼동될 우려가 없는 경우에는 호출부호를 대신하여 약어를 사용할 수 있다.
② 호출 약어는 항공기 등록기호의 최초 문자와 끝의 2문자
③ 호출 약어는 통신연락 중에 변경할 수 있다.
④ 호출 약어는 세 자리 지정문자와 등록기호 끝의 2문자

14 다음 중 항공기무선국의 검사 항목이 아닌 것은?

① ADF   ② DME
③ TCAS   ④ ELT

15 다음 중 "선박 또는 항공기가 외국의 각 지역을 항행 중이어서 무선종사자의 승무가 불가능한 경우로서 무선종사자가 아닌 자가 무선설비를 운용할 수 있는 범위"로 옳은 것은?

① 운항통신   ② 출입권 통지
③ 안전통신   ④ 기기의 조정

16 다음 중 빈칸에 들어갈 것으로 알맞은 것은?

> 안테나 공급전력이 (　)를 초과하는 무선설비에 사용하는 전원회로는 퓨즈 또는 자동차단기를 갖추어야 한다.

① 5W   ② 10W
③ 20W   ④ 50W

17 다음 중 전파의 성질과 가장 거리가 먼 것은?

① 직진성   ② 반사성
③ 굴절성   ④ 투과성

18 전파규칙의 항공업무 무선전화통신사 한정자격증 취득을 위한 입증사항이 아닌 것은?

① 무선전화장치의 실제 조작과 조정에 관한 상세 지식
② 공용언어를 이용한 무선전화의 정확한 송수신 능력
③ 인명안전 관련 통신의 상세한 지식
④ 무선전화 운용과 운용절차의 실무지식

19 다음 중 스퓨리어스발사에 포함되지 않는 것은?

① 대역외발사   ② 고조파발사
③ 기생발사   ④ 상호변조

20 다음 중 의무항공기국 전원의 작동 요건이 아닌 것은?

① 항행 중 초단파대 무선전화 작동
② 항행 중 2차감시레이다용 트랜스폰더 작동
③ 항행 중 로칼라이져 작동
④ 예비전원용 축전지 충전

2022년도 제4회 정기검정
전파법규

01 다음 괄호 안에 들어갈 항공기국의 정의로 옳은 것은?

> 항공기에 개설하여 ( )를 하는 무선국

① 항공이동업무
② 항공고정업무
③ 항공이동 및 고정업무
④ 항공통신업무

02 다음 중 "무선설비의 효율적 이용을 위하여 과학기술정보통신부장관의 승인을 얻어 위탁운용 또는 공동사용 할 수 있는 무선설비가" 아닌 것은?

① 무선국의 안테나설치대
② 송신설비
③ 무선국의 성능측정 설비
④ 수신설비

03 다음 중 "항공이동업무국의 121.5[MHz]의 주파수 사용조건"으로 틀린 것은?

① 항공기의 항공기국 상호간 통상적인 업무연락에 관한 통신을 행하는 경우
② 수색과 구조작업에 종사하는 항공기의 항공기국 상호간에 통신을 행하는 경우
③ 121.5[MHz] 외의 주파수를 사용할 수 없는 항공기국과 항공국간에 통신을 행하는 경우
④ 급박한 위험상태에 있는 항공기의 항공기국과 지상의 무선국 간에 통신을 행하는 경우로서 통상 사용하는 전파가 명확하지 아니하거나 다른 항공기국 간에 사용하고 있는 경우

04 항공기국이 발신하는 무선전화에 의한 통보로서 항공고정업무에 의한 전송을 필요로 하는 경우 "통보의 구성요소"가 아닌 것은?

① 호출(발신국이 표시되는 것)
② "FROM"(구문인 경우에 한한다)
③ 수신인 명칭, 착신국의 명칭
④ 본문

05 항공국은 항공고정업무를 경유하여 전송된 통보로서 무선전화에 의하여 항공기국에 송신하는 것에 대한 통보의 구성 순서로 옳은 것은?

① 본문 – "FROM"(구문인 경우) – 발신인의 명칭과 소재지명
② 호출 – 발신인의 명칭과 소재지명
③ 본문 – 호출 – 발신인의 명칭과 소재지명
④ 본문 – 수신인 명칭 – 발신인의 명칭과 소재지명

06 항공지구국의 정의로 옳은 것은?

① 항공기에 개설하여 항공이동위성업무를 하는 이동지구국
② 항공기에 개설하여 해상이동위성업무를 하는 이동지구국
③ 육상의 일정한 고정지점에 개설하여 항공이동위성업무를 하는 지구국
④ 육상의 일정한 고정지점에 개설하여 해상이동업무를 하는 지구국

07 다음 중 "항공기에 개설하는 무선설비의 기술 운용이 가능한 무선종사자의 자격종목"으로 옳은 것은?

① 전파전자통신기사
② 전파전자통신기능사
③ 제1급 아마추어무선기사
④ 제2급 아마추어무선기사

08 항공기용 휴대무선설비의 송신장치 조건 중 안테나공급전력의 허용편차로 맞는 것은?

① 상한 50[%] 하한 20[%]
② 상한 50[%] 하한 50[%]
③ 상한 10[%] 하한 20[%]
④ 상한 20[%] 하한 50[%]

09 다음 중 신고를 통해 처리할 수 없는 것은?

① 간이무선국의 승계
② 무선국 폐지
③ 무선국 운용휴지
④ 송신기의 대치

10 다음 중 전방향표지시설(VOR)에 대한 설명으로 틀린 것은?

① 기준 및 가변위상신호의 위상은 자북방향에서 일치할 것
② 송신설비의 주반송파 변조방식은 주파수 변조하는 것일 것
③ 기준 위상신호 및 가변 위상신호를 연속하여 송신할 수 있을 것
④ 식별신호는 국제 모오스부호에 의해 적어도 30초마다 1회 송신할 수 있을 것

11 항공국의 허가유효기간 만료일 도래 시 재허가 신청기간은?

① 허가의 유효기간 만료 전 1개월 이상 2개월 이내
② 허가의 유효기간 만료 전 1개월 이상 4개월 이내
③ 허가의 유효기간 만료 전 2개월 이상 4개월 이내
④ 허가의 유효기간 만료 전 2개월 이상 6개월 이내

12 다음 중 정기검사 면제 또는 생략대상 무선국이 아닌 것은?

① 적합성평가를 받은 무선기기를 사용하는 아마추어국
② 국가안보 또는 대통령 경호를 위하여 개설하는 무선국
③ 공해 또는 극지역에 개설한 무선국
④ 의무항공기국

13 조난통신을 발신하여야 할 사태에 이르러 기장이 필요한 명령을 하지 아니하거나 무선통신업무에 종사하는 자로서 그 명령을 받고 지체 없이 이를 발신하지 아니한 자에 대한 벌칙은?

① 10년 이하의 징역 또는 1억원 이하의 벌금
② 5년 이하의 징역 또는 5천만원 이하의 벌금
③ 3년 이하의 징역 또는 3천만원 이하의 벌금
④ 1년 이하의 징역 또는 1천만원 이하의 벌금

14 다음 중 각 지방 전파관리소에서 수행하는 업무가 아닌 것은?

① 적합성평가의 변경신고 및 잠정인증
② 무선국의 개설허가 및 변경허가
③ 무선국의 검사
④ 무선국 폐지·운용휴지의 신고수리

15 업무종사의 정지를 당한 후 그 기간에 무선설비를 운용한 경우의 벌칙은?

① 200만원 이하의 벌금
② 200만원 이하의 과태료
③ 2년 이하의 징역 또는 2,000만원 이하의 벌금
④ 2년 이하의 징역

16 다음 중 정당한 사유 없이 계속하여 6개월 이상 무선국의 운용을 휴지한 경우 과학기술정보통신부장관 또는 방송통신위원회가 취할 수 있는 조치는?

① 무선종사자 기술자격의 정지
② 무선국의 변경
③ 무선국 장비의 압류
④ 무선국 개설허가의 취소

17 다음 중 '국립전파연구원'의 업무인 것은?

① 통신보안의 준수에 관한 사항
② 주파수 이용현황의 조사 및 확인에 관한 사항
③ 주파수의 국제등록
④ 전파감시 및 국제전파감시 업무

18 선박, 항공기 또는 기타 이동체의 안전, 선상 또는 시계내에 있는 인명의 안전에 관련된 긴급 전문의 우선순위 약어는?

① SS   ② DD
③ FF   ④ GG

19 국제전기통신연합의 공용어 중 오해나 분쟁이 있을 경우 우선하는 것은?

① 영어 원본
② 프랑스어 원본
③ 스페인어 원본
④ 러시아어 원본

20 다음 무선국별 개설허가(또는 재허가)의 유효기간 중 틀린 것은?

① 실험국 1년
② 방송국 5년
③ 아마추어국 5년
④ 의무항공기국 10년

2022년도 제1회 정기검정
전파법규

01 항공기국은 방위측정의 청구를 어디에 하여야 하는가?
① 무선측위국
② 의무항공기국
③ 무선방향탐지국
④ 선박국

02 다음 중 전파법의 목적이 아닌 것은?
① 전파이용과 전파에 관한 기술의 개발을 촉진
② 공공복리의 증진에 이바지
③ 전파 관련 분야의 진흥을 도모
④ 국가간의 분쟁을 조정

03 전파법령에서 정하는 항공기국에 배치 가능한 무선종사자로 틀린 것은?
① 전파전자통신기사
② 육상무선통신사
③ 전파전자통신산업기사
④ 항공무선통신사

04 다음 중 "항공기국이 무선전화통신으로 무선방향탐지국에 대하여 방위측정용 부호를 송신하고자 하는 경우 송신순서"로 옳은 것은?
① 자국의 호출부호-각 10초간의 2선-자국의 호출부호
② 상대국의 호출부호-각 10초간의 2선-자국의 호출부호
③ 자국의 호출부호-각 20초간의 2선-상대국의 호출부호
④ 상대국의 호출부호-각 10초간의 2선-자국의 호출부호

05 항공고정업무국의 통신연락 방법 중 "수송방식에 의하여 송신"하는 방법으로 옳은 것은?
① "O" 적의(適宜) 연속→자국의 호출부호 1회
② "S" 적의(適宜) 연속→자국의 호출부호 1회
③ "V" 적의(適宜) 연속→자국의 호출부호 1회
④ "X" 적의(適宜) 연속→자국의 호출부호 1회

06 다음 중 무선종사자에 한하여 운용할 수 있는 무선기기는?
① 적합성평가를 받은 생활무선국용 무선기기
② 측정용 소형발진기
③ 항공기에 설치되는 항행안전용 수신전용 무선기기
④ 아마추어용 무선기기

07 다음 중 "조난통보의 수신증을 송신한 항공국의 조치"로 틀린 것은?

① 항공교통의 관리기관에 통지한다.
② 조난항공기의 구조기관에 통지한다.
③ 기상원조국에 통지한다.
④ 조난항공기국의 최후에 사용한 주파수의 전파를 청취한다.

08 권한의 위임·위탁 규정에 따라 무선국의 폐지 또는 운용휴지를 하고자 하는 경우 누구에게 신고서를 제출하여야 하는가?

① 한국방송통신전파진흥원장
② 중앙전파관리소장
③ 우정사업본부장
④ 국립전파연구원장

09 다음 중 시설자의 지위승계를 위하여 과학기술정보통신부장관의 인가를 받아야 하는 경우는?

① 시설자에 대하여 상속이 있는 경우
② 항공기 소유권의 이전에 의하여 운항자가 변경된 경우
③ 시설자인 법인이 합병한 경우에 합병 후 존속한 경우
④ 항공기의 임대차 계약에 의하여 운항자가 변경된 경우

10 무선국의 허가유효기간 만료일 도래 시 재허가 신청은 누구에게 해야 하는가?

① 해양수산부장관
② 과학기술정보통신부장관
③ 산업통상자원부장관
④ 국토교통부장관

11 다음 중 허가 또는 신고하지 아니하고 개설할 수 있는 무선국은?

① 공기에 설치되는 레이다 설비
② 항공기용 비상위치지시용 무선표지설비
③ 항공관제탑에 설치되는 수신전용 무선기기를 사용하는 무선국
④ 항공기에 설치되는 송수신기

12 다음 중 정당한 사유 없이 계속하여 6개월 이상 무선국의 운용을 휴지한 경우 과학기술정보통신부장관 또는 방송통신위원회가 취할 수 있는 조치는?

① 무선종사자 기술자격의 정지
② 무선국의 변경
③ 무선국 장비의 압류
④ 무선국 개설허가의 취소

13 다음 중 전파법 상 처분을 하기 위한 청문대상이 아닌 것은?

① 무선국 개설허가의 취소
② 적합성평가의 취소
③ 무선국검사 합격 취소
④ 무선종사자의 기술자격 취소

14 다음 중 송신설비의 안테나공급전력 표시방법이 아닌 것은?

① 평균전력(PY)
② 첨두포락선전력(PX)
③ 반송파전력(PZ)
④ 필요전력(PN)

15 항공기국의 A3E전파 118[MHz]부터 136.975[MHz]까지의 주파수대를 사용하는 무선설비의 변조방식은?

① 진폭변조
② 주파수변조
③ 위상변조
④ 혼합변조

16 다음 중 무선국 재허가 시 무선국 허가사항을 재지정할 수 있는 사항이 아닌 것은?

① 전파의 형식
② 무선국의 목적
③ 안테나공급전력
④ 운용허용시간

17 헬리콥터 및 경량항공기를 제외한 의무항공기국의 정기검사 유효기간은?

① 6개월
② 1년
③ 2년
④ 3년

18 선박, 항공기 또는 기타 이동체의 안전, 선상 또는 시계내에 있는 인명의 안전에 관련된 긴급 전문의 우선순위 약어는?

① SS
② DD
③ FF
④ GG

19 항공이동통신 업무에서 통신의 우선순위 중 가장 높은 것은?

① 조난통신
② 긴급통신
③ 무선방향탐지에 관한 통신
④ 항공기 안전운항에 관한 통신

20 항공이동위성업무용 무선국의 운용 시 기준으로 삼아야 하는 시간으로 알맞은 것은?

① 중앙표준시
② 국가표준시(NST)
③ 협정세계시(UTC)
④ 표준 시보국에 의한 시간

2020년도 제4회 정기검정
전파법규

01 다음 중 전파법령에서 규정한 "안테나공급전력"의 정의로 옳은 것은?

① 송신설비에서 공간으로 발사되는 전력
② 안테나에서 공간으로 발사되는 전력
③ 안테나의 급전선에 공급되는 전력
④ 송신설비의 종단부에 공급되는 전력

02 항공무선통신망에서 통신연락설정이 되지 아니하는 경우에 책임항공국과 항공기국의 "일방송신"에 대한 설명으로 틀린 것은?

① 책임항공국은 제1주파수 및 제2주파수의 전파에 의하여 일방적으로 통보를 송신할 수 있다.
② 인근 책임항공국은 당해 항공기국과 최후로 사용한 전파로 일방적으로 통보를 송신할 수 있다.
③ 책임항공국은 수신설비의 고장으로 항공기국과 연락설정을 할 수 없는 경우에 항공기국에서 지시된 전파로 일방송신에 의하여 통보를 송신하여야 한다.
④ 무선전화에 의하여 일방송신을 행하는 때에는 "수신설비의 고장으로 인한 일방송신"이라는 약어 또는 이에 해당하는 다른 약어를 먼저 보내고 행하는 그 통보를 반복하여 송신하여야 한다.

03 다음 중 항공기국의 무선전화에 의한 조난호출의 송신순서로 옳은 것은?

① 조난 3회 → 여기는 1회 → 조난항공기국의 호출명칭 3회 → 주파수 1회
② 조난 3회 → 여기는 1회 → 주파수 1회 → 조난항공기국의 호출명칭 3회
③ 조난항공기국의 호출명칭 3회 → 여기는 1회 → 조난 3회 → 주파수 1회
④ 조난항공기국의 호출명칭 3회 → 여기는 1회 → 주파수 1회 → 조난 3회

04 다음 중 항공이동업무에 있어서 통신의 우선순위로 옳은 것?

① 조난통신 → 긴급통신 → 항공기 안전운항통신 → 무선방향탐지통신
② 조난통신 → 항공기 안전운항통신 → 긴급통신 → 무선방향탐지통신
③ 조난통신 → 긴급통신 → 무선방향탐지통신 → 항공기 안전운항통신
④ 긴급통신 → 조난통신 → 무선방향탐지통신 → 항공기 안전운항통신

05 다음 중 "조난항공기가 조난상태를 벗어난 때의 조치사항"으로 틀린 것은?

① 조난통신을 행한 전파에 의하여 그 뜻을 통지하여야 한다.
② 조난통신을 관장한 무선국은 항공교통의 관리기관에 그 뜻을 통지하여야 한다.
③ 조난통신을 관장한 무선국은 조난항공기의 구조기관에 그 뜻을 통지하여야 한다.
④ 조난통신을 행한 주파수에 의하여 그 뜻을 통지하여야 한다.

06 항공국은 항공고정업무를 경유하여 전송된 통보로서 무선전화에 의하여 항공기국에 송신하는 것에 대한 통보의 구성 순서로 옳은 것은?

① 본문 – "FROM"(구문인 경우) – 발신인의 명칭과 소재지명
② 호출 – 발신인의 명칭과 소재지명
③ 본문 – 호출 – 발신인의 명칭과 소재지명
④ 본문 – 수신인 명칭 – 발신인의 명칭과 소재지명

07 항공기국과 항공국 간 또는 항공기국 상호 간의 무선통신업무를 무엇이라 하는가?

① 항공고정업무
② 항공무선항행업무
③ 항공이동업무
④ 항공업무

08 다음 중 과학기술정보통신부장관이 정하여 고시하는 교육을 이수한 자에 대하여 해당 검정 과목의 시험을 면제할 수 있는 자격종목이 아닌 것은?

① 항공무선통신사
② 해상무선통신사
③ 육상무선통신사
④ 제3급아마추어무선기사(전신급)

09 다음 중 "선박 또는 항공기가 외국의 각 지역을 항행 중이어서 무선종사자의 승무가 불가능한 경우로서 무선종사자가 아닌 자가 무선설비를 운용할 수 있는 범위"로 옳은 것은?

① 운항통신
② 출입권 통지
③ 안전통신
④ 기기의 조정

10 허가 유효기간이 5년인 항공지구국의 재허가 신청기간은?

① 허가유효기간 만료 전 3개월 이상 5개월 이내의 기간
② 허가유효기간 만료 전 2개월 이상 4개월 이내의 기간
③ 허가유효기간 만료 전 1개월 이상 3개월 이내의 기간
④ 허가유효기간 만료 전 2개월까지의 기간

11 시설자의 지위승계 시 과학기술정보통신부장관의 인가를 받아야 하는 경우는?

① 항공기의 소유권 이전으로 항공기의 운항자가 변경된 때
② 시설자가 사망한 경우의 상속을 받을 때
③ 시설자인 법인이 합병한 때
④ 선박의 임대차계약에 의하여 운항자가 변경된 때

12 다음 중 항공기국 무선설비의 일반조건에 해당하지 않는 것은?

① 작고 가벼운 것으로서 취급이 용이할 것
② 수신장치는 가능한 한 이동동조주파수전환방식으로 할 것
③ 항공기의 통상적인 운항상태에서 온도, 고도 등의 환경변화에 의해 기능이 저하되지 않고 정상적으로 동작할 것
④ 수신설비는 가능한 한 항공기의 전기적 잡음에 의한 방해를 받지 않을 것

13 헬리콥터 및 경량항공기에 개설한 의무항공기국에 대한 무선국 정기검사의 유효기간은?

① 1년
② 2년
③ 3년
④ 4년

14 다음 중 과학기술정보통신부장관으로부터 변경허가를 받아야 하는 변경사항이 아닌 것은?

① 무선국의 목적
② 호출부호 또는 호출명칭
③ 통신의 상대방 및 통신사항
④ 무선방위측정기의 대치

15 권한의 위임·위탁 규정에 따라 무선국의 폐지 또는 운용휴지를 하고자 하는 경우 누구에게 신고서를 제출하여야 하는가?

① 한국방송통신전파진흥원장
② 중앙전파관리소장
③ 우정사업본부장
④ 국립전파연구원장

16 무선국의 개설허가를 받은 시설자는 준공기한의 연장 신청을 최대 얼마까지 할 수 있는가?

① 6개월   ② 1년
③ 1년 6개월   ④ 2년

17 항공국의 개설허가 유효기간으로 옳은 것은?

① 1년   ② 2년
③ 3년   ④ 5년

18 무선국의 허가를 받은 자가 준공기한(기한을 연장한 경우에는 그 기한)이 지난 후 몇 일이 지날 때까지 준공신고를 마치지 아니한 경우에 무선국의 개설허가를 취소할 수 있는가?

① 20일   ② 30일
③ 40일   ④ 50일

19 선박, 항공기 또는 기타 이동체의 안전, 선상 또는 시계내에 있는 인명의 안전에 관련된 긴급 전문의 우선순위 약어는?

① SS   ② DD
③ FF   ④ GG

20 다음 중 국제전파규칙(RR)에서 규정한 자격증을 소유하고 있지 않은 임시통신사의 업무가 아닌 것은?

① 화물운송 계획에 관한 메시지
② 인명안전과 직접 관련되는 메시지
③ 항공기의 안전운항과 관련되는 메시지
④ 조난신호와 그에 관련되는 메시지

2019년도 제4회 정기검정
전파법규

01 '항공무선통신사' 자격증을 가진 사람이 운용할 수 있는 종사범위에 해당하는(포함되는) 자격종목은?

① 전파전자통신기능사
② 무선설비기능사
③ 제3급 아마추어 무선기사(전화급)
④ 제2급 아마추어 무선기사

02 다음 중 항공무선통신사의 종사범위가 아닌 것은?

① 항공기를 위한 무선항행국의 무선설비의 통신운용(무선전신 제외)
② 레이다의 외부조정의 기술운용
③ 무선항행국 설비 중 안테나 공급전력 500(W) 이상의 기술 운용
④ 항공기에 개설하는 무선설비의 외부조정의 기술운용(무선전신 및 다중 무선설비 제외)

03 다음 중 항공이동업무에 있어서 통신의 우선순위가 가장 우선인 것은?

① 무선방향탐지에 관한 통신
② 항공기의 안전운항에 관한 통신
③ 기상통보에 관한 통신
④ 항공기의 정상운항에 관한 통신

04 다음 중 전파와 관련된 용어의 설명으로 옳지 않은 것은?

① 무선설비라 함은 전파를 보내거나 받는 전기적 시설을 말한다.
② 송신설비라 함은 송신장치에서 발생하는 고주파에너지를 공간에 복사하는 설비를 말한다.
③ 무선탐지라 함은 무선항행 외의 무선측위를 말한다.
④ 안테나 공급전력이란 안테나의 급전선에 공급되는 전력을 말한다.

05 다음 중 항공기국의 조난 통보 내용이 아닌 것은?

① 우선순위 약어 "KK"
② 조난 항공기의 식별표지
③ 조난 항공기의 위치
④ 조난의 종류·상황과 필요로 하는 구조의 종류

06 무선전화에 의한 경보신호는 교대로 송신하는 실질적인 정현파인 가청주파수가 다른 2음으로 구성된다. 그 2음의 주파수는?

① 2,200[Hz], 1,000[Hz]
② 2,200[Hz], 1,300[Hz]
③ 2,200[Hz], 1,500[Hz]
④ 2,200[Hz], 1,800[Hz]

07 다음 중 항공이동업무 통신에 있어 우선순위가 가장 하위인 것은?
① 기상통보에 관한 통신
② 조난통신
③ 무선방향탐지에 관한 통신
④ 긴급통신

08 항공무선통신업무국에서 행하는 호출순서를 바르게 나타낸 것은?
① 자국의 호출부호 – "DE" – 상대국의 호출부호 – 청수주파수를 표시하는 약어
② 자국의 호출부호 – 상대국의 호출부호 – "DE" – 청수주수를 표시하는 약어
③ 상대국의 호출부호 – "DE" – 자국의 호출부호 – 우선순위를 표시하는 약어
④ 상대국의 호출부호 – 자국의 호출부호 – "DE" – 우선순위를 표시하는 약어

09 다음 중 수신설비가 충족하여야 할 조건으로 옳지 않은 것은?
① 선택도가 적을 것
② 감도는 낮은 신호입력에서도 양호할 것
③ 내부잡음이 적을 것
④ 수신주파수는 운용범위 이내일 것

10 다음 중 비상사태가 발생하거나 혼신방지상 필요한 경우 과학기술정보 통신부장관이 취할 수 있는 조치로 틀린 것은?
① 무선종사자 기술자격정지
② 무선국의 변경
③ 무선국의 운용제한
④ 무선국의 운용정지

11 다음 중 전파형식 'A3E'에 대한 설명으로 틀린 것은?
① 주반송파의 변호형식이 진폭변조이고 양측파대이다.
② 주반송파를 변조시키는 신호의 특성이 아날로그 정보를 포함하는 단일채널이다.
③ 송신할 정보가 전화이다.
④ 4조건 부호로서 각각의 조건이 신호 소자를 표시한 것이다.

12 무선국 준공기한의 연장은 얼마를 초과할 수 없는가?
① 6개월　　② 8개월
③ 10개월　　④ 1년

13 무선국 개설허가의 허가유효기간은 최대 몇 년의 범위 내에서 정할 수 있는가?
① 1년　　② 5년
③ 7년　　④ 10년

14 다음 중 무선국의 정기검사 유효기간이 옳은 것은?
① 실용화 시험국 : 3년
② 항공국 : 5년
③ 실험국 : 2년
④ 헬리콥터 및 경량항공기의 의무항공기국 : 1년

15 허가를 받지 아니하고 무선국을 개설하거나 이를 운용한 자에 대한 벌칙은?

① 1년 이하의 징역 또는 1천만원 이하의 벌금
② 3년 이하의 징역 또는 3천만원 이하의 벌금
③ 5년 이하의 징역 또는 5천만원 이하의 벌금
④ 10년 이하의 징역 또는 1억원 이하의 벌금

16 다음 중 과학기술정보통신부장관이 무선국의 허가를 취소 할 수 있는 경우가 아닌 것은?

① 정당한 사유없이 계속하여 3개월 동안 무선국의 운용을 휴지한 경우
② 부정한 방법으로 무선국의 허가를 받은 경우
③ 개설허가 받은 항공국을 준공검사 받지 않고 운용한 경우
④ 전파사용료를 납부하지 아니한 경우

17 전파를 전방향으로 발사하는 회전식 무선표지 업무를 행하는 무선설비는?

① DME(Distance Measurement Equipment)
② VOR(VHF Omnidirectional radio range)
③ 마아커비콘(Marker Becon)
④ 글라이드패스(Glide Path)

18 다음 중 전파규칙(RR)에서 규정한 항공기국의 검사에 관한 설명으로 옳지 않은 것은?

① 검사관은 조사 목적으로 무선국 허가증의 제시를 요구할 수 있다.
② 무선설비기술기준의 적합여부에 대하여 무선설비를 검사 할 수 있다.
③ 검사관은 통신사의 자격증 제시를 요구할 수 있다.
④ 검사관은 통신사에게 직무에 관한 전문지식의 입증을 요구할 수 있다.

19 다음 중 전파규칙(RR)의 항공업무에서 규정한 무선전화통신사 일반 자격증 소지자(Radio telephone Operator's General Certificate)의 업무로 옳은 것은?

① 모든 항공기국의 무선전신 업무
② 모든 항공국의 무선전신업무
③ 모든 항공기국 또는 항공기지구국의 무선전화 업무
④ 모든 항공국의 무선전신 업무 및 항공지구국의 무선전화 업무

20 국제전기통신연합(ITU) 전권위원회의는 몇 년마다 개최되는가?

① 3년　　② 4년
③ 7년　　④ 10년

2018년도 제4회 정기검정
전파법규

01 항공기국은 해당 무선국에 설치되어 있는 각종 무선설비를 충분히 운용할 수 있는 자격자를 1명 배치하여야 한다. 다음 중 해당자격이 아닌 것은?

① 전파전자통신기사
② 전파전자통신산업기사
③ 전파전자통신기능사
④ 항공무선통신사

02 항공기국이 방위를 측정하고자 하는 경우 어디에 청구하여야 하는가?

① 무선방향탐지국
② 인근 항공기국
③ 방송국
④ 무선표지국

03 다음 중 과학기술정보통신부장관이 정하여 고시하는 교육을 이수한 자에 대하여 해당 검정 과목의 시험을 면제할 수 있는 자격종목이 아닌 것은?

① 항공무선통신사
② 해상무선통신사
③ 육상무선통신사
④ 제3급아마추어무선기사(전신급)

04 국제항공고정무선통신망에 속하는 항공고정국에서 취급하는 제1순위 통보에 붙이는 약어는?

① "SS"
② "DD"
③ "GG"
④ "KK"

05 기지국과 육상이동국, 육상국과 이동국, 육상이동국 상호간 및 이동국 상호간의 통신을 중계하기 위하여 설치하는 무선국을 무엇이라 하는가?

① 이동국
② 이동중계국
③ 기지국
④ 육상국

06 기술자격검정에 관하여 부정행위가 있을 경우 과학기술정보통신부장관이 얼마 이내의 기간을 정하여 자격검정을 받지 못하는 하는가?

① 6개월 이상 1년 이내
② 3개월 이상 1년 이내
③ 6개월 이상 2년 이내
④ 해당 검정 시행일부터 3년간

07 다음 중 항공기의 정상운항에 관한 통신의 통보가 아닌 것은?

① 항공기의 운항계획 변경에 관한 통보
② 항공기의 예정 외 착륙에 관한 통보
③ 시급히 입수하여야 할 항공기 부분품에 관한 통보
④ 항공교통관제에 관한 통보

08 MF(헥터미터파) 전파의 주파수 범위로 옳은 것은?

① 300 kHz 초과 3,000 kHz 이하
② 3 MHz 초과 30 MHz 이하
③ 30 MHz 초과 300 MHz 이하
④ 300 MHz 초과 3,000 MHz 이하

09 의무항공기국의 예비전원은 항공기의 항행안전을 위하여 필요한 무선설비를 얼마 이상 동작시킬수 있는 성능을 가져야 하는가?

① 1시간 이상　② 30분 이상
③ 10분 이상　④ 2시간 이상

10 다음 중 과태료 200만원 이하의 벌칙 규정에 해당되지 않는 것은?

① 긴급통신에 관한 의무를 이행하지 아니한 경우
② 통신보안교육을 받지 아니한 경우
③ 무선국을 신고하지 아니하고 무선국을 운용한 경우
④ 안전시설기준에 적합하지 아니한 무선설비를 운용한 경우

11 전파를 전방향으로 발사하는 회전식 무선표지 업무를 행하는 무선설비는?

① DME(Distance Measurement Equipment)
② VOR(VHF Omnidirectional Radio Range)
③ 마아커비콘(Marker Beacon)
④ 글라이드패스(Glide Path)

12 다음 중 전파형식 'A3E'에 대한 설명으로 틀린 것은?

① 주반송파의 변조형식이 진폭변조이고 양측파대이다.
② 주반송파를 변조시키는 신호의 특성이 아날로그 정보를 포함하는 단일채널이다.
③ 송신할 정보가 전화이다.
④ 4조건 부호로서 각각의 조건이 신호소자를 표시한 것이다.

13 「대한민국 헌법」 또는 「대한민국 헌법」에 따라 설치된 국가기관을 폭력으로 파괴할 것을 주장하는 통신을 한 자에 대한 벌칙은?

① 3년 이하의 징역 또는 1,000만원 이하의 벌금
② 1년 이상 15년 이하의 징역
③ 5년 이하의 징역 또는 5,000만원 이하의 벌금
④ 5년 이상의 징역 또는 금고

14 다음 중 각 지방 전파관리소에서 수행하는 업무가 아닌 것은?

① 적합성평가의 변경신고 및 잠정인증
② 무선국의 개설허가 및 변경허가
③ 무선국의 검사
④ 무선국 폐지·운용휴지의 신고수리

15 무선국의 허가유효기간 만료일 도래 시 재허가 신청은 누구에게 해야 하는가?

① 해양수산부장관
② 과학기술정보통신부장관
③ 산업통장자원부장관
④ 국토교통부장관

16 다음 중 시설자의 지위승계를 위하여 과학기술정보통신부장관의 인가를 받아야 하는 경우는?

① 시설자에 대하여 상속이 있는 경우
② 항공기 소유권의 이전에 의하여 운항자가 변경된 경우
③ 시설자인 법인이 합병한 경우에 합병 후 존속한 경우
④ 항공기의 임대차 계약에 의하여 운항자가 변경된 경우

17 다음 중 비상사태가 발생하거나 혼신방지상 필요한 경우 과학기술정보부장관이 취할 수 있는 조치로 틀린 것은?

① 무선종사자 기술자격정지
② 무선국의 변경
③ 무선국의 운용제한
④ 무선국의 운용정지

18 다음 중 ITU의 공용어가 아닌 것은?

① 중국어   ② 프랑스어
③ 일본어   ④ 영어

19 전파의 법률적 정의에서 괄호 안에 들어갈 단어로 알맞은 것은?

> 인공적인 유도(誘導) 없이 공간에 퍼져 나가는 (　　)로서 국제전기통신연합이 정한 범위의 (　　)를 가진 것을 말한다.

① 전자기, 주파수
② 전자파, 주파수
③ 주파수, 전자기
④ 주파수, 전자파

20 다음 중 무선국이 준수하여야 할 조건으로 틀린 것은?

① 항공기국은 어떠한 목적으로도 해상이동업무의 무선국과 통신할 수 없다.
② 타 무선국에 대하여 유해한 혼신을 야기시켜서는 안된다.
③ 구명이동국 이외의 이동국과 이동지구국은 ITU 업무문서를 비치하여야 한다.
④ 항공기국은 해상상공에서의 방송업무를 할 수 없다.

2018년도 제1회 정기검정
전파법규

01 다음중 무선설비의 효율적 이용을 위하여 과학기술정보통신부장관의 승인을 얻어 위탁운용 또는 공동사용 할 수 있는 무선설비가 아닌 것은?

① 무선국의 안테나설치대
② 송신설비
③ 무선국의 성능측정 설비
④ 수신설비

02 전파법령에 따라 무선국은 허가증에 적힌 사항의 범위에서 운용하여야 하나 그 이외에 통신할 수 있는 경우가 아닌 것은?

① 조난통신
② 긴급통신
③ 안전통신
④ 평문통신

03 수색구조에 종사하는 항공기에 있어서 장거리 취항 비행을 행하는 항공기국이 사용하는 주파수로 맞는 것은?

① 108[MHz]
② 156.8[MHz]
③ 156.525[MHz]
④ 243.0[MHz]

04 항공기국과 항공국간 또는 항공기국 상호간의 무선통신업무를 무엇이라 하는가?

① 항공무선항행업무
② 항공이동업무
③ 항공무선통신업무
④ 항공무선조정업무

05 무선전화에 의한 경보신호는 교대로 송신하는 실질적인 정현파인 가청 주파수가 다른 2음으로 구성된다. 그 2음의 주파수는?

① 2,200[Hz], 1,000[Hz]
② 2,200[Hz], 1,300[Hz]
③ 2,200[Hz], 1,500[Hz]
④ 2,200[Hz], 1,800[Hz]

06 다음 중 전파법의 목적이 아닌 것은?

① 전파의 효율적인 이용 및 관리
② 전파의 이용 및 전파에 관한 기술의 개발을 촉진
③ 전파 관련 기관의 육성 및 지원
④ 공공복리의 증진에 이바지

07 항공기국은 당해 무선국에 설치되어 있는 각종 무선설비를 충분히 운용할 수 있고 해당 국가기술자격을 갖춘 1명을 배치하여야 한다. 이에 해당되지 않는 자격 종목은?

① 전파전자통신기사
② 육상무선통신사
③ 전파전자통신산업기사
④ 항공무선통신사

08 조난통신을 발신하여야 할 사태에 이르러 기장이 필요한 명령을 하지 아니하거나 무선통신업무에 종사하는 자로서 그 명령을 받고 지체 없이 이를 발신하지 아니한 자에 대한 벌칙은?

① 10년 이하의 징역 또는 1억원 이하의 벌금
② 5년 이하의 징역 또는 5천만원 이하의 벌금
③ 3년 이하의 징역 또는 3천만원 이하의 벌금
④ 1년 이하의 징역 또는 1천만원 이하의 벌금

09 무선국의 허가를 받은 자가 준공기한(기한을 연장한 경우에는 그 기한)이 지난 후 몇 일이 지날 때까지 준공신고를 마치지 아니한 경우에 무선국의 개설허가를 취소할 수 있는가?

① 20일
② 30일
③ 40일
④ 50일

10 다음 중 전파형식의 등급표시에서 기본 특성이 아닌 것은?

① 주반송파의 변조형식
② 주반송파를 변조시키는 신호의 특성
③ 신호의 항목
④ 송신할 정보의 형태

11 다음 중 무선국 검사 시 허가 또는 신고사항 등과 일치 하는지 여부를 대조·확인하는 대조검사 항목에 포함되지 않는 것은?

① 시설자
② 설치장소
③ 무선종사자 배치
④ 안테나공급전력

12 전자파가 인체에 미치는 영향을 고려하여 무선설비 등에서 발생하는 전자파에 대한 기준을 정하여 고시하는 사항과 관계없는 것은?

① 전자파 인체보호기준
② 전자파 강도 측정기준
③ 전자파 흡수율 측정기준
④ 전자파 인체내성 측정기준

13 다음 중 무선국 개설허가의 유효기간으로 옳은 것은?

① 이동국 및 육상국 : 5년
② 실험국 및 실용화시험국 : 4년
③ 일반지구국 및 항공지구국 : 3년
④ 방송국 및 유선방송국 : 2년

14 다음 중 무선국 재허가 시 무선국 허가사항을 재지정할 수 있는 사항이 아닌 것은?

① 전파의 형식
② 무선국의 목적
③ 안테나공급전력
④ 운용허용시간

15 전파형식의 등급표시에 있어 기본 특성의 셋째 기호(송신할 정보형태) 중 '전화'를 나타내는 문자는?

① A
② C
③ E
④ F

16 다음 중 수신설비가 충족하여야 할 조건으로 옳지 않은 것은?

① 선택도가 적을 것
② 감도는 낮은 신호입력에서도 양호할 것
③ 내부잡음이 적을 것
④ 수신주파수는 운용범위 이내일 것

17 항공기에 대하여 그 착륙강하 직전 또는 착륙강하 중에 수평과 수직의 유도를 주고, 정점에서 착륙기준점까지의 거리를 표시하는 무선항행방식을 무엇이라 하는가?

① 전방향표지시설(VOR)
② 계기착륙시설(ILS)
③ 로칼라이저
④ 마아커비콘

18 다음 중 국제민간항공기구에서 정한 국제항공통신업무의 분류로 옳지 않은 것은?

① 항공고정업무
② 항공이동업무
③ 항공무선항행업무
④ 항공무선측위업무

19 항공기의 서면 또는 자동의 전기통신일지의 보존기간으로 옳은 것은?

① 최소 30일 동안
② 최소 60일 동안
③ 최소 180일 동안
④ 최소 1년 동안

20 다음 중 무선전화를 사용하는 항공기국의 식별표시로 옳지 않은 것은?

① 장소의 지리적 명칭과 무선국의 기능을 표시하는 단어의 조합
② 항공기의 소유자를 표시하는 단어를 전치한 호출부호
③ 항공기에 할당된 공식 등록기호에 상당하는 글자의 조합
④ 정기항공로를 표시하는 단어와 그 다음에 이어지는 항공편 식별번호

2017년도 제1회 정기검정
전파법규

01 다음 중 무선측위업무가 아닌 것은?

① 무선표지업무
② 무선항행업무
③ 표준주파수업무
④ 무선탐지업무

02 국제항공고정무선통신망에 속하는 항공고정국에서 취급하는 제1순위 통보에 붙이는 약어는?

① "SS"   ② "DD"
③ "GG"   ④ "KK"

03 다음 중 전파법에서 규정하는 시설자의 정의로 맞는 것은?

① 무선국의 허가를 신청하는자
② 무선설비를 조작하고 운용하는 자
③ 미래창조과학부장관으로부터 기술자격증을 받은 자
④ 미래창조과학부장관으로부터 무선국의 개설허가를 받거나 개설 신고를 하고 무선국을 개설한 자

04 의무항공국의 무선설비 성능유지를 확인하여야 하는 주기로 옳은 것은?

① 500시간 사용할 때마다 1회 이상 확인
② 1,000시간 사용할 때마다 1회 이상 확인
③ 1,500시간 사용할 때마다 1회 이상 확인
④ 2,000시간 사용할 때마다 1회 이상 확인

05 다음 중 항공이동업무 통신에 있어 우선순위가 가장 하위인 것은?

① 기상통보에 관한 통신
② 조난통신
③ 무선방향탐지에 관한 통신
④ 긴급통신

06 항공기국이 무선전화통신으로 무선방향탐지국에 대하여 방위측정용 부호를 송신하고자 하는 경우 송신순서로 맞는 것은?

① 자국의 호출부호 – 각 10초간의 2선 – 자국의 호출부호
② 상대국의 호출부호 – 각 10초간의 2선 – 자국의 호출부호
③ 자국의 호출부호 – 각 20초간의 2선 – 상대국의 호출부호
④ 상대국의 호출부호 – 각 20초간의 2선 – 자국의 호출부호

07 전파를 이용하여 모든 종류의 기호, 신호, 문언, 영상, 음향 등의 정보를 보내거나 받는 것을 무엇이라 하는가?
① 전파통신　② 무선통신
③ 종합통신　④ 다중통신

08 항공업무용 단파이동통신시설(HF Radio)의 HF 반송파의 주파수대는?
① 2.2[MHz] ~ 18[MHz]
② 2.2[MHz] ~ 22[MHz]
③ 2.8[MHz] ~ 18[MHz]
④ 2.8[MHz] ~ 22[MHz]

09 의무항공기국의 예비전원은 항공기의 항행안전을 위하여 필요한 무선설비를 몇 분 이상 동작시킬 수 있는 성능을 가져야 하는가?
① 10분　② 20분
③ 30분　④ 40분

10 항공교통관제에 관한 통신을 하는 항공국과 항공기국용 무선설비의 주파수 전환은 28[MHz] 이하의 주파수대에서 최대 몇 초 이내로 할 수 있어야 하는가?
① 30초　② 20초
③ 8초　④ 5초

11 항공기용 구명무선설비의 안테나공급전력의 허용편차로 맞는 것은?
① 상한 50[%] 하한 20[%]
② 상한 50[%] 하한 50[%]
③ 사항 10[%] 하한 20[%]
④ 사항 20[%] 하한 50[%]

12 30[MHz] 초과 300[MHz] 이하의 주파수대를 표시하는 약어는?
① VHF　② SHF
③ UHF　④ HF

13 무선국 운용을 휴지하고자 하는 경우 미래창조과학부장관에게 신고하여야 하는 휴지기간은?
① 4개월 이상
② 3개월 이상
③ 2개월 이상
④ 1개월 이상 ~ 6개월

14 무선국을 개설하고자 하는 자는 누구에게 허가를 얻어야 하는가?
① 산업자원부장관
② 미래창조과학부장관
③ 국립전파연구원장
④ 국토교통부장관

15 다음 중 무선국 검사 시 성능검사 항목이 아닌 것은?
① 설치장소
② 안테나공급전력
③ 불요발사
④ 점유주파수대폭

16 다음 중 미래창조과학부장관이 무선국의 허가를 취소할 수 있는 경우가 아닌 것은?
① 정당한 사유 없이 계속하여 3개월 동안 무선국의 운용을 휴지한 경우
② 부정한 방법으로 무선국의 허가를 받은 경우
③ 개설허가 받은 항공국을 준공검사 받지 않고 운용한 경우
④ 전파사용료를 납부하지 아니한 경우

17 의무항공기국의 A3E 전파 118[MHz] 내지 136.975[MHz]의 주파수대 전파를 사용하는 송신설비의 안테나공급전력은 몇 [W] 이상이어야 하는가?
① 2[W]　　② 5[W]
③ 10[W]　　④ 50[W]

18 다음 중 ITU(국제전기통신연합)의 목적이 아닌 것은?
① 전기통신의 개선과 합리적 이용을 위한 회원국간의 국제협력의 유지 및 증진
② 전기통신분야에서 개발도상국에 대한 기술지원의 장려 및 제공
③ 평화적 관계를 증진할 목적으로 하는 전기통신업무의 이용제한
④ 일반대중에 의한 이용보급을 위한 기술설비의 개발 촉진

19 국제전파규칙(RR)에서 규정한 무선전화의 안전신호는?
① PAN　　② MAYDAY
③ SAFETY　　④ SECURITE

20 다음 중 안전한 전파환경을 조성하기 위한 시책이 아닌 것은?
① 전파 이용을 다각화를 위한 홍보 계획 수립 및 시행
② 전자파가 인체에 미치는 영향 등 보호대책의 수립, 추진
③ 기자재 보호를 위한 전자파적합성에 관한 정책의 수립, 추천
④ 전자파 인체흡수율, 전자파강도 및 전파환경 등에 대한 관련 기준 마련

2016년도 제1회 정기검정
전파법규

01 특정한 주파수를 이용할 수 있는 권리를 특정인에게 부여하는 것을 무엇이라 하는가?
① 주파수지정
② 주파수배치
③ 주파수할당
④ 주파수분배

02 시설자가 무선설비의 효율적 이용을 위하여 필요한 경우 미래창조과학부장관의 승인을 얻어 할 수 있는 사항이 아닌 것은?
① 무선설비의 일부 매각
② 무선설비의 임대
③ 무선설비의 위탁운용
④ 무선설비의 공동사용

03 다음 중 전파사용료 면제대상 무선국이 아닌 것은?
① 아마추어국 ② 실용화 시험국
③ 비상국   ④ 시보국

04 다음 중 전파사용료의 부과 기준기간은?
① 분기별 ② 반기별
③ 매월   ④ 연도별

05 항공이동업무국의 운용에서 책임항공국이 항공기국에 대하여 통신연락을 설정할 수 없는 경우의 일방송신 방법으로 틀린 것은?
① 책임항공국은 통신연락설정을 일방적으로 통보를 송신할 수 있다.
② 인근 책임항공국은 당해 항공기국과 최후로 사용한 전파로 일방적으로 송신할 수 있다.
③ 항공기국은 수신설비의 고장으로 책임항공국과 연락설정을 할 수 없는 경우 책임항공국에서 지시된 전파로 일방송신을 할 수 없다.
④ 항공기국이 일방송신을 행하는 때에는 "수신설비의 고장으로 인한일방송신" 등 약어를 먼저 보내고 행하는 그 통보를 반복하여 송신하여야 한다.

06 전파법을 위반하여 금고 이상의 실형을 선고받고 그 집행이 종료된 날부터 최소 몇 년이 경과하여야 무선국을 개설할 수 있는가?
① 1년 6개월 ② 2년
③ 2년 6개월 ④ 3년

07 항공기에 개설하여 항공이동위성업무를 행하는 이동지구국은?
① 항공국   ② 항공기국
③ 항공지구국 ④ 항공기지구국

08 최초로 정기검사를 받는 무선국의 정기검사 유효기간의 기산일은 언제부터인가?
① 준공검사증명서를 발급 받은 날
② 준공신고서를 제출한 날
③ 준공검사증명서를 발급 받은 다음날
④ 무선국 허가증을 발급 받은 다음날

09 다음 중 조난통보의 수신증을 송신한 항공국의 조치로 잘못된 것은?
① 항공교통의 관리기관에 통지한다.
② 조난항공기의 구조기관에 통지한다.
③ 기상원조국에 통지한다.
④ 조난항공기국의 최후에 사용한 주파수의 전파를 청취한다.

10 신고하고 개설할 수 있는 무선국에 해당하는 것은?
① 방송사 소속 기지국
② 어선의 선박국
③ 지방자치단체 소속 기지국
④ 이동통신(셀룰러, PCS, IMT2000) 기지국 및 이동중계국

11 다음 중 121.5[MHz] 주파수를 사용 할 수 있는 경우가 아닌 것은?
① 급박한 위험상태에 있는 항공기국과 항공기국간의 통신
② 안전을 요하는 경우의 통신
③ 수색과 구조작업에 종사하는 항공기의 항공기국 상호간 통신
④ 121.5[MHz] 외의 주파수를 사용할 수 없는 항공기국과 항공국간의 통신

12 항공국은 항공고정업무를 경유하여 전송된 통보로서 무선전화에 의하여 항공기국에 송신하는 것에 대하여는 당해 통보를 구성한 순서가 맞는 것을 고르시오.
① 본문-"FROM"(구문인 경우에 한한다)-발신인의 명칭과 소재지명
② 호출-발신인의 명칭과 소재지명
③ 본문-호출-발신인의 명칭과 소재지명
④ 본문-수신인 명칭- 발신인의 명칭과 소재지명

13 다음 중 항공이동업무에 있어서 통신의 우선순위가 올게 나열된 것은?
① 조난통신 - 기상통보에 관한 통신 - 무선방향탐지에 관한 통신
② 조난통신 - 긴급통신 - 무선방향탐지에 관한 통신
③ 조난통신 - 기상통보에 관한 통신 - 항공기 안전운항에 관한 통신
④ 조난통신 - 항공기 안전운항에 관한 통신 - 긴급통신

14 무선국의 개설허가를 받은 시설자는 준공기한의 연장신청을 최대 얼마 까지 할 수 있는가?
① 6개월
② 1년
③ 1년 6개월
④ 2년

15 항공기국은 당해 무선국에 설치되어 있는 각종 무선설비를 충분히 운용할 수 있고 해당 국가기술자격을 갖춘 1명을 배치하여야 한다. 이에 해당되지 않는 자격 종목은?

① 전파전자통신기사
② 육상무선통신사
③ 전파전자통신산업기사
④ 항공무선통신사

16 다음 중 ITU(국제전기통신연합)의 공식어가 아닌 것은?

① 독일어
② 러시아어
③ 스페인어
④ 아랍어

17 전파규칙(RR)에서 항공기국의 발사주파수는 누구에 의하여 검사되어야 한다고 규정되어 있는가?

① 항공기국의 통신사
② 항공기국을 관할하는 검사기관
③ 항공기국을 관장하는 항공국
④ 항공기국의 시설자

18 다음 중 'ICAO'를 의미하는 국제기구는?

① 국제민간위성기구
② 국제해사위성기구
③ 국제민간항공기구
④ 국제전기통신위성기구

19 항공기국의 무선통신업무에 종사하는 자가 조난통신을 수신하고 즉시 응답하지 않거나 구조를 위한 조치를 하지 아니하고 지연시킨 경우 벌칙은?

① 1년 이상 15년 이하의 징역
② 10년 이하의 징역 또는 1억원 이하의 벌금
③ 5년 이하의 징역 또는 5천만원 이하의 벌금
④ 3년 이하의 징역 또는 3천만원 이하의 벌금

20 다음 중 비상사태가 발생한 경우 미래창조과학부장관이 무선국에 대하여 취할 수 있는 조치가 아닌 것은?

① 무선국의 개설허가 취소
② 무선국의 위탁운용 명령
③ 무선국의 운용정지 명령
④ 무선국의 변경 명령

2015년도 제4회 정기검정
전파법규

01 다음 중 전파법에서 규정하는 시설자의 정의로 맞는 것은?
① 무선국의 허가를 신청하는 자
② 무선설비를 조작하고 운용하는 자
③ 미래창조과학부장관으로부터 기술자격증을 받은 자
④ 미래창조과학부장관으로부터 무선국의 개설허가를 받거나 개설신고를 하고 무선국을 개설한 자

02 시설자가 무선국의 무선설비를 타인에게 임대하고자 할 때 미래창조 과학부장관에게 제출하여야 하는 서류는?
① 무선설비 임대승인신청서
② 무선설비 임태차계약서
③ 무선설비 임대사실확인서
④ 무선설비 임대요청서

03 항공기용 구명무선설비의 공중선전력의 허용편차로 맞는 것은?
① 상한 50[%] 하한 20[%]
② 상한 50[%] 하한 50[%]
③ 상한 10[%] 하한 20[%]
④ 상한 20[%] 하한 20[%]

04 대가할당 받은 주파수의 경우 미래창조과학부장관은 주파수의 이용여건 등을 고려하여 얼마의 범위내에서 이용기간을 정하여 고시하는가?
① 3년
② 10년
③ 20년
④ 30년

05 다음 중 항공기국이 무선전화통신으로 무선방향탐지국에 대하여 방위측정용 부호를 송신하고자 하는 경우 송신순서로 맞는 것은?
① 자국의 호출부호 - 각 10초간의 2선 - 자국의 호출부호
② 상대국의 호출부호 - 각 10초간의 2선 - 자국의 호출부호
③ 자국의 호출부호 - 각 20초간의 2선 - 상대국의 호출부호
④ 상대국의 호출부호 - 각 20초간의 2선 - 자국의 호출부호

06 다음 중 무선측위업무가 아닌 것은?
① 무선방향탐지업무
② 무선항행업무
③ 표준주파수업무
④ 무선탐지업무

07 주파수할당을 받은 자가 주파수이용기간이 만료되어 주파수재할당을 받으려면 주파수이용기간 만료 몇 개월 전에 신청하여야 하는가?
① 1개월
② 2개월
③ 6개월
④ 8개월

08 의무항공기국의 무선설비 성능유지를 확인하여야 하는 주기로 옳은 것은?
① 500시간 사용할 때마다 1회 이상 확인
② 1,000시간 사용할 때마다 1회 이상 확인
③ 1,500시간 사용할 때마다 1회 이상 확인
④ 2,000시간 사용할 때마다 1회 이상 확인

09 항공국의 허가유효기간 만료일 도래 시 재허가 신청기간은?
① 허가의 유효기간 만료 전 1개월 이상 2개월 이내
② 허가의 유효기간 만료 전 1개월 이상 4개월 이내
③ 허가의 유효기간 만료 전 2개월 이상 4개월 이내
④ 허가의 유효기간 만료 전 2개월 이상 6개월 이내

10 항공고정업무국의 운용에서 수신상태의 불량으로 통신연락을 설정할 수 없는 경우에 통신연락을 설정하기 위하여 수송방식에 의해 송신하는 방법으로 올바른 것은?
① "O" 적의 연속 - 자국의 호출부호 1회
② "S" 적의 연속 - 자국의 호출부호 1회
③ "V" 적의 연속 - 자국의 호출부호 1회
④ "X" 적의 연속 - 자국의 호출부호 1회

11 항공고정업무국의 운용에 있어 '통보의 구성' 요소가 아닌 것은?
① 통보의 우선순위
② 수신부서명
③ 발신부서명
④ 상대국의 식별표지

12 다음 중 한국방송통신전파진흥원에서 검사를 실시하는 무선국이 아닌 것은?
① 한국방송공사 소속 고정국
② 소방서 소속 육상이동국
③ 공기업 소속 고정국
④ 이동통신사업자 이동중계국

13 다음 중 운용의무시간 외에 의무항공기국을 운용할 수 있는 경우가 아닌 것은?
① 통신연락 수단이 없는 경우 긴급한 통보를 항공이동업무국에 송신하는 경우
② 무선국 검사에 필요한 경우
③ 항행 준비 중인 경우
④ 항공기 보안사무에 관한 통신을 하는 경우

14 수색구조에 종사하는 항공기에 있어서 장거리 취항 비행을 행하는 항공기국이 사용하는 주파수로 맞는 것은?
① 108[MHz]
② 156.8[MHz]
③ 156.252[MHz]
④ 243.0[MHz]

15 기술자격검정에 관하여 부정행위가 있을 때에 부정행위자에 대하여 취할 수 있는 제재 조치가 아닌 것은?

① 당해 행위자에 대하여 그 검정을 정지함
② 당해 행위자에 대하여 합격을 무효로 함
③ 당해 행위자에 대하여 벌금을 부과함
④ 기간을 정하여 기술자격검정을 받지 못하게 함

16 항공기국이 해상이동업무를 하는 무선국과 통신할 경우 통상 어느 업무와 관련된 규정에 따라야 하는가?

① 항공이동업무의 규정
② 해상이동업무의 규정
③ 이동업무에 대한 국제 규정
④ 국제민강항공 관련 규정

17 국제전파규칙(RR)에서 규정한 무선전화의 안전신호는?

① PAN   ② MAYDAY
③ SAFETY   ④ SECURITE

18 다음 중 RR에서 규정하는 무선전화통신사 자격증에 해당하는 것은?

① 무선전화통신사 임시자격증
② 무선전화통신사 일반자격증
③ 무선전화통신사 1급 자격증
④ 무선전화통신사 2급 자격증

19 항공기의 운행업무에 제공되는 무선국의 무선설비 기능에 장해를 주어 무선통신을 방해한 자에 대한 벌칙은?

① 1년 이하의 징역
② 3년 이하의 징역 또는 2,000만원 이하의 벌금
③ 5년 이하의 징역 또는 3,000만원 이하의 벌금
④ 10년 이하의 징역 또는 1억원 이하의 벌금

20 「대한민국 헌법」 또는 「대한민국 헌법」에 따라 설치된 국가기관을 폭력으로 파괴할 것을 주장하는 통신을 한 자에 대한 벌칙은?

① 3년 이하의 징역 또는 1,000만원 이하의 벌금
② 1년 이상 15년 이하의 징역
③ 5년 이하의 징역 또는 5,000만원 이하의 벌금
④ 5년 이상의 징역 또는 금고

2015년도 제1회 정기검정
전파법규

01 전파의 전파특성을 이용하여 위치·속도 및 기타 사물의 특징에 관한 정보를 취득하는 것을 무엇이라 하는가?
① 무선탐지
② 무선측위
③ 무선항행
④ 무선방향탐지

02 다음 중 무선방위측정장치의 설치장소로부터 1km 이내의 지역에 미래창조과학부장관의 승인 없이도 건설할 수 있는 것은?
① 송신공중선
② 철도 및 궤도
③ 앙각 3도 미만의 건물
④ 수신공중선

03 항공기가 활주로에 착륙하고자 할 때 활주로부터 떨어진 거리정보를 항공기에 제공하는 무선설비는?
① 로칼라이저
② 글라이드패스
③ 마아커비콘
④ 전방향표지시설(VOR)

04 항공기국의 A3E전파 118MHz부터 136.975 MHz까지의 주파수대를 사용하는 무선설비의 변조방식은?
① 진폭변조
② 주파수변조
③ 위상변조
④ 혼합변조

05 국제항공고정 무선 룡신 당에 속하는 항공고정 국이 취급하는 통보에서 통신의 우선 순위를 나타내는 약어로 옳지 않은 것은?
① 제1순위 : "SS"
② 제2순위 : "DD" 또는 "FF"
③ 제3순위 : "GG" 또는 "KK"
④ 제4순위 : "TT"

06 다음 중 무선국의 기기 대치 시 변경허가를 받아야 하는 무선기기는?
① 간이무선국의 무선설비기기
② 라디오부이
③ 주파수 측정장치
④ 비상국의 무선설비기기

07 시설자의 지위를 승계하기 위해 미래창조과학부장관 또는 방송통신위원회의 인가를 받아야 하는 경우는?

① 시설자가 사업을 양도하면서 그 사업과 관련된 무선국을 양도한 경우의 양수인
② 시설자가 사망한 경우의 상속인
③ 무선국이 있는 선박의 소유권 이전에 의하여 선박을 운항하는 자가 변경된 경우에 해당 선박을 운항하는 자
④ 무선국이 있는 항공기의 임대차계약에 의하여 항공기를 운항하는 자가 변경된 경우에 해당 항공기를 운항하는 자

08 의무항공기국의 무선설비는 그 송신장치의 출력과 변조도, 수신장치의 감도와 선택도에 대하여 무선설비규칙에서 정한 성능의 유지여부를 얼마의 사용기간에 따라 1회 이상 확인하여야 하는가?

① 1천시간　② 2천시간
③ 3천시간　④ 4천시간

09 다음 중 항공기국이 항공국과 무선전화에 의한 시험통신에 행할 때 가장 먼저 송신하는 것은?

① 상대국의 호출부호
② 자국의 호출부호
③ 사용하고 있는 주파수
④ 명료도

10 국가보안법을 위반하여 금고 이상의 형을 선고 받고 그 집행이 끝나거나 집행을 받지 아니하기로 확정된 무선종사자는 몇 년 경과 후 무선국에 배치할 수 있는가?

① 1년　② 2년
③ 3년　④ 5년

11 선박국과 협동 수색 및 구조작업에 종사하고 있는 항공기국 간의 통신에 사용할 수 있는 주파수는?

① 156.3 MHz　② 4,125 kHz
③ 2,183 kHz　④ 500 kHz

12 다음 중 외국인이 개설할 수 있는 무선국이 아닌 것은?

① 실험국
② 공중통신업무를 위한 고정국
③ 항공법에 의한 허가를 받아 국내항공에 사용되는 항공기의 무선국
④ 국내에서 열리는 국제적 행사를 위하여 필요한 경우 그 기간에만 미래창조과학부장관이 허용하는 무선국

13 '항공이동위성업무'란 무엇인가?

① 선박에 설치된 이동지구국이 행하는 이동위성업무이다.
② 항공기에 설치된 이동지구국이 행하는 무선항해위성업무이다.
③ 차량에 설치된 이동지구국이 행하는 이동위성업무이다.
④ 항공기에 설치된 이동지구국이 행하는 이동위성업무이다.

14 항공기국이 항행 중 또는 항행 준비 중에 허가증에 기재된 사항의 범위 외에 운용할 수 있는 경우가 아닌 것은?

① 기상의 조회 또는 시각의 조합을 위하여 행하는 항공국과 항공기국 간의 통신
② 항공기국에서 그 시설자의 업무를 위한 전보를 항공국에 보내기 위하여 행하는 통신
③ 동일한 시설자에 속하는 항공기국과 이동업무의 무선국 간에 행하는 시급하지 않은 통신
④ 비상통신의 통신체제 확보를 위한 훈련목적의 통신

15 항공국의 의무청취 및 지정청취 주파수가 아닌 것은?

① 121.5 MHz
② 2,850 kHz부터 17,970 kHz 까지의 당해 무선국에 지정된 주파수
③ 117.975 MHz부터 137 MHz 까지의 당해 무선국에 지정된 주파수
④ 243 MHz

16 다음 중 무선국 정기검사에 관한 설명으로 옳지 않은 것은?

① 5년의 범위 내에서 실시한다.
② 비영리 목적의 방송국은 정기검사의 면제가 가능하다.
③ 정기검사는 대조검사와 성능검사로 구분하여 실시한다.
④ 미래창조과학부장관이 무선국별로 기간을 정하여 실시한다.

17 다음 중 항공기가 책임항공국으로부터 조난통신에 사용하는 전파를 지시받지 못한 경우에 행할 수 있는 조난통신용 주파수로 적절하지 않은 것은?

① 156.8 MHz
② 2,182 kHz
③ 500 kHz
④ 145 MHz

18 국제전파규칙(RR)에 따라 항공기국 검사를 실시한 경우 무선국 검사관은 자신의 검사결과를 누구에게 알려야 하는가?

① 항공기의 기장
② 항공기 소유자
③ 항공기 관할 검사기관
④ 항공기의 통신사

19 다음 중 양벌규정에 해당하지 않는 경우는?

① 허가를 받아야 할 무선국을 허가 없이 개설한 경우
② 운용정지 명령을 받은 무선국을 운용한 경우
③ 무선국에 대한 검사, 조사 또는 시험을 거부한 경우
④ 조난이 없음에도 무선설비에 의하여 조난통신을 말하는 경우

20 다음 중 정당한 사유 없이 계속하여 6개월 이상 무선국의 운용을 휴지한 경우 미래창조과학부장관이 취할 수 있는 조치는?

① 무선종사자 기술자격의 정지
② 무선국의 운용정지
③ 무선국의 운용제한
④ 무선국 개설허가의 취소

2014년도 제4회 정기검정
전파법규

01 전파법령에서 전파의 주파수 범위에 따른 주파수 대열을 몇 개로 구분하고 있는가?

① 12개　　② 9개
③ 6개　　④ 3개

02 다음 중 전파규칙(RR)에서 정의한 '전파'의 주파수 범위는?

① 300[MHz] 이하의 전자파
② 300[GHz] 이하의 전자파
③ 3000[MHz] 이하의 전자파
④ 3000[GHz] 이하의 전자파

03 조난통신을 행하는 경우를 제외하고 항공국 및 항공기국이 긴급신호를 수신할 때에는 최소한 몇 분 이상 계속하여 수신하여야 하는가?

① 3분　　② 5분
③ 10분　　④ 20분

04 다음 중 위성항법시스템(GNSS)과 관련이 없는 것은?

① GLONASS　　② GPS
③ GBAS　　④ GMDSS

05 무선종사자가 전파법 또는 전파법에 의한 명령이나 처분에 위반한 때에 업무 종사의 정지를 명할 수 있는 기간으로 옳은 것은?

① 3개월 이상 1년 이하
② 6개월 이상 2년 이하
③ 9개월 이상 2년 이하
④ 1년 이상 2년 이하

06 다음 중 정기검사를 면제 또는 생략 할 수 있는 무선국이 아닌 것은?

① 적합성 평가를 받은 무선기기를 사용하는 아마추어국
② 국가안보 또는 대통령 경호를위하여 개설하는 무선국
③ 공해 또는 극지역에 개설한 무선국
④ 의무항공기국

07 다음 중 수신설비가 충족하여야 할 조건으로 옳지 않은 것은?

① 선택도가 적을 것
② 감도는 낮은 신호입력에서도 양호할 것
③ 내부잡음이 적을 것
④ 수신주파수는 운용범위 이내일 것

08 항공기의 무선전화에 의한 조난호출 송신순서로 옳은 것은?
① 조난 – 여기는 – 조난항공기국의 호출명칭 – 사용전파의 주파수
② 조난 – 여기는 – 조난항공기국의 호출명칭 – 조난장소 및 위치
③ 여기는 – 조난항공기국의 호출명칭 – 조난 – 사용전파의 주파수
④ 여기는 – 조난항공기국의 호출명칭 – 조난 – 조난장소 및 위치

09 항공이동업무에서 취급되는 통보의 구성을 바르게 나타낸 것은?
① 호출(발신국이 표시되는 것) – 본문
② 호출(발신국이 표시되는 것) – "FOR" – 본문
③ 호출(발신국이 표시되는 것) – 수신인 명칭 – 본문
④ 호출(발신국이 표시되는 것) – 착신국 명칭 – 본문

10 다음 중 항공무선통신사의 종사범위가 아닌 것은?
① 항공기를 위한 무선항행국의 무선설비의 통신운용(무선전신 제외)
② 레이더의 외부조정의 기술운용
③ 항공기를 위한 무선항행국 설비 중 공급전력 500[W] 이상의 기술운용
④ 항공기에 시설하는 무선설비의 외부조정의 기술운용(무선전신 및 다중무선설비 제외)

11 국제전기통신연합(ITU)의 법률문서간에 불일치가 있는 경우 가장 우선하는 것은?
① 국제전기통신협약
② 국제전기통신규칙
③ 국제전기통신연합헌장
④ 전파규칙

12 무선국의 개설허가를 받거나 개설신고를 하고 무선국을 개설한 자를 무엇이라 하는가?
① 시설자
② 무선국장
③ 이용자
④ 무선종사자

13 다음 중 미래창조과학부장관이 전파자원을 확보하기 위하여 수립 시행하는 시책으로 옳지 않은 것은?
① 새로운 주파수의 이용기술 개발
② 이용 중인 주파수의 이용효율 향상
③ 주파수의 국제등록
④ 실험용 주파수 사용기간 연장

14 항공기에 대하여 그 착륙강하 직전 또는 착륙강하 중에 수평과 수직의 유도를 주고 정점에서 착륙기준점까지의 거리를 표시하는 무선항행방식을 무엇이라 하는가?
① VOR
② ILS
③ 로컬라이저
④ 마아커비콘

15 다음 중 무선국의 개설허가 시 고시하여야 할 무선국이 아닌 것은?

① 해안국 ② 항공국
③ 항공기국 ④ 표준주파수국

16 의무항공기국의 허가유효기간은?

① 10년 ② 5년
③ 무기한 ④ 3년

17 다음 항공이동업무 통신 중 우선순위가 가장 하위인 것은?

① 기상통보에 관한 통신
② 조난통신
③ 무선방향탐지에 관한 통신
④ 긴급통신

18 다음 중 행정처분을 하기 위해 청문을 실시하여야 하는 경우로 옳지 않은 것은?

① 무선국 개설허가의 취소
② 적합성평가의 취소
③ 주파수회수 또는 주파수재배치
④ 개설신고한 무선국의 운용휴지

19 다음 중 항공기용 비상위치지시용 무선표지설비의 기술기준에 적합하지 않은 것은?

① 소형, 경량으로 1인이 휴대하기 용이할 것
② 방수가 되어 있고, 해면에 떠야 하며 옆으로 넘어질 경우 다시 원상태로 회복되어야 할 것
③ 해면에 떠있는 경우 쉽에 발견될 수 있도록 유니트는 눈에 잘 띄는 색으로 할 것
④ 취급에 있어서 특별한 지식이나 기능을 가지지 않은 사람은 조작할 수 없을 것

20 다음 중 전파형식 'A3E'에 대한 설명으로 틀린 것은?

① 주반송파의 변조형식이 진폭변조이고 양측파대이다.
② 주반송파를 변조시키는 신호의 특성이 아날로그정보를 포함하는 단일채널이다.
③ 송신할 정보가 전화이다.
④ 4조건 부호로서 각각의 조건이 신호소자를 표시한 것이다.

2014년도 제1회 정기검정
전파법규

01 다음은 ICAO의 항공이동업무에 관한 사항이다. 괄호 안에 들어갈 알맞은 것은?

> 항공이동업무에서 단일채널단신은 전적으로 항공이동업무에 단독으로 분배된 대역에서 ( ) 이하의 무선주파수를 사용하는 무선전화통신에 사용되어야 한다.

① 20[MHz] ② 30[MHz]
③ 40[MHz] ④ 50[MHz]

02 전파형식의 등급표시에 있어 기본 특성의 셋째 기호(송신할 정보형태) 중 '전화'를 나타내는 문자는?

① A ② C
③ E ④ F

03 시설자가 미래창조과학부장관에게 신고하고 무선국의 운용을 휴지할 수 있는 기간은?

① 1개월이상 1년이내
② 2개월이상 1년이내
③ 3개월이상 1년이내
④ 6개월이상 1년이내

04 다음 중 항공이동업무의 무선국을 위한 조난 및 긴급통신을 목적으로 이용하는 무선전화용 주파수는?

① 156.8[MHz] ② 121.5[MHz]
③ 243[MHz]   ④ 500[KHz]

05 항공국이 운용을 종료하고자 할 때의 제한사항으로 옳지 않은 것은?

① 통신이 가능한 범위 안에 있는 모든 항공기국에 대하여 그 뜻을 통지하여한 한다.
② 정시외의 시각에 다시 운용을 종료하고자 하는 때에는 그 예정시각도 통지하여야 한다.
③ 항공국이 운용종료 통지결과 항공기국으로부터 운용시간 연장을 요구할 경우에는 그 요구된 시간까지 운용하여야 한다.
④ 통신을 행하였던 항공기국에 대해서만 그 뜻을 통지하여야 한다.

06 의무항공기국의 무선설비 성능유지를 확인하야 하는 주기로 옳은 것은?

① 500시간 사용할 때마다 1회 이상 확인
② 1,000시간 사용할 때마다 1회 이상 확인
③ 1,500시간 사용할 때마다 1회 이상 확인
④ 2,000시간 사용할 때마다 1회 이상 확인

07 다음은 항공무선통신사가 행할 수 있는 무선설비 외부조정의 기술운용 범위를 나타낸 말이다. 괄호 안에 들어갈 적당한 말은?

> 항공국과 항공기를 위한 무선항행국의 공급전력 (　　) 이하 무선설비

① 50와트
② 100와트
③ 200와트
④ 250와트

08 항공기국 무선설비의 일반조건을 설명한 것 중 옳지 않은 것은?

① 작고 가벼우며, 취급이 용이할 것
② 무선실비 동작안전을 위하여 온도 및 습도에 예민하게 반응할 것
③ 수신설비는 가능한 한 항공기의 전기적 잡음에 의한 방해를 받지 아니할 것
④ 공중선계는 풍압과 빙결에 견딜 것

09 항공기국과 통신하기 위하여 육상에 개설하고 이동하지 않는 무선국은?

① 항공고정국
② 항공국
③ 기지국
④ 해안국

10 다음 중 전파법에서 규정한 용어의 설명으로 옳지 않은 것은?

① '무선국'은 무선통신을 위하여 허가 받은 무선기기를 말한다.
② '송신설비'는 전파를 보내는 설비로서 송신장치와 송신공중선계로 구성되는 설비를 말한다.
③ '수신설비'는 전파를 받는 설비로서 수신장치와 수신공중선계로 구성되는 설비를 말한다.
④ '무선설비'는 전파를 보내거나 받는 전기적 시설을 말한다.

11 다음 중 무선설비의 효율적 이용을 위하여 미래창조과학부장관의 승인을 얻어 위탁운용 또는 공동사용할 수 있는 무선설비가 아닌 것은?

① 무선국의 공중선주
② 송신설비
③ 무선국의 성능측정 설비
④ 수신설비

12 의무항공기국이 운용의무시간 중에 청취하여야 할 전파형식은?

① J3E　　② F3E
③ A3E　　④ E3E

13 선박, 항공기 또는 기타 이동체의안전, 선상 또는 시계 내에 있는 인명의 안전에 관련되 긴급 전문의 우선순위 약어는?

① SS　　② DD
③ FF　　④ GG

14 항공기국이 항공국에 무선전화에 의한 시험통신을 행하고 이에 항공국이 시험통신에 응하는 경우 올바른 송신 순서는?

① 상대항공기국의 호출명칭-여기는-자국의호출명칭-명료도-이상
② 상대항공기국의 호출명칭-여기는-자국의호출명칭-이상-명료도
③ 자국의호출명칭-여기는-상대항공기국의 호출명칭-이상-명료도
④ 자국의호출명칭-여기는-상대항공기국의 호출명칭-명료도-이상

15 무선국의 검사를 거부하거나 방해한 자에 대한 벌칙은?

① 1년 이하의 징역 또는 500만원 이하의 벌금
② 1년 이하의 징역 또는 300만원 이하의 벌금
③ 500만원 이하의 과태료
④ 300만원 이하의 과태료

16 주파수할당을 받은 자가 주파수이용기간이 만료되어 주파수재할당을 받으려면 주파수이용기간 만료 몇 개월전에 신청하여야 하는가?

① 1개월 ② 2개월
③ 6개월 ④ 8개월

17 다음 중 무선국 검사 시 허가 또는 신고사항 등과 일치하는지 여부를 확인하는 대조검사 항목에 포함되지 않는 것은?

① 시설자
② 설치장소
③ 무선종사자 배치
④ 공중선 전력

18 의무항공기국의 무선실비로서 A3E 전파 118[MHz]부터 136.975[MHz]까지 주파수대의 전파를 사용하는 송신설비의 유효통달거리는 최소 얼마 이상이어야 하는가? (단, 비행고도 300미터 일 때)

① 50[Km] 이상 ② 60[Km] 이상
③ 70[Km] 이상 ④ 80[Km] 이상

19 무선국을 개설하고자 하는 자는 누구에게 허가를 얻어야 하는가?

① 산업통산자원부장관
② 미래창조과학부장관
③ 국립전파연구원장
④ 국토교통부장관

20 업무종사의 정지를 당한 후 그 기간에 무선설비를 운용한 경우 벌칙은?

① 200만원 이하의 벌금
② 200만원 이하의 과태료
③ 2년 이하의 징역 또는 2,000만원 이하의 벌금
④ 2년 이하의 징역

2013년도 제4회 정기검정
전파법규

01 다음 중 변경허가를 받아야 하는 사항이 아닌 경우는?
① 간이무선국의 동일 주파수대역내에서의 주파수 변경
② 송신공중선의 형식, 구성 및 이득의 변경
③ 공중선전력의 변경
④ 운용허용시간의 변경

02 '항공무선통신사'자격증을 가진 사람이 운용할 수 있는 종사범위에 해당하는(포함되는) 자격 종목은?
① 전파전자통신기능사
② 무선설비기능사
③ 제3급아마추어무선기사(전화급)
④ 제2급아마추어무선기사

03 다음 중 미래창조과학부장관이 추진하여야 하는 전파이용기술의 표준화에 관한 사항이 아닌 것은?
① 전파관련 표준의 제정
② 전파관련 표준의 보급
③ 전파관련 표준의 적합인증
④ 전파관련 표준의 등록

04 항공국의 개설허가 유효기간의 알맞은 것은?
① 1년
② 2년
③ 3년
④ 5년

05 전파법에서 규정하는 '무선국'의 정의로 옳은 것은?
① 전파를 이용하여 부호를 보내거나 받는 통신시설
② 무선전신, 무선전화, 기타 전파를 보내거나 받는 전기적 시설
③ 무선설비와 무선설비를 조작하는 자의 총체
④ 전파를 이용하여 음성, 기타 음향을 보내거나 받는 통신시설

06 다음 중 항공고정업무에 있어서 통신의 우선 순위가 가장 빠른 것은?
① 항공기의 도착정보
② 항공기의 안전운항에 관한 통신
③ 항공기 기상예보 및 기상통보
④ 항공기 등의 조난 또는 인명안전에 관한 긴급한 통보

07 다음 중 전파감시업무가 아닌 것은?
① 무선국에서 사용하고 있는 전파의 품질측정
② 혼신을 일으키는 전파의 탐지
③ 무선국에서 발사한 전파의 도청
④ 무허가 무선국에서 발사하는 전파의 탐지

08 기지국과 육상이동국, 육상국과 이동국, 육상이동국 상호간 및 이동국 상호간의 통신을 중계하기 위하여 설치하는 무선국을 무엇이라 하는가?
① 이동국
② 이동중계국
③ 기지국
④ 육상국

09 권한의 위임, 위탁 규정에 따라 무선국의 폐지 또는 운용휴지를 하고자하는 경우 누구에게 신고서를 제출하여야 하는가?
① 한국방송통신전파진흥원장
② 중앙전파관리소장
③ 우정청장
④ 국립전파연구원장

10 기간통신사업자가 개설하는 무선국의 공중선주, 송신설비 및 수신설비는 공동사용명령의 대상이다. 이에 해당되지 않는 무선국은?
① 기지국
② 이동중계국
③ 고정국
④ 이동국

11 다음 중 항공기국이 무선전화통신으로 무선방향탐지국에 대해여 방위측정용 부호를 송신하고자 하는 경우 송신순서로 옳은 것은?
① 자국의 호출부호 - 각 10초간의 2선 - 자국의 호출부호
② 상대국의 호출부호 - 각 10초간의 2선 - 자국의 호출부호
③ 자국의 호출부호 - 각 20초간의 2선 상대국의 호출부호
④ 상대국의 호출부호 - 각 20초간의 2선 - 자국이 호출부호

12 다음 중 항공기국이 항공국과 무선전화에 의한 시험통신을 행할 때 가장 먼저 송신하는 것은?
① 상대국의 호출명칭
② 자국의 호출명칭
③ 사용하고 있는 주파수
④ 명료도

13 국제전기통신연합의 회원국이 요구한 국제전기통신연합의 현장과 협약의 개정안을 검토하고 채택하는 기구는?
① 전권위원회
② 이사회
③ 사무총국
④ 세계전파통신회의

14 다음 중 선박국과 협동 수색 및 구조작업에 종사하고 있는 항공기상의 무선국간에 통신에 사용할 수 있는 주파수는?

① 156.3[MHz]　② 4,125[kHz]
③ 2,183.4[kHz]　④ 500[kHz]

15 다음 중 항공이동업무에 있어서 통신의 우선순위가 가장 우선인 것은?

① 무선방향탐지에 관한 통신
② 항공기의 안전운항에 관한 통신
③ 기상통보에 관한 통신
④ 항공기의 정상운항에 관한 통신

16 무선국의 허가를 받은 자가 준공기한(기한을 연장한 경우에는 그 기한)이 지난 후 몇 일이 지날 때까지 준공신고를 마치지 아니한 경우에 무선국의 개설허가를 취소할 수 있는가?

① 20일　② 30일
③ 40일　④ 50일

17 항공이동업무국의 121.5[MHz]의 주파수 사용 조건으로 적정하지 못한 경우는?

① 항공기의 항공기국 상호간 통상적인 업무 연락에 관한 통신을 행하는 경우
② 수색과 구조작업에 종사하는 항공기의 항공기국 상호간에 통신을 행하는 경우
③ 121.5[MHz]외의 주파수를 사용할 수 없는 항공기국과 항공국 간에 통신을 행하는 경우
④ 급박한 위험상태에 있는 항공기의 항공기국과 지상의 무선국 간에 통신을 행하는 경우로서 통상 사용하는 전파가 명확하지 아니하거나 다른 항공기국 간에 사용하고 있는 경우

18 다음 중 MF(핵터미터파) 전파의 주파수 범위로 옳은 것은?

① 300[kHz] 초과 3,000[kHz] 이하
② 3[MHz] 초과 30[MHz] 이하
③ 30[MHz] 초과 300[MHz] 이하
④ 300[MHz] 초과 3,000[MHz] 이하

19 다음 중 항공기가 항공국으로부터 조난통신에 사용하는 전파를 지시받지 못하는 경우에 행할 수 있는 조난통신용 주파수로 적절하지 않은 것은?

① 156.8[MHz]
② 2,182[kHz]
③ 500[kHz]
④ 4,555[kHz]

20 대한민국 헌법 또는 헌법에 의하여 설치한 국가기관을 폭력으로 파괴할 것을 주장하는 통신을 발한 자에 대한 벌칙은?

① 3년 이하의 징역 또는 1,000만원 이하의 벌금
② 3년 이상의 유기징역 또는 금고
③ 5년 이하의 징역 또는 5,000만원 이하의 벌금
④ 5년 이상의 유기징역 또는 금고

2013년도 제1회 정기검정
전파법규

01 다음 중 무선국 개설허가의 유효기간으로 잘못된 것은?

① 실험국 : 1년
② 항공국 : 3년
③ 우주국 : 5년
④ 항공법에 의해 항공기에 의무적으로 개설하는 무선국 : 무기한

02 전자파가 인체에 미치는 영향을 고려하여 무선설비 등에서 발생하는 전자파에 대한 기준을 정하여 고시하는 사항과 관계없는 것은?

① 전자파 인체보호기준
② 전자파 강도 측정기준
③ 전자파 흡수율 측정기준
④ 전자파 인체내성 측정기준

03 특정한 주파수의 용도를 정하는 것을 무엇이라 하는가?

① 주파수 할당
② 주파수 분배
③ 주파수 지정
④ 주파수 배치

04 다음 중 항공이동업무에 있어서 통신의 우선순위가 옳게 나열된 것은?

① 조난통신 - 기상통보에 관한 통신 - 무선방향탐지에 관한 통신
② 조난통신 - 긴급통신 - 무선방향탐지에 관한 통신
③ 조난통신 - 기상통보에 관한 통신 - 항공기 안전운항에 관한 통신
④ 조난통신 - 항공기 안전운항에 관한 통신 - 긴급통신

05 국제항공조정무선통신망에 속하는 항공고정국에서 행하는 호출 순서를 바르게 나타낸 것은?

① 자국의 호출부호 - "DE" - 상대국의 호출부호 - 청수주파수를 표시하는 약어
② 자국의 호출부호 - 상대국의 호출부호 - "DE" - 청수주파수를 표시하는 약어
③ 상대국의 호출부호 - "DE" - 자국의 호출부호 - 우선순위를 표시하는 약어
④ 상대국의 호출부호 - 자국의 호출부호 - "DE" - 우선순위를 표시하는 약어

06 다음 중 항공기국의 통신연락 방법으로 옳지 않은 것은?

① 책임항공국과 그 담당구역은 "항공법"규정에 따른다.
② 항공기국은 원칙적으로 책임항공국과 연락을 취하여야 한다.
③ 부득이한 사정이 있을 때에는 다른 항공기국을 경유할 수 있다.
④ 항공기국 상호간의 통신은 호출한 항공기국이 그 통신을 지도한다.

07 의무항공기국의 A3E전파 118[MHz]부터 136.975[MHz]까지 주파수대의 전파를 사용하는 송신설비로서 비행고도에 따른 유효통달거리에 관한 기준으로 잘못된 것은?

① 비행고도 1,500미터 : 150킬로미터 이상
② 비행고도 3,000미터 : 210킬로미터 이상
③ 비행고도 5,000미터 : 275킬로미터 이상
④ 비행고도 7,000미터 : 290킬로미터 이상

08 노탐(NOTAM)에 관한 통신은 긴급의 정도에 따라 어떤 통신 다음으로 그 순위를 적절하게 선택할 수 있는가?

① 조난통신
② 긴급통신
③ 무선방향탐지에 관한 통신
④ 항공기 안전운항에 관한 통신

09 다음 중 양벌규정에 해당하지 않는 경우는?

① 허가를 받아야할 무선국을 허가 없이 개설한 경우
② 운용정지 명령을 받은 무선국을 운용한 경우
③ 무선국에 대한 검사, 조사 또는 시험을 거부한 경우
④ 조난이 없음에도 무선설비에 의하여 조난통신을 발하는 경우

10 다음 중 항공국의 의무 청취주파수 (전파형식/주파수)로 옳은 것은?

① A3E/121.5[MHz]
② J3E/121.5[MHz]
③ A3E/156.8[MHz]
④ J3E/156.8[MHz]

11 다음 중 ITU의 공용어가 아닌 것은?

① 중국어   ② 프랑스어
③ 일본어   ④ 영어

12 해상이동업무의 무선국과 통신하기 위하여 항공기국이 156[MHz]와 174[MHz]사이의 주파수를 사용하는 경우, 송신기의 평균 송신전력은 몇 와트를 초과할 수 없는가?

① 50와트   ② 30와트
③ 10와트   ④ 5와트

13 항공기에 개설하여 항공이동위성업무를 행하는 이동지구국은?

① 항공국
② 항공기국
③ 항공지구국
④ 항공기지구국

14 항공무선통신사 자격증을 소지하고 제 3급아마추어무선기사(전신급) 자격검정에 응시하는 경우 면제받을 수 있는 과목이 아닌 것은?

① 전파법규
② 통신보안
③ 무선통신술
④ 무선설비취급방법

15 다음 중 국제 전파규칙(RR)에서 규정하고 있지 않는 사항은?

① 업무와 무선국에 관한 규정사항
② 주파수할당에 관한 사항
③ 공중선전력의 분배에 관한 사항
④ 무선국으로부터의 혼신에 관한 사항

16 무선설비기기에 대한 적합성평가의 기준적용에 대한 시험 및 확인 방법 등에 관한 세부사항은 누가 공고하는가?

① 우체국장
② 한국방송통신전파진흥원장
③ 국립전파연구원장
④ 중앙전파관리소장

17 다음 중 외국정부 또는 그 대표자에게 무선국의 개설을 허용할 수 없는 무선국은?

① 실험국
② 의무선박국
③ 의무항공기국
④ 방송국

18 다음 중 조난호출을 행한 항공기국이 호출에 이어서 지체 없이 행하여야 하는 조난통보 사항으로 적합하지 않은 것은?

① 조난항공기의 식별표지
② 책임항공국의 호출부호
③ 조난항공기의 위치
④ 조난의 종류, 상황과 필요로 하는 구조의 종류

19 다음 중 방송통신위원회가 전파이용기술의 표준화를 추진하는 직접적인 목적으로 볼 수 없는 것은?

① 전파의 효율적인 이용 촉진
② 전파이용 질서의 유지
③ 전파감시업무의 효율적 수행
④ 전파 이용자 보호

20 항공이동업무국의 운용시간에 관한 사항을 틀린 것은?

① 항공국 및 항공지구국은 별도로 고시하지 않는 한 상시 운용하여야 한다.
② 의무항공기국의 운용의무시간은 그 항공기의 항행 중으로 한다.
③ 의무항공기국은 운용의무시간 외에 무선국 검사에 필요한 경우 운용할 수 있다.
④ 의무항공기국은 운용의무시간 외에 비행 종료 후 타 항공기국에 연락을 위해 송신할 수 있다.

PART 01 전파법규

정답 및 심화해설

2023년도 제1회 정기검정 전파법규
정답 및 심화해설

정답 모아보기

01	③	05	②	09	②	13	③	17	④
02	②	06	③	10	③	14	①	18	①
03	④	07	①	11	③	15	③	19	①
04	④	08	①	12	③	16	②	20	③

1. 다음 중 무선전화에 의한 조난호출 순서를 맞게 나열한 것은?

> ㉠ "여기는" 또는 "THIS IS" 1회
> ㉡ "조난" 또는 "MAYDAY" 3회
> ㉢ 조난항공기국의 호출부호 또는 호출명칭 3회
> ㉣ 주파수 1회 (국내 항공에 종사하는 항공기국에서는 필요하다고 인정한 경우에 한함)

① ㉠→㉡→㉢→㉣
② ㉠→㉡→㉣→㉢
❸ ㉡→㉠→㉢→㉣
④ ㉡→㉢→㉣→㉠

해설

『무선국의 운용 등에 관한 규정』제99조(무선전화에 의한 조난호출)

제99조(무선전화에 의한 조난호출)
무선전화에 의한 조난호출은 다음 각 호의 사항을 순서대로 송신하여야 한다.
1. "<u>조난</u>" 또는 "MAYDAY" <u>3회</u>
2. "<u>여기는</u>" 또는 "THIS IS" <u>1회</u>
3. <u>조난항공기국의</u> 호출부호 또는 <u>호출명칭</u> <u>3회</u>
4. <u>주파수</u>(국내 항공에 종사하는 항공기국에서는 필요하다고 인정한 경우에 한다) 1회

2 다음 중 신고를 통해 개설할 수 있는 무선국에 해당하지 않는 것은?

① 발사하는 전파가 미약한 무선국이나 무선설비의 설치공사를 할 필요가 없는 무선국
❷ 송신전용 무선국
③ 전파법에 따라 주파수할당을 받은 자가 전기통신업무 등을 제공하기 위하여 개설하는 무선국
④ 방송법에 따라 이동멀티미디어방송을 위하여 개설하는 무선국

해설

『전파법 시행령』제24조(<u>신고하고 개설할 수 있는 무선국</u>)
 제24조 전체내용은 〈기본해설〉 참조

제24조(<u>신고하고 개설할 수 있는 무선국</u>)
① 법 제19조의2제1항제1호 및 제2호에 따라 **신고하고 개설할 수 있는 무선국**은 다음 각 호의 어느 하나에 해당하는 무선기기를 사용하는 무선국으로 한다.
  1. 간이무선국용 무선설비 중 휴대용 무선기기. 다만, 차량·선박 등 이동체에 설치하는 경우는 제외한다.
  2. 전파천문업무를 하는 <u>수신전용 무선기기</u>
  3. 이동국·육상이동국용 무선설비 중 휴대용 무선기기. 다만, 차량·선박 등 이동체에 설치하는 경우는 제외한다.
  4. 다른 일반지구국으로부터 주파수, 출력, 전파형식 등 송신의 제어를 받는 일반지구국의 무선기기

3 다음 중 무선국 개설의 결격사유에 해당되지 않는 것은?

① 대한민국의 국적을 가지지 아니한 자가 항공국을 개설하고자 하는 경우
② 외국정부 또는 그 대표자가 육상국을 개설하고자 하는 경우
③ 외국의 법인 또는 단체가 해안국을 개설하고자 하는 경우
❹ 외국의 법인 또는 단체가 과학이나 기술발전을 위한 실험만 사용하는 실험국을 개설하고자 하는 경우

> 해설

『전파법』제20조(무선국 개설의 결격사유)

⚠ 제20조 전체 내용은 〈기본해설〉 참조

제20조(무선국 개설의 결격사유)
① **다음 각 호의 어느 하나에 해당하는 자는 무선국을 개설할 수 없다.** 다만, 제19조제2항, 제19조의2제1항제1호 · 제2호 및 같은 조 제2항에 따라 개설하는 것은 그러하지 아니하다.
  1. 대한민국의 국적을 가지지 아니한 자
  2. 외국정부 또는 그 대표자
  3. <u>외국의 법인 또는 단체</u>
② 제1항 제1호부터 제3호까지의 규정은 다음 각 호의 어느 하나에 해당하는 무선국에 대하여는 적용하지 아니한다.
  1. 실험국(과학이나 기술발전을 위한 실험에만 사용하는 무선국을 말한다. 이하 같다)
  2. 「선박안전법」, 「어선법」 또는 「수상레저기구의 등록 및 검사에 관한 법률」에 따른 선박의 무선국
  3. 「항공안전법」 제101조 단서 및 「항공사업법」 제55조에 따른 허가를 받아 국내항공에 사용되는 항공기의 무선국

4 다음 중 무선통신의 원칙이 아닌 것은?
① 무선통신의 내용은 필요 최소한의 사항이어야 한다.
② 무선통신에 사용하는 용어는 가능한 간명하여야 한다.
③ 교신하는 때에는 자국 호출부호 · 명칭 및 표지부호를 붙여 출처를 명확히 하여야 한다.
❹ 교신하는 때에는 정확히 송신하고, 오류를 인지할 때에는 상황에 맞게 정정하여야 한다.

> 해설

『무선국의 운용 등에 관한 규정』제3조(무선통신의 원칙)

제3조(무선통신의 원칙)
① 무선통신의 내용은 필요 최소한의 사항으로 이루어져야 한다.
② 무선통신에 사용하는 용어는 가능한 한 간명하여야 한다.
③ 무선통신을 하는 때에는 자국의 호출부호 · 호출명칭 및 표지부호를 붙여서 그 출처를 명확하게 하여야 한다.
④ 무선통신을 하는 때에는 정확하게 송신을 하여야 하며, <u>오류를 인지한 때에는 즉시 정정하여야</u> 한다.

5 다음 중 초단파(VHF, Very High Frequency) 대역(30~300MHz)에서 파장의 길이로 적합한 것은?
① 100m ~ 10m
❷ 10m ~ 1m
③ 1m ~ 10cm
④ 10cm ~ 1cm

> 해설

『항공무선통신사(기초전파공학 · 통신보안) 자격취득교육교재』 한국방송통신전파진흥원(2020) p.143.

〈 ITU 기준에 따른 주파수 분류 〉

대역 기호	명칭	ITU 대역	주파수 대역	파장	주요 용도
ELF	극저주파	1	3Hz ~ 30Hz	100,000km ~ 10,000km	수중 통신
SLF	초저주파	2	30Hz ~ 300Hz	10,000km ~ 1000km	수중 통신
ULF	음성	3	300Hz ~ 3,000Hz	1000km ~ 100km	수중 통신, 음성 대역
VLF	초장파	4	3kHz ~ 30kHz	100km ~ 10km	선박
LF	장파	5	30kHz ~ 300kHz	10km ~ 1km	항해용
MF	중파	6	300kHz ~ 3,000kHz	1,000m ~ 100m	항공, AM방송
HF	단파	7	3MHz ~ 30MHz	100m ~ 10m	단파방송, HAM
VHF	**초단파**	8	30MHz ~ 300MHz	10m ~ 1m	TV, FM방송
UHF	극초단파	9	300MHz ~ 3,000MHz	1m ~ 0.1m	마이크로파(TV, 이동통신)
SHF	센티미터파	10	3GHz ~ 30GHz	10cm ~ 1cm	마이크로파(위성통신)
EHF	밀리파	11	30GHz ~ 300GHz	10mm ~ 1mm	미사일, 우주통신
THF	서브밀리파	12	300GHz ~ 3,000GHz	1mm ~ 0.1mm	엑스레이, 테라헤르츠통신

- ELF: Extremely Low Frequency
- ULF: Ultra Low Frequency
- LF: Low Frequency
- HF: High Frequency
- UHF: Ultra High Frequency
- EHF: Extremely High Frequency
- SLF: Super Low Frequency
- VLF: Very Low Frequency
- MF: Medium Frequency
- VHF: Very High Frequency
- SHF: Super High Frequency
- THF: Tremendously High Frequency

6 항공기국 무선설비 검사 시 명백한 위반사항이 관찰된 경우 국제전파규칙(RR)에서 규정하는 통보방법으로 옳은 것은?

① 구두로 직접 통보한다.
② 전화로 통보한다.
❸ 서면으로 통보한다.
④ 문자전송으로 통보한다.

해설

전파규칙(Radio Regulations) Volume 1

⚠ 전파규칙(RR) 관련 기타 문제는 〈기본해설〉 참조

ARTICLE 39: Inspection of stations(무선국의 검사) 39.6

2) Before leaving, the inspector shall report the result of his inspection to the person responsible for the aircraft. If any breach of the conditions imposed by these Regulations is observed, the inspector shall make this report in writing.

2) 검사관은 떠나기 전에 자기의 검사결과를 항공기의 책임자(기장)에게 통고하여야 한다. 만일 이 규칙에 의하여 부과된 조건의 어떠한 위반사항이 적발된 경우에는 검사관은 이를 서면으로 통고하여야 한다.

7 다음 중 무선국 개설허가의 유효기간은?

❶ 7년 이내
② 10년 이내
③ 15년 이내
④ 20년 이내

해설

『전파법』 제22조(주파수 사용승인 및 무선국 개설허가의 유효기간)

제22조(주파수 사용승인 및 무선국 개설허가의 유효기간)
① 주파수 사용승인의 유효기간은 10년 이내의 범위에서, 무선국 개설허가의 유효기간은 7년 이내의 범위에서 대통령령으로 각각 정하며, 그 기간이 끝나면 재승인이나 재허가를 할 수 있다.
② 제1항에도 불구하고 「항공안전법」에 따라 항공기 또는 경량항공기에 의무적으로 개설하여야 하는 무선국(이하 "의무항공기국")의 개설허가 유효기간은 무기한으로 한다.

8 다음 중 항공기국이 항공국과 무선전화에 의한 시험통신을 행하는 경우 가장 먼저 송신하여야 하는 것은?

❶ 상대국의 호출부호
② 자국의 호출부호
③ 사용하고 있는 주파수
④ 명료도

해설

『무선국 운영등에 관한 규정』 제89조(무선전화에 의한 시험통신)

제89조(무선전화에 의한 시험통신)
① 항공기국이 항공국과 **무선전화에 의한 시험통신**을 행하는 경우에는 다음 각 호의 사항을 순서대로 **송신**하여야 한다.
   1. **상대국의 호출부호** 또는 호출명칭 1회
   2. "여기는" 또는 "THIS IS" 1회
   3. 자국의 호출부호 또는 호출명칭 1회
   4. 다음 각목의 경우에는 다음 약어 1회
      가. 항공기의 항행중 시험을 하는 경우 : 감도시험
      나. 항공기의 출발직전에 시험을 하는 경우 : 비행전시험
      다. 기타 지상에서 통신시험하는 경우 : 정비시험
   5. 사용하고 있는 주파수 1회
   6. "이상" 또는 "OVER" 1회
② 제1항의 시험통신에 응하는 항공국은 다음 각 호의 사항을 순서대로 송신하여야 한다.
   1. 상대항공기국의 호출부호 또는 호출명칭 1회
   2. "여기는" 또는 "THIS IS" 1회
   3. 자국의 호출부호 또는 호출명칭 1회
   4. 명료도 1회
   5. "이상" 또는 "OVER" 1회

9 항공기국이 항행 중 항공국과 1차 이상 연락하지 않은 경우의 무선종사자 행정처분 기준은?

① 업무종사 정지 3개월
❷ 업무종사 정지 6개월
③ 업무종사 정지 1년
④ 기술자격 취소

해설

『전파법 시행령』 제118조(행정처분기준) 제5호 무선종사자에 대한 행정처분기준 : [별표 26] (1.~11. 중 7.)

[별표 26] 무선종사자에 대한 행정처분기준

위반내용	위반횟수별 처분기준		
	1차 이상	2차 이상	3차 이상 위반
7. 항공기국이 항공국과 연락을 하지 않은 경우	업무종사 정지 6개월	업무종사 정지 1년	기술자격 취소

⚠ 1. 거짓이나 그 밖의 부정한 방법으로 무선종사자의 기술자격을 취득한 경우 2. 다른 사람에게 무선종사자의 명의를 사용하게 하거나 기술자격증을 빌려준 경우 → 1차 위반 시 기술자격 취소

10 다음 중 빈 칸에 들어갈 것으로 알맞은 것은?

> 무선국 준공검사에 불합격된 경우에는 준공검사의 결과를 통보받은 날로부터 (　) 이내에 재검사를 받아야 한다.

① 2개월
② 4개월
❸ 6개월
④ 12개월

해설

『전파법』 제24조(검사), 제25조(무선국의 운용), 『전파법 시행령』 제43조의2(재검사의 기한)

『전파법』 제24조(검사)
① 다음 각 호의 어느 하나에 해당하는 자는 무선설비가 준공된 경우 과학기술정보통신부장관에게 준공신고를 하고 그 무선설비가 기술기준 및 무선종사자의 자격·정원 배치기준에 적합한지의 여부에 대하여 검사(이하 "**준공검사**"라 한다)를 받아야 한다.
② 과학기술정보통신부장관은 제1항 각 호의 어느 하나에 해당하는 자로부터 허가증 또는 무선국 신고증명서에 적힌 **준공기한의 연장신청을 받은 경우** 그 사유가 합당하다고 인정하면 준공기한을 연장할 수 있다. 이 경우 **총 연장 기간은 1년을 초과할 수 없다.**
③ 과학기술정보통신부장관은 검사한 결과 그 무선설비가 기술기준에 적합하고 무선종사자의 자격과 정원이 자격·정원배치기준에 적합하면 지체 없이 검사를 받은 자에게 검사증명서를 발급하여야 한다. 다만, **검사한 결과가 적합하지 아니한 무선국의 경우에는 대통령령으로 정하는 기한까지 재검사**를 받아야 한다.

『전파법』 제25조(무선국의 운용)
③ 제24조제1항에 따른 **검사에 불합격한 경우에는 무선국의 운용을 정지하고 대통령령으로 정하는 기한까지 재검사**를 받아야 한다.

『전파법 시행령』 제43조의2(재검사의 기한)
법 제25조제3항 단서에서 "**대통령령으로 정하는 기한**"이란 **준공검사의 결과를 통보받은 날부터 6개월 이내의 기한**을 말한다.

11 다음 중 빈칸에 들어갈 것으로 알맞은 것은?

> 무선설비의 운용을 위한 전원은 전압변동률이 정격전압을 기준으로 상하 오차범위 (　) 이내에서 유지할 수 있어야 한다.

① 3%
② 5%
❸ 10%
④ 15%

해설

『무선설비규칙』 제14조(전원)

제14조(전원)
① 무선설비의 운용을 위한 **전원은 전압변동률이 정격전압을 기준으로 상하 오차범위 10퍼센트 이내에서 유지할 수 있어야 한다.**
② 「항공법」에 따라 항공기 또는 경량항공기에 의무적으로 개설하여야 하는 무선국(이하 "**의무항공기국**"이라 한다)의 전원은 다음 각 호의 요건을 모두 갖추어야 한다.
  1. 항행 중 해당 무선국의 무선설비를 작동시킬 것
  2. 예비전원용 축전지를 충전할 수 있을 것
③ **비상국의 전원**은 다음 각 호의 요건을 모두 갖추어야 한다.
  1. 수동 발전기, 원동 발전기, 무정전 전원설비 또는 축전지로서 24시간 이상 상시 운용할 수 있을 것
  2. 즉각 최대성능으로 사용할 수 있을 것

12 다음의 항공무선업무 관련 국제전파규칙의 괄호 안에 들어갈 것으로 맞는 것은?

> 모든 항공기국의 업무는 그 무선국을 관할하는 정부에 의하여 발급되거나 인정하는 (A)을 소지하고 있는 (B)에 의하여 관리되고 통제되어야 한다.

① A : 허가장, B : 1인의 정비사
② A : 허가장, B : 2인의 정비사
❸ A : 자격증, B : 1인의 통신사
④ A : 자격증, B : 2인의 통신사

해설

국제전파규칙(Radio Regulations) 제37조(ARTICLE 37), 통신사의 자격증(Operator's certificates)

37.1 § 1

1) The service of every aircraft station and every aircraft earth station shall be controlled by an operator holding a certificate issued or recognized by the government to which the station is subject. Provided the station is so controlled, other persons besides the holder of the certificate may use the radiotelephone equipment.
1) 모든 항공기국과 항공기지구국의 업무는 그 무선국을 관할하는 정부에 의하여 발급되었거나 정부가 인정하는 **자격증을 소지하고 있는 1인의 통신사**에 의하여 관리되고 통제되어야 한다. 이와 같이 관리되고 통제되는 조건하에서는 자격증 소지자 이외의 타인이 그 무선국의 무선전화 장치를 사용할 수 있다

13 항공기의 항행 중 무선전화 통화에서 호출부호 사용의 약어화에 대한 설명으로 옳지 않은 것은?

① 항공기국은 통신연락이 설정된 후 혼동될 우려가 없는 경우에는 호출부호를 대신하여 약어를 사용할 수 있다.
② 호출 약어는 항공기 등록기호의 최초 문자와 끝의 2문자
❸ 호출 약어는 통신연락 중에 변경할 수 있다.
④ 호출 약어는 세 자리 지정문자와 등록기호 끝의 2문자

해설

『무선국의 운용 등에 관한 규정』제83조(호출부호 사용의 약어화)

제83조(호출부호 사용의 약어화)
① 항공기국은 통신연락이 설정된 후에는 혼동될 우려가 없는 경우에는 호출부호를 대신하여 다음 각 호의 1을 사용할 수 있다.
  1. 항공기 등록기호의 최초 문자와 끝의 2문자
  2. 항공사 세자리 지정문자와 등록기호 끝의 2문자
② 제1항 각 호의 <u>약어는 통신연락 중에는 변경하여서는 아니 된다</u>.

14 다음 중 항공기무선국의 검사 항목이 아닌 것은?
❶ ADF ② DME
③ TCAS ④ ELT

해설

『무선국 및 전파응용설비의 검사업무 처리기준』제8조(검사의 방법)제3항

제8조(검사의 방법)
① 검사는 대조검사 [별표1]와 성능검사 [별표2]로 구분하여 실시한다.
② 대조검사 사항이 허가·신고사항과 상이하여 부적합에 해당되는 경우라도 현재설비에 대한 성능검사를 실시한다.
③ <u>성능검사는 [별표2]의 무선국 종별로 분류된 검사항목에 따라 실시</u>하고 그 항목별 기준에 적합한지를 확인한다.

[별표 2] 성능검사(무선국 및 전파응용설비의 검사업무 처리기준) → 항공기국 부분만 발췌함.

구분	검사항목	검사방법	검사기준 및 성적
항공 기국 및 무선 표지 국	**항공기용구명무선설비(ELT)**, 항공기용휴대무선설비, **거리측정장치**, ATC트랜스폰더, 전파고도계, 레이다 **공중충돌방지장치(TCAS)**	공통사항의 송신장치 검사항목을 적용한다. 다만, 기기 구조 등의 사유로 측정이 불가하다고 판단되는 경우에는 종합시험으로 갈음한다.	동작상태가 설비규칙 및 항공업무용 무선설비의 기술기준 등 관계규정에 적합하지 아니하는 경우에는 "부적합"으로 한다.

※ 참고
• 거리측정장치 → DME(Distance Measurement Equipment)
• ADF(Automatic direction-finding equipment) → 항공기 탑재용 자동방향탐지기

15 다음 중 "선박 또는 항공기가 외국의 각 지역을 항행 중이어서 무선종사자의 승무가 불가능한 경우로서 무선종사자가 아닌 자가 무선설비를 운용할 수 있는 범위"로 옳은 것은?
① 운항통신
② 출입권 통지
❸ 안전통신
④ 기기의 조정

해설

『전파법』 제25조(무선국의 운용)

⚠ 2020년도 제4회 정기검정 9번 문제 참조

제25조(무선국의 운용)
② 무선국은 무선국 신고증명서에 적힌 사항의 범위에서 운용하여야 한다. 다만, 다음 각 호의 어느 하나에 해당하는 통신을 하는 경우에는 그러하지 아니하다.
1. 조난통신 2. 긴급통신 3. **안전통신**
4. 비상통신
5. 그 밖에 대통령령으로 정하는 통신

16 다음 중 빈칸에 들어갈 것으로 알맞은 것은?

> 안테나 공급전력이 (　)를 초과하는 무선설비에 사용하는 전원회로는 퓨즈 또는 자동차단기를 갖추어야 한다.

① 5W
❷ 10W
③ 20W
④ 50W

해설

『무선설비규칙』 제13조(보호장치 및 특수장치)

제13조(보호장치 및 특수장치)
① 안테나공급전력이 10와트(W)를 초과하는 무선설비에 사용하는 전원회로는 퓨즈 또는 자동차단기를 갖추어야 한다.

17 다음 중 전파의 성질과 가장 거리가 먼 것은?
① 직진성
② 반사성
③ 굴절성
❹ 투과성

해설

『항공무선통신사(기초전파공학·통신보안) 자격취득 교육교재』 한국방송통신전파진흥원(2020) p.78.

전파는 **직진**하거나 **반사**되기도 하고 **흡수** 또는 **굴절**되기도 한다. (중략) **반사**란 어느 매체에서 다른 매체로 진행했을 때 그 곳에서 일부가 원래 방향 혹은 다른 방향으로 진로를 변경하는 것을 말하고, **흡수**란 물질 속을 통과할 때 에너지나 입자가 물질 속으로 빨려 들어가 그 강도가 감소하는 것을 말한다. **굴절**은 한 매질에서 다른 매질로 들어갈 때 그 경계면에서 방향이 달라지는 현상을 말한다.

18 전파규칙의 항공업무 무선전화통신사 한정자격증 취득을 위한 입증사항이 아닌 것은?
❶ 무선전화장치의 실제 조작과 조정에 관한 상세 지식
② 공용언어를 이용한 무선전화의 정확한 송수신 능력
③ 인명안전 관련 통신의 상세한 지식
④ 무선전화 운용과 운용절차의 실무지식

해설

국제전파규칙(Radio Regulations) 제37조(무선전화 통신사 자격증)

37.26 § 9. 37.27, 37.28, 37.29

1) The radiotelephone operator's restricted certificate is issued to candidates who have given proof of the knowledge and professional qualifications enumerated below:
   a) practical knowledge of radiotelephone operation and procedure;
   b) ability to send correctly and to receive correctly by radiotelephone in one of the working languages of the Union;
   c) general knowledge of the Regulations applying to radiotelephone communications and specifically of that part of those Regulations relating to the safety of life.

1) 무선전화통신사 한정자격증은 아래에 열거된 지식과 직무수행 능력을 구비하고 있음을 **입증한 수험자(후보자)**에게 발급된다.
   a) **무선전화 운용과 운용절차의 실무지식**
   b) 무선전화에 의하여 연합의 **공용 업무 언어** 중의 어느 하나의 언어로 **정확하게 송신하고 정확하게 수신하는 능력**
   c) 무선전화통신 전반에 적용되는 이 규칙과 특히 **인명의 안전과 관련된 통신에 적용되는** 이 규칙의 부분에 관한 **상세한 지식**

19 다음 중 스퓨리어스발사에 포함되지 않는 것은?

❶ 대역외발사 ② 고조파발사
③ 기생발사 ④ 상호변조

『무선설비규칙』 제2조(정의)

1. "발사"(發射)란 송신설비가 전파를 공간으로 송신하는 것을 말한다.
8. "대역외발사"(帶域外發射)란 변조과정에서 발생하는 필요주파수대역폭의 바로 바깥쪽에 위치한 하나 이상의 주파수에서 발생하는 발사(스퓨리어스 발사는 제외한다)를 말한다.
9. "스퓨리어스 발사"(Spurious 發射)란 필요주파수대역폭 바깥쪽에 위치한 하나 이상의 주파수에서 발생하는 발사(**대역외발사는 제외한다**)로서 정보전송에 영향을 미치지 아니하고 그 강도를 저감시킬 수 있는 것으로 고조파발사, 기생발사, 상호변조 및 주파수 변환 등에 의한 발사를 포함한 발사를 말한다.
10. "불요발사"(不要發射)란 대역외발사 및 스퓨리어스 발사를 말한다.
11. "대역외영역"이란 필요주파수대역폭 바로 바깥쪽의 주파수 범위로서 대역외발사가 우세한 영역을 말한다.
12. "스퓨리어스 영역"이란 대역외영역 바깥의 주파수 범위로서 스퓨리어스 발사가 우세한 영역을 말한다.

20 다음 중 의무항공기국 전원의 작동 요건이 아닌 것은?

① 항행 중 초단파대 무선전화 작동
② 항행 중 2차감시레이다용 트랜스폰더 작동
❸ 항행 중 로칼라이져 작동
④ 예비전원용 축전지 충전

『무선설비규칙』 제14조(전원), 제16조(예비전원 및 예비품 등), 『항공안전법』 제51조(무선설비의 설치·운용 의무), 『항공안전법 시행규칙』 제107조(무선설비), 『무선국의 운용 등에 관한 규정』[별표 7의2] 항공안전법 제51조 및 제119조에 따라 항공기에 갖추어야 하는 무선설비(제9조제6항 관련)

『무선설비규칙』 제14조, 제16조

제14조(전원)

② 「항공법」에 따라 항공기 또는 경량항공기에 **의무적으로 개설하여야 하는 무선국**(이하 "**의무항공기국**"이라 한다)의 전원은 다음 각 호의 요건을 모두 갖추어야 한다.
1. 항행 중 해당 무선국의 무선설비를 작동시킬 것
2. **예비전원용 축전지를 충전할 수 있을 것**

제16조(예비전원 및 예비품 등)

① 의무항공기국은 **주 전원설비의 고장 시 대체할 수 있는 예비전원 시설**을 갖추어야 한다.
④ 의무항공기국의 **예비전원**은 해당 항공기의 항행안전을 위하여 필요한 **무선설비를 30분 이상 작동**할 수 있는 성능을 갖추어야 한다.

『항공안전법』제51조(무선설비의 설치·운용 의무)

항공기를 운항하려는 자 또는 소유자등은 해당 항공기에 비상위치 무선표지설비, 2차감시레이더용 트랜스폰더 등 **국토교통부령으로 정하는 무선설비를 설치·운용**하여야 한다.

『항공안전법 시행규칙』제107조(무선설비)

① **법 제51조에 따라 항공기에 설치·운용해야 하는 무선설비**는 다음 각 호와 같다. 다만, 항공운송사업에 사용되는 항공기 외의 항공기가 계기비행방식 외의 방식(이하 "시계비행방식"이라 한다)에 의한 비행을 하는 경우에는 제3호부터 제6호까지의 무선설비를 설치·운용하지 않을 수 있다.

1. 비행 중 항공교통관제기관과 교신할 수 있는 **초단파(VHF)** 또는 극초단파(UHF) **무선전화 송수신기 각 2대**
2. 기압고도에 관한 정보를 제공하는 **2차감시 항공교통관제 레이더용 트랜스폰더** 1대
3. 자동방향탐지기(ADF) 1대
4. 계기착륙시설(ILS) 수신기 1대
5. 전방향표지시설(VOR) 수신기 1대
6. 거리측정시설(DME) 수신기 1대
7. 비행 중 뇌우(雷雨) 또는 잠재적인 위험 기상조건을 탐지할 수 있는 기상레이더 또는 악기상 탐지장비
8. 비상위치지시용 무선표지설비(ELT)

② 제1항제1호에 따른 무선설비는 다음 각 호의 성능이 있어야 한다.
1. 비행장 또는 헬기장에서 관제를 목적으로 한 양방향통신이 가능할 것
2. 비행 중 계속하여 기상정보를 수신할 수 있을 것
3. 운항 중 항공기국과 항공국 간 또는 항공국과 항공기국 간 양방향 통신이 가능할 것
4. 항공비상주파수(121.5 ㎒ 또는 243.0 ㎒)를 사용하여 항공교통관제기관과 통신이 가능할 것
5. 무선전화 송수신기 각 2대 중 각 1대가 고장이 나더라도 나머지 각 1대는 고장이 나지 아니하도록 각각 독립적으로 설치할 것

『무선국의 운용 등에 관한 규정』[별표 7의2]
항공안전법 제51조 및 제119조에 따라 항공기에 갖추어야 하는 무선설비

구분	무 선 설 비
항공 기국	1. 비행 중 항공교통관제기관과 교신할 수 있는 **초단파(VHF) 또는 극초단파(UHF) 무선전화 송수신기** 2. 기압고도에 관한 정보를 제공하는 **2차 감시 항공교통관제 레이더용 트랜스폰더** 3. 자동방향탐지기(ADF) 4. 계기착륙시설(ILS) 수신기 5. 전방향표지시설(VOR) 수신기 6. 거리측정시설(DME) 수신기 7. 기상레이더 또는 악기상 탐지장비 8. 비상위치지시용 무선표지설비(ELT)
경량 항공 기국	1. 비행 중 항공교통관제기관과 교신할 수 있는 초단파(VHF) 또는 극초단파(UHF) 무선전화 송수신기 2. 기압고도에 관한 정보를 제공하는 2차 감시 항공교통관제 레이더용 트랜스폰더

2022년도 제4회 정기검정 전파법규
정답 및 심화해설

정답 모아보기

01	①	05	①	09	④	13	①	17	③
02	③	06	③	10	②	14	①	18	②
03	①	07	①	11	③	15	②	19	②
04	②	08	①	12	④	16	④	20	④

1. 다음 괄호 안에 들어갈 항공기국의 정의로 옳은 것은?

> 항공기에 개설하여 (　　　　)를 하는 무선국

❶ 항공이동업무　　② 항공고정업무
③ 항공이동 및 고정업무　　④ 항공통신업무

해설

『전파법 시행령』제29조 (무선국의 분류)
 제29조(무선국의 분류) 전체는 〈기본해설〉 참조

  7. **항공기국**: 항공기에 개설하여 항공이동업무를 하는 무선국
 11. **항공국**: 항공기국과 통신을 하기 위하여 육상의 일정한 고정지점에 개설하는 무선국. 다만, 선박상 또는 지구위성상에 개설하는 경우에는 이동하는 무선국을 포함한다.
 33. **항공지구국**: 육상의 일정한 고정 지점에 개설하여 항공이동위성업무를 하는 지구국
 37. **항공기지구국**: 항공기에 개설하여 항공이동위성업무를 하는 지구국

2. 다음 중 "무선설비의 효율적 이용을 위하여 과학기술정보통신부장관의 승인을 얻어 위탁운용 또는 공동사용할 수 있는 무선설비가" 아닌 것은?
① 무선국의 안테나설치대　　② 송신설비
❸ 무선국의 성능측정 설비　　④ 수신설비

해설

『전파법 시행령』제69조(무선설비의 위탁운용 및 공동사용)

1. <u>무선국의 안테나설치대</u>
2. <u>송신설비</u> 및 <u>수신설비</u>
3. 시설자가 동일한 무선국의 무선설비
4. 과학기술정보통신부장관이 정하는 아마추어국의 무선설비
5. 그 밖에 공공의 안전을 위한 무선국으로서 과학기술정보통신부장관이 특히 필요하다고 인정하여 고시하는 무선설비

3. 다음 중 "항공이동업무국의 121.5[MHz]의 주파수 사용 조건"으로 틀린 것은?
❶ 항공기의 항공기국 상호간 통상적인 업무연락에 관한 통신을 행하는 경우
② 수색과 구조작업에 종사하는 항공기의 항공기국 상호간에 통신을 행하는 경우
③ 121.5[MHz] 외의 주파수를 사용할 수 없는 항공기국과 항공국간에 통신을 행하는 경우
④ 급박한 위험상태에 있는 항공기의 항공기국과 지상의 무선국 간에 통신을 행하는 경우로서 통상 사용하는 전파가 명확하지 아니하거나 다른 항공기국 간에 사용하고 있는 경우

해설

『무선국 운용 등에 관한 규정』 제88조
(<u>121.5 MHz의 주파수 사용</u>)

1. <u>급박한 위험상태에 있는 항공기국과 지상의 항공국 간에 통신</u>을 행하는 경우로서 통상 사용하는 전파가 명확하지 아니하거나 다른 항공기국간에 사용하고 있는 경우
2. <u>수색과 구조작업에 종사하는 항공기국 상호간</u> 또는 항공기국이 지상의 항공국 또는 해상의 선박국과의 통신을 행하는 경우
3. <u>121.5 MHz외의 주파수를 사용할 수 없는 항공기국과 항공국간에 통신</u>을 행하는 경우
4. 제1호 및 제2호에 준하는 경우로서 <u>긴급을 요하는 통신을 행하는 경우</u>

4. 항공기국이 발신하는 무선전화에 의한 통보로서 항공고정업무에 의한 전송을 필요로 하는 경우 "통보의 구성요소"가 아닌 것은?
① 호출(발신국이 표시되는 것)
❷ "FROM"(구문인 경우에 한한다)
③ 수신인 명칭, 착신국의 명칭
④ 본문

『무선국의 운용 등에 관한 규정』제82조(통보의 구성)

① 항공이동업무에서 취급되는 통보는 다음 각 호에 정한 순서대로 구성하여야 한다.
 1. 호출(발신국이 표시되는 것)
 2. 본문
② 항공기국이 발신하는 무선전화에 의한 통보로서 항공고정업무에 의한 전송을 필요로 하는 것은 다음 각 호에 정한 순서로 구성되어야 한다. 다만, 당해 통보의 송달에 대하여 미리 협정이 있는 것의 구성은 제1항에 따른다.
 1. 호출(발신국이 표시되는 것)
 2. "FOR"(구문인 경우에 한한다)
 3. 수신인 명칭
 4. 착신국 명칭
 5. 본문
③ 항공국은 항공고정업무를 경유하여 전송된 통보로서 무선전화에 의하여 항공기국에 송신하는 것에 대하여는 당해 통보를 다음 각 호에 정한 순서대로 구성하여야 한다.
 1. **본문**
 2. **"FROM"(구문인 경우에 한한다)**
 3. **발신인의 명칭과 소재지명**

5. 항공국은 항공고정업무를 경유하여 전송된 통보로서 무선전화에 의하여 항공기국에 송신하는 것에 대한 통보의 구성 순서로 옳은 것은?
❶ 본문 – "FROM"(구문인 경우) – 발신인의 명칭과 소재지명
② 호출 – 발신인의 명칭과 소재지명
③ 본문 – 호출 – 발신인의 명칭과 소재지명
④ 본문 – 수신인 명칭 – 발신인의 명칭과 소재지명

『무선국의 운용 등에 관한 규정』제82조(통보의 구성)

① 항공이동업무에서 취급되는 통보는 다음 각 호에 정한 순서대로 구성하여야 한다.
 1. 호출(발신국이 표시되는 것) 2. 본문
② 항공기국이 발신하는 무선전화에 의한 통보로서 항공고정업무에 의한 전송을 필요로 하는 것은 다음 각 호에 정한 순서로 구성되어야 한다. 다만, 당해 통보의 송달에 대하여 미리 협정이 있는 것의 구성은 제1항에 따른다.
 1. 호출(발신국이 표시되는 것)
 2. "FOR"(구문인 경우에 한한다)
 3. 수신인 명칭
 4. 착신국 명칭
 5. 본문
③ 항공국은 항공고정업무를 경유하여 전송된 통보로서 무선전화에 의하여 항공기국에 송신하는 것에 대하여는 당해 통보를 다음 각 호에 정한 순서대로 구성하여야 한다.
 1. **본문**
 2. **"FROM"(구문인 경우에 한한다)**
 3. **발신인의 명칭과 소재지명**

6. 항공지구국의 정의로 옳은 것은?
① 항공기에 개설하여 항공이동위성업무를 하는 이동지구국
② 항공기에 개설하여 해상이동위성업무를 하는 이동지구국
❸ 육상의 일정한 고정지점에 개설하여 항공이동위성업무를 하는 지구국
④ 육상의 일정한 고정지점에 개설하여 해상이동업무를 하는 지구국

『전파법 시행령』제29조 (무선국의 분류)
⚠ 제29조 전체 내용은 〈기본해설〉 참조

① 법 제20조의2제3항에 따라 무선국은 다음 각 호와 같이 분류한다.
 7. 항공기국: 항공기에 개설하여 항공이동업무를 하는 무선국
 11. 항공국: 항공기국과 통신을 하기 위하여 육상의 일정한 고정지점에 개설하는 무선국. 다만, 선박상 또는 지구위성상에 개설하는 경우에는 이동하는 무선국을 포함한다.
 33. **항공지구국: 육상의 일정한 고정 지점에 개설하여 항공이동위성업무를 하는 지구국**
 37. 항공기지구국: 항공기에 개설하여 항공이동위성업무를 하는 지구국

7. 다음 중 "항공기에 개설하는 무선설비의 기술운용이 가능한 무선종사자의 자격종목"으로 옳은 것은?

❶ 전파전자통신기사
② 전파전자통신기능사
③ 제1급 아마추어무선기사
④ 제2급 아마추어무선기사

해설

『전파법 시행령』[별표 17] 무선종사자의 자격종목 및 자격종목별 종사범위(제115조 관련)

자격종목	종사범위
1. 전파전자통신기사	나. 선박 또는 **항공기에 개설하는 무선설비의 기술운용**
2. 전파전자통신산업기사	5) 항공기에 개설하는 무선설비
4. 항공무선통신사	1) 항공기에 개설하는 무선설비

8. 항공기용 휴대무선설비의 송신장치 조건 중 안테나공급전력의 허용편차로 맞는 것은?

❶ 상한 50[%] 하한 20[%]
② 상한 50[%] 하한 50[%]
③ 상한 10[%] 하한 20[%]
④ 상한 20[%] 하한 50[%]

해설

『항공업무용 무선설비의 기술기준』 제10조(비상위치지시용 무선표지설비)

⚠ "항공기용 휴대무선설비"에는 "비상위치지시용 무선표지설비"가 포함됨. →『무선설비규칙』제9조 [별표 6] 안테나공급전력 허용편차(제9조제1항 본문 관련)

『항공업무용 무선설비의 기술기준』 제10조(비상위치지시용 무선표지설비)
항공기에 설치 또는 휴대하는 **비상위치지시용 무선표지설비**의 기술기준은 다음 각 호와 같다.
  1. 공통조건 가. 소형, 경량으로 1인이 휴대하기 쉽고 취급 및 조작이 용이할 것. *나 ~ 마 생략*

『무선설비규칙』
[별표 6] 안테나공급전력 허용편차(제9조제1항 본문 관련)

송신설비	허용편차	
	상한 퍼센트	하한 퍼센트
6. 다음 각 목의 송신설비 가. **비상위치시시용** 무선표지설비 나. 생존정의 송신설비 다. 항공기용 구명무선설비 라. 초단파대 양방향 무선전화	50	20

9. 다음 중 신고를 통해 처리할 수 없는 것은?

① 간이무선국의 승계
② 무선국 폐지
③ 무선국 운용휴지
❹ 송신기의 대치

해설

『전파법 시행령』제41조(신고에 따른 시설자 지위승계), 제51조(폐지·운용휴지 등)

제41조(**신고**에 따른 시설자 **지위승계**)① 법 제23조제3항 본문에서 "대통령령으로 정하는 무선국"이란 **간이무선국** 및 법 제19조의2제1항에 따라 **신고하고 개설하는 무선국**을 말한다.

제51조(**폐지·운용휴지** 등)① 법 제25조의2제1항에 따라 **무선국의 폐지·휴지** 또는 무선국의 재운용을 신고하려는 자는 그 사유를 첨부하여 과학기술정보통신부장관 또는 방송통신위원회에 **신고**하여야 한다.

⚠ 송신기와 같은 '무선기기의 대치'는 제31조(허가의 신청)에 따라 허가 사항임.

10. 다음 중 전방향표지시설(VOR)에 대한 설명으로 틀린 것은?

① 기준 및 가변위상신호의 위상은 자북방향에서 일치할 것
❷ 송신설비의 주반송파 변조방식은 주파수 변조하는 것일 것
③ 기준 위상신호 및 가변 위상신호를 연속하여 송신할 수 있을 것
④ 식별신호는 국제 모오스부호에 의해 적어도 30초마다 1회 송신할 수 있을 것

> **해설**

『항공업무용 무선설비의 기술기준』 제17조(전방향표지시설)

항공기의 안전운항을 위하여 지상에 설치하여 방위정보를 제공하는 **전방향표지시설(VOR)의 기술기준**은 다음 각 호와 같다.
1. 공통조건
   가. **기준위상신호 및 가변위상신호를 연속하여 송신할 수 있을 것**
   나. **기준 및 가변위상신호의 위상은 자북방향에서 일치**하여야 하고, 기타 방향에서는 자북을 기준으로 하여 그 방향에 상당하는 위상차를 유지하여야 하며, 그 오차는 ±2 도 이내일 것
   다. **식별신호는** 2 개 또는 3 개의 문자로 구성된 **국제 모오스부호에 의해 적어도 30 초마다 1 회**(송신속도는 1 분간 약 구문 7 어로 한다) **송신할 수 있을 것**

11. 항공국의 허가유효기간 만료일 도래 시 재허가 신청기간은?
① 허가의 유효기간 만료 전 1개월 이상 2개월 이내
② 허가의 유효기간 만료 전 1개월 이상 4개월 이내
❸ 허가의 유효기간 만료 전 2개월 이상 4개월 이내
④ 허가의 유효기간 만료 전 2개월 이상 6개월 이내

> **해설**

『전파법 시행령』제38조(재허가)
① 법 제22조제1항에 따라 재허가를 받으려는 자는 **유효기간 만료 전 2개월 이상 4개월 이내**의 기간에 과학기술정보통신부장관에게 재허가신청을 하여야 한다.

12. 다음 중 정기검사 면제 또는 생략 대상 무선국이 아닌 것은?
① 적합성평가를 받은 무선기기를 사용하는 아마추어국
② 국가안보 또는 대통령 경호를 위하여 개설하는 무선국
③ 공해 또는 극지역에 개설한 무선국
❹ 의무항공기국

> **해설**

『전파법 시행령』 제47조, 전파법』 제24조의2(검사의 면제 등), 전파법 시행령』 제45조의2

『전파법 시행령』 제47조(정기검사의 면제 또는 생략)
법 제24조의2제2항에 따라 정기검사를 면제 또는 생략할 수 있는 무선국은 다음 각 호와 같다.
1. 법 제24조의2제1항제5호에 따른 무선국
2. 제45조의2제1항제2호부터 제6호까지 및 같은 조 제2항에 따른 무선국

『전파법』 제24조의2(검사의 면제 등)
① 제24조제1항에도 불구하고 다음 각 호의 어느 하나에 해당하는 무선국의 경우에는 준공검사를 면제 또는 생략할 수 있다.
1. 어선에 설치하는 무선국, 소규모의 무선국 및 아마추어국으로서 **대통령령으로 정하는 무선국**
2. 제22조제1항에 따라 재허가를 받은 무선국
3. 무선설비의 설치공사가 필요 없거나 간단한 무선국으로서 **대통령령으로 정하는 무선국**
4. 외국에서 취득한 후 국내의 목적지에 도착하지 못한 선박 또는 항공기의 무선국
5. 제20조제2항제7호의 무선국 중 시설자가 외국인인 무선국 무선국

『전파법 시행령』 제45조의2(준공검사의 면제 등)
① "**대통령령으로 정하는 무선국**"이란 다음 각 호의 무선국을 말한다.
1. 30와트 미만의 무선설비를 시설하는 어선의 선박국
2. **아마추어국으로서 다음 각 목의 어느 하나에 해당하는 무선국**
   가. **적합성평가를 받은 무선기기를 사용하는 무선국**
   나. 외국에서 아마추어무선기사 자격을 취득하고 과학기술정보통신부장관이 지정하는 단체의 추천을 받은 자가 1개월 이내의 국내 체류기간 동안 개설·운용하는 무선국
3. **국가안보 또는 대통령 경호를 위하여 개설하는 무선국**
4. 정부 또는 기간통신사업자가 비상통신을 위하여 개설한 무선국으로서 상시 운용하지 않는 무선국
5. **공해 또는 극지역에 개설한 무선국**
6. 외국에서 운용할 목적으로 개설한 육상이동지구국

13. 조난통신을 발신하여야 할 사태에 이르러 기장이 필요한 명령을 하지 아니하거나 무선통신업무에 종사하는 자로서 그 명령을 받고 지체 없이 이를 발신하지 아니한 자에 대한 벌칙은?
❶ 10년 이하의 징역 또는 1억원 이하의 벌금
② 5년 이하의 징역 또는 5천만원 이하의 벌금
③ 3년 이하의 징역 또는 3천만원 이하의 벌금
④ 1년 이하의 징역 또는 1천만원 이하의 벌금

해설

『전파법』제81조(벌칙)

① 다음 각 호의 어느 하나에 해당하는 자는 **10년 이하의 징역 또는 1억원 이하의 벌금**에 처한다.
  1. 조난통신·긴급통신 또는 안전통신을 발신하여야 할 사태에 이르렀는데도 그 선장이나 기장이 필요한 명령을 하지 아니하거나 무선통신 업무에 종사하는 자로서 그 명령을 받고 지체 없이 이를 발신하지 아니한 자

14. 다음 중 각 지방 전파관리소에서 수행하는 업무가 아닌 것은?
  ❶ 적합성평가의 변경신고 및 잠정인증
  ② 무선국의 개설허가 및 변경허가
  ③ 무선국의 검사
  ④ 무선국 폐지·운용휴지의 신고수리

 해설

『전파법시행령』제123조(권한의 위임·위탁)

① 과학기술정보통신부장관은 법 제78조제1항에 따라 다음 각 호의 권한을 **국립전파연구원장에게 위임**한다.
  8. 법 제58조의2제2항·제3항·제5항·제7항 및 제10항에 따른 적합인증, 적합등록, 적합성평가의 변경신고 및 잠정인증 등에 관한 사항

15. 업무종사의 정지를 당한 후 그 기간에 무선설비를 운용한 경우의 벌칙은?
  ① 200만원 이하의 벌금
  ❷ 200만원 이하의 과태료
  ③ 2년 이하의 징역 또는 2,000만원 이하의 벌금
  ④ 2년 이하의 징역

 해설

『전파법』 제91조(과태료)

제91조(과태료) 다음 각 호의 어느 하나에 해당하는 자에게는 **200만원 이하의 과태료**를 부과한다.
  7. 제76조에 따라 업무종사의 정지를 당한 후 그 기간에 무선설비를 운용하거나 그 공사를 한 자

16. 다음 중 정당한 사유 없이 계속하여 6개월 이상 무선국의 운용을 휴지한 경우 과학기술정보통신부장관 또는 방송통신위원회가 취할 수 있는 조치는?
  ① 무선종사자 기술자격의 정지
  ② 무선국의 변경
  ③ 무선국 장비의 압류
  ❹ 무선국 개설허가의 취소

 해설

『전파법』 제72조(무선국의 개설허가 취소 등)

② 과학기술정보통신부장관 또는 방송통신위원회는 시설자가 다음 각 호의 어느 하나에 해당하는 때에는 **무선국 개설허가의 취소** 또는 개설 신고한 무선국의 폐지를 명하거나 **6개월 이내의 기간**을 정하여 무선국의 운용정지, 무선국의 운용허용시간, 주파수 또는 안테나공급전력의 **제한**을 명할 수 있다.
 1. ~ 6. 생략 7. **정당한 사유 없이 계속하여 6개월 이상 무선국의 운용을 휴지한 경우**

17. 다음 중 '국립전파연구원'의 업무인 것은?
  ① 통신보안의 준수에 관한 사항
  ② 주파수 이용현황의 조사 및 확인에 관한 사항
  ❸ 주파수의 국제등록
  ④ 전파감시 및 국제전파감시 업무

 해설

『전파법시행령』제123조(권한의 위임·위탁)

① 과학기술정보통신부장관은 법 제78조제1항에 따라 다음 각 호의 권한을 **국립전파연구원장**에게 위임한다.
  1. 법 제5조에 따른 **주파수의 국제등록**
② 과학기술정보통신부장관은 법 제78조제1항에 따라 다음 각 호의 권한을 중앙전파관리소장에게 위임한다.
  1. 법 제6조제2항에 따른 주파수 이용현황의 조사·확인에 관한 사항
  8. 법 제30조에 따른 통신보안의 준수에 관한 사항
  15. 법 제49조 및 제50조에 따른 전파감시 및 국제전파감시 업무(제70조제2호·제2호의2에 따른 전파의 탐지·분석은 제외한다)에 관한 사항

18. 선박, 항공기 또는 기타 이동체의 안전, 선상 또는 시계 내에 있는 인명의 안전에 관련된 긴급 전문의 우선순위 약어는?
① SS
❷ DD
③ FF
④ GG

해설

『항공통신업무 운영 규정』[별표] 항공통신업무 운영기준 및 절차
⚠ 전체는 〈기본해설〉 참조

2.3.1.1 항공고정통신망 취급 전문의 종류
  2.3.1.1.1 조난전문(우선순위 SS)은 ~
  2.3.1.1.2 긴급전문(우선순위 DD)은 선박, 항공기 또는 기타 이동체, 선상 또는 시계안에 있는 인명의 안전에 관련된 전문들로 구성되어야 한다.
  2.3.1.1.3 비행안전전문(우선순위 FF)은 ~
  2.3.1.1.4 기상전문(우선순위 GG)은 ~
  2.3.1.1.5 비행규칙전문(우선순위 GG)은 ~
  2.3.1.1.6 항공정보업무(AIS) 전문(우선순위 GG)은 ~
  2.3.1.1.7 항공행정전문(우선순위 KK)은 ~
  2.3.1.1.9 서비스전문(적절한 우선순위)은 ~

19. 국제전기통신연합의 공용어 중 오해나 분쟁이 있을 경우 우선하는 것은?
① 영어 원본
❷ 프랑스어 원본
③ 스페인어 원본
④ 러시아어 원본

해설

ITU 헌장 "Constitution of the International Telecommunication Union (ITU)" ARTICLE 29(제29조)

ARTICLE 29(제29조) Languages(언어)
3) In case of discrepancy or dispute, the **French** text shall prevail.
3) 불일치 또는 분쟁이 있는 경우 **프랑스어** 텍스트가 우선한다.

20. 다음 무선국별 개설허가(또는 재허가)의 유효기간 중 틀린 것은?
① 실험국 1년
② 방송국 5년
③ 아마추어국 5년
❹ 의무항공기국 10년

해설

『전파법』 제22조(주파수 사용승인 및 무선국 개설허가의 유효기간), 『전파법 시행령』 제36조(무선국 개설허가의 유효기간)

『전파법』 제22조(주파수 사용승인 및 무선국 개설허가의 유효기간)
① 주파수 사용승인의 유효기간은 10년 이내의 범위에서, **무선국 개설허가의 유효기간은 7년 이내의 범위**에서 대통령령으로 각각 정하며, 그 기간이 끝나면 재승인이나 재허가를 할 수 있다.
② 제1항에도 불구하고 「항공안전법」에 따라 항공기 또는 경량항공기에 의무적으로 개설하여야 하는 무선국(이하 "**의무항공기국**")의 개설허가 유효기간은 **무기한**으로 한다.

『전파법 시행령』 제36조(무선국 개설허가의 유효기간)
① 법 제22조제1항에 따른 **무선국 개설허가의 유효기간**은 다음 각 호와 같다.
  1. **실험국** 및 실용화시험국: **1년**
  2. **아마추어국**·항공기국[「항공안전법」에 따라 항공기 또는 경량항공기에 의무적으로 개설하여야 하는 무선국(이하 "**의무항공기국**"이라 한다)은 제외한다]: **5년**
  2의2. **방송국**: **5년**

2022년도 제1회 정기검정 전파법규
정답 및 심화해설

정답 모아보기

01	③	05	③	09	③	13	③	17	②
02	④	06	④	10	④	14	④	18	②
03	②	07	③	11	③	15	①	19	①
04	①	08	②	12	④	16	②	20	③

1. 항공기국은 방위측정의 청구를 어디에 하여야 하는가?
① 무선측위국
② 의무항공기국
❸ 무선방향탐지국
④ 선박국

해설

『무선국의 운용 등에 관한 규정』 제92조(방위측정의 요구)

항공기국이 방위측정을 요구하고자 하는 때에는 <u>무선방향탐지국</u> 또는 <u>방위측정에 관한 관할항공국</u>에 하여야 한다.

2. 다음 중 전파법의 목적이 아닌 것은?
① 전파이용과 전파에 관한 기술의 개발을 촉진
② 공공복리의 증진에 이바지
③ 전파 관련 분야의 진흥을 도모
❹ 국가간의 분쟁을 조정

해설

『전파법』제1조(목적)

이 법은 전파의 효율적이고 안전한 이용 및 관리에 관한 사항을 정하여 <u>전파이용과 전파에 관한 기술의 개발을 촉진</u>함으로써 <u>전파 관련 분야의 진흥</u>과 <u>공공복리의 증진에 이바지</u>함을 목적으로 한다.

3. 전파법령에서 정하는 항공기국에 배치 가능한 무선종사자로 틀린 것은?
① 전파전자통신기사
❷ 육상무선통신사
③ 전파전자통신산업기사
④ 항공무선통신사

해설

『전파법 시행령』 제117조(무선종사자의 자격·정원 배치기준)

- <u>무선종사자의 자격·정원 배치기준</u>은 다음 각 호와 같다.
- 항공기국: <u>전파전자통신기사·전파전자통신산업기사</u> 또는 <u>항공무선통신사</u> 1명 배치

4. 다음 중 "항공기국이 무선전화통신으로 무선방향탐지국에 대하여 방위측정용 부호를 송신하고자 하는 경우 송신순서"로 옳은 것은?
❶ 자국의 호출부호-각 10초간의 2선-자국의 호출부호
② 상대국의 호출부호-각 10초간의 2선-자국의 호출부호
③ 자국의 호출부호-각 20초간의 2선-상대국의 호출부호
④ 상대국의 호출부호-각 10초간의 2선-자국의 호출부호

해설

『무선국의 운용 등에 관한 규정』 제93조(무선전화에 의한 측정전파의 발사방법)

항공기국은 무선전화통신에 의하여 <u>무선방향탐지국에 대하여 방위측정용 부호를 송신</u>하고자 하는 경우에는 <u>다음 각 호의 사항을 순서대로 송신</u>하여야 한다. 다만, 당해 무선방향탐지국으로부터 특별한 요구가 있는 경우에는 그 요구에 의한다.
1. <u>자국의 호출부호</u>(또는 호출명칭)
2. <u>각 10초간의 2선</u>
3. <u>자국의 호출부호</u>(또는 호출명칭)

5. 항공고정업무국의 통신연락 방법 중 "수송방식에 의하여 송신"하는 방법으로 옳은 것은?
① "O" 적의 연속 - 자국의 호출부호 1회
② "S" 적의 연속 - 자국의 호출부호 1회
❸ "V" 적의 연속 - 자국의 호출부호 1회
④ "X" 적의 연속 - 자국의 호출부호 1회

> 해설

삭제된 「무선국의 운용 등에 관한 규정」 제94조(소통의 확보) 문제

〈과거〉 「무선국의 운용 등에 관한 규정」 제94조(소통의 확보) 〈2019.12.2.〉
① 무선국은 수신상태의 불량으로 통신연락을 설정할 수 없는 경우에는 당해 통신연락을 설정하기 위하여 통상 사용하는 전파에 의하여 청취하는 동시에 다음 각 호의 구분에 따라 송신하여야 한다. 다만, 제1호 가목의 경우에는 3 분을 초과하지 아니하는 규칙적인 간격을 두어야 한다.
1. 수송방식에 의하여 송신하는 경우
 가. "V" 적의(適宜) 연속
 나. 자국의 호출부호 1회
2. 텔레타이프라이터에 의하여 송신하는 경우
 가. 상대국의 식별표지 3회
 나. "DE" 1회
 다. 자국의 식별표지 3회
 라. "RY" 일렬로 무간격으로 반복

〈현재〉 「무선국의 운용 등에 관한 규정」 제94조(소통의 확보) 〈2020. 9. 22. 일부개정〉
① 무선국은 수신상태의 불량으로 통신연락을 설정할 수 없는 경우에는 당해 통신연락을 설정하기 위하여 통상 사용하는 주파수를 유지하여야 한다.
1. 〈삭 제〉
2. 〈삭 제〉

6. 다음 중 무선종사자에 한하여 운용할 수 있는 무선기기는?
① 적합성평가를 받은 생활무선국용 무선기기
② 측정용 소형발진기
③ 항공기에 설치되는 항행안전용 수신전용 무선기기
❹ 아마추어용 무선기기

> 해설

「전파법 시행령」 제27조(무선국의 개설조건)
⚠ 보기①,②,③번은 '신고하지 아니하고 개설할 수 있는 무선국'
→ 「전파법 시행령」 제25조

② 아마추어국 개설조건
1. 신청인이 다음 각 목의 어느 하나에 해당하는 자일 것
 가. 해당 아마추어국의 무선설비를 운용할 수 있는 **무선종사자의 자격이 있는 사람**
 나. 아마추어업무의 건전한 보급발달의 도모를 목적으로 하는 사단법인으로서 다음 요건을 구비한 자
  1) 영리를 목적으로 하지 아니할 것
  2) 목적, 명칭, 사무소, 자산, 이사의 임면과 사원자격의 득실에 관한 사항을 명시한 정관이 작성되고, 적당하다고 인정되는 대표자가 선임되어 있을 것
  3) 아마추어국의 무선설비를 운용할 수 있는 **무선종사자의 자격이 있는 사람이 포함**되어 있을 것
 다. 해당 아마추어국의 무선설비를 운용할 수 있는 **3명 이상의 무선종사자의 자격을 가진 사람을 구성원으로 하는 단체**
2. 무선설비의 안테나공급전력이 1킬로와트(이동하는 아마추어국의 경우에는 50와트) 이하일 것
3. 아마추어국 운용의 목적과 내용이 공공복리를 해하지 아니할 것

7. 다음 중 "조난통보의 수신증을 송신한 항공국의 조치"로 틀린 것은?
① 항공교통의 관리기관에 통지한다.
② 조난항공기의 구조기관에 통지한다.
❸ 기상원조국에 통지한다.
④ 조난항공기국의 최후에 사용한 주파수의 전파를 청취한다.

> 해설

「무선국의 운용 등에 관한 규정」 제101조(조난통보를 수신한 항공국의 조치)

- 조난통보를 수신한 항공국은 즉시 다음 각 호의 조치를 취하여야 한다.
 1. 당해 통보를 항공교통의 관리기관, 조난항공기의 구조기관 및 협력할 수 있는 무선방향탐지국에 통지하는 것

8. 권한의 위임·위탁 규정에 따라 무선국의 폐지 또는 운용휴지를 하고자 하는 경우 누구에게 신고서를 제출하여야 하는가?
① 한국방송통신전파진흥원장
❷ 중앙전파관리소장
③ 우정사업본부장
④ 국립전파연구원장

『전파법 시행령』제123조(권한의 위임·위탁)

② <u>과학기술정보통신부장관</u>은 법 제78조제1항에 따라 다음 각 호의 권한을 <u>중앙전파관리소장에게 위임</u>한다.
  5. 법 제25조의2에 따른 <u>무선국</u>(연주소를 갖추고 안테나 공급전력이 1와트를 초과하는 방송국은 제외한다)의 <u>폐지·운용휴지 및 재운용의 신고에 관한 사항</u>

9. 다음 중 시설자의 지위승계를 위하여 과학기술정보통신부장관의 인가를 받아야 하는 경우는?
① 시설자에 대하여 상속이 있는 경우
② 항공기 소유권의 이전에 의하여 운항자가 변경된 경우
❸ 시설자인 법인이 합병한 경우에 합병 후 존속한 경우
④ 항공기의 임대차 계약에 의하여 운항자가 변경된 경우

『전파법』제23조(시설자의 지위승계)

① 다음 각 호의 어느 하나에 <u>해당하는 자는 시설자의 지위를 승계</u>한다.
  1. 시설자가 사업을 양도하면서 그 사업과 관련된 무선국을 양도한 경우의 양수인
  2. <u>시설자인 법인이 합병한 경우에 합병 후 존속</u>하거나 합병에 따라 설립된 법인
  3. 시설자가 사망한 경우의 상속인
  4. 무선국이 있는 선박이나 항공기의 소유권 이전 또는 임대차계약 등에 의하여 선박이나 항공기를 운항하는 자가 변경된 경우에 해당 선박이나 항공기를 운항하는 자
② 제1항제1호 또는 <u>제2호에 해당하는 자</u>는 대통령령으로 정하는 바에 따라 <u>과학기술정보통신부장관</u>의 <u>인가</u>를 받아야 한다.
③ 제1항제3호 또는 제4호에 해당하는 자와 대통령령으로 정하는 무선국을 승계받으려는 자는 대통령령으로 정하는 바에 따라 <u>과학기술정보통신부장관에게 신고</u>하여야 한다.
④ 과학기술정보통신부장관은 제2항 본문에 따른 인가의 신청을 받은 날부터 7일 이내에 인가 여부를 신청인에게 통지하여야 한다.

10. 무선국의 허가유효기간 만료일 도래 시 재허가 신청은 누구에게 해야 하는가?
① 해양수산부장관
❷ 과학기술정보통신부장관
③ 산업통상자원부장관
④ 국토교통부장관

『전파법 시행령』제36조(무선국 개설허가의 유효기간)
⚠ 제36조 전체는 〈기본해설〉참조

<u>과학기술정보통신부장관</u>은 무선국 개설허가의 유효기간이 끝나는 날의 4개월 전까지 시설자에게 재허가 절차와 <u>재허가 신청기간 내에 신청하지 않으면 재허가를 받을 수 없다는 사실을 미리 알려야 한다.</u>

11. 다음 중 허가 또는 신고하지 아니하고 개설할 수 있는 무선국은?
① 항공기에 설치되는 레이다 설비
② 항공기용 비상위치지시용 무선표지설비
❸ 항공관제탑에 설치되는 수신전용 무선기기를 사용하는 무선국
④ 항공기에 설치되는 송수신기

『전파법 시행령』제25조(신고하지 아니하고 개설할 수 있는 무선국)
⚠ 제25조 전체 내용과 제24조(신고하고 개설할 수 있는 무선국)는 〈기본해설〉참조

제25조(신고하지 아니하고 개설할 수 있는 무선국)
1. 표준전계발생기·헤테르다인방식 주파수 측정장치, 그 밖의 측정용 소형발진기
2. 법 제58조의2제1항에 따른 적합성평가(이하 "적합성평가"라 한다)를 받은 무선기기로서 개인의 일상생활에 자유로이 사용하기 위하여 과학기술정보통신부장관이 정한 주파수를 이용하여 개설하는 생활무선국용 무선기기
3. 제24조제1항제2호에 따른 <u>무선기기 외의 수신전용 무선기기</u>
4. 적합성평가를 받은 무선기기로서 다른 무선국의 통신을 방해하지 아니하는 출력의 범위에서 사용할 목적으로 과학기술정보통신부장관이 용도 및 주파수와 안테나공급전력 또는 전계강도 등을 정하여 고시하는 무선기기

12. 다음 중 정당한 사유 없이 계속하여 6개월 이상 무선국의 운용을 휴지한 경우 과학기술정보통신부장관 또는 방송통신위원회가 취할 수 있는 조치는?
① 무선종사자 기술자격의 정지
② 무선국의 변경
③ 무선국 장비의 압류
❹ 무선국 개설허가의 취소

해설

『전파법』제72조(무선국의 개설허가 취소 등)

⚠ 제72조 전체 내용은 〈기본해설〉 참조

② 과학기술정보통신부장관 또는 방송통신위원회는 시설자가 다음 각 호의 어느 하나에 해당하는 때에는 **무선국 개설허가의 취소** 또는 개설 신고한 무선국의 폐지를 명하거나 6개월 이내의 기간을 정하여 무선국의 운용정지, 무선국의 운용허용시간, 주파수 또는 안테나공급전력의 제한을 명할 수 있다.
1. ~ 6.
7. 정당한 사유 없이 계속하여 6개월 이상 무선국의 운용을 휴지한 경우

13. 다음 중 전파법 상 처분을 하기 위한 청문대상이 아닌 것은?
① 무선국 개설허가의 취소
② 적합성평가의 취소
 무선국검사 합격 취소
④ 무선종사자의 기술자격 취소

해설

『전파법』제77조(청문)

• 과학기술정보통신부장관 또는 방송통신위원회는 다음 각 호의 어느 하나에 해당하는 처분을 하려면 청문을 하여야 한다.
1. 주파수회수 또는 주파수재배치
2. 주파수이용권의 양수 또는 임차에 대한 승인 취소
3. 주파수할당의 취소
4. 위성주파수이용권의 양도 또는 임대 등에 대한 승인 취소
5. 우주국 무선설비의 양도 또는 임대에 대한 승인 취소
6. **적합성평가의 취소**
7. 지정시험기관의 업무정지 명령 또는 지정 취소
8. **무선국 개설허가의 취소** 또는 개설신고한 무선국의 폐지, 무선국 운용정지 또는 무선국의 운용허용시간·주파수·안테나공급전력의 제한 명령
9. **기술자격의 취소** 또는 업무종사의 정지 명령

14. 다음 중 송신설비의 안테나공급전력 표시방법이 아닌 것은?
① 평균전력(PY)
② 첨두포락선전력(PX)
③ 반송파전력(PZ)
 필요전력(PN)

해설

『무선설비규칙』제2조(정의), 『무선설비규칙』제9조 [별표 5] 전파형식별 안테나공급전력의 표시와 환산비

⚠ 제2조, 제9조 세부 내용은 〈기본해설〉 참조

『무선설비규칙』제2조(정의)
16. "첨두포락선전력"이란 정상동작 상태에서 송신장치로부터 송신안테나계의 급전선에 공급되는 전력으로서 변조포락선의 첨두에서 무선주파수 1주기 동안의 평균값을 말하며 PX로 표시한다.
17. "평균전력"이란 정상동작 상태에서 송신장치로부터 송신안테나계의 급전선에 공급되는 전력으로 변조에 사용되는 최저주파수의 1주기와 비교하여 충분히 긴 시간 동안의 평균값을 말하며 PY로 표시한다.
18. "반송파전력"이란 무변조 상태에서 송신장치로부터 송신안테나계의 급전선에 공급되는 전력으로 무선주파수의 1주기 동안의 평균값을 말하며 PZ로 표시한다.

『무선설비규칙』제9조(안테나공급전력 등) [별표 5] 전파형식별 안테나공급전력의 표시와 환산비
• 안테나공급전력의 표시
  가. **첨두포락선전력(PX)**
  나. **반송파전력(PZ)**
  다. **평균전력(PY)**
• 환산비
  반송파전력(PZ), 평균전력(PY), 첨두포락선전력(PX)

15. 항공기국의 A3E전파 118[MHz]부터 136.975[MHz]까지의 주파수대를 사용하는 무선설비의 변조방식은?
❶ 진폭변조
② 주파수변조
③ 위상변조
④ 혼합변조

> 해설

- 진폭변조 : Amplitude Modulation
- 주파수변조 : Frequency Modulation

『전파법 시행령』 제29조 [별표4] 전파형식의 표시,

⚠ [별표4] 전체는 〈기본해설〉 참조

1. 기본 특성
   가. 첫째 기호: 주반송파의 변조형식
      (1) 무변조반송파의 발사
      (2) 주반송파가 **진폭변조**(부반송파의 각이 변조된 경우를 포함한다. 이하 같다)된 발사
         (가) 양측파대 ──────────── A
   나. 둘째 기호: 주반송파를 변조시키는 신호의 특성
      (4) 아날로그정보를 포함하는 단일채널 ──── 3
   다. 셋째 기호: 송신할 정보(표준주파수발사·지속파 및 펄스데이터등과 같은 일정한 불변특성의 정보를 제외한다) 형태
      (6) 전화(음성방송을 포함한다) ────── E

16. 다음 중 무선국 재허가 시 무선국 허가사항을 재지정할 수 있는 사항이 아닌 것은?
① 전파의 형식   무선국의 목적
③ 안테나공급전력 ④ 운용허용시간

> 해설

『전파법 시행령』 제38조(재허가)

- 과학기술정보통신부장관은 허가신청 시와 주파수 이용현황 등이 달라진 경우에는 다음 각 호의 사항을 <u>다시 지정하여 무선국의 허가를 할 수 있다.</u>
  1. <u>전파의 형식</u>·점유주파수대폭 및 주파수
  2. 호출부호 또는 호출명칭
  3. <u>안테나공급전력</u>
  4. <u>운용허용시간</u>
  5. 무선종사자의 자격 및 정원
  6. 안테나의 형식·구성 및 이득
  7. 방송을 목적으로 하는 무선국에 있어서는 방송사항 및 방송구역

17. 헬리콥터 및 경량항공기를 제외한 의무항공기국의 정기검사 유효기간은?
① 6개월 ❷ 1년
③ 2년 ④ 3년

> 해설

『전파법 시행령』 제44조(정기검사 유효기간)

⚠ 제44조 전체 내용은 〈기본해설〉 참조

1. 다음 각 목에 따른 무선국: **1년**
   가. 의무선박국 나. **의무항공기국**
   다. 실험국 라. 실용화 시험국
2. 다음 각 목에 따른 무선국: 2년
   「헬리콥터 및 경량항공기의 의무항공기국
4. 제36조제1항제2호에 따른 무선국: 5년
   제2호: 우주국·항공지구국·항공국·항공기지구국·항공기국

18. 선박, 항공기 또는 기타 이동체의 안전, 선상 또는 시계 내에 있는 인명의 안전에 관련된 긴급 전문의 우선순위 약어는?
① SS ❷ DD
③ FF ④ GG

> 해설

『항공통신업무 운영 규정』 [별표] 항공통신업무 운영기준 및 절차

⚠ 전체는 〈기본해설〉 참조

2.3.1.1 항공고정통신망 취급 전문의 종류
   2.3.1.1.1 조난전문(우선순위 SS)은 ~
   2.3.1.1.2 **긴급전문(우선순위 DD)은 선박, 항공기 또는 기타 이동체, 선상 또는 시계안에 있는 인명의 안전에 관련된 전문들로 구성**되어야 한다.
   2.3.1.1.3 비행안전전문(우선순위 FF)은 ~
   2.3.1.1.4 기상전문(우선순위 GG)은 ~
   2.3.1.1.5 비행규칙전문(우선순위 GG)은 ~
   2.3.1.1.6 항공정보업무(AIS) 전문(우선순위 GG)은 ~
   2.3.1.1.7 항공행정전문(우선순위 KK)은 ~
   2.3.1.1.9 서비스전문(적절한 우선순위)은 ~

19. 항공이동통신 업무에서 통신의 우선순위 중 가장 높은 것은?
❶ 조난통신
② 긴급통신
③ 무선방향탐지에 관한 통신
④ 항공기 안전운항에 관한 통신

> 해설

『무선국의 운용 등에 관한 규정』 제81조(통보의 종별과 우선순위)

- 항공이동업무에 있어서 통신의 우선순위
    1. **조난통신**
    2. 긴급통신
    3. 무선방향탐지와 관련된 통신
    4. 비행안전 메시지
    5. 기상 메시지
    6. 비행규칙 메시지
    7. 국제연합(UN)헌장의 적용관련 메시지
    8. 우선권이 특별히 요구되는 정부 메시지
    9. 전기통신업무의 운용 등 업무용 통신
    10. 제1호부터 제9호까지 정한 통신 외의 통신

20. 항공이동위성업무용 무선국의 운용 시 기준으로 삼아야 하는 시간으로 알맞은 것은?
① 중앙표준시
② 국가표준시(NST)
❸ 협정세계시(UTC)
④ 표준 시보국에 의한 시간

> 해설

전파규칙(Radio Regulations) Volume 1 Section II, 『항공통신업무 운영 규정』제6조(업무시간)

전파규칙(Radio Regulations) Volume 1, Section II - Dates and time (제II절 - 일자 및 시각)
2.6 **국제무선통신업무에서** 어떤 특정한 시각이 사용될 때에는 별도로 명시되지 아니하는 한 언제나 **UTC가 적용되어야 하며**, 그것은 또한 4자리의 숫자집합(0000 - 2359)으로 표기되어야 한다. 약어 UTC는 모든 언어에서 사용되어야 한다.

『항공통신업무 운영 규정』 제6조(업무시간)
⑤ **항공통신업무를 수행할 때에는 국제표준시(UTC)를 사용하여야 하며**, 하루의 시작은 0000으로 하루의 끝은 2400으로 지정하여야 한다.

2020년도 제4회 정기검정 전파법규
정답 및 심화해설

정답 모아보기

01	③	05	④	09	③	13	②	17	④
02	③	06	①	10	②	14	④	18	②
03	①	07	③	11	③	15	②	19	②
04	③	08	④	12	②	16	②	20	①

1. 다음 중 전파법령에서 규정한 "안테나공급전력"의 정의로 옳은 것은?
① 송신설비에서 공간으로 발사되는 전력
② 안테나에서 공간으로 발사되는 전력
❸ 안테나의 급전선에 공급되는 전력
④ 송신설비의 종단부에 공급되는 전력

해설

『전파법 시행령』 제2조(정의)
⚠ 제2조 전체는 〈기본해설〉 참조

6. "안테나공급전력"이란 <u>안테나의 급전선</u>(전파에너지를 전송하기 위하여 송신장치 또는 수신장치와 안테나 사이를 연결하는 선을 말한다)<u>에 공급되는 전력</u>을 말한다.

2. 항공무선통신망에서 통신연락설정이 되지 아니하는 경우에 책임항공국과 항공기국의 "일방송신"에 대한 설명으로 틀린 것은?
① 책임항공국은 제1주파수 및 제2주파수의 전파에 의하여 일방적으로 통보를 송신할 수 있다.
② 인근 책임항공국은 당해 항공기국과 최후로 사용한 전파로 일방적으로 통보를 송신할 수 있다.
❸ 책임항공국은 수신설비의 고장으로 항공기국과 연락설정을 할 수 없는 경우에 항공기국에서 지시된 전파로 일방송신에 의하여 통보를 송신하여야 한다.
④ 무선전화에 의하여 일방송신을 행하는 때에는 "수신설비의 고장으로 인한 일방송신"이라는 약어 또는 이에 해당하는 다른 약어를 먼저 보내고 행하는 그 통보를 반복하여 송신하여야 한다.

해설

『무선국의 운용 등에 관한 규정』제77조(일방송신)
⚠ '책임항공국' → '관할항공국'으로 변경됨

① 항공무선통신망에 속하는 <u>관할항공국</u>은 제76조제1항에 따라 협력을 요구하여도 그 항공기국과의 통신연락설정이 되지 아니하는 경우에는 협력을 요청받은 무선국에 지장이 없는 범위안에서 <u>제1주파수 및 제2주파수에 의하여 일방적으로 통보를 송신할 수 있다.</u>
② 제1항의 일방송신에도 불구하고 항공기국과의 통신연락설정이 되지 아니하는 경우에는 제1항의 항공무선통신망에 속하지 아니하는 <u>인근 관할항공국은 당해 항공기국과 최후로 사용한 전파를 사용하여 일방적으로 통보를 송신할 수 있다.</u>
③ 제1항의 규정은 항공기국이 항공무선통신망에 속하는 관할항공국과의 사이에 연락설정이 되지 아니하는 경우에 관하여 이를 준용한다.
④ <u>항공기국은 수신설비의 고장으로 관할항공국과 연락설정을 할 수 없는 경우에 일정한 시각 또는 장소에서 보고할 사항의 통보가 있는 때에는 당해 관할항공국에서 지시된 전파로 일방송신에 의하여 그 통보를 송신하여야 한다.</u>
⑤ 무선전화에 의하여 제3항에 따른 <u>일방송신을 행하는 때에는 "수신설비의 고장으로 인한 일방송신"이라는 약어 또는 이에 해당하는 다른 약어를 먼저 보내고 행하는 그 통보를 반복하여 송신하여야 한다.</u> 이 경우 그 통신에 이어 다음 통보의 송신예정시각을 통지하여야 한다.

3. 다음 중 항공기국의 무선전화에 의한 조난호출의 송신 순서로 옳은 것은?
❶ 조난 3회 → 여기는 1회 → 조난항공기국의 호출명칭 3회 → 주파수 1회
② 조난 3회 → 여기는 1회 → 주파수 1회 → 조난항공기국의 호출명칭 3회
③ 조난항공기국의 호출명칭 3회 → 여기는 1회 → 조난 3회 → 주파수 1회
④ 조난항공기국의 호출명칭 3회 → 여기는 1회 → 주파수 1회 → 조난 3회

> 해설

『무선국의 운용 등에 관한 규정』 제99조(무선전화에 의한 조난호출)

- 무선전화에 의한 조난호출은 다음 각 호의 사항을 순서대로 송신하여야 한다.
  1. "**조난**" 또는 "MAYDAY" **3회**
  2. "**여기는**" 또는 "THIS IS" **1회**
  3. **조난항공기국의** 호출부호 또는 **호출명칭 3회**
  4. **주파수**(국내 항공에 종사하는 항공기국에서는 필요하다고 인정한 경우에 한한다) **1회**

4. 다음 중 항공이동업무에 있어서 통신의 우선순위로 옳은 것은?

① 조난통신 → 긴급통신 → 항공기 안전운항통신 → 무선방향탐지통신
② 조난통신 → 항공기 안전운항통신 → 긴급통신 → 무선방향탐지통신
❸ 조난통신 → 긴급통신 → 무선방향탐지통신 → 항공기 안전운항통신
④ 긴급통신 → 조난통신 → 무선방향탐지통신 → 항공기 안전운항통신

> 해설

『무선국의 운용 등에 관한 규정』 제81조
(통보의 종별과 우선순위)

① 항공이동업무에 있어서 통신의 우선순위는 다음 각 호의 순서에 의하여야 한다.
  1. **조난통신**
  2. **긴급통신**
  3. **무선방향탐지와 관련된 통신**
  4. **비행안전 메시지**
  5. 기상 메시지
  6. 비행규칙 메시지
  7. 국제연합(UN)헌장의 적용관련 메시지
  8. 우선권이 특별히 요구되는 정부 메시지
  9. 전기통신업무의 운용 등 업무용 통신
  10. 제1호부터 제9호까지 정한 통신 외의 통신
② 노탐(항공고시보)에 관한 통신은 긴급의 정도에 따라 제1항제2호의 긴급통신 다음으로 그 순위를 적절하게 선택할 수 있다.

5. 다음 중 "조난항공기가 조난상태를 벗어난 때의 조치사항"으로 틀린 것은?

① 조난통신을 행한 전파에 의하여 그 뜻을 통지하여야 한다.
② 조난통신을 관장한 무선국은 항공교통의 관리기관에 그 뜻을 통지하여야 한다.
③ 조난통신을 관장한 무선국은 조난항공기의 구조기관에 그 뜻을 통지하여야 한다.
❹ 조난통신을 행한 주파수에 의하여 그 뜻을 통지하여야 한다.

> 해설

『무선국의 운용 등에 관한 규정』 제102조(조난통신의 종료)

① 조난항공기가 조난상태를 벗어 난 때에는 **조난통신을 행한 전파에 의하여 그 뜻을 통지하여야 한다.**
② 제51조의 규정은 제1항의 통지를 행하는 경우에 이를 준용한다.
③ **조난통신을 관장하는 무선국**은 조난통신이 종료한 때에는 **항공교통의 관리기관과 조난항공기의 구조기관에 그 뜻을 통지하여야 한다.**
④ 제101조제3호에 따른 조치를 행한 무선국은 조난통신이 종료한 때에는 당해 해안국에 대하여 조난통신의 종료에 관한 통보를 당해 조난통보의 재송신에 사용한 전파에 의하여 송신할 것을 요구하여야 한다.

6. 항공국은 **항공고정업무를 경유하여 전송된 통보로서** 무선전화에 의하여 항공기국에 송신하는 것에 대한 통보의 구성 순서로 옳은 것은?

❶ 본문 - "FROM"(구문인 경우) - 발신인의 명칭과 소재지명
② 호출 - 발신인의 명칭과 소재지명
③ 본문 - 호출 - 발신인의 명칭과 소재지명
④ 본문 - 수신인 명칭 - 발신인의 명칭과 소재지명

> 해설

『무선국 운용 등에 관한 규정』 제82조(통보의 구성)

① 항공이동업무에서 취급되는 통보는 다음 각 호에 정한 순서대로 구성하여야 한다.
  1. 호출(발신국이 표시되는 것)
  2. 본문
② 항공기국이 발신하는 무선전화에 의한 통보로서 항공고정업무에 의한 전송을 필요로 하는 것은 다음 각 호에 정한 순서로 구성되어야 한다. 다만, 당해 통보의 송달에 대하여 미리 협정이 있는 것의 구성은 제1항에 따른다.

1. 호출(발신국이 표시되는 것)
2. "FOR"(구문인 경우에 한한다)
3. 수신인 명칭
4. 착신국 명칭
5. 본문

③ 항공국은 항공고정업무를 경유하여 전송된 통보로서 무선전화에 의하여 항공기국에 송신하는 것에 대하여는 당해 통보를 다음 각 호에 정한 순서대로 구성하여야 한다.
1. <u>본문</u>
2. <u>"FROM"(구문인 경우에 한한다)</u>
3. <u>발신인의 명칭과 소재지명</u>

7. 항공기국과 항공국 간 또는 항공기국 상호 간의 무선통신업무를 무엇이라 하는가?
① 항공고정업무
② 항공무선항행업무
❸ 항공이동업무
④ 항공업무

해설

『전파법 시행령』제28조(업무의 분류)

5. <u>항공이동업무: **항공기국과 항공국 간 또는 항공기국 상호 간의 무선통신업무**</u>[구명부기국 및 비상위치지시용(위성)무선표지국이 하는 업무를 포함한다]

8. 다음 중 과학기술정보통신부장관이 정하여 고시하는 교육을 이수한 자에 대하여 해당 검정과목의 시험을 면제할 수 있는 자격종목이 아닌 것은?
① 항공무선통신사
② 해상무선통신사
③ 육상무선통신사
❹ 제3급 아마추어무선기사(전신급)

해설

『전파법 시행령』제105조(기술자격검정의 방법)

① 기술자격검정의 과목 중 항공무선통신사의 무선통신술과목은 실기시험으로 하고, 그 외의 과목은 필기시험으로 한다.
② 필기시험의 출제방법은 검정과목별로 4지선다형 20문제로 한다.
③ 무선통신술과목의 실기시험은 필기시험에 합격하지 아니하면 이에 응시할 수 없다.

④ 항공무선통신사·해상무선통신사·육상무선통신사·제한무선통신사·<u>제3급 아마추어무선기사(**전화급**)</u> 및 제4급 아마추어무선기사의 기술자격검정은 과학기술정보통신부장관이 정하여 고시하는 교육을 이수한 자에 대하여 해당 검정과목의 시험을 <u>면제할 수 있다.</u>

9. 다음 중 "선박 또는 항공기가 외국의 각 지역을 항행 중이어서 무선종사자의 승무가 불가능한 경우로서 무선종사자가 아닌 자가 무선설비를 운용할 수 있는 범위"로 옳은 것은?
① 운항통신
② 출입권 통지
❸ 안전통신
④ 기기의 조정

해설

『전파법』제25조(무선국의 운용)

② 무선국은 제18조의2제3항에 따른 사용승인서, 제21조제4항에 따른 허가증 또는 제22조의2제2항에 따른 <u>무선국 신고증명서에 적힌 사항의 범위에서 운용하여야 한다.</u> 다만, 다음 각 호의 어느 하나에 해당하는 통신을 하는 경우에는 그러하지 아니하다.
1. <u>조난통신</u>(선박이나 항공기가 중대하고 급박한 위기에 처한 경우에 조난신호를 먼저 보낸 후에 하는 무선통신을 말한다. 이하 같다)
2. <u>긴급통신</u>(선박이나 항공기가 중대하고 급박한 위험에 처할 우려가 있는 경우나 그 밖에 긴박한 사태가 발생한 경우에 긴급신호를 먼저 보낸 후에 하는 무선통신을 말한다. 이하 같다)
3. <u>**안전통신**</u>(선박이나 항공기의 항행 중에 발생하는 중대한 위험을 예방하기 위하여 안전신호를 먼저 보낸 후에 하는 무선통신을 말한다. 이하 같다)
4. <u>비상통신</u>(지진·태풍·홍수·해일·화재, 그 밖의 비상사태가 발생하였거나 발생할 우려가 있는 경우로서 유선통신을 이용할 수 없거나 이용하기 곤란할 때에 인명의 구조, 재해의 구호, 교통통신의 확보 또는 질서유지를 위하여 하는 무선통신을 말한다. 이하 같다)
5. 그 밖에 대통령령으로 정하는 통신

10. 허가 유효기간이 5년인 항공지구국의 재허가 신청기간은?
① 허가유효기간 만료 전 3개월 이상 5개월 이내의 기간
❷ 허가유효기간 만료 전 2개월 이상 4개월 이내의 기간
③ 허가유효기간 만료 전 1개월 이상 3개월 이내의 기간
④ 허가유효기간 만료 전 2개월까지의 기간

> **해설**

『전파법 시행령』 제38조(재허가), 제22조(주파수 사용승인 및 무선국 개설허가의 유효기간)

제38조(재허가)
① 법 제22조제1항에 따라 재허가를 받으려는 자는 유효기간 만료 전 2개월 이상 4개월 이내의 기간에 과학기술정보통신부장관에게 재허가신청을 하여야 한다. 다만, 허가의 유효기간이 1년인 무선국에 대하여는 그 유효기간 만료일 2개월 전까지 신청하여야 하며, 허가의 유효기간이 1년 미만인 무선국에 대하여는 그 유효기간 만료일 1개월 전까지 신청하여야 한다.

『전파법』 제22조
(주파수 사용승인 및 무선국 개설허가의 유효기간)
① 제18조의2제3항에 따른 주파수 사용승인의 유효기간은 10년 이내의 범위에서, 제19조제1항에 따른 무선국 개설허가의 유효기간은 7년 이내의 범위에서 대통령령으로 각각 정하며, 그 기간이 끝나면 재승인이나 재허가를 할 수 있다.

11. 시설자의 지위승계 시 과학기술정보통신부장관의 인가를 받아야 하는 경우는?
① 항공기의 소유권 이전으로 항공기의 운항자가 변경된 때
② 시설자가 사망한 경우의 상속을 받을 때
❸ 시설자인 법인이 합병한 때
④ 선박의 임대차계약에 의하여 운항자가 변경된 때

> **해설**

『전파법』제23조(시설자의 지위승계)

① 다음 각 호의 어느 하나에 해당하는 자는 시설자의 지위를 승계한다.
  1. 시설자가 사업을 양도하면서 그 사업과 관련된 무선국을 양도한 경우의 양수인
  2. 시설자인 법인이 합병한 경우에 합병 후 존속하거나 합병에 따라 설립된 법인
  3. 시설자가 사망한 경우의 상속인
  4. 무선국이 있는 선박이나 항공기의 소유권 이전 또는 임대차계약 등에 의하여 선박이나 항공기를 운항하는 자가 변경된 경우에 해당 선박이나 항공기를 운항하는 자
② 제1항 제1호 또는 제2호에 해당하는 자는 과학기술정보통신부장관의 인가를 받아야 한다.
③ 제1항 제3호 또는 제4호에 해당하는 자와 무선국을 승계받으려는 자는 과학기술정보통신부장관에게 신고하여야 한다.

12. 다음 중 항공기국 무선설비의 일반조건에 해당하지 않는 것은?
① 작고 가벼운 것으로서 취급이 용이할 것
❷ 수신장치는 가능한 한 이동동조주파수전환방식으로 할 것
③ 항공기의 통상적인 운항상태에서 온도, 고도 등의 환경변화에 의해 기능이 저하되지 않고 정상적으로 동작할 것
④ 수신설비는 가능한 한 항공기의 전기적 잡음에 의한 방해를 받지 않을 것

> **해설**

『항공업무용 무선설비의 기술기준』 제4조(항공기국 무선설비의 일반조건)

- 항공기국의 무선설비는 다음 각 호의 조건에 적합해야 한다.
  1. 작고 가벼우며 취급이 용이할 것
  2. 항공기의 통상적인 운항상태에서 온도, 고도 등의 환경변화에 의해 기능이 저하되지 않고 정상적으로 동작할 것
  3. 수신설비는 항공기의 전기적 잡음에 의한 방해가 발생하여도 정상 동작할 것
  4. 안테나계는 풍압과 빙결에 견딜 것
  5. 화재 발생 위험이 적을 것
  6. 전원설비는 항행안전을 위해 필요한 무선설비를 30분 이상 연속 동작시킬 수 있는 성능을 가진 축전지를 비치해야 하고 축전지는 항행 중 충전이 가능할 것
  7. 전원개폐기, 주파수전환기, 음향조정기 등의 제어기는 착석하여 조작할 수 있도록 명칭 또는 기능을 표시해야 하고 식별을 위한 조명장치를 갖출 것

13. 헬리콥터 및 경량항공기에 개설한 의무항공기국에 대한 무선국 정기검사의 유효기간은?

① 1년   ❷ 2년
③ 3년   ④ 4년

> **해설**

『전파법 시행령』제44조(정기검사 유효기간)

⚠ 제44조, 제36조 세부사항은 〈기본해설〉 참조

1. 다음 각 목에 따른 무선국: 1년
   가. 의무선박국
   나. 의무항공기국
   다. 실험국
   라. 실용화 시험국
2. 다음 각 목에 따른 무선국: **2년**
   다. 「**헬리콥터 및 경량항공기**의 의무항공기국
4. 제36조제1항 제2호(우주국·항공지구국·항공국·항공기지구국·항공기국 등)에 따른 무선국: 5년

---

14. 다음 중 과학기술정보통신부장관으로부터 변경허가를 받아야 하는 변경사항이 아닌 것은?

① 무선국의 목적
② 호출부호 또는 호출명칭
③ 통신의 상대방 및 통신사항
❹ 무선방위측정기의 대치

> **해설**

『전파법 시행령』제31조(허가의 신청)제4항

④ 법 제19조제1항 후단 및 제21조제1항에 따라 다음 각 호의 사항에 대하여 **변경허가를 받으려는 자는 변경허가 신청서**(전자문서로 된 신청서를 포함한다)**에** 무선설비의 공사설계서(제1호·제2호·제4호 및 제8호를 변경하는 경우는 제외한다) 및 **무선국 변경내역서**(전자문서를 포함한다)**를 첨부**하여 과학기술정보통신부장관에게 제출하여야 한다.
  1. **무선국의 목적**
  2. **통신의 상대방 및 통신사항**(방송국의 경우에는 방송사항 및 방송구역을 말한다)
  3. 무선설비의 설치 장소(무선설비가 설치된 차량을 교체하는 경우는 제외한다)
  4. **호출부호 또는 호출명칭**
  5. 전파의 형식, 점유주파수대폭 및 주파수(간이무선국이 같은 주파수대역 내에서 주파수를 변경하는 경우는 제외한다)
  6. 안테나공급전력
  7. 안테나의 형식·구성 및 이득(아마추어국의 경우에는 안테나 형식만 해당한다)
  8. 운용허용시간
  9. 송신장치의 증설(아마추어국으로서 안테나공급전력 10와트 이하의 송신장치는 제외한다)
  10. 무선기기의 대치(과학기술정보통신부장관 고시로 정하는 무선기기는 제외한다)

---

15. 권한의 위임·위탁 규정에 따라 무선국의 폐지 또는 운용휴지를 하고자 하는 경우 누구에게 신고서를 제출하여야 하는가?

① 한국방송통신전파진흥원장
 중앙전파관리소장
③ 우정사업본부장
④ 국립전파연구원장

> **해설**

『전파법』제25조의2(무선국의 폐지 및 운용 휴지), 『전파법 시행령』제51조(폐지·운용휴지 등), 『전파법 시행령』제123조(권한의 위임·위탁)

『전파법』제25조의2(무선국의 폐지 및 운용 휴지)
① 시설자가 무선국을 폐지하려고 하거나 무선국의 운용을 1개월 이상 휴지하려는 경우 또는 1개월 이상 운용을 휴지한 무선국을 재운용하려는 경우에는 대통령령으로 정하는 바에 따라 과학기술정보통신부장관에게 신고하여야 한다.

『전파법 시행령』제51조(폐지·운용휴지 등)
① 법 제25조의2제1항에 따라 무선국의 폐지·휴지 또는 무선국의 재운용을 신고하려는 자는 그 사유를 첨부하여 과학기술정보통신부장관 또는 방송통신위원회에 신고하여야 한다.
② 제1항에 따른 무선국의 휴지기간은 1개월 이상 1년 이내의 기간으로 한다.

『전파법 시행령』제123조(권한의 위임·위탁)
② **과학기술정보통신부장관**은 법 제78조제1항에 따라 다음 각 호의 권한을 **중앙전파관리소장에게 위임**한다.
  5. **법 제25조의2에 따른 무선국**(연주소를 갖추고 안테나공급전력이 1와트를 초과하는 방송국은 제외한다)**의 폐지·운용휴지 및 재운용의 신고에 관한 사항**

16. 무선국의 개설허가를 받은 시설자는 준공기한의 연장신청을 최대 얼마까지 할 수 있는가?
① 6개월   ❷ 1년
③ 1년 6개월   ④ 2년

해설

『전파법』제24조(검사)제2항

② 과학기술정보통신부장관은 제1항 각 호의 어느 하나에 해당하는 자로부터 허가증 또는 무선국 신고증명서에 적힌 준공기한의 연장신청을 받은 경우 그 사유가 합당하다고 인정하면 <u>준공기한을 연장할 수 있다. 이 경우 총 연장기간은 1년을 초과할 수 없다.</u>

17. 항공국의 개설허가 유효기간으로 옳은 것은?
① 1년   ② 2년
③ 3년   ❹ 5년

해설

『전파법 시행령』제44조, 제36조

⚠ 제44조, 제36조 세부사항은 〈기본해설〉참조

『전파법 시행령』제44조(정기검사의 유효기간)
4. 제36조제1항제2호에 따른 무선국: **5년**

『전파법 시행령』제36조(무선국 개설허가의 유효기간)
제1항 제2호: 우주국 · 항공지구국 · **항공국** · 항공기지구국 · 항공기국

18. 무선국의 허가를 받은 자가 준공기한(기한을 연장한 경우에는 그 기한)이 지난 후 몇 일이 지날 때까지 준공신고를 마치지 아니한 경우에 무선국의 개설허가를 취소할 수 있는가?
① 20일   ❷ 30일
③ 40일   ④ 50일

해설

『전파법』제72조(무선국의 개설허가 취소 등)

⚠ 제77조 세부내용은 〈기본해설〉참조

② 과학기술정보통신부장관 또는 방송통신위원회는 시설자가 <u>다음 각 호의 어느 하나에 해당하는 때에는 **무선국 개설허가의 취소**</u> 또는 개설신고한 무선국의 폐지를 명하거나 6개월 이내의 기간을 정하여 무선국의 운용정지, 무선국의 운용허용시간, 주파수 또는 안테나공급전력의 제한

을 명할 수 있다. 다만, <u>제1호 및 제2호에 해당하는 경우에는 무선국의 취소 또는 폐지를 명하여야 한다.</u>
1. 시설자가 제20조제1항 각 호의 어느 하나에 해당하게 된 경우
2. 거짓이나 그 밖의 부정한 방법으로 제21조에 따른 무선국의 개설허가 또는 변경허가를 받은 경우
3. 제21조제4항에 따른 무선국의 허가증 또는 제22조의2 제2항에 따른 무선국 신고증명서에 적혀있는 <u>준공기한</u>(제24조제2항에 따라 <u>기한을 연장한 경우에는 그 기한)이 지난 후 30일이 지날 때까지 준공신고를 마치지 아니한 경우</u>

19. 선박, 항공기 또는 기타 이동체의 안전, 선상 또는 시계 내에 있는 인명의 안전에 관련된 긴급 전문의 우선순위 약어는?
① SS   ❷ DD
③ FF   ④ GG

해설

『항공통신업무 운영 규정』
[별표] 항공통신업무 운영기준 및 절차

⚠ 전체는 〈기본해설〉참조

2.3.1.1 항공고정통신망 취급 전문의 종류
 2.3.1.1.1 조난전문(우선순위 SS)은 ~
 2.3.1.1.2 긴급전문(우선순위 DD)은 선박, 항공기 또는 기타 이동체, 선상 또는 시계안에 있는 인명의 안전에 관련된 전문들로 구성되어야 한다.
 2.3.1.1.3 비행안전전문(우선순위 FF)은 ~
 2.3.1.1.4 기상전문(우선순위 GG)은 ~
 2.3.1.1.5 비행규칙전문(우선순위 GG)은 ~
 2.3.1.1.6 항공정보업무(AIS) 전문(우선순위 GG)은 ~
 2.3.1.1.7 항공행정전문(우선순위 KK)은 ~
 2.3.1.1.9 서비스전문(적절한 우선순위)은 ~

20. 다음 중 국제전파규칙(RR)에서 규정한 자격증을 소유하고 있지 않은 임시통신사의 업무가 아닌 것은?
❶ 화물운송 계획에 관한 메시지
② 인명안전과 직접 관련되는 메시지
③ 항공기의 안전운항과 관련되는 메시지
④ 조난신호와 그에 관련되는 메시지

> 해설

전파규칙(Radio Regulations) Volume 1,
ARTICLE 37 (제37조),
Operator's certificates (통신사의 자격증)

⚠ ARTICLE 37 세부사항은 〈기본해설〉 참조

ARTICLE 37 (제37조) Operator's certificates (통신사의 자격증)

37.7 2) When it is necessary to employ a person without a certificate or an operator not holding an adequate certificate as a temporary operator, his performance as such must be limited solely to signals of distress, urgency and safety, messages relating thereto, messages relating directly to the safety of life and essential messages relating to the navigation and safe movement of the aircraft.

2) 자격증을 소지하고 있지 않은 자 또는 충분한 자격증을 소지하고 있지 않은 자를 <u>임시 통신사</u>로서 채용하는 것이 필요한 경우에는 <u>임시통신사로서의 그의 업무</u>는 오로지 <u>조난, 긴급 및 안전신호</u>와 그러한 신호와 관련되는 메시지, <u>인명의 안전</u>과 직접 관련되는 메시지, 그리고 <u>항공기의 항행과 안전운항</u>과 관련되는 필수적인 메시지로 한정되어야 한다.

2019년도 제4회 정기검정 전파법규
정답 및 심화해설

정답 모아보기

01	③	05	①	09	①	13	③	17	②
02	③	06	②	10	①	14	②	18	④
03	①	07	①	11	④	15	②	19	③
04	②	08	③	12	④	16	①	20	②

1. '항공무선통신사' 자격증을 가진 사람이 운용할 수 있는 종사범위에 해당하는(포함되는) 자격종목은?
① 전파전자통신기능사
② 무선설비기능사
❸ 제3급 아마추어 무선기사(전화급)
④ 제2급 아마추어 무선기사

2. 다음 중 항공무선통신사의 종사범위가 아닌 것은?
① 항공기를 위한 무선항행국의 무선설비의 통신운용 (무선전신 제외)
② 레이다의 외부조정의 기술운용
❸ 무선항행국 설비 중 안테나 공급전력 500(W)이상의 기술 운용
④ 항공기에 개설하는 무선설비의 외부조정의 기술운용 (무선전신 및 다중 무선설비 제외)

해설

1, 2번 『전파법 시행령』 제115조(무선종사자의 자격)
[별표 17]의 4. 항공무선통신사 종사범위

가. 다음에서 정한 무선설비의 통신운용(무선전신 제외)
  1) 항공기국, 항공국 및 항공기를 위한 무선항행업무를 하는 무선국의 무선설비
  2) 그 밖에 항공운항 및 항공업무 관련 무선국의 안테나 공급 전력이 50와트 이하의 무선설비
나. 다음에서 정한 무선설비의 외부조정의 기술운용(무선전신 및 다중무선설비 제외)
  1) 항공기에 개설하는 무선설비
  2) 항공국과 항공기를 위한 **무선항행업무를 하는 무선국의 안테나공급전력이 250와트 이하**의 무선설비
  3) 레이다

  4) 그 밖에 항공운항 및 항공업무 관련 무선국의 안테나 공급 전력이 50와트 이하의 무선설비
다. 제3급 아마추어무선기사(전화급)의 종사범위에 속하는 운용

3. 다음 중 항공이동업무에 있어서 통신의 우선순위가 가장 우선인 것은?
❶ 무선방향탐지에 관한 통신
② 항공기의 안전운항에 관한 통신
③ 기상통보에 관한 통신
④ 항공기의 정상운항에 관한 통신

해설

『무선국의 운용 등에 관한 규정』 제81조
(통보의 종별과 우선순위)

① 항공이동업무에 있어서 통신의 우선순위는 다음 각 호의 순서에 의하여야 한다.
  1. 조난통신
  2. 긴급통신
  3. **무선방향탐지와 관련된 통신**
  4. **비행안전 메시지**
  5. **기상 메시지**
  6. 비행규칙 메시지
  7. 국제연합(UN)헌장의 적용관련 메시지
  8. 우선권이 특별히 요구되는 정부 메시지
  9. 전기통신업무의 운용 등 업무용 통신
  10. 제1호부터 제9호까지 정한 통신 외의 통신
② 노탐(항공고시보)에 관한 통신은 긴급의 정도에 따라 제1항제2호의 긴급통신 다음으로 그 순위를 적절하게 선택할 수 있다.

4. 다음 중 전파와 관련된 용어의 설명으로 옳지 않은 것은?
   ① 무선설비라 함은 전파를 보내거나 받는 전기적 시설을 말한다.
   ❷ 송신설비라 함은 송신장치에서 발생하는 고주파에너지를 공간에 복사하는 설비를 말한다.
   ③ 무선탐지라 함은 무선항행 외의 무선측위를 말한다.
   ④ 안테나 공급전력이란 안테나의 급전선에 공급되는 전력을 말한다.

해설

『전파법 시행령』제2조(정의)
⚠ 전체 용어 정의는 〈기본해설〉 참조

- "송신설비"란 **전파를 보내는 설비로서 송신장치와 송신안테나계로 구성되는 설비**를 말한다.

5. 다음 중 항공기국의 조난 통보 내용이 아닌 것은?
   ❶ 우선순위 약어 "KK"
   ② 조난 항공기의 식별표지
   ③ 조난 항공기의 위치
   ④ 조난의 종류·상황과 필요로 하는 구조의 종류

해설

- KK는 항공행정전문

『무선국의 운용 등에 관한 규정』 제100조(조난통보)

① 조난호출을 행한 항공기국은 지체 없이 그 조난호출에 이어서 조난통보를 순서대로 송신하여야 한다.
   1. 조난호출
   2. 조난항공기의 식별표지
   3. 조난항공기의 위치(가능한 한 경도, 위도 또는 가장 가까운 지점에서의 방위와 거리로 표시한다)
   4. 조난의 종류·상황과 필요로 하는 구조의 종류
   5. 기타 구조상 필요한 사항(기장이 행하고자 하는 조치를 포함한다)

6. 무선전화에 의한 경보신호는 교대로 송신하는 실질적인 정현파인 가청 주파수가 다른 2음으로 구성된다. 그 2음의 주파수는?
   ① 2,200[Hz], 1,000[Hz]
   ❷ 2,200[Hz], 1,300[Hz]
   ③ 2,200[Hz], 1,500[Hz]
   ④ 2,200[Hz], 1,800[Hz]

해설

삭제된 『무선국의 운용 등에 관한 규정』제33조 문제
⚠ 현행 규정에서는 제33조 전체가 삭제됨.

〈과거〉『무선국의 운용 등에 관한 규정』[시행 2018. 12. 12.]
제33조(경보신호)
2. 무선전화에 의한 경보신호는 교대로 송신하는 실질적인 정현파인가청주파수가 다른 2음(1음은 2200Hz의 주파수, 다른 1음은 1300Hz의 주파수)으로 구성되고 각 음의 길이는 250 밀리초로 한다.

〈현행〉『무선국의 운용 등에 관한 규정』[시행 2020. 9. 22.]
~ 현재
제32조 〈삭 제〉
제33조 〈삭 제〉
제34조 〈삭 제〉
제35조 〈삭 제〉

7. 다음 항공이동업무 통신 중 우선순위가 가장 하위인 것은?
   ❶ 기상통보에 관한 통신
   ② 조난통신
   ③ 무선방향탐지에 관한 통신
   ④ 긴급통신

해설

『무선국의 운용 등에 관한 규정』제81조
(통보의 종별과 우선순위)

- 항공이동업무에 있어서 통신의 우선순위
  1. 조난통신
  2. 긴급통신
  3. 무선방향탐지와 관련된 통신
  4. 비행안전 메시지
  5. **기상 메시지**
  6. 비행규칙 메시지
  7. 국제연합(UN)헌장의 적용관련 메시지
  8. 우선권이 특별히 요구되는 정부 메시지
  9. 전기통신업무의 운용 등 업무용 통신
  10. 제1호부터 제9호까지 정한 통신 외의 통신

8. 항공무선통신업무국에서 행하는 호출순서를 바르게 나타낸 것은?

① 자국의 호출부호 – "DE" – 상대국의 호출부호 – 청수주파수를 표시하는 약어
② 자국의 호출부호 – 상대국의 호출부호 – "DE" – 청수주수를 표시하는 약어
❸ 상대국의 호출부호 – "DE" – 자국의 호출부호 – 우선순위를 표시하는 약어
④ 상대국의 호출부호 – 자국의 호출부호 – "DE" – 우선순위를 표시하는 약어

해설

『무선국의 운용 등에 관한 규정』 제5장 항공무선통신업무국의 운용, 제67조(호출)

① 호출은 다음 각 호의 사항을 차례로 송신하여야 한다.
  1. <u>상대국의 호출부호</u>(상대국이 2 이상인 경우에는 각 1회) 1회
  2. <u>"여기는"</u> 또는 "THIS IS" 1회 ⚠ 여기는(DE)
  3. <u>자국의 호출부호</u> 1회
  4. <u>제97조에 따른 약어</u> 1회
     ⚠ 제97조(우선순위를 표시하는 약어)
② 제1항에 따른 호출시 연락설정이 곤란하다고 인정되는 경우에는 호출부호를 3회까지 송신할 수 있다.

9. 다음 중 수신설비가 충족하여야 할 조건으로 옳지 않은 것은?

❶ 선택도가 적을 것
② 감도는 낮은 신호입력에서도 양호할 것
③ 내부잡음이 적을 것
④ 수신주파수는 운용범위 이내일 것

해설

『무선설비규칙』 제12조(수신설비)

② 수신설비는 다음 각 호의 요건을 모두 갖추어야 한다
  1. 수신주파수는 운용범위 이내일 것
  2. <u>선택도가 클 것</u>
  3. 내부잡음이 적을 것
  4. 감도는 낮은 신호입력에서도 양호할 것

10. 다음 중 비상사태가 발생하거나 혼신방지상 필요한 경우 과학기술정보부장관이 취할 수 있는 조치로 틀린 것은?

❶ 무선종사자 기술자격정지
② 무선국의 변경
③ 무선국의 운용제한
④ 무선국의 운용정지

해설

『전파법』 제72조(무선국의 개설허가 취소)
⚠ 제72조 전체 내용은 〈기본해설〉 참조

③ <u>과학기술정보통신부장관</u> 또는 방송통신위원회는 다음 각 호의 어느 하나에 해당하는 경우에는 무선국 <u>개설허가의 취소</u> 또는 개설신고한 <u>무선국의 폐지</u>를 명하거나 <u>무선국의 변경·운용제한</u> 또는 <u>운용정지</u>를 명할 수 있다.
  1. <u>비상사태가 발생한 경우</u>
  2. <u>혼신을 방지하기 위하여 필요한 경우</u>
  3. 주파수회수 또는 주파수재배치를 한 경우

11. 다음 중 전파형식 'A3E'에 대한 설명으로 틀린 것은?

① 주반송파의 변호형식이 진폭변조이고 양측파대이다.
② 주반송파를 변조시키는 신호의 특성이 아날로그 정보를 포함하는 단일채널이다.
③ 송신할 정보가 전화이다.
❹ 4조건 부호로서 각각의 조건이 신호소자를 표시한 것이다.

해설

『전파법 시행령』 [별표4] 전파형식 표시
⚠ 세부사항은 〈기본해설〉 참조

<u>A-진폭변조 양측파대</u> <u>3-아날로그 정보 단일 채널</u> <u>E-무선전화(음성방송 포함)</u>	F-주파수변조 3-아날로그 정보 단일 채널 E-무선전화(음성방송 포함)
P-무변조 연속펄스 3-아날로그 정보 단일 채널 E-무선전화(음성방송 포함)	G-위상변조 3-아날로그 정보 단일 채널 E-무선전화(음성방송 포함)

- A3E : **진폭변조 양측파대 무선전화**
- F3E : 주파수변조 무선전화
- P3E : 무변조 연속펄스 변조 무선전화
- G3E : 위상변조 무선전화

12. 무선국 준공기한의 연장은 얼마를 초과할 수 없는가?
① 6개월　　② 8개월
③ 10개월　　❹ 1년

해설

『전파법』 제24조

② 과학기술정보통신부장관은 허가증 또는 무선국 신고증명서에 적힌 준공기한의 연장신청을 받은 경우 그 사유가 합당하다고 인정하면 <u>준공기한을 연장할 수 있다</u>. 이 경우 총 연장기간은 <u>1년을 초과할 수 없다</u>.

13. 무선국 개설허가의 허가유효기간은 최대 몇 년의 범위 내에서 정할 수 있는가?
① 1년　　② 5년
❸ 7년　　④ 10년

해설

『전파법』 제22조

① 주파수 사용승인의 <u>유효기간은 10년 이내의 범위</u>에서, <u>무선국 개설허가의 유효기간은 7년 이내의 범위에서 대통령령으로 각각 정하며, 그 기간이 끝나면 재승인이나 재허가를 할 수 있다.</u>

14. 다음 중 무선국의 정기검사 유효기간이 옳은 것은?
① 실용화 시험국 : 3년
❷ 항공국 : 5년
③ 실험국 : 2년
④ 헬리콥터 및 경량항공기의 의무항공기국 : 1년

해설

『전파법 시행령』 제44조(정기검사 유효기간)
⚠ 제44조, 제36조 세부사항은 〈기본해설〉 참조

1. 다음 각 목에 따른 무선국: <u>1년</u>
   가. 의무선박국
   나. 의무항공기국
   다. 실험국
   라. 실용화 시험국
2. 다음 각 목에 따른 무선국: <u>2년</u>
   가. 총톤수 40톤 미만인 어선의 의무선박국
   나. 평수구역 안에서만 운항하는 선박의 의무선박국
   다. 「헬리콥터 및 경량항공기의 의무항공기국」
4. 제36조제1항 제2호(우주국·항공지구국·**항공국**·항공기지구국·항공기국 등)에 따른 무선국: <u>5년</u>

15. 허가를 받지 아니하고 무선국을 개설하거나 이를 운용한 자에 대한 벌칙은?
① 1년 이하의 징역 또는 1천만원 이하의 벌금
❷ 3년 이하의 징역 또는 3천만원 이하의 벌금
③ 5년 이하의 징역 또는 5천만원 이하의 벌금
④ 10년 이하의 징역 또는 1억원 이하의 벌금

해설

『전파법』 제84조(벌칙)
⚠ 벌칙 관련 세부내용은 〈기본해설〉 참조

- 다음 각 호에 해당하는 자는 <u>3년 이하의 징역 또는 3천만원 이하의 벌금</u>에 처한다.
  1. <u>허가를 받지 아니하거나 신고를 하지 아니하고 무선국을 개설하거나 운용한 자</u>

16. 다음 중 과학기술정보통신부장관이 무선국의 허가를 취소 할 수 있는 경우가 아닌 것은?
❶ 정당한 사유없이 계속하여 3개월 동안 무선국의 운용을 휴지한 경우
② 부정한 방법으로 무선국의 허가를 받은 경우
③ 개설허가 받은 항공국을 준공검사 받지 않고 운용한 경우
④ 전파사용료를 납부하지 아니한 경우

해설

『전파법』 제72조(무선국의 개설허가 취소)
⚠ 제72조 전체 내용은 〈기본해설〉 참조

② <u>무선국 개설허가의 취소 또는 무선국의 폐지를 명하거나 6개월 이내의 기간을 정하여 무선국의 운용정지, 무선국의 운용허용시간, 주파수 또는 안테나공급전력의 제한을 명할 수 있다.</u>
  2. 거짓이나 그 밖의 <u>부정한 방법으로 무선국의 개설허가 또는 변경허가를 받은 경우</u>
  6. <u>준공검사를 받지 아니하고 무선국을 운용한 경우</u>
  7. **정당한 사유 없이 계속하여 6개월 이상 무선국의 운용을 휴지한 경우**
  8. <u>전파사용료를 내지 아니한 경우</u>

17. 전파를 전방향으로 발사하는 회전식 무선표지업무를 행하는 무선설비는?

① DME(Distance Measurement Equipment)
❷ VOR(VHF Omnidirectional Radio Range)
③ 마아커비콘(Marker Beacon)
④ 글라이드패스(Glide Path)

해설

『항공업무용 무선설비의 기술기준』 제3조(정의), 제13조(거리측정시설)

제3조(정의)
1. "로칼라이저"라 함은 항공기가 활주로에 착륙시 활주로에 중심선정보를 항공기에 제공하는 무선설비를 말한다.
2. "글라이드패스"라 함은 항공기가 활주로에 착륙시 활주로 진입각도 정보를 항공기에 제공하는 무선설비를 말한다.
3. "마아커비콘"이라 함은 항공기가 활주로에 착륙을 하고자 할 때 활주로로부터 떨어진 거리정보를 항공기에 제공하는 무선설비를 말한다.
5. "계기착륙시설(ILS)"이라 함은 항공기에 대하여 그 착륙강하 직전 또는 착륙강하 중에 수평과 수직의 유도를 주고, 정점에서 착륙 기준점까지의 거리를 표시 하는 무선항행 방식을 말한다.
6. "<u>전방향표지시설(VOR)</u>"이라 함은 108 ㎒ 내지 118 ㎒의 주파수의 <u>전파를 전방향에 발사하는 회전식 무선표지업무를 행하는 설비</u>를 말한다.

제13조(거리측정시설)
① 항공기에 설치하는 <u>거리측정시설(DME)</u>은 항공기의 정상적인 운항 상태에서 다음 조건에 적합할 것

18. 다음 중 전파규칙(RR)에서 규정한 항공기국의 검사에 관한 설명으로 옳지 않은 것은?

① 검사관은 조사 목적으로 무선국 허가증의 제시를 요구할 수 있다.
② 무선설비기술기준의 적합여부에 대하여 무선설비를 검사 할 수 있다.
③ 검사관은 통신사의 자격증 제시를 요구 할 수 있다.
❹ 검사관은 통신사에게 직무에 관한 전문지식의 입증을 요구 할 수 있다.

해설

전파규칙(Radio Regulations) Volume 1
⚠ 전파규칙(RR) 관련 기타 문제는 〈기본해설〉 참조

ARTICLE 39: Inspection of stations(무선국의 검사)
39.4 4) 무선설비의 검사에 추가하여 <u>검사관은 통신사의 자격증 제시를 요구할 수 있다. 그러나 통신사에게 직무에 관한 전문지식의 입증을 요구할 수는 없다.</u>

19. 다음 중 전파규칙(RR)의 항공업무에서 규정한 무선전화통신사 일반 자격증 소지자(Radiotelephone Operator's General Certificate)의 업무로 옳은 것은?

① 모든 항공기국의 무선전신 업무
② 모든 항공국의 무선전신업무
❸ 모든 항공기국 또는 항공기지구국의 무선전화 업무
④ 모든 항공국의 무선전신

해설

전파규칙(Radio Regulations) Volume 1
⚠ 전파규칙(RR) 관련 기타 문제는 〈기본해설〉 참조

Section II - Classes and categories of certificates
(제 II 절 - 통신사 자격증의 등급과 종류)
37.12 §5
1) 무선전화통신사 자격증에는 <u>일반자격증과 한정자격증의</u> 2개 종류가 있다.

37.13
2) 무선전화통신사 일반자격증의 소지자는 <u>모든 항공기국 또는 항공기 지구국의 무선전화업무를 수행할 수 있다.</u>

20. 국제전기통신연합(ITU) 전권위원회의는 몇 년마다 개최되는가?
① 3년
❷ 4년
③ 7년
④ 10년

> **해설**

국제전기통신연합(ITU) 헌장, 『국제전파 감시백서』 중앙전파관리소(2009. 12)

국제전기통신연합(ITU) 헌장
제8조 전권위원회(ARTICLE 8 Plenipotentiary Conference)
47 1 The Plenipotentiary Conference shall be composed of delegations representing Member States. It shall be convened every four years.
47 1 전권위원회는 회원국을 대표하는 대표단으로 구성된다. **4년마다 소집한다.**

『국제전파 감시백서』 중앙전파관리소(2009. 12)
- 전권위원회(Plenipotentiary Conference)
  - 국제전기통신연합(ITU) 헌장과 협약에 규정된 조직, 활동, 중요정책을 결정하는 최상위기구로 **4년마다 개최**
  - ITU의 모든 활동과 전략적 정책 및 기획에 대한 이사회 보고 내용 검토
  - 회원국이 요구한 헌장 및 협약 개정안 검토 및 채택
  - 타 국제기구와의 협정체결 및 개정, 이사회가 체결한 잠정협약 검토 및 조치

2018년도 제4회 정기검정 전파법규
정답 및 심화해설

정답 모아보기

01	③	05	②	09	②	13	②	17	①
02	①	06	④	10	③	14	①	18	③
03	④	07	④	11	②	15	②	19	②
04	①	08	①	12	④	16	③	20	①

1. 항공기국은 해당 무선국에 설치되어 있는 각종 무선설비를 충분히 운용할 수 있는 자격자를 1명 배치하여야 한다. 다음 중 해당자격이 아닌 것은?
① 전파전자통신기사
② 전파전자통신산업기사
❸ 전파전자통신기능사
④ 항공무선통신사

해설

『전파법 시행령』제117조(무선종사자의 자격·정원 배치기준)
- **무선종사자의 자격·정원 배치기준**은 다음 각 호와 같다.
- 항공기국 : **전파전자통신기사·전파전자통신산업기사** 또는 **항공무선통신사** 1명 배치

2. 항공기국이 방위를 측정하고자 하는 경우 어디에 청구하여야 하는가?
❶ 무선방향탐지국
② 인근 항공기국
③ 방송국
④ 무선표지국

해설

『무선국의 운용 등에 관한 규정』제92조(방위측정의 요구)
항공기국이 방위측정을 요구하고자 하는 때에는 **무선방향탐지국** 또는 방위측정에 관한 관할항공국에 하여야 한다.

3. 다음 중 과학기술정보통신부장관이 정하여 고시하는 교육을 이수한 자에 대하여 해당 검정과목의 시험을 면제할 수 있는 자격종목이 아닌 것은?
① 항공무선통신사
② 해상무선통신사
③ 육상무선통신사
❹ 제3급 아마추어무선기사(전신급)

해설

『전파법 시행령』제105조(기술자격검정의 방법)
① 기술자격검정의 과목 중 항공무선통신사의 무선통신술 과목은 실기시험으로 하고, 그 외의 과목은 필기시험으로 한다.
② 필기시험의 출제방법은 검정과목별로 4지선다형 20문제로 한다.
③ 무선통신술과목의 실기시험은 필기시험에 합격하지 아니하면 이에 응시할 수 없다.
④ 항공무선통신사·해상무선통신사·육상무선통신사·제한무선통신사·제3급 아마추어무선기사(**전화급**) 및 제4급 아마추어무선기사의 기술자격검정은 과학기술정보통신부장관이 정하여 고시하는 교육을 이수한 자에 대하여 해당 검정과목의 시험을 면제할 수 있다.

4. 국제항공고정무선통신망에 속하는 항공고정국에서 취급하는 제1순위 통보에 붙이는 약어는?
❶ "SS"
② "DD"
③ "GG"
④ "KK"

해설

『무선국의 운용 등에 관한 규정』제97조(우선순위를 표시하는 약어)
① 항공고정업무를 행하는 **항공고정국**에서 취급하는 통보에는 그 통신의 우선순위에 따라 다음 각 호의 약어를 붙여야 한다.
1. **제1순위 : "SS"**
2. 제2순위 : "DD" 또는 "FF"
3. 제3순위 : "GG" 또는 "KK"

5. 기지국과 육상이동국, 육상국과 이동국, 육상이동국 상호간 및 이동국 상호간의 통신을 중계하기 위하여 설치하는 무선국을 무엇이라 하는가?
   ① 이동국
   ❷ 이동중계국
   ③ 기지국
   ④ 육상국

   해설

   『전파법 시행령』제29조 (무선국의 분류)

   - **이동중계국**: 기지국과 육상이동국, 육상국과 이동국, 육상이동국 상호 간 및 이동국 상호 간의 통신을 중계하기 위한 다음 각 목의 어느 하나에 해당하는 **무선국**

6. 기술자격검정에 관하여 부정행위가 있을 경우 과학기술정보통신부장관이 얼마 이내의 기간을 정하여 자격검정을 받지 못하는 하는가?
   ① 6개월 이상 1년 이내
   ② 3개월 이상 1년 이내
   ③ 6개월 이상 2년 이내
   ❹ 해당 검정 시행일부터 3년간

   해설

   『전파법』제70조의2(부정행위자에 대한 조치)

   과학기술정보통신부장관은 부정행위를 한 응시자에 대하여는 그 검정을 정지시키거나 무효로 하고, 해당 검정 시행일부터 3년간 응시자격을 정지한다.

7. 다음 중 항공기의 정상운항에 관한 통신의 통보가 아닌 것은?
   ① 항공기의 운항계획 변경에 관한 통보
   ② 항공기의 예정 외 착륙에 관한 통보
   ③ 시급히 입수하여야 할 항공기 부분품에 관한 통보
   ❹ 항공교통관제에 관한 통보

   해설

   『무선국의 운용 등에 관한 규정』제81조 제3항관련 [별표21]

   [별표 21] 항공기의 안전운항 및 항공기의 정상운항에 관한 통신의 통보요령 통보(제81조제3항관련)
   1. 항공기의 **안전운항**에 관한 통신의 통보
      가. **항공교통관제에 관한 통보**
      나. 항공기의 위치보고
      다. 항행중 항공기에 관하여 시급한 통보

   2. 항공기의 **정상운항**에 관한 통신의 통보
      가. 항공기의 운항계획 변경에 관한 통보
      나. 항공기의 운항에 관한 통보
      다. 운항계획 변경에 의한 여객 및 승무원의 용품의 변경에 관한 통보
      라. 항공기의 예정 외에 착륙에 관한 통보
      마. 항공기의 안전운항 또는 정상 운항에 관하여 필요한 시설의 운용 또는 보수에 관한 통보
      바. 시급히 입수하여야 할 항공기의 부분품 및 재료에 관한 통보

8. MF(헥터미터파) 전파의 주파수 범위로 옳은 것은?
   ❶ 300 kHz 초과 3,000 kHz 이하
   ② 3 MHz 초과 30 MHz 이하
   ③ 30 MHz 초과 300 MHz 이하
   ④ 300 MHz 초과 3,000 MHz 이하

   해설

   『전파법 시행령』[별표 5] 주파수의 표시(제29조의2 관련)

   1. 전파의 주파수는 3,000kHz 이하의 것은 kHz, 3,000kHz 초과 3,000MHz 이하의 것은 MHz, 3,000MHz 초과 3,000GHz 이하의 것은 GHz로 표시한다. 다만, 주파수 사용상 특히 필요가 있는 경우에는 이 표시방법에 의하지 아니할 수 있다.
   2. 전파의 주파수대열은 그 주파수의 범위에 따라 다음 표와 같이 아홉 개의 주파수대로 구분한다.

주파수대의 주파수 범위	주파수대 번호	주파수대 약칭	미터법에 따른 구분
3kHz 초과 30kHz 이하	4	VLF	밀리아미터파
30kHz 초과 300kHz 이하	5	LF	킬로미터파
300kHz 초과 3,000kHz 이하	6	**MF**	**헥터미터파**
3MHz 초과 30MHz 이하	7	HF	데카미터파
30MHz 초과 300MHz 이하	8	VHF	미터파
300MHz 초과 3,000MHz 이하	9	UHF	데시미터파
3GHz 초과 30GHz 이하	10	SHF	센티미터파
30GHz 초과 300GHz 이하	11	EHF	밀리미터파
300GHz 초과 3,000GHz 이하 (또는 3THz 이하)	12		데시밀리미터파

9. 의무항공기국의 예비전원은 항공기의 항행안전을 위하여 필요한 무선설비를 얼마 이상 동작시킬수 있는 성능을 가져야 하는가?
① 1시간 이상
❷ 30분 이상
③ 10분 이상
④ 2시간 이상

해설

『무선설비규칙』 제16조 (예비전원 및 예비품 등)

① 의무선박국과 의무항공기국은 주 전원설비의 고장 시 대체할 수 있는 예비전원 시설을 갖추어야 한다.
② 의무선박국은 송신장치의 모든 전력으로 시험할 수 있는 시험용안테나를 갖추어야 한다.
③ 의무선박국은 해당 무선설비와 무선설비를 제어하는 장치를 충분히 밝게 비출 수 있는 비상등을 설치하여야 한다. 이 경우 비상등의 전원은 해당 무선설비를 통상 밝게 비추는 데 사용되는 전원으로부터 독립되어 있어야 한다.
④ 의무항공기국의 예비전원은 해당 항공기의 항행안전을 위하여 필요한 무선설비를 30분 이상 작동할 수 있는 성능을 갖추어야 한다.

10. 다음 중 과태료 200만원 이하의 벌칙 규정에 해당되지 않는 것은?
① 긴급통신에 관한 의무를 이행하지 아니한 경우
② 통신보안교육을 받지 아니한 경우
❸ 무선국을 신고하지 아니하고 무선국을 운용한 경우
④ 안전시설기준에 적합하지 아니한 무선설비를 운용한 경우

해설

『전파법』 제90조(과태료) 300만원 이하,
제91조(과태료) 200만원 이하

⚠ 〈기본해설〉 참조
⚠ ③은 제90조(과태료) 300만원 이하 과태료,
①,②,④는 제91조(과태료) 200만원 이하 과태료

11. 전파를 전방향으로 발사하는 회전식 무선표지업무를 행하는 무선설비는?
① DME(Distance Measurement Equipment)
❷ VOR(VHF Omnidirectional Radio Range)
③ 마커비콘(Marker Beacon)
④ 글라이드패스(Glide Path)

해설

『항공업무용 무선설비의 기술기준』 제3조(정의), 제13조(거리측정시설)

제3조(정의)
1. "로칼라이저"라 함은 항공기가 활주로에 착륙시 활주로에 중심선정보를 항공기에 제공하는 무선설비를 말한다.
2. "글라이드패스"라 함은 항공기가 활주로에 착륙시 활주로 진입각도 정보를 항공기에 제공하는 무선설비를 말한다.
3. "마아커비콘"이라 함은 항공기가 활주로에 착륙을 하고자 할 때 활주로로부터 떨어진 거리정보를 항공기에 제공하는 무선설비를 말한다.
5. "계기착륙시설(ILS)"이라 함은 항공기에 대하여 그 착륙강하 직전 또는 착륙강하 중에 수평과 수직의 유도를 주고, 정점에서 착륙 기준점까지의 거리를 표시 하는 무선항행 방식을 말한다.
6. "**전방향표지시설(VOR)**"이라 함은 108 ㎒ 내지 118 ㎒의 주파수의 **전파를 전방향에 발사하는 회전식 무선표지업무를 행하는 설비**를 말한다.

제13조(거리측정시설)
① 항공기에 설치하는 거리측정시설(DME)은 항공기의 정상적인 운항 상태에서 다음 조건에 적합할 것

12. 다음 중 전파형식 'A3E'에 대한 설명으로 틀린 것은?
① 주반송파의 변조형식이 진폭변조이고 양측파대이다.
② 주반송파를 변조시키는 신호의 특성이 아날로그 정보를 포함하는 단일채널이다.
③ 송신할 정보가 전화이다.
❹ 4조건 부호로서 각각의 조건이 신호소자를 표시한 것이다.

해설

『전파법 시행령』 [별표4] 전파형식 표시
⚠ 세부사항은 〈기본해설〉 참조

A–진폭변조 양측파대	F–주파수변조
3–아날로그 정보 단일 채널	3–아날로그 정보 단일 채널
E–무선전화(음성방송 포함)	E–무선전화(음성방송 포함)
P–무변조 연속펄스	G–위상변조
3–아날로그 정보 단일 채널	3–아날로그 정보 단일 채널
E–무선전화(음성방송 포함)	E–무선전화(음성방송 포함)

• A3E : 진폭변조 양측파대 무선전화
• F3E : 주파수변조 무선전화
• P3E : 무변조 연속펄스 변조 무선전화
• G3E : 위상변조 무선전화

13. 「대한민국 헌법」 또는 「대한민국 헌법」에 따라 설치된 국가기관을 폭력으로 파괴할 것을 주장하는 통신을 한 자에 대한 벌칙은?

① 3년 이하의 징역 또는 1,000만원 이하의 벌금
❷ 1년 이상 15년 이하의 징역
③ 5년 이하의 징역 또는 5,000만원 이하의 벌금
④ 5년 이상의 징역 또는 금고

해설

『전파법』 제80조(벌칙)

⚠ 『전파법』제80조(벌칙), 제81조(벌칙), 제82조(벌칙), 제83조(벌칙), 제84조(벌칙), 제86조(벌칙), 제87조(벌칙), 제88조(양벌규정)은 〈기본해설〉 참조

- 「대한민국헌법」 또는 「대한민국헌법」에 따라 설치된 국가기관을 폭력으로 파괴할 것을 주장하는 통신을 한 자는 <u>1년 이상 15년 이하의 징역</u>에 처한다.

14. 다음 중 각 지방 전파관리소에서 수행하는 업무가 아닌 것은?

❶ 적합성평가의 변경신고 및 잠정인증
② 무선국의 개설허가 및 변경허가
③ 무선국의 검사
④ 무선국 폐지·운용휴지의 신고수리

해설

『전파법 시행령』제123조(권한의 위임·위탁)
[시행 2022. 2. 28.]

⚠ 제123조는 〈기본해설〉 참조

① <u>과학기술정보통신부장관</u>은 다음 각 호의 권한을 <u>국립전파연구원장에게 위임</u>한다.
　8. 적합인증, 적합등록, <u>적합성평가의 변경신고 및 잠정인증</u> 등에 관한 사항

15. 무선국의 허가유효기간 만료일 도래 시 재허가 신청은 누구에게 해야 하는가?

① 해양수산부장관
❷ 과학기술정보통신부장관
③ 산업통상자원부장관
④ 국토교통부장관

해설

『전파법 시행령』 제36조(무선국 개설허가의 유효기간)

⚠ 제36조 전체는 〈기본해설〉 참조

<u>과학기술정보통신부장관은 무선국 개설허가의 유효기간이 끝나는 날의 4개월 전까지 시설자에게 재허가 절차와 재허가 신청기간 내에 신청하지 않으면 재허가를 받을 수 없다는 사실을 미리 알려야 한다.</u>

16. 다음 중 시설자의 지위승계를 위하여 과학기술정보통신부장관의 <u>인가</u>를 받아야 하는 경우는?

① 시설자에 대하여 상속이 있는 경우
② 항공기 소유권의 이전에 의하여 운항자가 변경된 경우
❸ 시설자인 법인이 합병한 경우에 합병 후 존속한 경우
④ 항공기의 임대차 계약에 의하여 운항자가 변경된 경우

해설

『전파법』 제23조(시설자의 지위승계)

① 다음 각 호의 어느 하나에 <u>해당하는 자는 시설자의 지위를 승계한다.</u>
　1. 시설자가 사업을 양도하면서 그 사업과 관련된 무선국을 양도한 경우의 양수인
　2. <u>시설자인 법인이 합병한 경우에 합병 후 존속</u>하거나 합병에 따라 설립된 법인
　3. 시설자가 사망한 경우의 상속인
　4. 무선국이 있는 선박이나 항공기의 소유권 이전 또는 임대차계약 등에 의하여 선박이나 항공기를 운항하는 자가 변경된 경우에 해당 선박이나 항공기를 운항하는 자
② 제1항 제1호 또는 <u>제2호에 해당하는 자</u>는 대통령령으로 정하는 바에 따라 <u>과학기술정보통신부장관</u>의 <u>인가</u>를 받아야 한다.
③ 제1항 제3호 또는 제4호에 해당하는 자와 대통령령으로 정하는 무선국을 승계받으려는 자는 대통령령으로 정하는 바에 따라 <u>과학기술정보통신부장관에게 신고</u>하여야 한다.
④ 과학기술정보통신부장관은 제2항 본문에 따른 인가의 신청을 받은 날부터 7일 이내에 인가 여부를 신청인에게 통지하여야 한다.

17. 다음 중 비상사태가 발생하거나 혼신방지상 필요한 경우 과학기술정보부장관이 취할 수 있는 조치로 틀린 것은?

❶ 무선종사자 기술자격정지
② 무선국의 변경
③ 무선국의 운용제한
④ 무선국의 운용정지

> [해설]

『전파법』제72조(무선국의 개설허가 취소)

⚠ 제72조 전체 내용은 〈기본해설〉 참조

③ 과학기술정보통신부장관 또는 방송통신위원회는 다음 각 호의 어느 하나에 해당하는 경우에는 무선국 <u>개설허가의 취소</u> 또는 개설신고한 <u>무선국의 폐지</u>를 명하거나 <u>무선국의 변경·운용제한</u> 또는 <u>운용정지</u>를 명할 수 있다.
  1. 비상사태가 발생한 경우
  2. 혼신을 방지하기 위하여 필요한 경우
  3. 주파수회수 또는 주파수재배치를 한 경우

18. 다음 중 ITU의 공용어가 아닌 것은?
① 중국어   ② 프랑스어
❸ 일본어   ④ 영어

> [해설]

국제전기통신연합(ITU) 헌장.
ARTICLE 29(제29조) Languages(언어)

1) The <u>official languages</u> of the Union shall be <u>Arabic, Chinese, English, French, Russian and Spanish</u>.
1) 연합의 공식 언어는 <u>아랍어, 중국어, 영어, 프랑스어, 러시아어 및 스페인어</u>로 한다.

19. 전파의 법률적 정의에서 괄호 안에 들어갈 단어로 알맞은 것은?

> 인공적인 유도(誘導) 없이 공간에 퍼져 나가는 ( )로서 국제전기통신연합이 정한 범위의 ( )를 가진 것을 말한다.

① 전자기, 주파수
❷ 전자파, 주파수
③ 주파수, 전자기
④ 주파수, 전자파

> [해설]

『전파법』제2조(정의)

 전체 용어 정의는 〈기본해설〉 참조

• "<u>전파</u>"란 인공적인 유도(誘導) 없이 공간에 퍼져 나가는 <u>전자파</u>로서 국제전기통신연합이 정한 범위의 <u>주파수</u>를 가진 것을 말한다.

20. 다음 중 무선국이 준수하여야 할 조건으로 틀린 것은?
❶ 항공기국은 어떠한 목적으로도 해상이동업무의 무선국과 통신할 수 없다.
② 타 무선국에 대하여 유해한 혼신을 야기시켜서는 안 된다.
③ 구명이동국 이외의 이동국과 이동지구국은 ITU 업무문서를 비치하여야 한다.
④ 항공기국은 해상상공에서의 방송업무를 할 수 없다.

> [해설]

『전파법시행령』 제49조(무선국 운용의 예외)

• <u>항공기국과 해상이동업무의 무선국 간에 하는 다음의 통신</u>
가. 전기통신역무를 제공하는 업무를 취급하는 통신
나. 항공기의 항행안전에 관한 통신
다. 조난선박 또는 조난항공기의 구조 등에 관하여 선박과 항공기가 협동작업을 하기 위하여 필요한 통신

2018년도 제1회 정기검정 전파법규
정답 및 심화해설

정답 모아보기

01	③	05	②	09	②	13	①	17	②
02	④	06	③	10	②	14	②	18	④
03	④	07	②	11	④	15	③	19	①
04	②	08	①	12	④	16	①	20	①

1. 다음중 무선설비의 효율적 이용을 위하여 과학기술정보통신부장관의 승인을 얻어 위탁운용 또는 공동사용 할 수 있는 무선설비가 아닌 것은?
① 무선국의 안테나설치대
② 송신설비
❸ 무선국의 성능측정 설비
④ 수신설비

『전파법 시행령』제69조(무선설비의 위탁운용 및 공동사용)

- 법 제48조제1항에 따라 <u>위탁운용 또는 공동사용할 수 있는 무선설비</u>는 다음 각 호와 같다.
  1. <u>무선국의 안테나설치대</u>
  2. <u>송신설비</u> 및 <u>수신설비</u>
  3. 시설자가 동일한 무선국의 무선설비
  4. 과학기술정보통신부장관이 정하는 아마추어국의 무선설비
  5. 그 밖에 공공의 안전을 위한 무선국으로서 과학기술정보통신부장관이 특히 필요하다고 인정하여 고시하는 무선설비

2. 전파법령에 따라 무선국은 허가증에 적힌 사항의 범위에서 운용하여야 하나 그 이외에 통신할 수 있는 경우가 아닌 것은?
① 조난통신   ② 긴급통신
③ 안전통신   ❹ 평문통신

해설

『전파법』제25조(무선국의 운용)

- 무선국은 무선국 신고증명서에 적힌 사항의 범위에서 운용하여야 한다. 다만, 다음 각 호의 어느 하나에 해당하는 통신을 하는 경우에는 그러하지 아니하다.
  1. <u>조난통신</u>(선박이나 항공기가 중대하고 급박한 위기에 처한 경우에 조난신호를 먼저 보낸 후에 하는 무선통신을 말한다. 이하 같다)
  2. <u>긴급통신</u>(선박이나 항공기가 중대하고 급박한 위험에 처할 우려가 있는 경우나 그 밖에 긴박한 사태가 발생한 경우에 긴급신호를 먼저 보낸 후에 하는 무선통신을 말한다. 이하 같다)
  3. <u>안전통신</u>(선박이나 항공기의 항행 중에 발생하는 중대한 위험을 예방하기 위하여 안전신호를 먼저 보낸 후에 하는 무선통신을 말한다. 이하 같다)
  4. 비상통신(지진·태풍·홍수·해일·화재, 그 밖의 비상사태가 발생하였거나 발생할 우려가 있는 경우로서 유선통신을 이용할 수 없거나 이용하기 곤란할 때에 인명의 구조, 재해의 구호, 교통통신의 확보 또는 질서유지를 위하여 하는 무선통신을 말한다. 이하 같다)
  5. 그 밖에 대통령령으로 정하는 통신

3. 수색구조에 종사하는 항공기에 있어서 장거리 취항 비행을 행하는 항공기국이 사용하는 주파수로 맞는 것은?
① 108[MHz]
② 156.8[MHz]
③ 156.525[MHz]
❹ 243.0[MHz]

해설

『무선국의 운용 등에 관한 규정』
[별표7] 항공기국이 사용하여야 하는 전파형식 및 사용주파수

[별표7] 항공기국이 사용하여야 하는 전파형식 및 사용주파수(제9조제1항관련)

항공기국의 구별	전파형식 및 사용주파수
의무 항공기국	1. 전파형식 A3E 주파수 121.5 MHz 2. 전파형식 A3E 주파수 117.975 MHz 부터 137 MHz까지의 주파수대에서 과학기술정보통신부장관이 정하는 주파수 3. 전파형식 J3E 또는 H3E, 주파수 2850 kHz부터 22000 kHz까지의 주파수대에서 과학기술정보통신부장관이 정하는 주파수(과학기술정보통신부장관이 상기1 및 2에 정한 전파의 주파수에 의하여 항공교통관계에 관한 통신을 취급하는 항공국과 통신이 가능하다고 인정하는 국내노선 취항 항공기국은 제외한다) 4. 전파형식 A3E 주파수 <u>243 MHz (수색구조에 종사하는 항공기에 있어서 장거리 취항 비행을 행하는 항공기국의 경우에 한한다)</u>
기타의 항공기국	1. 전파형식 A3E 주파수 121.5 MHz 2. 전파형식 A3E 주파수 117.975 MHz 부터 137 MHz까지의 주파수대에서 과학기술정보통신부장관이 정하는 주파수

4. 항공기국과 항공국간 또는 항공기국 상호간의 무선통신 업무를 무엇이라 하는가?
① 항공무선항행업무
❷ 항공이동업무
③ 항공무선통신업무
④ 항공무선조정업무

 해설

『전파법 시행령』제28조(업무의 분류)
- <u>항공이동업무</u>: 항공기국과 항공국 간 또는 항공기국 상호 간의 무선통신업무

5. 무선전화에 의한 경보신호는 교대로 송신하는 실질적인 정현파인 가청 주파수가 다른 2음으로 구성된다. 그 2음의 주파수는?
① 2,200[Hz], 1,000[Hz]
❷ 2,200[Hz], 1,300[Hz]
③ 2,200[Hz], 1,500[Hz]
④ 2,200[Hz], 1,800[Hz]

 해설

삭제된『무선국의 운용 등에 관한 규정』제33조 문제
⚠ 현행 규정에서는 제33조 전체가 삭제됨.

〈과거〉『무선국의 운용 등에 관한 규정』
[시행 2018. 12. 12.]
제33조(경보신호)
2. 무선전화에 의한 경보신호는 교대로 송신하는 실질적인 정현파인가청주파수가 다른 **2음(1음은 2200Hz의 주파수, 다른 1음은 1300Hz의 주파수)으로 구성**되고 각 음의 길이는 250 밀리초로 한다.

〈현행〉『무선국의 운용 등에 관한 규정』
[시행 2020. 9. 22.] ~ 현재
제32조 〈삭 제〉
제33조 〈삭 제〉
제34조 〈삭 제〉
제35조 〈삭 제〉

6. 다음 중 전파법의 목적이 아닌 것은?
① 전파의 효율적인 이용 및 관리
② 전파의 이용 및 전파에 관한 기술의 개발을 촉진
❸ 전파 관련 기관의 육성 및 지원
④ 공공복리의 증진에 이바지

 해설

『전파법』제1조(목적)

이 법은 전파의 <u>효율적이고 안전한 이용 및 관리</u>에 관한 사항을 정하여 <u>전파이용과 전파에 관한 기술의 개발을 촉진</u>함으로써 전파 관련 분야의 진흥과 <u>공공복리의 증진에 이바지</u>함을 목적으로 한다.

7. 항공기국은 당해 무선국에 설치되어 있는 각종 무선설비를 충분히 운용할 수 있고 해당 국가기술자격을 갖춘 1명을 배치하여야 한다. 이에 해당되지 않는 자격 종목은?
① 전파전자통신기사　　❷ 육상무선통신사
③ 전파전자통신산업기사　④ 항공무선통신사

해설

『전파법 시행령』 제117조(무선종사자의 자격·정원 배치기준)

- 무선종사자의 자격·정원 배치기준은 다음 각 호와 같다.
- 항공기국: <U>전파전자통신기사</U> · <U>전파전자통신산업기사</U> 또는 <U>항공무선통신사</U> <U>1명 배치</U>

---

8. 조난통신을 발신하여야 할 사태에 이르러 기장이 필요한 명령을 하지 아니하거나 무선통신업무에 종사하는 자로서 그 명령을 받고 지체 없이 이를 발신하지 아니한 자에 대한 벌칙은?
❶ 10년 이하의 징역 또는 1억원 이하의 벌금
② 5년 이하의 징역 또는 5천만원 이하의 벌금
③ 3년 이하의 징역 또는 3천만원 이하의 벌금
④ 1년 이하의 징역 또는 1천만원 이하의 벌금

해설

『전파법』제81조(벌칙)

- 다음 각 호의 어느 하나에 해당하는 자는 <U>10년 이하의 징역 또는 1억원 이하의 벌금</U>에 처한다.
  1. <U>조난통신·긴급통신 또는 안전통신을 발신하여야 할 사태에 이르렀는데도 그 선장이나 기장이 필요한 명령을 하지 아니하거나 무선통신 업무에 종사하는 자로서 그 명령을 받고 지체 없이 이를 발신하지 아니한 자</U>

---

9. 무선국의 허가를 받은 자가 준공기한(기한을 연장한 경우에는 그 기한)이 지난 후 몇 일이 지날 때까지 준공신고를 마치지 아니한 경우에 무선국의 개설허가를 취소할 수 있는가?
① 20일　　❷ 30일
③ 40일　　④ 50일

해설

『전파법』제72조(무선국의 개설허가 취소 등)

⚠ 제77조 세부내용은 〈기본해설〉 참조

② 과학기술정보통신부장관 또는 방송통신위원회는 시설자가 <U>다음 각 호의 어느 하나에 해당하는 때</U>에는 <U>무선국 개설허가의 취소</U> 또는 개설신고한 무선국의 폐지를 명하거나 6개월 이내의 기간을 정하여 무선국의 운용정지, 무선국의 운용허용시간, 주파수 또는 안테나공급전력의 제한을 명할 수 있다
  3. 제21조제4항에 따른 무선국의 허가증 또는 제22조의2제2항에 따른 무선국 신고증명서에 적혀있는 <U>준공기한이 지난 후</U> <U>30일이 지날 때까지 준공신고를 마치지 아니한 경우</U>

---

10. 다음 중 전파형식의 등급표시에서 **기본 특성**이 아닌 것은?
① 주반송파의 변조형식
❷ 주반송파를 변조시키는 신호의 특성 (×)
③ 신호의 항목 (○)
④ 송신할 정보의 형태

해설

『전파법 시행령』(제29조의2 관련) [별표4] 전파형식의 표시

⚠ [별표4] 전체는 〈기본해설〉 참조
⚠ 정답이 ②번으로 되어있으나 ③번이 정답인 것으로 확인됨.

1. <U>기본특성</U>
   가. 첫째 기호: <U>주반송파의 변조형식</U>
   나. 둘째 기호: <U>주반송파를 변조시키는 신호의 특성</U>
   다. 셋째 기호: <U>송신할 정보 형태</U>
2. <U>취사형 추가적 특성</U>
   가. 넷째 기호: <U>신호의 항목</U>
   나. 다섯째 기호: 다중화 특성

---

11. 다음 중 무선국 검사 시 허가 또는 신고사항 등과 일치하는지 여부를 대조·확인하는 <U>대조검사</U> 항목에 포함되지 않는 것은?
① 시설자
② 설치장소
③ 무선종사자 배치
❹ 안테나공급전력

> 해설

『전파법 시행령』제45조(검사의 시기·방법)

1. 성능검사 : <u>안테나공급전력</u>·주파수·불요발사(不要發射)·점유주파수대폭·등가등방복사전력(等價等方輻射電力)·실효복사전력(實效輻射電力)·변조도 등 무선설비의 성능에 대하여 행하는 검사
2. 대조검사 : <u>시설자</u>·무선설비·<u>설치장소</u> 및 <u>무선종사자의 배치</u> 등이 무선국허가·신고사항 등과 일치하는지 여부를 대조·확인하는 검사

12. 전자파가 인체에 미치는 영향을 고려하여 무선설비 등에서 발생하는 전자파에 대한 기준을 정하여 고시하는 사항과 관계없는 것은?
① 전자파 인체보호기준
② 전자파 강도 측정기준
③ 전자파 흡수율 측정기준
❹ 전자파 인체내성 측정기준

> 해설

『전파법』제47조의2(전자파 인체보호기준)

과학기술정보통신부장관은 다음 각 호의 사항을 정하여 고시하여야 한다.
1. **전자파 인체보호기준**
2. 전자파 등급기준
3. **전자파 강도 측정기준**
4. **전자파 흡수율 측정기준**
5. 전자파 측정대상 기자재와 측정방법
6. 전자파 등급 표시대상과 표시방법   7. 그 밖에 전자파로부터 인체를 보호하기 위하여 필요한 사항

13. 다음 중 무선국 개설허가의 유효기간으로 옳은 것은?
❶ 이동국 및 육상국 : 5년
② 실험국 및 실용화시험국 : 4년
③ 일반지구국 및 항공지구국 : 3년
④ 방송국 및 유선방송국 : 2년

> 해설

『전파법 시행령』제36조(무선국 개설허가의 유효기간)
 제36조 전체는 〈기본해설〉 참조

1. 실험국 및 실용화시험국: **1년**
2. **이동국**·**육상국**·**일반지구국**·**항공지구국**·항공국·항공기국·항공기지구국·**방송국**: **5년**
3. 이외의 무선국: **3년**

14. 다음 중 무선국 재허가 시 무선국 허가사항을 재지정할 수 있는 사항이 아닌 것은?
① 전파의 형식
❷ 무선국의 목적
③ 안테나공급전력
④ 운용허용시간

> 해설

『전파법 시행령』제38조(재허가)

- 과학기술정보통신부장관은 허가신청 시와 주파수 이용현황 등이 달라진 경우에는 다음 각 호의 사항을 <u>다시 지정하여 무선국의 허가</u>를 할 수 있다.
  1. **전파의 형식**·점유주파수대폭 및 주파수
  2. 호출부호 또는 호출명칭
  3. **안테나공급전력**
  4. **운용허용시간**
  5. 무선종사자의 자격 및 정원
  6. 안테나의 형식·구성 및 이득
  7. 방송을 목적으로 하는 무선국에 있어서는 방송사항 및 방송구역

15. 전파형식의 등급표시에 있어 기본 특성의 셋째 기호(송신할 정보형태) 중 '전화'를 나타내는 문자는?
① A   ② C
❸ E   ④ F

> 해설

『전파법 시행령』제38조(재허가) [별표4] 전파형식의 표시
 [별표4] 전체는 〈기본해설〉 참조

- 전파형식의 등급표시(문자 및 기호)
  A : 양측파대
  C : 잔류측파대
  E : 전화(음성방송을 포함한다)
  F : 텔레비전(영상)

16. 다음 중 수신설비가 충족하여야 할 조건으로 옳지 않은 것은?
❶ 선택도가 적을 것
② 감도는 낮은 신호입력에서도 양호할 것
③ 내부잡음이 적을 것
④ 수신주파수는 운용범위 이내일 것

해설

『무선설비규칙』제12조(수신설비)

② 수신설비는 다음 각 호의 요건을 모두 갖추어야 한다
1. 수신주파수는 운용범위 이내일 것
2. **선택도가 클 것**
3. 내부잡음이 적을 것
4. 감도는 낮은 신호입력에서도 양호할 것

17. 항공기에 대하여 그 착륙강하 직전 또는 착륙강하 중에 수평과 수직의 유도를 주고, 정점에서 착륙기준점까지의 거리를 표시하는 무선항행방식을 무엇이라 하는가?
① 전방향표지시설(VOR)
❷ 계기착륙시설(ILS)
③ 로칼라이저
④ 마아커비콘

 해설

『항공업무용 무선설비의 기술기준』 제3조(정의)

1. "**로칼라이저**"라 함은 항공기가 활주로에 착륙시 활주로에 중심선정보를 항공기에 제공하는 무선설비를 말한다.
2. "글라이드패스"라 함은 항공기가 활주로에 착륙시 활주로 진입각도 정보를 항공기에 제공하는 무선설비를 말한다.
3. "마아커비콘"이라 함은 항공기가 활주로에 착륙을 하고자 할 때 활주로로부터 떨어진 거리정보를 항공기에 제공하는 무선설비를 말한다.
5. "**계기착륙시설(ILS)**"이라 함은 **항공기에 대하여 그 착륙강하 직전 또는 착륙강하 중에 수평과 수직의 유도를 주고, 정점에서 착륙 기준점까지의 거리를 표시 하는 무선항행방식**을 말한다.
6. "**전방향표지시설(VOR)**"이라 함은 108 ㎒ 내지 118 ㎒의 주파수의 전파를 전방향에 발사하는 회전식 무선표지업무를 행하는 설비를 말한다.

18. 다음 중 국제민간항공기구에서 정한 국제항공통신업무의 분류로 옳지 않은 것은?
① 항공고정업무
② 항공이동업무
③ 항공무선항행업무
❹ 항공무선측위업무

 해설

ICAO(국제민간항공기구) Annex 10:
Aeronautical Telecommunications, Volume II – Communication Procedures including those with PANS status, CHAPTER 2. Administrative provisions relating to the international aeronautical telecommunication service

2.1 DIVISION OF SERVICE (업무의 분류)
The international aeronautical telecommunication service shall be divided into four parts:
국제항공통신업무는 다음의 4부분으로 구분된다.
1) aeronautical fixed service; **항공고정업무**
2) aeronautical mobile service; **항공이동업무**
3) aeronautical radio navigation service; **항공무선항행업무**
4) aeronautical broadcasting service; **항공방송업무**

⚠ 항공무선측위업무의 영문은 aeronautical radiodetermination services

19. 항공기의 서면 또는 자동의 전기통신일지의 보존기간으로 옳은 것은?
❶ 최소 30일 동안
② 최소 60일 동안
③ 최소 180일 동안
④ 최소 1년 동안

 해설

『항공통신업무 운영 규정』 제9조의2 (통신일지의 작성 등)

• 통신의 기록은 **30일 이상 보관**하여야 한다. 다만, 항공사고 등과 관련된 내용은 조사가 완료될 때까지 보관하거나 또는 관련규정에서 특별히 정한 내용에 따라야 한다.

20. 다음 중 무선전화를 사용하는 **항공기국**의 식별표시로 옳지 않은 것은?
❶ 장소의 지리적 명칭과 무선국의 기능을 표시하는 단어의 조합
② 항공기의 소유자를 표시하는 단어를 전치한 호출부호
③ 항공기에 할당된 공식 등록기호에 상당하는 글자의 조합
④ 정기항공로를 표시하는 단어와 그 다음에 이어지는 항공편 식별번호

> 해설

전파규칙(Radio Regulations) Volume 1

⚠ 전파규칙(RR) 관련 기타 문제는 〈기본해설〉 참조

ARTICLE 19 Identification of stations
(제19조 무선국의 식별)

T19.77 §34

1) Aeronautical stations   항공국
- the name of the airport or geographical name of the place followed, if necessary, by a suitable word indicating the function of the station.
  공항의 명칭 또는 장소의 지리적 명칭과 필요한 경우 그 다음에 이어지는 그 무선국의 기능을 표시하는 적당한 단어

19.78

2) Aircraft stations   항공기국
- a call sign (see No. 19.58), which may be preceded by a word designating the owner or the type of aircraft; or
  항공기의 소유자 또는 항공기 기종을 표시하는 단어를 전치한 호출부호 (제19.58호 참조); 또는
- a combination of characters corresponding to the official registration mark assigned to the aircraft; or
  항공기에게 할당된 공식 등록기호에 상당하는 글자의 조합; 또는
- a word designating the airline, followed by the flight identification number.
  정기항공로를 표시하는 단어와 그 다음에 이어지는 항공편 식별번호

2017년도 제1회 정기검정 전파법규
정답 및 심화해설

정답 모아보기

01	③	05	①	09	③	13	④	17	①
02	①	06	①	10	①	14	②	18	③
03	④	07	②	11	①	15	①	19	④
04	②	08	④	12	①	16	①	20	①

1. 다음 중 무선측위업무가 아닌 것은?
① 무선표지업무
② 무선항행업무
❸ 표준주파수업무
④ 무선탐지업무

해설

『전파법 시행령』 제28조(업무의 분류)

⚠ 2015년도 문제이며, 당시 『전파법 시행령』 제28조(업무의 분류)는 무선측위업무를 무선항행업무, 무선탐지업무, 무선방향탐지업무로 분류하였으나, 현재는 무선측위업무를 무선항행업무, 무선탐지업무로 분류하고 있음. → 2015년이나 지금이나 ③ 표준주파수업무는 무선측위업무가 아님.

『전파법 시행령』 제28조(업무의 분류) [시행 2014. 8. 7.]
7. **무선측위업무**: 무선측위를 위한 무선통신업무
8. **무선항행업무**: 무선항행을 위한 <u>무선측위업무</u>
9. 해상무선항행업무: 선박을 위한 무선항행업무
10. 항공무선항행업무: 항공기를 위한 무선항행업무
11. **무선탐지업무**: 무선항행업무 외의 <u>무선측위업무</u>
12. **무선방향탐지업무**: 무선방향탐지를 위한 <u>무선측위업무</u>

『전파법 시행령』 제28조(업무의 분류) [시행 2022. 2. 28.]
7. **무선측위업무**: 무선측위를 위한 다음 각 목의 무선통신업무
  가. **무선항행업무**: 무선항행을 위한 무선측위업무
   1) 해상무선항행업무: 선박을 위한 무선항행업무
   2) 항공무선항행업무: 항공기를 위한 무선항행업무
   3) 무선표지업무: 이동체에 개설한 무선국에 대하여 전파를 발사하여 그 전파발사 위치에서의 방향 또는 방위를 그 무선국이 결정하게 할 수 있도록 하기 위한 무선항행업무
  나. **무선탐지업무**: 무선항행업무 외의 무선측위업무

2. 국제항공고정무선통신망에 속하는 항공고정국에서 취급하는 제1순위 통보에 붙이는 약어는?
❶ "SS"
② "DD"
③ "GG"
④ "KK"

해설

『무선국의 운용 등에 관한 규정』 제97조(우선순위를 표시하는 약어)

① 항공고정업무를 행하는 <u>항공고정국</u>에서 취급하는 통보에는 그 통신의 우선순위에 따라 다음 각 호의 약어를 붙여야 한다.
  1. **제1순위 : "SS"**
  2. 제2순위 : "DD" 또는 "FF"
  3. 제3순위 : "GG" 또는 "KK"
② 항공고정업무를 행하는 항공고정국은 다수의 통보를 연속하여 송신하는 경우에는 각 통보의 송신 다음에 우선순위에 따라 제1항의 약어를 송신하여야 한다.

3. 다음 중 전파법에서 규정하는 시설자의 정의로 맞는 것은?
① 무선국의 허가를 신청하는자
② 무선설비를 조작하고 운용하는 자
③ 미래창조과학부장관으로부터 기술자격증을 받은자
❹ 미래창조과학부장관으로부터 무선국의 개설허가를 받거나 개설 신고를 하고 무선국을 개설한 자

해설

『전파법』 제2조(정의)

⚠ 전체 용어 정의는 〈기본해설〉 참조

- "**시설자**"란 과학기술정보통신부장관으로부터 <u>무선국의 개설허가를 받거나</u> 과학기술정보통신부장관에게 <u>개설신고를 하고 무선국을 개설한 자</u>를 말한다.

4. 의무항공기국의 무선설비 성능유지를 확인하야 하는 주기로 옳은 것은?
   ① 500시간 사용할 때마다 1회 이상 확인
   ❷ 1,000시간 사용할 때마다 1회 이상 확인
   ③ 1,500시간 사용할 때마다 1회 이상 확인
   ④ 2,000시간 사용할 때마다 1회 이상 확인

   해설

   폐지된 『전파법 시행규칙』제34조 (의무항공기국의 무선설비의 기능시험) [2000.5.22.]
   ⚠ 2017년도 문제이며, 현행 시행규칙([시행 2022. 1. 4.])에는 제34조가 존재하지 않음.

   제34조 (의무항공기국의 무선설비의 기능시험)
   ⚠ 삭제되어 현재 존재하지 않는 조항임.
   ① 의무항공기국의 무선설비는 그 항공기의 비행전에 그 설비가 완전히 동작할 수 있는 상태인 것을 확인하여야 한다.
   ② <u>의무항공기국의 무선설비는 1,000시간을 사용할 때마다 1회 이상</u> 그 송신장치의 출력과 변조도, 수신장치의 감도와 선택도에 비하여 무선설비규칙에 정한 성능의 유지여부를 시험하여야 한다.

5. 다음 중 항공이동업무 통신에 있어 우선순위가 가장 하위인 것은?
   ❶ 기상통보에 관한 통신
   ② 조난통신
   ③ 무선방향탐지에 관한 통신
   ④ 긴급통신

   해설

   『무선국의 운용 등에 관한 규정』제81조
   (통보의 종별과 우선순위)
   • 항공이동업무에 있어서 통신의 우선순위
     1. 조난통신
     2. 긴급통신
     3. 무선방향탐지와 관련된 통신
     4. 비행안전 메시지
     5. 기상 메시지
     6. 비행규칙 메시지
     7. 국제연합(UN)헌장의 적용관련 메시지
     8. 우선권이 특별히 요구되는 정부 메시지
     9. 전기통신업무의 운용 등 업무용 통신
     10. 제1호부터 제9호까지 정한 통신 외의 통신

6. 항공기국이 무선전화통신으로 무선방향탐지국에 대하여 방위측정용 부호를 송신하고자 하는 경우 송신순서로 맞는 것은?
   ❶ 자국의 호출부호 – 각 10초간의 2선 – 자국의 호출부호
   ② 상대국의 호출부호 – 각 10초간의 2선 – 자국의 호출부호
   ③ 자국의 호출부호 – 각 20초간의 2선 – 상대국의 호출부호
   ④ 상대국의 호출부호 – 각 20초간의 2선 – 자국의 호출부호

   해설

   『무선국의 운용 등에 관한 규정』제93조(무선전화에 의한 측정전파의 발사방법)

   항공기국은 무선전화통신에 의하여 <u>무선방향탐지국에 대하여 방위측정용 부호를 송신하고자 하는 경우에는 다음 각 호의 사항을 순서대로 송신하여야 한다</u>. 다만, 당해 무선방향탐지국으로부터 특별한 요구가 있는 경우에는 그 요구에 의한다.
   1. <u>자국의 호출부호</u>(또는 호출명칭)
   2. <u>각 10초간의 2선</u>
   3. <u>자국의 호출부호</u>(또는 호출명칭)

7. 전파를 이용하여 모든 종류의 기호, 신호, 문언, 영상, 음향 등의 정보를 보내거나 받는 것을 무엇이라 하는가?
   ① 전파통신   ❷ 무선통신
   ③ 종합통신   ④ 다중통신

   해설

   『전파법』제2조(정의)
   ⚠ 전체 용어 정의는 〈기본해설〉 참조
   • "<u>무선통신</u>"이란 전파를 이용하여 <u>모든 종류의 기호·신호·문언·영상·음향 등의 정보를 보내거나 받는 것</u>을 말한다.

8. 항공업무용 단파이동통신시설(HF Radio)의 HF 반송파의 주파수대는?
   ① 2.2[MHz] ~ 18[MHz]
   ② 2.2[MHz] ~ 22[MHz]
   ③ 2.8[MHz] ~ 18[MHz]
   ❹ 2.8[MHz] ~ 22[MHz]

> 해설

『항공정보통신시설의 설치 및 기술기준 등』 [별표] 항공정보통신시설의 설치 및 기술기준

- 단파데이터이동통신시설(HFDL) : HFDL 설비는 2.8MHz에서 22MHz 대역에서 항공이동(R)업무에 이용 가능한 임의의 SSB 반송파 주파수로 동작 가능하여야 하며, ITU 전파규칙의 관련 규정을 이행하여야 한다.

9. 의무항공기국의 예비전원은 항공기의 항행안전을 위하여 필요한 무선설비를 몇 분 이상 동작시킬 수 있는 성능을 가져야 하는가?
① 10분　　② 20분
❸ 30분　　④ 40분

> 해설

『무선설비규칙』 제16조 (예비전원 및 예비품 등)

- 필요한 무선설비를 <u>30분 이상 작동할 수 있는 성능</u>을 갖추어야 한다.

10. 항공교통관제에 관한 통신을 하는 항공국과 항공기국용 무선설비의 주파수 전환은 28[MHz] 이하의 주파수대에서 최대 몇 초 이내로 할 수 있어야 하는가?
❶ 30초　　② 20초
③ 8초　　④ 5초

> 해설

〈시행〉『항공업무용 무선설비의 기술기준』 제6조(전환장치)

① 항공교통관제에 관한 통신을 하는 항공국과 항공기국용 무선설비의 주파수 전환은 <u>22 ㎒ 이하</u> 주파수대에서는 <u>30초 이내에</u>, 117.975 ㎒ 부터 137 ㎒ 까지의 주파수대에서는 8 초 이내에 이루어져야 한다. [시행 2021. 8. 12.]

⚠ 제6조가 개정되었음. 개정 전에 '주파수 전환은 28[MHz] 이하' 였음.

11. 항공기용 구명무선설비의 안테나공급전력의 허용편차로 맞는 것은?
❶ 상한 50[%] 하한 20[%]
② 상한 50[%] 하한 50[%]
③ 사항 10[%] 하한 20[%]
④ 사항 20[%] 하한 50[%]

> 해설

『무선설비규칙』 제9조 [별표 6] 안테나공급전력 허용편차(제9조제1항 본문 관련)

송신설비
6. 다음 각 목의 송신설비
  가. 비상위치지시용 무선표지설비
  나. 생존정의 송신설비
  다. **항공기용 구명무선설비**
  라. 초단파대 양방향 무선전화

12. 30[MHz] 초과 300[MHz] 이하의 주파수대를 표시하는 약어는?
❶ VHF　　② SHF
③ UHF　　④ HF

> 해설

『전파법 시행령』 [별표 5] 주파수의 표시(제29조의2 관련)

1. 전파의 주파수는 3,000㎑ 이하의 것은 ㎑, 3,000㎑ 초과 3,000㎒ 이하의 것은 ㎒, 3,000㎒ 초과 3,000㎓ 이하의 것은 ㎓로 표시한다. 다만, 주파수 사용상 특히 필요가 있는 경우에는 이 표시방법에 의하지 아니할 수 있다.
2. 전파의 주파수대열은 그 주파수의 범위에 따라 다음 표와 같이 아홉 개의 주파수대로 구분한다.

주파수대의 주파수 범위	주파수대 번호	주파수대 약칭	미터법에 따른 구분
3㎑ 초과 30㎑ 이하	4	VLF	밀리아미터파
30㎑ 초과 300㎑ 이하	5	LF	킬로미터파
300㎑ 초과 3,000㎑ 이하	6	**MF**	**핵터미터파**
3㎒ 초과 30㎒ 이하	7	HF	데카미터파
30㎒ 초과 300㎒ 이하	8	VHF	미터파
300㎒ 초과 3,000㎒ 이하	9	UHF	데시미터파
3㎓ 초과 30㎓ 이하	10	SHF	센티미터파
30㎓ 초과 300㎓ 이하	11	EHF	밀리미터파
300㎓ 초과 3,000㎓ 이하 (또는 3㎔ 이하)	12		데시밀리미터파

13. 무선국 운용을 휴지하고자 하는 경우 미래창조과학부장관에게 신고하여야 하는 휴지기간은?
① 4개월 이상　　② 3개월 이상
③ 2개월 이상　　❹ 1개월 이상 ~ 6개월

> **해설**

『전파법시행령』제51조(폐지·운용휴지 등) [시행 2022. 2. 28.]

⚠ 현행 시행령 제51조에 따르면 휴지기간은 "1개월 이상 ~ 6개월"이 아니라 "1개월 이상 1년 이내"임.

> ① 무선국의 폐지·휴지 또는 무선국의 재운용을 신고하려는 자는 그 사유를 첨부하여 과학기술정보통신부장관 또는 방송통신위원회에 신고하여야 한다. 〈개정 2013. 3. 23., 2017. 7. 26.〉
> ② 제1항에 따른 무선국의 휴지기간은 1개월 이상 1년 이내의 기간으로 한다.[전문개정 2010. 12. 31.]

14. 무선국을 개설하고자 하는 자는 누구에게 허가를 얻어야 하는가?
 ① 산업통산자원부장관
 ❷ 미래창조과학부장관
 ③ 국립전파연구원장
 ④ 국토교통부장관

> **해설**

『전파법』제21조(무선국 개설허가 등의 절차) [시행 2022. 2. 28.]

⚠ 2017년도 문제이며, 당시 '미래창조과학부장관'은 현재 '과학기술정보통신부장관'으로 변경되었음.

> ① 제19조제1항에 따라 무선국의 개설허가 또는 허가받은 사항을 변경하기 위한 허가(이하 "변경허가"라 한다)를 받으려는 자는 대통령령으로 정하는 바에 따라 과학기술정보통신부장관에게 신청하여야 한다.

15. 다음 중 무선국 검사 시 성능검사 항목이 아닌 것은?
 ❶ 설치장소   ② 안테나공급전력
 ③ 불요발사   ④ 점유주파수대폭

> **해설**

『전파법 시행령』제45조(검사의 시기·방법)

1. **성능검사**: **안테나공급전력**·주파수·**불요발사**(不要發射)·**점유주파수대폭**·등가등방복사전력(等價等方輻射電力)·실효복사전력(實效輻射電力)·변조도 등 무선설비의 성능에 대하여 행하는 검사
2. **대조검사**: 시설자·무선설비·**설치장소** 및 무선종사자의 배치 등이 무선국허가·신고사항 등과 일치하는지 여부를 대조·확인하는 검사

16. 다음 중 미래창조과학부장관이 무선국의 허가를 취소할 수 있는 경우가 아닌 것은?
 ❶ 정당한 사유 없이 계속하여 3개월 동안 무선국의 운용을 휴지한 경우
 ② 부정한 방법으로 무선국의 허가를 받은 경우
 ③ 개설허가 받은 항공국을 준공검사 받지 않고 운용한 경우
 ④ 전파사용료를 납부하지 아니한 경우

> **해설**

『전파법』제72조(무선국의 개설허가 취소)

 제72조 전체 내용은 〈기본해설〉 참조

> ② 무선국 개설허가의 취소 또는 무선국의 폐지를 명하거나 6개월 이내의 기간을 정하여 무선국의 운용정지, 무선국의 운용허용시간, 주파수 또는 안테나공급전력의 제한을 명할 수 있다.
> 2. 거짓이나 그 밖의 부정한 방법으로 무선국의 개설허가 또는 변경허가를 받은 경우
> 6. 준공검사를 받지 아니하고 무선국을 운용한 경우
> 7. 정당한 사유 없이 계속하여 6개월 이상 무선국의 운용을 휴지한 경우
> 8. 전파사용료를 내지 아니한 경우

17. 의무항공기국의 A3E 전파 118[MHz] 내지 136.975[MHz]의 주파수대 전파를 사용하는 송신설비의 안테나공급전력은 몇 [W] 이상이어야 하는가?
 ❶ 2[W]   ② 5[W]
 ③ 10[W]   ④ 50[W]

> **해설**

삭제된 『항공업무용 무선설비의 기술기준』제9조 (초단파대 무선전화 및 데이터링크 장치) 문제

〈과거〉
의무항공기국의 무선설비로서 A3E전파 118 ㎒ 부터 136.975 ㎒ 까지의 주파수대의 전파를 사용하는 송신설비의 안테나공급전력은 2W 이상이고, 그 유효통달거리는 다음 표와 같을 것[2018.7.2.]

〈현행〉
A3E 전파 117.975 ㎒ 부터 137 ㎒ 까지의 주파수를 사용하는 항공기국 및 항공국 무선설비의 기술기준으로 송신장치의 조건은 다음 표와 같다.[2020.9.22.] ~ 현행

⚠ 『항공업무용 무선설비의 기술기준』 개정 시 "안테나공급전력은 2W 이상" 문구는 삭제되었음.

18. 다음 중 ITU(국제전기통신연합)의 목적이 아닌 것은?
① 전기통신의 개선과 합리적 이용을 위한 회원국간의 국제협력의 유지 및 증진
② 전기통신분야에서 개발도상국에 대한 기술지원의 장려 및 제공
❸ 평화적 관계를 증진할 목적으로 하는 전기통신업무의 이용제한
④ 일반대중에 의한 이용보급을 위한 기술설비의 개발 촉진

국제전기통신연합(ITU) 헌장
제1장 기본규정, 제1조 연합의 목적
⚠ 영문은 〈기본해설〉 참조

제1장 기본규정, 제1조 연합의 목적
2 1 **연합의 목적**은 다음과 같다.
3 a) <u>모든 종류의 전기통신의 개선과 합리적인 이용을 위한 모든 회원국 간의 국제 협력을 유지하고 증진한다.</u>
3A a 연합의 목적에 구체화된 전반적인 목표를 달성하기 위해 연합의 활동에 대한 단체와 조직의 참여를 촉진하고 강화하며, 그들과 회원국 간의 유익한 협력과 파트너십을 촉진한다.
4 b) <u>전기통신 분야에서 개발도상국에 대한 기술 지원을 장려하고 제공하며</u>, 정보에 대한 접근뿐만 아니라 구현에 필요한 물질, 인적, 재정 자원의 동원을 증진한다.
5 c) 전기통신 서비스의 효율성을 향상시키고, 그 유용성을 증가시키며, 가능한 한 <u>일반적으로 대중이 이용할 수 있도록 하기 위한 목적으로 기술 설비의 개발과 가장 효율적인 운영을 촉진</u>한다.
6 d) 전 세계 모든 주민에게 새로운 전기통신 기술의 혜택을 확대하도록 촉진한다.
7 e) <u>평화적 관계를 촉진하기 위한 목적으로 전기통신 서비스의 이용을 증진</u>한다.
8 f) 회원국의 행동을 조화시키고 회원국과 부문 회원국 간의 생산적이고 건설적인 협력과 파트너십을 촉진한다.
9 g) 국제적 수준에서 다른 세계·지역 정부 간 조직 및 전기통신과 관련된 비정부 조직과 협력하여 글로벌 정보 경제 및 사회에서 전기 통신 문제에 대한 광범위한 접근 방식을 채택하도록 촉진한다.

19. 국제전파규칙(RR)에서 규정한 무선전화의 안전신호는?
① PAN
② MAYDAY
③ SAFETY
❹ SECURITE

전파규칙(Radio Regulations) Volume 1
⚠ 전파규칙(RR) 관련 문제는 〈기본해설〉 참조

Section IV – Safety communications(안전통신)
33.33 §17 **안전신호**는 단어 **SECURITE**로 구성된다. 무선전화에서는 이 단어는 프랑스어에서와 같이 "세큐리떼"로 발음되어야 한다.

20. 다음 중 안전한 전파환경을 조성하기 위한 시책이 아닌 것은?
❶ 전파 이용을 다각화를 위한 홍보 계획 수립 및 시행
② 전자파가 인체에 미치는 영향 등 보호대책의 수립, 추진
③ 기자재 보호를 위한 전자파적합성에 관한 정책의 수립, 추천
④ 전자파 인체흡수율, 전자파강도 및 전파환경 등에 대한 관련 기준 마련

『전파법』제44조의3(안전한 전파환경 기반 조성)

• 과학기술정보통신부장관은 전자파가 인체, 기자재, 무선설비 등에 미치는 영향을 최소화하고 안전한 전파환경을 조성하기 위하여 다음 각 호의 시책을 마련하여야 한다.
1. 전파 이용과 관련된 역기능 방지 및 안전한 전파환경 조성대책의 수립·추진
2. <u>전자파가 인체에 미치는 영향 등에 관한 종합적인 보호대책의 수립·추진</u>
3. 기자재의 전자파장해를 방지하고 전자파로부터 <u>기자재를 보호하기 위한 전자파적합성에 관한 정책의 수립·추진</u>
4. <u>전자파 인체흡수율, 전자파강도 및 전파환경 등에 대한 관련 기준 마련</u> 및 측정·조사
5. 전자파 차폐·차단 및 저감(低減) 기술 등 전자파 역기능 해소를 위한 기반기술 연구
6. <u>안전한 전파환경 기반 조성을 위한 교육 및 홍보계획의 수립·시행</u>

2016년도 제1회 정기검정 전파법규
정답 및 심화해설

정답 모아보기

01	③	05	③	09	③	13	②	17	②
02	①	06	②	10	④	14	②	18	③
03	②	07	④	11	②	15	②	19	②
04	①	08	①	12	①	16	①	20	②

1. 특정한 주파수를 이용할 수 있는 권리를 특정인에게 부여하는 것을 무엇이라 하는가?
 ① 주파수지정 ② 주파수배치
 ❸ 주파수할당 ④ 주파수분배

『전파법』제2조(정의)

⚠ 전체 용어 정의는 〈기본해설〉 참조

- "**주파수할당**"이란 **특정한 주파수를 이용할 수 있는 권리를 특정인에게 주는 것**을 말한다.

2. 시설자가 무선설비의 효율적 이용을 위하여 필요한 경우 미래창조과학부장관의 승인을 얻어 할 수 있는 사항이 아닌 것은?
 ❶ 무선설비의 일부 매각
 ② 무선설비의 임대
 ③ 무선설비의 위탁운용
 ④ 무선설비의 공동

『전파법』제48조(무선설비의 효율적 이용)

- 시설자는 무선국 무선설비를 효율적으로 이용하기 위하여 필요하면 과학기술정보통신부장관의 **승인**을 받아 무선국 무선설비의 전부나 일부를 다른 사람에게 **임대**·**위탁운용** 하거나 다른 사람과 **공동**으로 사용할 수 있다.

3. 다음 중 전파사용료 면제대상 무선국이 아닌 것은?
 ⚠ '면제대상'보다는 '감면대상' 문제로 볼 수 있음.
 ① 아마추어국
 ❷ 실용화 시험국
 ③ 비상국
 ④ 시보국

『전파법』제67조(전파사용료), 『전파법 시행령』제89조(전파사용료의 감면)

『전파법』 제67조(전파사용료)
① 과학기술정보통신부장관 또는 방송통신위원회는 시설자에게 해당 무선국이 사용하는 전파에 대한 사용료를 부과·징수할 수 있다. 다만, 제1호부터 제3호까지의 무선국 시설자에게는 전부를 면제하고, 제4호부터 제7호까지의 무선국 시설자에게는 대통령령으로 정하는 바에 따라 전부나 일부를 감면할 수 있다.
  6. 영리를 목적으로 하지 아니하거나 공공복리를 증진시키기 위하여 개설한 무선국 중 대통령령으로 정하는 무선국

『전파법 시행령』제89조(전파사용료의 감면)
① 법 제67조제1항제6호에서 "대통령령으로 정하는 무선국"이란 다음 각 호의 무선국을 말한다.
  1. **비상국**, 실험국, **아마추어국**, 표준주파수 및 **시보국**

4. 다음 중 전파사용료의 부과 기준기간은?
 ❶ 분기별   ② 반기별
 ③ 매월   ④ 연도별

『전파법 시행령』제91조(전파사용료의 징수기간 등)

- 전파사용료는 **분기별**로 부과·징수하며, **분기별** 징수기간은 별표 11의2와 같다.

5. 항공이동업무국의 운용에서 책임항공국이 항공기국에 대하여 통신연락을 설정할 수 없는 경우의 일방송신 방법으로 틀린 것은?

① 책임항공국은 통신연락설정을 일방적으로 통보를 송신할 수 있다.
② 인근 책임항공국은 당해 항공기국과 최후로 사용한 전파로 일방적으로 송신할 수 있다.
❸ 항공기국은 수신설비의 고장으로 책임항공국과 연락설정을 할 수 없는 경우 책임항공국에서 지시된 전파로 일방송신을 할 수 없다.
④ 항공기국이 일방송신을 행하는 때에는 "수신설비의 고장으로 인한일방송신" 등 약어를 먼저 보내고 행하는 그 통보를 반복하여 송신하여야 한다.

해설

『무선국의 운용 등에 관한 규정』제77조(일방송신)

⚠ '책임항공국' → '관할항공국'으로 변경됨

① 항공무선통신망에 속하는 관할항공국은 제76조제1항에 따라 협력을 요구하여도 그 항공기국과의 통신연락설정이 되지 아니하는 경우에는 협력을 요청받은 무선국에 지장이 없는 범위안에서 제1주파수 및 제2주파수에 의하여 일방적으로 통보를 송신할 수 있다.
② 제1항의 일방송신에도 불구하고 항공기국과의 통신연락설정이 되지 아니하는 경우에는 제1항의 항공무선통신망에 속하지 아니하는 인근 관할항공국은 당해 항공기국과 최후로 사용한 전파를 사용하여 일방적으로 통보를 송신할 수 있다.
③ 제1항의 규정은 항공기국이 항공무선통신망에 속하는 관할항공국과의 사이에 연락설정이 되지 아니하는 경우에 관하여 이를 준용한다.
④ 항공기국은 수신설비의 고장으로 관할항공국과 연락설정을 할 수 없는 경우에 일정한 시각 또는 장소에서 보고할 사항의 통보가 있는 때에는 당해 관할항공국에서 지시된 전파로 일방송신에 의하여 그 통보를 송신하여야 한다.
⑤ 무선전화에 의하여 제3항에 따른 일방송신을 행하는 때에는 "수신설비의 고장으로 인한 일방송신"이라는 약어 또는 이에 해당하는 다른 약어를 먼저 보내고 행하는 그 통보를 반복하여 송신하여야 한다. 이 경우 그 통신에 이어 다음 통보의 송신예정시각을 통지하여야 한다.

6. 전파법을 위반하여 금고 이상의 실형을 선고 받고 그 집행이 종료된 날부터 최소 몇 년이 경과하여야 무선국을 개설할 수 있는가?

① 1년 6개월
❷ 2년(×)
③ 2년 6개월
④ 3년(○)

해설

『전파법』제20조(무선국 개설의 결격사유)

⚠ 전파법 일부 개정〈2021.6.8.〉에 따라 "2년"이 "3년"으로 개정됨. 따라서 이전에는 ② 2년이 정답이었으나 2021.6.8일부터는 ④ 3년이 정답임.

① 다음 각 호의 어느 하나에 해당하는 자는 무선국을 개설할 수 없다. 〈개정 2020. 6. 9.〉
  4. 이 법을 위반하여 금고 이상의 실형을 선고받고 그 집행이 끝나거나 집행을 받지 아니하기로 확정된 날부터 **2년이 지나지 아니한 자**

① 다음 각 호의 어느 하나에 해당하는 자는 무선국을 개설할 수 없다. 〈개정 2021. 6. 8.〉
  4. 이 법을 위반하여 금고 이상의 실형을 선고받고 그 집행이 끝나거나 집행을 받지 아니하기로 확정된 날부터 **3년이 지나지 아니한 자**

7. 항공기에 개설하여 항공이동위성업무를 행하는 이동지구국은?

① 항공국
② 항공기국
③ 항공지구국
❹ 항공기지구국

해설

『전파법 시행령』제29조(무선국의 분류)

37. **항공기지구국**: 항공기에 개설하여 항공이동위성업무를 하는 지구국

8. 최초로 정기검사를 받는 무선국의 정기검사 유효기간의 기산일은 언제부터인가?

❶ 준공검사증명서를 발급 받은 날
② 준공신고서를 제출한 날
③ 준공검사증명서를 발급 받은 다음날
④ 무선국 허가증을 발급 받은 다음날

> 해설

『전파법 시행령』제44조(정기검사의 유효기간)

- 최초로 정기검사를 받는 무선국: 법 제24조제3항에 따른 **검사증명서(이하 "준공검사증명서"라 한다)를 발급받은 날**(법 제24조의2제1항 각 호에 따른 무선국의 경우에는 무선국의 허가를 받은 날을 말한다)

9. 다음 중 조난통보의 수신증을 송신한 항공국의 조치로 잘못된 것은?
① 항공교통의 관리기관에 통지한다.
② 조난항공기의 구조기관에 통지한다.
❸ 기상원조국에 통지한다.
④ 조난항공기국의 최후에 사용한 주파수의 전파를 청취한다.

> 해설

『무선국의 운용 등에 관한 규정』제101조(조난통보를 수신한 항공국의 조치)

- 조난통보를 수신한 항공국은 즉시 다음 각 호의 조치를 취하여야 한다.
  1. 당해 통보를 항공교통의 관리기관, 조난항공기의 구조기관 및 협력할 수 있는 무선방향탐지국에 통지하는 것
  2. 조난항공기국이 최후에 사용한 주파수를 청취하고 가능한 그 항공기국이 사용할 것으로 보이는 다른 모든 주파수를 청취하는 것
  3. 조난항공기가 해상에 있는 경우에는 적당한 해안국에 대하여 해상이동업무의 조난통신에 사용하는 전파에 의하여 당해 조난통보를 다시 송신할 것을 가장 신속한 방법에 의하여 요구하는 것

10. 신고하고 개설할 수 있는 무선국에 해당하는 것은?
① 방송사 소속 기지국
② 어선의 선박국
③ 지방자치단체 소속 기지국
❹ 이동통신(셀룰러, PCS, IMT2000) 기지국 및 이동중계국

> 해설

『전파법 시행령』제24조(신고하고 개설할 수 있는 무선국)
⚠ 제24조 전체내용은 〈기본해설〉 참조

1. 「전기통신사업법」제2조제11호 본문에 따른 기간통신역무를 제공하기 위한 무선국 중 다음 각 목의 어느 하나에 해당하는 무선국
   가. **이동통신**
   나. 휴대인터넷
   다. 위치기반서비스
   라. 무선데이터통신
   마. 서비스제공지역이 전국인 주파수공용통신 및 무선호출
   바. 그 밖에 국가간·지역간 전파혼신 방지 등을 위하여 과학기술정보통신부장관이 무선국의 설치장소, 운영시간, 주파수 또는 안테나공급전력 등을 제한할 필요가 없다고 인정하여 고시하는 무선국

11. 다음 중 121.5[MHz] 주파수를 사용 할 수 있는 경우가 아닌 것은?
① 급박한 위험상태에 있는 항공기국과 항공기국간의 통신
❷ 안전을 요하는 경우의 통신
③ 수색과 구조작업에 종사하는 항공기의 항공기국 상호간 통신
④ 121.5[MHz] 외의 주파수를 사용할 수 없는 항공기국과 항공국간의 통신

> 해설

『무선국 운용 등에 관한 규정』제88조
(121.5 MHz의 주파수 사용)

1. 급박한 위험상태에 있는 항공기국과 지상의 항공국 간에 통신을 행하는 경우로서 통상 사용하는 전파가 명확하지 아니하거나 다른 항공기국간에 사용하고 있는 경우
2. 수색과 구조작업에 종사하는 항공기국 상호간 또는 항공기국이 지상의 항공국 또는 해상의 선박국과의 통신을 행하는 경우
3. 121.5 MHz외의 주파수를 사용할 수 없는 항공기국과 항공국간에 통신을 행하는 경우
4. 제1호 및 제2호에 준하는 경우로서 긴급을 요하는 통신을 행하는 경우

12. 항공국은 항공고정업무를 경유하여 전송된 통보로서 무선전화에 의하여 항공기국에 송신하는 것에 대하여는 당해 통보를 구성한 순서가 맞는 것을 고르시오.
- ❶ 본문–"FROM"(구문인 경우에 한한다)–발신인의 명칭과 소재지명
- ② 호출–발신인의 명칭과 소재지명
- ③ 본문–호출–발신인의 명칭과 소재지명
- ④ 본문–수신인 명칭– 발신인의 명칭과 소재지명

해설

『무선국의 운용 등에 관한 규정』 제82조(통보의 구성)

① 항공이동업무에서 취급되는 통보는 다음 각 호에 정한 순서대로 구성하여야 한다.
  1. 호출(발신국이 표시되는 것)
  2. 본문
② 항공기국이 발신하는 무선전화에 의한 통보로서 항공고정업무에 의한 전송을 필요로 하는 것은 다음 각 호에 정한 순서로 구성되어야 한다. 다만, 당해 통보의 송달에 대하여 미리 협정이 있는 것의 구성은 제1항에 따른다.
  1. 호출(발신국이 표시되는 것)
  2. "FOR"(구문인 경우에 한한다)
  3. 수신인 명칭
  4. 착신국 명칭
  5. 본문
③ 항공국은 항공고정업무를 경유하여 전송된 통보로서 무선전화에 의하여 항공기국에 송신하는 것에 대하여는 당해 통보를 다음 각 호에 정한 순서대로 구성하여야 한다.
  1. **본문**
  2. **"FROM"(구문인 경우에 한한다)**
  3. **발신인의 명칭과 소재지명**

13. 다음 중 항공이동업무에 있어서 통신의 우선순위가 올게 나열된 것은?
- ① 조난통신 – 기상통보에 관한 통신 – 무선방향탐지에 관한 통신
- ❷ 조난통신 – 긴급통신 – 무선방향탐지에 관한 통신
- ③ 조난통신 – 기상통보에 관한 통신 – 항공기 안전운항에 관한 통신
- ④ 조난통신 – 항공기 안전운항에 관한 통신 - 긴급통신

해설

『무선국의 운용 등에 관한 규정』 제81조
(통보의 종별과 우선순위)

① 항공이동업무에 있어서 통신의 우선순위는 다음 각 호의 순서에 의하여야 한다.
  1. **조난통신**
  2. **긴급통신**
  3. **무선방향탐지와 관련된 통신**
  4. 비행안전 메시지
  5. 기상 메시지
  6. 비행규칙 메시지
  7. 국제연합(UN)헌장의 적용관련 메시지
  8. 우선권이 특별히 요구되는 정부 메시지
  9. 전기통신업무의 운용 등 업무용 통신
  10. 제1호부터 제9호까지 정한 통신 외의 통신
② 노탐(항공고시보)에 관한 통신은 긴급의 정도에 따라 제1항제2호의 긴급통신 다음으로 그 순위를 적절하게 선택할 수 있다.

14. 무선국의 개설허가를 받은 시설자는 준공기한의 연장신청을 최대 얼마 까지 할 수 있는가?
- ① 6개월
- ❷ 1년
- ③ 1년 6개월
- ④ 2년

해설

『전파법』 제24조(검사)
- 과학기술정보통신부장관은 허가증 또는 무선국 신고증명서에 적힌 준공기한의 연장신청을 받은 경우 그 사유가 합당하다고 인정하면 **준공기한을 연장할 수 있다**. 이 경우 **총 연장기간은 1년을 초과할 수 없다.**

15. 항공기국은 당해 무선국에 설치되어 있는 각종 무선설비를 충분히 운용할 수 있고 해당 국가기술자격을 갖춘 1명을 배치하여야 한다. 이에 해당되지 않는 자격 종목은?
- ① 전파전자통신기사
- ❷ 육상무선통신사
- ③ 전파전자통신산업기사
- ④ 항공무선통신사

> 해설

『전파법 시행령』 제117조(무선종사자의 자격·정원 배치기준)

- **무선종사자의 자격·정원 배치기준**은 다음 각 호와 같다.
- 항공기국 : **전파전자통신기사·전파전자통신산업기사** 또는 **항공무선통신사** **1명 배치**

16. 다음 중 ITU(국제전기통신연합)의 공식어가 아닌 것은?
❶ 독일어
② 러시아어
③ 스페인어
④ 아랍어

> 해설

국제전기통신연합(ITU) 헌장, ARTICLE 29(제29조)
Languages(언어)

1) The <u>official languages</u> of the Union shall be <u>Arabic, Chinese, English, French, Russian and Spanish.</u>
1) 연합의 **공식 언어**는 **아랍어, 중국어, 영어, 프랑스어, 러시아어 및 스페인어**로 한다.

17. 전파규칙(RR)에서 항공기국의 발사주파수는 누구에 의하여 검사되어야 한다고 규정되어 있는가?
① 항공기국의 통신사
❷ 항공기국을 관할하는 검사기관
③ 항공기국을 관장하는 항공국
④ 항공기국의 시설자

> 해설

전파규칙(Radio Regulations) Volume 1
⚠ 전파규칙(RR) 관련 기타 문제는 〈기본해설〉 참조

ARTICLE 39 – Inspection of stations(무선국의 검사)
39.8 §4
The frequencies of emissions of aircraft stations shall be checked by <u>the inspection service to which these stations are subject.</u>
항공기국의 전파발사 주파수는 <u>그 항공기국을 관할하는 검사기관</u>에 의하여 점검되어야 한다.

18. 다음 중 'ICAO'를 의미하는 국제기구는?
① 국제민간위성기구
② 국제해사위성기구
❸ 국제민간항공기구
④ 국제전기통신위성기구

> 해설

① 국제민간위성기구 ⚠ 기구명칭을 찾을 수 없음.
② 국제해사위성기구 : International Maritime Satellite Organization, INMARSAT
❸ 국제민간항공기구 : <u>International Civil Aviation Organization, ICAO</u>
④ 국제전기통신위성기구 : International Telecommunication Satellite Organization, INTELSAT

19. 항공기국의 무선통신업무에 종사하는 자가 조난통신을 수신하고 즉시 응답하지 않거나 구조를 위한 조치를 하지 아니하고 지연시킨 경우 벌칙은?
① 1년 이상 15년 이하의 징역
❷ 10년 이하의 징역 또는 1억원 이하의 벌금
③ 5년 이하의 징역 또는 5천만원 이하의 벌금
④ 3년 이하의 징역 또는 3천만원 이하의 벌금

> 해설

『전파법』 제81조(벌칙)

- 다음 각 호의 어느 하나에 해당하는 자는 <u>10년 이하의 징역 또는 1억원 이하의 벌금</u>에 처한다.
  1. 조난통신·긴급통신 또는 안전통신을 발신하여야 할 사태에 이르렀는데도 그 선장이나 기장이 필요한 명령을 하지 아니하거나 **무선통신 업무에 종사하는 자로서 그 명령을 받고 지체 없이 이를 발신하지 아니한 자**

20. 다음 중 비상사태가 발생한 경우 미래창조과학부장관이 무선국에 대하여 취할 수 있는 조치가 아닌 것은?
① 무선국의 개설허가 취소
❷ 무선국의 위탁운용 명령
③ 무선국의 운용정지 명령
④ 무선국의 변경 명령

> [해설]

『전파법』 제72조(무선국의 개설허가 취소 등)

⚠ 제72조 세부 내용은 〈기본해설〉 참조

③ 과학기술정보통신부장관 또는 방송통신위원회는 다음 각 호의 어느 하나에 해당하는 경우에는 **무선국 개설허가의 취소** 또는 개설신고한 무선국의 폐지를 명하거나 **무선국의 변경**·운용제한 또는 **운용정지**를 명할 수 있다.
1. 비상사태가 발생한 경우
2. 혼신을 방지하기 위하여 필요한 경우
3. 제6조의2에 따라 주파수회수 또는 주파수재배치를 한 경우

2015년도 제4회 정기검정 전파법규
정답 및 심화해설

정답 모아보기

01	④	05	①	09	③	13	④	17	④
02	①	06	③	10	③	14	④	18	②
03	①	07	③	11	④	15	③	19	④
04	③	08	②	12	①	16	②	20	②

1. 다음 중 전파법에서 규정하는 시설자의 정의로 맞는 것은?
① 무선국의 허가를 신청하는 자
② 무선설비를 조작하고 운용하는 자
③ 미래창조과학부장관으로부터 기술자격증을 받은 자
❹ 미래창조과학부장관으로부터 무선국의 개설허가를 받거나 개설신고를 하고 무선국을 개설한 자

해설

『전파법』 제2조(정의)
⚠ 전체 용어 정의는 〈기본해설〉 참조

- "**시설자**"란 <u>과학기술정보통신부장관</u>으로부터 <u>무선국의 개설허가를 받거나</u> 과학기술정보통신부장관에게 <u>개설신고를 하고 무선국을 개설한 자</u>를 말한다.

2. 시설자가 무선국의 무선설비를 타인에게 임대하고자 할 때 미래창조과학부장관에게 제출하여야 하는 서류는?
❶ 무선설비 임대승인신청서
② 무선설비 임태차계약서
③ 무선설비 임대사실확인서
④ 무선설비 임대요청서

해설

『전파법 시행령』제68조(무선설비의 임대), 『전파법 시행규칙』 제21조(무선설비 임대승인 신청서 등)

『전파법 시행령』제68조(무선설비의 임대)
① 시설자가 무선국의 무선설비를 <u>다른 사람에게 임대하려는 경우</u>에는 <u>과학기술정보통신부장관에게</u> <u>무선설비 임대의 승인을 신청</u>하여야 한다.

『전파법 시행규칙』제21조(무선설비 임대승인 신청서 등)
① 영 <u>제68조제1항</u>에 따른 <u>무선설비 임대승인 신청서</u>는 별지 제47호서식과 같다.

3. 항공기용 구명무선설비의 공중선전력의 허용편차로 맞는 것은? ⚠ 공중선전력 = 안테나공급전력
❶ 상한 50[%] 하한 20[%]
② 상한 50[%] 하한 50[%]
③ 상한 10[%] 하한 20[%]
④ 상한 20[%] 하한 20[%]

해설

『무선설비규칙』 [별표 6] 안테나공급전력 허용편차
⚠ [별표 6] 전체 내용은 〈기본해설〉 참조

[별표 6] 안테나공급전력 허용편차(제9조제1항 본문 관련)

송신설비	허용편차	
	상한 퍼센트	하한 퍼센트

6. 다음 각 목의 송신설비
  가. 비상위치지시용
    무선표지설비
  나. 생존정의 송신설비
  다. **항공기용 구명무선설비**
  라. 초단파대 양방향 무선전화
	50	20

4. 대가할당 받은 주파수의 경우 미래창조과학부장관은 주파수의 이용여건 등을 고려하여 얼마의 범위내에서 이용기간을 정하여 고시하는가?
① 3년 ② 10년 ❸ 20년 ④ 30년

해설

『전파법』제15조(할당받은 주파수의 이용기간)

- <u>과학기술정보통신부장관은</u> <u>주파수의 이용여건 등을 고려</u>하여 제11조(대가에 의한 주파수할당)에 따라 할당하는 <u>주파수는 20년의 범위</u>에서, 제12조(심사에 의한 주파수할당)에 따라 할당하는 주파수는 <u>10년의 범위</u>에서 그 이용기간을 정하여야 한다.

5. 다음 중 항공기국이 무선전화통신으로 무선방향탐지국에 대하여 방위측정용 부호를 송신하고자 하는 경우 송신순서로 맞는 것은?
   ❶ 자국의 호출부호 – 각 10초간의 2선 – 자국의 호출부호
   ② 상대국의 호출부호 – 각 10초간의 2선 – 자국의 호출부호
   ③ 자국의 호출부호 – 각 20초간의 2선 – 상대국의 호출부호
   ④ 상대국의 호출부호 – 각 20초간의 2선 – 자국의 호출부호

   해설

   『무선국의 운용 등에 관한 규정』 제93조(무선전화에 의한 측정전파의 발사방법)

   항공기국은 무선전화통신에 의하여 무선방향탐지국에 대하여 방위측정용 부호를 송신하고자 하는 경우에는 다음 각 호의 사항을 순서대로 송신하여야 한다. 다만, 당해 무선방향탐지국으로부터 특별한 요구가 있는 경우에는 그 요구에 의한다.
   1. **자국의 호출부호**(또는 호출명칭)
   2. **각 10초간의 2선**
   3. **자국의 호출부호**(또는 호출명칭)

6. 다음 중 무선측위업무가 아닌 것은?
   ① 무선방향탐지업무
   ② 무선항행업무
   ❸ 표준주파수업무
   ④ 무선탐지업무

   해설

   『전파법 시행령』 제28조(업무의 분류)

   ⚠ 2015년도 문제이며, 당시 『전파법 시행령』 제28조(업무의 분류)는 무선측위업무를 <u>무선항행업무, 무선탐지업무, 무선방향탐지업무</u>로 분류하였으나, 현재는 무선측위업무를 <u>무선항행업무, 무선탐지업무</u>로 분류하고 있음. → 2015년이나 지금이나 ③표준주파수업무는 무선측위업무가 아님.

   『전파법 시행령』 제28조(업무의 분류) [시행 2014. 8. 7.]
   7. **무선측위업무**: 무선측위를 위한 무선통신업무
   8. **무선항행업무**: 무선항행을 위한 **무선측위업무**
   9. 해상무선항행업무: 선박을 위한 무선항행업무
   10. 항공무선항행업무: 항공기를 위한 무선항행업무
   11. **무선탐지업무**: 무선항행업무 외의 **무선측위업무**
   12. **무선방향탐지업무**: 무선방향탐지를 위한 **무선측위업무**

『전파법 시행령』 제28조(업무의 분류) [시행 2022. 2. 28.]
7. **무선측위업무**: 무선측위를 위한 다음 각 목의 무선통신업무
   가. **무선항행업무**: 무선항행을 위한 무선측위업무
      1) 해상무선항행업무: 선박을 위한 무선항행업무
      2) 항공무선항행업무: 항공기를 위한 무선항행업무
      3) 무선표지업무: 이동체에 개설한 무선국에 대하여 전파를 발사하여 그 전파발사 위치에서의 방향 또는 방위를 그 무선국이 결정하게 할 수 있도록 하기 위한 무선항행업무
   나. **무선탐지업무**: 무선항행업무 외의 무선측위업무

7. 주파수할당을 받은 자가 주파수이용기간이 만료되어 주파수재할당을 받으려면 주파수이용기간 만료 몇 개월 전에 신청하여야 하는가?
   ① 1개월   ② 2개월   ❸ 6개월   ④ 8개월

   해설

   『전파법 시행령』 제18조(재할당)
   • 주파수할당을 받은 자가 주파수이용기간이 만료되어 주파수재할당을 받으려면 주파수이용기간 **만료 6개월 전에** 재할당신청을 하여야 한다.

8. 의무항공기국의 무선설비 성능유지를 확인하야 하는 주기로 옳은 것은?
   ① 500시간 사용할 때마다 1회 이상 확인
   ❷ 1,000시간 사용할 때마다 1회 이상 확인
   ③ 1,500시간 사용할 때마다 1회 이상 확인
   ④ 2,000시간 사용할 때마다 1회 이상 확인

   해설

   폐지된 『전파법 시행규칙』 제34조 (의무항공기국의 무선설비의 기능시험) [2000.5.22.]
   ⚠ 2015년도 문제이며, 현행 시행규칙([시행 2022. 1. 4.])에는 제34조가 존재하지 않음.

   제34조 (의무항공기국의 무선설비의 기능시험)
   ⚠ 삭제되어 현재 존재하지 않는 조항임.
   ① 의무항공기국의 무선설비는 그 항공기의 비행전에 그 설비가 완전히 동작할 수 있는 상태인 것을 확인하여야 한다.
   ② <u>의무항공기국의 무선설비는 1,000시간을 사용할 때마다 1회 이상</u> 그 송신장치의 출력과 변조도, 수신장치의 감도와 선택도에 비하여 무선설비규칙에 정한 성능의 유지여부를 시험하여야 한다.

9. 항공국의 허가유효기간 만료일 도래 시 재허가 신청기간은?
① 허가의 유효기간 만료 전 1개월 이상 2개월 이내
② 허가의 유효기간 만료 전 1개월 이상 4개월 이내
❸ 허가의 유효기간 만료 전 2개월 이상 4개월 이내
④ 허가의 유효기간 만료 전 2개월 이상 6개월 이내

> **해설**

『전파법 시행령』제38조(재허가)

- 법 제22조제1항에 따라 재허가를 받으려는 자는 <u>유효기간 만료 전 2개월 이상 4개월 이내의 기간</u>에 과학기술정보통신부장관에게 재허가신청을 하여야 한다.

10. 항공고정업무국의 운용에서 수신상태의 불량으로 통신연락을 설정할 수 없는 경우에 통신연락을 설정하기 위하여 수송방식에 의해 송신하는 방법으로 올바른 것은?
① "O" 적의 연속 – 자국의 호출부호 1회
② "S" 적의 연속 – 자국의 호출부호 1회
❸ "V" 적의 연속 – 자국의 호출부호 1회
④ "X" 적의 연속 – 자국의 호출부호 1회

> **해설**

삭제된『무선국의 운용 등에 관한 규정』제94조(소통의 확보) 문제

〈과거〉『무선국의 운용 등에 관한 규정』제94조(소통의 확보)
〈2019.12.2.〉
① 무선국은 <u>수신상태의 불량으로 통신연락을 설정할 수 없는 경우</u>에는 당해 통신연락을 설정하기 위하여 통상 사용하는 전파에 의하여 청취하는 동시에 다음 각 호의 구분에 따라 송신하여야 한다. 다만, 제1호 가목의 경우에는 3분을 초과하지 아니하는 규칙적인 간격을 두어야 한다.
  1. 수송방식에 의하여 송신하는 경우
     가. <u>"V" 적의(適宜) 연속</u>
     나. <u>자국의 호출부호 1회</u>
  2. 텔레타이프라이터에 의하여 송신하는 경우
     가. 상대국의 식별표지 3회
     나. "DE" 1회
     다. 자국의 식별표지 3회
     라. "RY" 일렬로 무간격으로 반복

〈현재〉『무선국의 운용 등에 관한 규정』제94조(소통의 확보)
〈2020. 9. 22. 일부개정〉
① 무선국은 수신상태의 불량으로 통신연락을 설정할 수 없는 경우에는 당해 통신연락을 설정하기 위하여 통상 사용하는 주파수를 유지하여야 한다.
  1. 〈삭 제〉   2. 〈삭 제〉

11. 항공고정업무국의 운용에 있어 '통보의 구성' 요소가 아닌 것은?
① 통보의 우선순위   ② 수신부서명
③ 발신부서명   ❹ 상대국의 식별표지

> **해설**

『무선국의 운용 등에 관한 규정』제95조(통보의 구성)

- 통보는 다음 각 호에 정한 순서대로 구성하여야 한다.
  1. <u>통보의 우선순위</u>, 일련번호, 본문어수, 발신일, 접수시각
  2. <u>수신부서명</u>
  3. <u>발신부서명</u>
  4. 본문

12. 다음 중 한국방송통신전파진흥원에서 검사를 실시하는 무선국이 아닌 것은?
❶ 한국방송공사 소속 고정국
② 소방서 소속 육상이동국
③ 공기업 소속 고정국
④ 이동통신사업자 이동중계국

> **해설**

과학기술정보통신부고시『한국방송통신전파진흥원이 검사업무를 하는 무선국』

1. 검사기관 : <u>한국방송통신전파진흥원</u>
2. 검사대상 무선국 : <u>다음 각목의 무선국을 제외한 무선국</u>
   가. 시설자가 국가기관(단, 지방자치단체 제외)인 무선국
   나. <u>시설자가 방송사업자인 무선국</u>(단, 위성방송보조국 제외)

13. 다음 중 운용의무시간 외에 의무항공기국을 운용할 수 있는 경우가 아닌 것은?
① 통신연락 수단이 없는 경우 긴급한 통보를 항공이동업무국에 송신하는 경우
② 무선국 검사에 필요한 경우
③ 항행 준비 중인 경우
❹ 항공기 보안사무에 관한 통신을 하는 경우

『무선국의 운용 등에 관한 규정』 제74조(의무항공기국의 운용시간)

① 의무항공기국의 <u>운용의무시간은 그 항공기의 항행 중</u>으로 한다.
② 제1항에 따른 <u>운용의무시간 외에 의무항공기국을 운용할 수 있는 경우</u>는 다음 각 호와 같다.
 1. 무선통신에 의하지 아니하고는 <u>통신연락수단이 없는 경우로서 긴급한 통보를 항공이동업무국</u> 또는 해상이동업무국<u>에 송신하는 경우</u>
 2. <u>무선국 검사에 필요한 경우</u>
 3. <u>항행준비중인 경우</u>

14. 수색구조에 종사하는 항공기에 있어서 장거리 취항 비행을 행하는 항공기국이 사용하는 주파수로 맞는 것은?
 ① 108[MHz]   ② 156.8[MHz]
 ③ 156.252[MHz]   ❹ 243.0[MHz]

『무선국의 운용 등에 관한 규정』
[별표7] 항공기국이 사용하여야 하는 전파형식 및 사용주파수

[별표7] 항공기국이 사용하여야 하는 전파형식 및 사용주파수(제9조제1항관련)

항공기국의 구별	전파형식 및 사용주파수
의무 항공기국	1. 전파형식 A3E 주파수 121.5 MHz 2. 전파형식 A3E 주파수 117.975 MHz 부터 137 MHz까지의 주파수대에서 과학기술정보통신부장관이 정하는 주파수 3. 전파형식 J3E 또는 H3E, 주파수 2850 kHz부터 22000 kHz까지의 주파수대에서 과학기술정보통신부장관이 정하는 주파수(과학기술정보통신부장관이 상기1 및 2에 정한 전파의 주파수에 의하여 항공교통관계에 관한 통신을 취급하는 항공국과 통신이 가능하다고 인정하는 국내노선 취항 항공기국은 제외한다) 4. 전파형식 A3E 주파수 <u>243 MHz (수색구조에 종사하는 항공기에 있어서 장거리 취항 비행을 행하는 항공기국의 경우에 한한다)</u>
기타의 항공기국	1. 전파형식 A3E 주파수 121.5 MHz 2. 전파형식 A3E 주파수 117.975 MHz 부터 137 MHz까지의 주파수대에서 과학기술정보통신부장관이 정하는 주파수

15. 기술자격검정에 관하여 부정행위가 있을 때에 부정행위자에 대하여 취할 수 있는 제재 조치가 아닌 것은?
 ① 당해 행위자에 대하여 그 검정을 정지함
 ② 당해 행위자에 대하여 합격을 무효로 함
 ❸ 당해 행위자에 대하여 벌금을 부과함
 ④ 기간을 정하여 기술자격검정을 받지 못하게 함

『전파법』제70조의2(부정행위자에 대한 조치)

• 과학기술정보통신부장관은 무선종사자 기술자격검정에서 <u>부정행위를 한 응시자에 대하여는 그 검정을 정지</u>시키거나 <u>무효</u>로 하고, 해당 검정 시행일부터 <u>3년간 응시자격을 정지</u>한다.

16. 항공기국이 해상이동업무를 하는 무선국과 통신할 경우 통상 어느 업무와 관련된 규정에 따라야 하는가?
 ① 항공이동업무의 규정
 ❷ 해상이동업무의 규정
 ③ 이동업무에 대한 국제 규정
 ④ 국제민간항공 관련 규정

『무선국 운용 등에 관한 규정』 제84조(해상이동업무국과의 통신)

• <u>항공기국이 해상이동업무국과 통신하는 경우에는 해상이동업무에 분배된 주파수를 사용할 수 있다.</u> 이 경우 <u>항공기국은</u> 이 절의 규정에 불구하고 제4장의 <u>해상이동업무국에 관한 규정</u>에 따른다.

17. 국제전파규칙(RR)에서 규정한 무선전화의 안전신호는?
 ① PAN   ② MAYDAY
 ③ SAFETY   ❹ SECURITE

전파규칙(Radio Regulations) Volume 1
⚠ 전파규칙(RR) 관련 기타 문제는 〈기본해설〉 참조

Section IV — Safety communications(안전통신)
33.33 §17
The <u>safety signal</u> consists of the word <u>SECURITE</u>. In radiotelephony, it shall be pronounced as in French.
<u>안전신호</u>는 단어 <u>SECURITE</u>로 구성된다. 무선전화에서는 이 단어는 프랑스어에서와 같이 **"세큐리떼"로 발음**되어야 한다.

18. 다음 중 RR에서 규정하는 무선전화통신사 자격증에 해당하는 것은?
① 무선전화통신사 임시자격증
❷ 무선전화통신사 일반자격증
③ 무선전화통신사 1급 자격증
④ 무선전화통신사 2급 자격증

해설

전파규칙(Radio Regulations) Volume 1
⚠ 전파규칙(RR) 관련 기타 문제는 〈기본해설〉 참조

Section II - Classes and categories of certificates (통신사 자격증의 등급과 종류)
37.12 §5
1) There are two categories of radiotelephone operators' certificates, <u>general</u> and <u>restricted</u>.
1) 무선전화통신사 자격증에는 **일반자격증**과 **한정자격증**의 2개 종류가 있다..

19. 항공기의 운행업무에 제공되는 무선국의 무선설비 기능에 장해를 주어 무선통신을 방해한 자에 대한 벌칙은?
① 1년 이하의 징역
② 3년 이하의 징역 또는 2,000만원 이하의 벌금
③ 5년 이하의 징역 또는 3,000만원 이하의 벌금
❹ 10년 이하의 징역 또는 1억원 이하의 벌금

해설

「전파법」 제82조(벌칙)

- 다음 각 호 어느 하나의 업무에 제공되는 무선국의 무선설비를 손괴(損壞)하거나 물품의 접촉, 그 밖의 방법으로 <u>무선설비의 기능에 장해를 주어 무선통신을 방해한 자는 10년 이하의 징역 또는 1억원 이하의 벌금</u>에 처한다.
  1. 전기통신 업무
  2. 방송 업무
  3. 치안유지 업무
  4. 기상 업무
  5. 전기공급 업무
  6. 철도·선박·항공기의 운행 업무

20. 「대한민국 헌법」 또는 「대한민국 헌법」에 따라 설치된 국가기관을 폭력으로 파괴할 것을 주장하는 통신을 한 자에 대한 벌칙은?
① 3년 이하의 징역 또는 1,000만원 이하의 벌금
❷ 1년 이상 15년 이하의 징역
③ 5년 이하의 징역 또는 5,000만원 이하의 벌금
④ 5년 이상의 징역 또는 금고

해설

「전파법」 제80조(벌칙)
⚠ 「전파법」제80조(벌칙), 제81조(벌칙), 제82조(벌칙), 제83조(벌칙), 제84조(벌칙), 제86조(벌칙), 제87조(벌칙), 제88조(양벌규정)은 〈기본해설〉 참조

- 「대한민국헌법」 또는 「대한민국헌법」에 따라 설치된 국가기관을 폭력으로 파괴할 것을 주장하는 통신을 한 자는 <u>1년 이상 15년 이하의 징역</u>에 처한다.

2015년도 제1회 정기검정 전파법규
정답 및 심화해설

정답 모아보기

01	②	05	④	09	①	13	④	17	④
02	③	06	④	10	④	14	③	18	①
03	③	07	①	11	①	15	④	19	①
04	①	08	①	12	②	16	②	20	④

1. 전파의 전파특성을 이용하여 위치·속도 및 기타 사물의 특징에 관한 정보를 취득하는 것을 무엇이라 하는가?
① 무선탐지
❷ 무선측위
③ 무선항행
④ 무선방향탐지

해설

『전파법 시행령』 제2조(정의)

 전체 용어 정의는 〈기본해설〉 참조

- "무선측위(無線測位)"란 전파의 <u>전파특성(傳播特性)</u>을 이용하여 <u>위치·속도 및 기타 사물의 특징에 관한 정보를 취득하는 것</u>을 말한다.

2. 다음 중 무선방위측정장치의 설치장소로부터 1km 이내의 지역에 미래창조과학부장관의 승인 없이도 건설할 수 있는 것은?
① 송신공중선
② 철도 및 궤도
❸ 앙각 3도 미만의 건물
④ 수신공중선

해설

『전파법 시행령』 제71조(승인을 받아야 할 건축물 등)

- 과학기술정보통신부장관의 승인을 얻어야 할 건축물 또는 공작물은 다음 각 호와 같다.
  1. 무선방위측정장치(無線方位測定裝置)의 <u>설치장소로부터 1킬로미터 이내의 지역에 건설</u>하려는 다음의 것
     가. 송신안테나와 수신안테나. 다만, 방송수신용인 소형의 것과 이에 준하는 것은 제외한다.
     나. 가공선과 고가 케이블(전력용·통신용·전기철도용,

  다. <u>건물</u>(목조·석조·콘크리트조, 그 밖에 구조의 것을 포함한다). 다만, 높이가 <u>무선방위측정장치의 설치장소로부터 상향각 3도 미만의 것은 제외한다.</u>
  라. 철조·석조 또는 목조의 탑주와 이의 지지 물건·연통·피뢰침. 다만, 높이가 무선방위측정장치의 설치장소로부터 상향각 3도 미만의 것은 제외한다.
  마. 철도 및 궤도
  2. 무선방위측정장치의 설치장소로부터 500미터 이내의 지역에 매설하는 수도관·가스관·전력용케이블·통신용케이블, 그 밖에 이에 준하는 매설물

3. 항공기가 활주로에 착륙하고자 할 때 활주로부터 떨어진 거리정보를 항공기에 제공하는 무선설비는?
① 로칼라이저
② 글라이드패스
❸ 마아커비콘
④ 전방향표지시설(VOR)

해설

『항공업무용 무선설비의 기술기준』 제3조(정의)

1. "로칼라이저"라 함은 항공기가 활주로에 착륙시 활주로 중심선정보를 항공기에 제공하는 무선설비
2. "글라이드패스"라 함은 항공기가 활주로에 착륙시 활주로 진입각도 정보를 항공기에 제공하는 무선설비
3. "마아커비콘"이라 함은 <u>항공기가 활주로에 착륙을 하고자 할 때 활주로부터 떨어진 거리정보를 항공기에 제공하는 무선설비</u>
6. "전방향표지시설(VOR)"이라 함은 108 ㎒ 내지 118 ㎒의 주파수의 전파를 전방향에 발사하는 회전식 무선표지업무를 행하는 설비

4. 항공기국의 A3E저파 118MHz부터 136.975MHz까지의 주파수대를 사용하는 무선설비의 변조방식은?
❶ 진폭변조
② 주파수변조
③ 위상변조
④ 혼합변조

> **해설**

『전파법 시행령』 전파형식 표시(요약)

⚠ 세부사항은 〈기본해설〉 참조

1. 기본 특성
   가. 첫째 기호: 주반송파의 변조형식
      (1) 무변조반송파의 발사
      (2) 주반송파가 **진폭변조**(부반송파의 각이 변조된 경우를 포함한다. 이하 같다)된 발사
         (가) 양측파대 ─────────── A
   나. 둘째 기호: 주반송파를 변조시키는 신호의 특성
      (4) 아날로그정보를 포함하는 단일채널 ──── 3
   다. 셋째 기호: 송신할 정보(표준주파수발사·지속파 및 펄스데이터등과 같은 일정한 불변특성의 정보를 제외한다) 형태
      (6) 전화(음성방송을 포함한다) ─────── E

---

5. 국제항공고정 무선 통신 당에 속하는 항공고정 국이 취급하는 통보에서 통신의 우선 순위를 나타내 는 약어로 옳지 않은 것은?
① 제1순위 : "SS"
② 제2순위 : "DD" 또는 "FF"
③ 제3순위 : "GG" 또는 "KK"
❹ 제4순위 : "TT"

> **해설**

『무선국의 운용 등에 관한 규정』 제97조(우선순위를 표시하는 약어)

① 항공고정업무를 행하는 **항공고정국**에서 취급하는 통보에는 그 통신의 우선순위에 따라 다음 각 호의 약어를 붙여야 한다.
   1. **제1순위 : "SS"**
   2. **제2순위 : "DD" 또는 "FF"**
   3. **제3순위 : "GG" 또는 "KK"**
② 항공고정업무를 행하는 항공고정국은 다수의 통보를 연속하여 송신하는 경우에는 각 통보의 송신 다음에 우선순위에 따라 제1항의 약어를 송신하여야 한다.

---

6. 다음 중 무선국의 기기 대치 시 변경허가를 받아야 하는 무선기기는?
① 간이무선국의 무선설비기기
② 라디오부이
③ 주파수 측정장치
❹ 비상국의 무선설비기기

그 밖에 이에 준하는 것을 포함한다)

> **해설**

『변경허가가 필요하지 아니한 무선기기 및 전파응용설비』 제2조(대상)

- 변경허가가 필요하지 아니한 무선기기 및 전파응용설비는 다음 각 호와 같다.
  1. **간이무선국의 무선설비기기**
  2. **라디오부이**
  3. 라디오존데
  4. **주파수측정장치**
  5. 무선방위측정기
  6. 긴급수리를 위해 이미 허가받아 설치된 설비와 동일한 형식, 동일성능의 설비를 교체하는 경우로서 전파법제22조제2항 규정에 의한 의무항공기국의 무선설비
  7. 지속적인 가동을 위해 이미 허가받아 설치된 설비와 동일한 성능의 설비를 교체, 증설, 이설하는 경우로서 전자파차단이 양호한 다중 차폐시설을 갖춘 건물 내에 설치된 전파응용설비

---

7. 시설자의 지위를 승계하기 위해 미래창조과학부장관 또는 방송통신위원회의 **인가**를 받아야 하는 경우는?
❶ 시설자가 사업을 양도하면서 그 사업과 관련된 무선국을 양도한 경우의 양수인
② 시설자가 사망한 경우의 상속인
③ 무선국이 있는 선박의 소유권 이전에 의하여 선박을 운항하는 자가 변경된 경우에 해당 선박을 운항하는 자
④ 무선국이 있는 항공기의 임대차계약에 의하여 항공기를 운항하는 자가 변경된 경우에 해당 항공기를 운항하는 자

> **해설**

『전파법』 제23조(시설자의 지위승계)

⚠ 舊 미래창조과학부장관 → 現 과학기술정보통신부장관

① 다음 각 호의 어느 하나에 해당하는 자는 시설자의 지위를 승계한다.
   1. **시설자가 사업을 양도하면서 그 사업과 관련된 무선국을 양도한 경우의 양수인**
   2. 시설자인 법인이 합병한 경우에 합병 후 존속하거나 합병에 따라 설립된 법인
   3. 시설자가 사망한 경우의 상속인
   4. 무선국이 있는 선박이나 항공기의 소유권 이전 또는 임대차계약 등에 의하여 선박이나 항공기를 운항하는 자가 변경된 경우에 해당 선박이나 항공기를 운항하는 자
② 제1항**제1호** 또는 제2호에 **해당하는 자**는 대통령령으로

정하는 바에 따라 <u>과학기술정보통신부장관</u>의 <u>인가</u>를 받아야 한다.
③ 제1항제3호 <u>또는 제4호에 해당하는</u> 자와 대통령령으로 정하는 무선국을 승계받으려는 자는 대통령령으로 정하는 바에 따라 <u>과학기술정보통신부장관</u>에게 <u>신고하여야</u> 한다.
④ 과학기술정보통신부장관은 제2항 본문에 따른 인가의 신청을 받은 날부터 7일 이내에 인가 여부를 신청인에게 통지하여야 한다.

8. 의무항공기국의 무선설비는 그 송신장치의 출력과 변조도, 수신장치의 감도와 선택도에 대하여 무선설비규칙에서 정한 성능의 유지여부를 얼마의 사용기간에 따라 1회 이상 확인하여야 하는가?
❶ 1천시간   ② 2천시간
③ 3천시간   ④ 4천시간

> **해설**

폐지된 「전파법 시행규칙」 제34조 (의무항공기국의 무선설비의 기능시험) [2000.5.22.]

⚠ 2015년도 문제이며, 현행 시행규칙([시행 2022. 1. 4.])에는 <u>제34조가 존재하지 않음.</u>

제34조 (의무항공기국의 무선설비의 기능시험)
⚠ 삭제되어 현재 존재하지 않는 조항임.
① 의무항공기국의 무선설비는 그 항공기의 비행전에 그 설비가 완전히 동작할 수 있는 상태인 것을 확인하여야 한다.
② **의무항공기국의 무선설비는 1,000시간을 사용할 때마다 1회 이상** 그 송신장치의 출력과 변조도, 수신장치의 감도와 선택도에 비하여 무선설비규칙에 정한 성능의 유지여부를 시험하여야 한다.

9. 다음 중 항공기국이 항공국과 <u>무선전화에 의한 시험통신</u>에 행할 때 가장 먼저 <u>송신</u>하는 것은?
❶ 상대국의 호출부호
② 자국의 호출부호
③ 사용하고 있는 주파수
④ 명료도

> **해설**

「무선국 운영등에 관한 규정」 제89조
(무선전화에 의한 시험통신)

① 항공기국이 항공국과 <u>무선전화에 의한 **시험통신**</u>을 행하는 경우에는 다음 각 호의 사항을 순서대로 <u>송신</u>하여야 한다.
1. **상대국의 호출부호** 또는 호출명칭 1회
2. "여기는" 또는 "THIS IS" 1회
3. 자국의 호출부호 또는 호출명칭 1회
4. 다음 각목의 경우에는 다음 약어 1회
  가. 항공기의 항행중 시험을 하는 경우 : 감도시험
  나. 항공기의 출발직전에 시험을 하는 경우 : 비행전 시험
  다. 기타 지상에서 통신시험하는 경우 : 정비시험
5. 사용하고 있는 주파수 1회
6. "이상" 또는 "OVER" 1회
② 제1항의 <u>시험통신</u>에 응하는 항공국은 다음 각 호의 사항을 순서대로 <u>송신</u>하여야 한다.
1. 상대항공기국의 호출부호 또는 호출명칭 1회
2. "여기는" 또는 "THIS IS" 1회
3. 자국의 호출부호 또는 호출명칭 1회
4. 명료도 1회
5. "이상" 또는 "OVER" 1회

10. 국가보안법을 위반하여 금고 이상의 형을 선고 받고 그 집행이 끝나거나 집행을 받지 아니하기로 확정된 무선종사자는 몇 년 경과 후 무선국에 배치할 수 있는가?
① 1년   ② 2년
③ 3년   ❹ 5년

> **해설**

「전파법」 제71조(무선종사자의 배치)

• 시설자는 대통령령으로 정하는 자격 및 정원배치기준에 따라 무선종사자를 무선국에 배치하여야 한다. 다만, <u>다음 각 호의 어느 하나에 해당하는 사람은 무선국에 배치하여서는 아니 된다.</u>
 1. 피성년후견인
 2. 「형법」 중 내란의 죄와 외환의 죄, 「군형법」 중 이적의 죄 또는 「<u>국가보안법</u>」을 위반하여 <u>금고 이상의 형을 선고받고 그 집행이 끝나거나 집행을 받지 아니하기로 확정된 후 5년이 지나지 아니한 자</u>

11. 선박국과 협동 수색 및 구조작업에 종사하고 있는 항공기국 간의 통신에 사용할 수 있는 주파수는?
❶ 156.3 MHz   ② 4.125 kHz
③ 2.183 kHz   ④ 500 kHz

> 해설

『무선국의 운용 등에 관한 규정』 제88조 제2호에 따라 정답은 121.5 MHz로 판단됨.(현재 답 없음)

『무선국의 운용 등에 관한 규정』 제88조(121.5 MHz의 주파수 사용)

<u>121.5 MHz의 주파수의 사용은 다음 각 호의 어느 하나인 경우에 한정한다.</u>
1. 급박한 위험상태에 있는 항공기국과 지상의 항공국 간에 통신을 행하는 경우로서 통상 사용하는 전파가 명확하지 아니하거나 다른 항공기국간에 사용하고 있는 경우
2. <u>수색과 구조작업에 종사하는 항공기국 상호간 또는 항공기국이 지상의 항공국 또는 해상의 선박국과의 통신을 행하는 경우</u>
3. 121.5 MHz외의 주파수를 사용할 수 없는 항공기국과 항공국간에 통신을 행하는 경우
4. 제1호 및 제2호에 준하는 경우로서 긴급을 요하는 통신을 행하는 경우

⚠ 156.3[MHz]는 『무선국의 운용 등에 관한 규정』[별표 6] "선박안전법 제29조제2항 및 어선법 제5조에 따라 선박에 갖추어야 하는 무선설비와 사용주파수" → 문제와 완전하게 일치하는 법규를 찾지 못함.

무선설비	사용주파수	비고
(1) 초단파대 무선전화	156.3 MHz, 156.65 MHz, 156.8 MHz	일반 무선통신도 송신 및 수신할 수 있어야 한다.
(2) 중단파대 무선전화	2182 kHz	일반 무선통신도 송신 및 수신할 수 있어야 한다.
(3) 중단파대 및 단파대 무선전화	2182 kHz, 4125 kHz, 6215 kHz, 8291 kHz, 12290 kHz, 16420 kHz	일반 무선통신도 송신 및 수신할 수 있어야 한다.

12. 다음 중 외국인이 개설할 수 있는 무선국이 아닌 것은?
① 실험국
❷ 공중통신업무를 위한 고정국
③ 항공법에 의한 허가를 받아 국내항공에 사용되는 항공기의 무선국
④ 국내에서 열리는 국제적 행사를 위하여 필요한 경우 그 기간에만 미래창조과학부장관이 허용하는 무선국

> 해설

『전파법』 제20조(무선국 개설의 결격사유)

① 다음 각 호의 어느 하나에 해당하는 자는 <u>무선국을 개설할 수 없다.</u>
1. 대한민국의 국적을 가지지 아니한 자
2. <u>외국정부 또는 그 대표자</u>
3. <u>외국의 법인 또는 단체</u>
② 제1항 제1호부터 제3호까지의 규정은 다음 각 호의 <u>어느 하나에 해당하는 무선국에 대하여는 적용하지 아니한다.</u>
1. <u>실험국</u>
2. 「<u>선박안전법</u>」,「<u>어선법</u>」 또는 「<u>수상레저기구의 등록 및 검사에 관한 법률</u>」에 따른 선박의 무선국
    즉, 의무선박국
3. 「<u>항공안전법</u>」 제101조 단서 및 「<u>항공사업법</u>」 제55조에 <u>따른 허가를 받아 국내항공에 사용되는 항공기의 무선국</u> 즉, 의무항공기국
4. 다음 각 목의 어느 하나에 해당하는 무선국으로서 대한민국의 정부·대표자 또는 국민에게 자국(自國)에서 무선국 개설을 허용하는 국가의 정부·대표자 또는 국민에게 그 국가가 허용하는 무선국과 같은 종류의 무선국
   ⚠ 각목 가, 나, 다 생략
5. <u>국내에서 열리는 국제적 또는 국가적인 행사를 위하여 필요한 경우 그 기간에만 과학기술정보통신부장관이 허용하는 무선국</u>
6. 아마추어국으로서 다음 각 목의 어느 하나에 해당하는 자가 개설하는 무선국 ⚠ 각목 가, 나 생략
7. 대한민국에 들어오거나 대한민국에서 나가는 항공기나 선박에서 전기통신역무를 제공하기 위하여 해당 항공기 또는 선박 안에 개설하는 무선국

13. '항공이동위성업무'란 무엇인가?
① 선박에 설치된 이동지구국이 행하는 이동위성업무이다.
② 항공기에 설치된 이동지구국이 행하는 무선항해위성업무이다.
③ 차량에 설치된 이동지구국이 행하는 이동위성업무이다.
❹ 항공기에 설치된 이동지구국이 행하는 이동위성업무이다.

> 해설

『전파법 시행령』 제28조(업무의 분류), 『전파법 시행령』 제29조(무선국의 분류)

『전파법 시행령』 제28조(업무의 분류),
• 항공이동위성업무 : 우주국과 항공기지구국 간, 우주국을 이용하는 항공기지구국 상호 간 또는 우주국을 이용하는 일정한 고정지점의 지구국과 항공기지구국 간의 우주무선통신업무

『전파법 시행령』 제29조(무선국의 분류)
- 항공기지구국: 항공기에 개설하여 항공이동위성업무를 하는 지구국

14. 항공기국이 항행 중 또는 항행 준비 중에 허가증에 기재된 사항의 범위 외에 운용할 수 있는 경우가 아닌 것은?
① 기상의 조회 또는 시각의 조합을 위하여 행하는 항공국과 항공기국 간의 통신
② 항공기국에서 그 시설자의 업무를 위한 전보를 항공국에 보내기 위하여 행하는 통신
❸ 동일한 시설자에 속하는 항공기국과 이동업무의 무선국 간에 행하는 시급하지 않은 통신
④ 비상통신의 통신체제 확보를 위한 훈련목적의 통신

해설

『전파법』 제25조(무선국의 운용), 『전파법 시행령』 제49조(무선국 운용의 예외)

『전파법』 제25조(무선국의 운용)
② 무선국은 무선국 신고증명서에 적힌 사항의 범위에서 운용하여야 한다. 다만, 다음 각 호의 어느 하나에 해당하는 통신을 하는 경우에는 그러하지 아니하다.
1. 조난통신
2. 긴급통신
3. 안전통신
4. 비상통신
5. 그 밖에 대통령령으로 정하는 통신

『전파법 시행령』 제49조(무선국 운용의 예외)
- 법 제25조제2항제5호에서 "기타 대통령령이 정하는 통신"이란 다음 각 호의 통신을 말한다.
  2. 기상의 조회 또는 시각(時刻)의 조합을 위하여 하는 해안국과 선박국 간, 선박국 상호 간 또는 항공국과 항공기국 간, 항공기 국 상호 간의 통신
  7. 항공기국에서 그 시설자의 업무를 위한 전보를 항공국에 보내기 위하여 하는 통신
  18. 비상통신의 통신체제 확보를 위한 훈련 목적의 통신

15. 항공국의 의무청취 및 지정청취 주파수가 아닌 것은?
① 121.5 MHz
② 2,850 kHz부터 17,970 kHz 까지의 당해 무선국에 지정된 주파수
③ 117,975 MHz부터 137 MHz 까지의 당해 무선국에 지정된 주파수
❹ 243 MHz

해설

『무선국의 운용 등에 관한 규정』 제72조(항공국 및 의무항공기국의 청취의무)
① 항공국과 의무항공기국은 운용의무시간 중에 다음 각 호의 구분에 의하여 청취하여야 한다.
1. 항공국의 청취주파수

구분	전파형식	주파수
의무청취	A3E	121.5 MHz
지정청취	A3E	2850 kHz부터 17970 kHz까지의 주파수에서 당해 무선국에 지정된 주파수 및 117.975 MHz부터 137 MHz 까지의 주파수 중에서 당해 무선국에 지정된 주파수

2. 의무항공기국의 전파형식은 A3E로 하며, 그 주파수는 당해 항공기가 항행하는 관할항공국이 지정한 주파수로 한다.
② 제1항제2호의 규정에 불구하고 의무항공기국은 통신중인 상대 항공기국의 승인이 있는 경우에는 청취를 하지 아니할 수 있다.

16. 다음 중 무선국 정기검사에 관한 설명으로 옳지 않은 것은?
① 5년의 범위 내에서 실시한다.
❷ 비영리 목적의 방송국은 정기검사의 면제가 가능하다.
③ 정기검사는 대조검사와 성능검사로 구분하여 실시한다.
④ 미래창조과학부장관이 무선국별로 기간을 정하여 실시한다.

> 해설

『전파법』 제24조(검사), 제24조의2(검사의 면제 등), 『전파법 시행령』 제45조(검사의 시기·방법 등)

『전파법』 제24조(검사)
④ <u>과학기술정보통신부장관</u>은 다음 각 호의 어느 하나에 해당하는 무선국에 대하여 <u>5년의 범위에서</u> 무선국별로 대통령령으로 정하는 기간마다 정기검사를 실시하여야 한다.
　1. 개설허가를 받은 무선국
　2. 개설신고를 한 무선국

『전파법』 제24조의2(검사의 면제 등)
② <u>과학기술정보통신부장관</u>은 제24조제4항에도 불구하고 정기검사 시기에 <u>외국을 항행 중인 선박 또는 항공기의 무선국</u>, 그 밖에 <u>정기검사를 실시할 필요가 없다고 인정되는 무선국</u>의 경우에는 정기검사 시기를 연기하거나 <u>정기검사를 면제</u> 또는 생략할 수 있다.

『전파법 시행령』 제45조(검사의 시기·방법 등)
・ <u>정기검사</u>, 수시검사 및 법 제24조제8항에 따른 검사는 다음 각 호의 구분에 따라 실시하며, 구체적인 검사항목 등 검사에 필요한 세부사항은 <u>과학기술정보통신부장관</u>이 정하여 고시한다.
　1. <u>성능검사</u>: 안테나공급전력·주파수·불요발사(不要發射)·점유주파수대폭·등가등방복사전력(等價等方輻射電力)·실효복사전력(實效輻射電力)·변조도 등 무선설비의 성능에 대하여 행하는 검사
　2. <u>대조검사</u>: 시설자·무선설비·설치장소 및 무선종사자의 배치 등이 무선국허가·신고사항 등과 일치하는지 여부를 대조·확인하는 검사

17. 다음 중 항공기가 책임항공국으로부터 조난통신에 사용하는 전파를 지시받지 못한 경우에 행할 수 있는 조난통신용 주파수로 적절하지 않은 것은?
① 156.8 MHz　　② 2,182 kHz
③ 500 kHz　　　❹ 145 MHz

> 해설

『무선국의 운용 등에 관한 규정』 제98조
(조난통신의 사용전파 등)
 2015년도 문제이며, 당시 2012년 『무선국의 운용 등에 관한 규정』 제98조 3항에는 <u>500㎑, 2,182㎑, 156.8㎒</u> 3가지 주파수를 사용한다고 명시되어 있었으나, 현재(2020년~) 제98조 3항에는 <u>500㎑가 삭제</u>되고 <u>2,182㎑, 156.8㎒</u> 2가지 주파수만 명시되어 있음.

① <u>조난통신의 송신에 사용하는 전파는 관할항공국으로부터 지시된 전파로 하여야 한다.</u> 다만, 그 전파에 의하는 것이 불가능하거나 부적당할 때에는 그러하지 아니한다. [시행 2020. 9. 22.]
② 조난항공기국은 관할항공국으로부터 지시된 전파로 조난호출 및 조난통보의 송신을 행하여도 응답이 없는 경우에는 다른 적절한 전파로 변경하여 그 호출 및 통보의 송신을 행할 수 있다. 이 경우 가능한 적당한 어구에 의하여 전파변경에 관한 뜻을 표시하여야 한다. [시행 2020. 9. 22.]
③ 항공기국은 조난호출과 조난통보의 송신을 행하는 경우에 제1항의 전파 외에 자국이 <u>2182 kHz 또는 156.8 MHz의 주파수</u>를 갖추고 있는 때에는 그 주파수에 의하여 당해 송신을 행하여야 한다. 다만, 그 주파수에 의하여 송신할 시간적 여유가 없는 때에는 그러하지 아니한다. [시행 2020. 9. 22.] (현행)
③ 항공기국은 조난호출과 조난통보의 송신을 행하는 경우에 제1항의 전파외에 자국이 <u>500㎑, 2,182㎑ 또는 156.8㎒의 주파수</u>를 갖추고 있는 때에는 그 주파수에 의하여 당해 송신을 행하여야 한다. 다만, 그 주파수에 의하여 송신할 시간적 여유가 없는 때에는 그러하지 아니한다. [시행 2012.3.14.] (과거)

18. 국제전파규칙(RR)에 따라 항공기국 검사를 실시한 경우 무선국 검사관은 자신의 검사결과를 누구에게 알려야 하는가?
❶ 항공기의 기장
② 항공기 소유자
③ 항공기 관할 검사기관
④ 항공기의 통신사

> 해설

전파규칙(Radio Regulations) Volume 1
 전파규칙(RR) 관련 기타 문제는 〈기본해설〉 참조

ARTICLE 39: Inspection of stations(무선국의 검사)
39.6
2) Before leaving, the inspector shall report the result of his inspection to <u>the person responsible for the aircraft</u>. If any breach of the conditions imposed by these Regulations is observed, the inspector shall make this report in writing.
2) 검사관은 떠나기 전에 자기의 검사결과를 <u>항공기의 책임자</u>(기장)에게 통고하여야 한다. 만일 이 규칙에 의하여 부과된 조건의 어떠한 위반사항이 적발된 경우에는 검사관은 이를 서면으로 통고하여야 한다.

19. 다음 중 양벌규정에 해당하지 않는 경우는?
① 허가를 받아야 할 무선국을 허가 없이 개설한 경우
② 운용정지 명령을 받은 무선국을 운용한 경우
③ 무선국에 대한 검사, 조사 또는 시험을 거부한 경우
❹ 조난이 없음에도 무선설비에 의하여 조난통신을 말하는 경우

『전파법』 제88조(양벌규정), 제84조(벌칙), 제86조(벌칙)

제88조(양벌규정) 법인의 대표자나 법인 또는 개인의 대리인, 사용인, 그 밖의 종업원이 그 법인 또는 개인의 업무에 관하여 <u>제84조 또는 제86조의 위반행위</u>를 하면 그 행위자를 벌하는 외에 그 법인 또는 개인에게도 해당 조문의 벌금형을 과(科)한다. 다만, 법인 또는 개인이 그 위반행위를 방지하기 위하여 해당 업무에 관하여 상당한 주의와 감독을 게을리 하지 아니한 경우에는 그러하지 아니하다.

제84조(벌칙) 다음 각 호의 어느 하나에 해당하는 자는 3년 이하의 징역 또는 3천만원 이하의 벌금에 처한다.
1. <u>허가를 받지 아니하</u>거나 신고를 하지 아니하고 <u>무선국을 개설</u>하거나 <u>운용한 자</u>
  1의2. 인가를 받지 아니하고 전파차단장치를 제조·수입 또는 판매한 자
2. 승인을 받지 아니하고 위성주파수이용권의 전부 또는 일부를 양도·양수 또는 임대·임차하거나 위성주파수 등의 이용을 중단한 자
3. 승인을 받지 아니하고 우주국 무선설비의 전부나 일부를 양도·양수하거나 임대·임차한 자
4. 허가를 받지 아니하고 같은 항 제2호에 따른 통신설비를 설치하거나 운용한 자
5. 적합성평가를 받지 아니한 기자재를 판매하거나 판매할 목적으로 제조·수입한 자
6. 적합성평가를 받은 기자재를 복제·개조 또는 변조한 자

제86조(벌칙) 다음 각 호의 어느 하나에 해당하는 자는 1년 이하의 <u>징역 또는 1천만원 이하의 벌금</u>에 처한다.
1. <u>검사</u>·측정·<u>조사</u>·<u>시험</u> 또는 현장 출입을 <u>거부</u>하거나 방해<u>한 자</u>
2. 삭제 〈2010. 7. 23.〉
3. 명령을 이행하지 아니한 자
4. 승인을 얻지 아니하고 건조물 또는 인공구조물을 건설한 자
  4의2. 적합성평가를 받지 아니한 기자재를 판매·대여할 목적으로 진열·보관 또는 운송하거나 무선국·방송통신망에 설치한 자
5. 명령을 이행하지 아니한 자
  5의2. 복제 또는 개조·변조한 기자재를 판매·대여하거나 판매·대여할 목적으로 진열·보관 또는 운송하거나 무선국·방송통신망에 설치한 자
  5의3. 무선종사자의 기술자격증을 다른 사람에게 빌려주거나 빌린 사람
  5의4. 무선종사자의 기술자격증을 빌려주거나 빌리는 것을 알선한 사람
6. <u>운용정지 명령을 받은 무선국</u>·무선설비 또는 통신설비를 <u>운용한 자</u>

⚠ ④번 "조난이 없음에도 무선설비에 의하여 조난통신을 발하는 경우"는 『전파법』 제83조(벌칙)에 해당

제83조(벌칙)① 삭제 〈2015. 12. 22.〉
② 선박이나 항공기의 <u>조난이 없음에도 불구하고 무선설비로 조난통신을 한 자는 5년 이하의 징역에 처한다.</u>
③ 무선통신 업무에 종사하는 자가 제2항에 따른 행위를 하면 10년 이하의 징역 또는 1억원 이하의 벌금에 처한다.

20. 다음 중 정당한 사유 없이 계속하여 6개월 이상 무선국의 운용을 휴지한 경우 미래창조과학부장관이 취할 수 있는 조치는?
① 무선종사자 기술자격의 정지
② 무선국의 운용정지
③ 무선국의 운용제한
❹ 무선국 개설허가의 취소

『전파법』 제72조(무선국의 개설허가 취소 등)
⚠ 제72조 세부내용은 〈기본해설〉 참조

② <u>과학기술정보통신부장관 또는 방송통신위원회는</u> 시설자가 <u>다음 각 호의 어느 하나에 해당하는 때에는 무선국 개설허가의 취소</u> 또는 개설 신고한 <u>무선국의 폐지를 명하거나 6개월 이내의 기간을 정하여 무선국의 운용정지, 무선국의 운용허용시간, 주파수 또는 안테나공급전력의 제한을</u> 명할 수 있다.
1. ~ 6.
7. <u>정당한 사유 없이 계속하여 6개월 이상 무선국의 운용을 휴지한 경우</u>

2014년도 제4회 정기검정 전파법규
정답 및 심화해설

정답 모아보기

01	②	05	②	09	①	13	④	17	①
02	④	06	④	10	③	14	②	18	④
03	①	07	①	11	③	15	③	19	④
04	④	08	①	12	①	16	③	20	④

1. 전파법령에서 전파의 주파수 범위에 따른 주파수 대열을 몇 개로 구분하고 있는가?
① 12개   ❷ 9개
③ 6개   ④ 3개

해설

『전파법 시행령』[별표 5] 주파수의 표시(제29조의2 관련)

1. 전파의 주파수는 3,000㎑ 이하의 것은 ㎑, 3,000㎑ 초과 3,000㎒ 이하의 것은 ㎒, 3,000㎒ 초과 3,000㎓ 이하의 것은 ㎓로 표시한다. 다만, 주파수 사용상 특히 필요가 있는 경우에는 이 표시방법에 의하지 아니할 수 있다.
2. **전파의 주파수대열**은 그 주파수의 범위에 따라 다음 표와 같이 **아홉 개의 주파수대로 구분**한다.

주파수대의 주파수 범위	주파수대 번호	주파수대 약칭	미터법에 따른 구분
3㎑ 초과 30㎑ 이하	4	VLF	밀리아미터파
30㎑ 초과 300㎑ 이하	5	LF	킬로미터파
300㎑ 초과 3,000㎑ 이하	6	**MF**	**헥터미터파**
3㎒ 초과 30㎒ 이하	7	HF	데카미터파
30㎒ 초과 300㎒ 이하	8	VHF	미터파
300㎒ 초과 3,000㎒ 이하	9	UHF	데시미터파
3㎓ 초과 30㎓ 이하	10	SHF	센티미터파
30㎓ 초과 300㎓ 이하	11	EHF	밀리미터파
300㎓ 초과 3,000㎓ 이하 (또는 3㎔ 이하)	12		데시밀리미터파

2. 다음 중 전파규칙(RR)에서 정의한 '전파'의 주파수 범위는?
① 300[MHz] 이하의 전자파
② 300[GHz] 이하의 전자파
③ 3000[MHz] 이하의 전자파
❹ 3000[GHz] 이하의 전자파

해설

전파규칙(Radio Regulations) Volume 1
⚠ 전파규칙(RR) 관련 기타 문제는 〈기본해설〉 참조

Section I - General terms(일반용어)
1.5 **radio waves** or **hertzian waves** : Electromagnetic waves of frequencies arbitrarily **lower than 3000 GHz**, propagated in space without artificial guide.
전파(電波) 또는 헤르츠파 : 인공적인 유도 장치 없이 공간을 전파(傳播)하는 임의의 **3000 GHz 이하 주파수의 전자파**

3. 조난통신을 행하는 경우를 제외하고 항공국 및 항공기국이 긴급신호를 수신할 때에는 최소한 몇 분 이상 계속하여 수신하여야 하는가?
❶ 3분   ② 5분
③ 10분   ④ 20분

해설

『무선국의 운용 등에 관한 규정』제28조(긴급통신의 취급)
⚠ 규정에는 '해안국 및 선박국'의 '긴급통신의 취급'을 명시하고 있고, '항공국 및 항공기국'의 '긴급통신의 취급'은 명시하지 않고 있음. 2014년도 문제 출제 당시 긴급신호 수신은 최소 '3분'이었으나, 현재는 '5분'으로 변경되었음. → 이와 관련된 '항공국 및 항공기국' 관련사항은 찾지 못하였음.

제28조(긴급통신의 취급) [시행 2013. 10. 23.]
해안국 및 선박국은 긴급신호를 수신한 때에는 조난통신을 행하는 경우 외에는 **최소한 3분 이상** 계속하여 이를 수신하여야 한다.

제28조(긴급통신의 취급) [시행 2020. 9. 22.] ~ 현재(2022)
① 해안국 및 선박국은 긴급신호를 수신한 때에는 조난통신을 행하는 경우 외에는 **최소한 5분 이상** 계속하여 이를 수신

하여야 한다. 이 경우 긴급통신을 행하지 아니하거나 긴급통신이 종료된 것을 확인한 후가 아니면 다시 통신을 계속하여서는 아니 된다.

4. 다음 중 위성항법시스템(GNSS)과 관련이 없는 것은?
① GLONASS ② GPS
③ GBAS ❹ GMDSS

해설

『항공약어 및 부호 사용에 관한 기준』 [별표 1] 항공약어
- GNSS : Global navigation satellite system 위성항법시설
- GLONASS : Global orbiting navigation satellite system("GLO-NAS"로 발음)
  전지구위성측지시스템(러시아)
- GPS : Global positioning system 위성항행시스템
- GBAS : Ground-based augmentation system ("GEE-BAS"로 발음) 위성항법시설(지상기반지역보강시스템)

⚠ GMDSS(Global Maritime Distress and Safety System, 해상조난안전시스템)는 GNSS와 관련 없음.

5. 무선종사자가 전파법 또는 전파법에 의한 명령이나 처분에 위반한 때에 업무 종사의 정지를 명할 수 있는 기간으로 옳은 것은?
① 3개월 이상 1년 이하
❷ 6개월 이상 2년 이하
③ 9개월 이상 2년 이하
④ 1년 이상 2년 이하

해설

폐지된(1992년) 법령 『전파법관리법』 제69조(무선종사자의 기술자격의 취소등) 문제

⚠ 『전파법관리법』은 1992년 『전파법』으로 변경됨.
제69조와 일치하는 현행 조항은 찾을 수 없음.

① 체신부장관은 무선종사자가 다음 각호의 1에 해당하는 경우에는 체신부령이 정하는 바에 따라 기술자격을 취소하거나 **6월 이상 2년 이내의 기간을 정하여 업무종사의 정지를 명할 수 있다.**
  1. 이 법 또는 이 법에 의한 **명령이나 처분에 위반한 때**

6. 다음 중 정기검사를 면제 또는 생략 할 수 있는 무선국이 아닌 것은?
① 적합성 평가를 받은 무선기기를 사용하는 아마추어국
② 국가안보 또는 대통령 경호를위하여 개설하는 무선국
③ 공해 또는 극지역에 개설한 무선국
❹ 의무항공기국

해설

『전파법 시행령』제47조(정기검사의 면제 또는 생략), 『전파법』제24조의2(검사의 면제 등), 『전파법 시행령』제45조의2(준공검사의 면제 등)

『전파법 시행령』제47조(정기검사의 면제 또는 생략),
법 제24조의2제1항제2항에 따라 **정기검사를 면제 또는 생략할 수 있는 무선국**은 다음 각 호와 같다.
1. 법 제24조의2제1항제5호에 따른 무선국
2. **제45조의2제1항제2호부터 제6호까지** 및 같은 조 제2항에 따른 무선국

『전파법』제24조의2(검사의 면제 등)
① 제24조제1항에도 불구하고 다음 각 호의 어느 하나에 해당하는 무선국의 경우에는 준공검사를 면제 또는 생략할 수 있다.
  1. 어선에 설치하는 무선국, 소규모의 무선국 및 아마추어국으로서 대통령령으로 정하는 무선국
  2. 제22조제1항에 따라 재허가를 받은 무선국
  3. 무선설비의 설치공사가 필요 없거나 간단한 무선국으로서 대통령령으로 정하는 무선국
  4. 외국에서 취득한 후 국내의 목적지에 도착하지 못한 선박 또는 항공기의 무선국
  5. 제20조제2항제7호의 무선국 중 시설자가 외국인인 무선국 무선국

『전파법 시행령』제45조의2(준공검사의 면제 등)
① "대통령령으로 정하는 무선국"이란 다음 각 호의 무선국을 말한다.
  2. **아마추어국**으로서 다음 각 목의 어느 하나에 해당하는 무선국
    가. **적합성평가를 받은 무선기기를 사용하는 무선국**
    나. 외국에서 아마추어무선기사 자격을 취득하고 과학기술정보통신부장관이 지정하는 단체의 추천을 받은 자가 1개월 이내의 국내 체류기간 동안 개설·운용하는 무선국
  3. **국가안보 또는 대통령 경호를 위하여 개설하는 무선국**
  4. 정부 또는 기간통신사업자가 비상통신을 위하여 개설한 무선국으로서 상시 운용하지 않는 무선국

5. 공해 또는 극지역에 개설한 무선국
6. 외국에서 운용할 목적으로 개설한 육상이동지구국

7. 다음 중 수신설비가 충족하여야 할 조건으로 옳지 않은 것은?
   ❶ 선택도가 적을 것
   ② 감도는 낮은 신호입력에서도 양호할 것
   ③ 내부잡음이 적을 것
   ④ 수신주파수는 운용범위 이내일 것

해설

『무선설비규칙』제12조(수신설비)

② 수신설비는 다음 각 호의 요건을 모두 갖추어야 한다
1. 수신주파수는 운용범위 이내일 것
2. **선택도가 클 것**
3. 내부잡음이 적을 것
4. 감도는 낮은 신호입력에서도 양호할 것

8. 항공기의 무선전화에 의한 조난호출 송신순서로 옳은 것은?
   ❶ 조난 – 여기는 – 조난항공기국의 호출명칭 – 사용전파의 주파수
   ② 조난 – 여기는 – 조난항공기국의 호출명칭 – 조난장소 및 위치
   ③ 여기는 – 조난항공기국의 호출명칭 – 조난 – 사용전파의 주파수
   ④ 여기는 – 조난항공기국의 호출명칭 – 조난 – 조난장소 및 위치

해설

『무선국의 운용 등에 관한 규정』제99조(무선전화에 의한 조난호출)

- 무선전화에 의한 조난호출은 다음 각 호의 사항을 순서대로 송신하여야 한다.
  1. "**조난**" 또는 "MAYDAY" 3회
  2. "**여기는**" 또는 "THIS IS" 1회
  3. **조난항공기국의** 호출부호 또는 **호출명칭** 3회
  4. **주파수**(국내 항공에 종사하는 항공기국에서는 필요하다고 인정한 경우에 한한다) 1회

9. 항공이동업무에서 취급되는 통보의 구성을 바르게 나타낸 것은?
   ❶ 호출(발신국이 표시되는 것) – 본문
   ② 호출(발신국이 표시되는 것) – "FOR" – 본문
   ③ 호출(발신국이 표시되는 것) – 수신인 명칭 – 본문
   ④ 호출(발신국이 표시되는 것) – 착신국 명칭 – 본문

해설

『무선국의 운용 등에 관한 규정』제82조(통보의 구성)

① 항공이동업무에서 취급되는 통보는 다음 각 호에 정한 순서대로 구성하여야 한다.
  1. **호출(발신국이 표시되는 것)**
  2. **본문**
② 항공기국이 발신하는 무선전화에 의한 통보로서 항공고정업무에 의한 전송을 필요로 하는 것은 다음 각 호에 정한 순서로 구성되어야 한다. 다만, 당해 통보의 송달에 대하여 미리 협정이 있는 것의 구성은 제1항에 따른다.
  1. 호출(발신국이 표시되는 것)
  2. "FOR"(구문인 경우에 한한다)
  3. 수신인 명칭
  4. 착신국 명칭
  5. 본문
③ 항공국은 항공고정업무를 경유하여 전송된 통보로서 무선전화에 의하여 항공기국에 송신하는 것에 대하여는 당해 통보를 다음 각 호에 정한 순서대로 구성하여야 한다.
  1. 본문
  2. "FROM"(구문인 경우에 한한다)
  3. 발신인의 명칭과 소재지명

10. 다음 중 항공무선통신사의 종사범위가 아닌 것은?
   ① 항공기를 위한 무선항행국의 무선설비의 통신운용 (무선전신 제외)
   ② 레이더의 외부조정의 기술운용
   ❸ 항공기를 위한 무선항행국 설비 중 공급 전력 500[W] 이상의 기술운용
   ④ 항공기에 시설하는 무선설비의 외부조정의 기술운용 (무선전신 및 다중무선설비 제외)

해설

『전파법 시행령』제115조(무선종사자의 자격) [별표 17]의 4. 항공무선통신사 종사범위

가. 다음에서 정한 무선설비의 통신운용(무선전신 제외)
  1) 항공기국, 항공국 및 항공기를 위한 무선항행업무를 하는 무선국의 무선설비

2) 그 밖에 항공운항 및 항공업무 관련 무선국의 안테나 공급 전력이 **50와트 이하의** 무선설비
나. 다음에서 정한 무선설비의 외부조정의 기술운용(무선전신 및 다중무선설비 제외)
  1) 항공기에 개설하는 무선설비
  2) 항공국과 항공기를 위한 무선항행업무를 하는 무선국의 안테나공급전력이 **250와트 이하의** 무선설비
  3) 레이다
  4) 그 밖에 항공운항 및 항공업무 관련 무선국의 안테나 공급 전력이 **50와트 이하의** 무선설비
다. 제3급 아마추어무선기사(전화급)의 종사범위에 속하는 운용

11. 국제전기통신연합(ITU)의 법률문서간에 불일치가 있는 경우 가장 우선하는 것은?
① 국제전기통신협약
② 국제전기통신규칙
❸ 국제전기통신연합헌장
④ 전파규칙

해설

국제전기통신연합(ITU) 헌장, 제4조(ARTICLE 4) 32 4

〈국제전기통신연합(ITU) 헌장, Constitution of the International Telecommunication Union(ITU)〉
  32 4 In the case of inconsistency between a provision of this Constitution and a provision of the Convention or of the Administrative Regulations, **the Constitution shall prevail**. In the case of inconsistency between a provision of the Convention and a provision of the Administrative Regulations, the Convention shall prevail.
  32 4 헌장(Constitution)과 협약(Convention) 또는 행정규칙(Administrative Regulations)의 규정 간에 불일치가 있는 경우 **이 헌장((Constitution)이 우선하며**, 협약(Convention)과 행정규칙(Administrative Regulations)의 규정 간에 불일치가 있는 경우 이 협약(Convention)이 우선한다.

12. 무선국의 개설허가를 받거나 개설신고를 하고 무선국을 개설한 자를 무엇이라 하는가?
❶ 시설자
② 무선국장
③ 이용자
④ 무선종사자

해설

『전파법』제2조(정의)
⚠ 전체 용어 정의는 〈기본해설〉 참조

"**시설자**"란 과학기술정보통신부장관으로부터 **무선국의 개설허가를 받거나** 과학기술정보통신부장관에게 **개설신고를 하고 무선국을 개설한 자**를 말한다.

13. 다음 중 미래창조과학부장관이 전파자원을 확보하기 위하여 수립 시행하는 시책으로 옳지 않은 것은?
① 새로운 주파수의 이용기술 개발
② 이용 중인 주파수의 이용효율 향상
③ 주파수의 국제등록
❹ 실험용 주파수 사용기간 연장

해설

『전파법』제5조(전파자원의 확보)
- 과학기술정보통신부장관은 전파자원을 확보하기 위하여 다음 각 호의 시책을 마련하고 시행하여야 하며, 그 시행에 필요한 지원방안을 마련하여야 한다.
  1. **새로운 주파수의 이용기술 개발**
  2. **이용 중인 주파수의 이용효율 향상**
    2의2. 주파수 공동사용기술 개발
  3. **주파수의 국제등록**
  4. 국가간 전파의 혼신(混信)을 없애고 방지하기 위한 협의·조정

14. 항공기에 대하여 그 착륙강하 직전 또는 착륙강하 중에 수평과 수직의 유도를 주고 정점에서 착륙기준점까지의 거리를 표시하는 무선항행방식을 무엇이라 하는가?
① VOR
❷ ILS
③ 로컬라이저
④ 마아커비콘

해설

『항공업무용 무선설비의 기술기준』 제3조(정의)

1. "로칼라이저"라 함은 항공기가 활주로에 착륙시 활주로에 중심선정보를 항공기에 제공하는 무선설비를 말한다.
2. "글라이드패스"라 함은 항공기가 활주로에 착륙시 활주로 진입각도 정보를 항공기에 제공하는 무선설비를 말한다.
3. "마아커비콘"이라 함은 항공기가 활주로에 착륙을 하고자 할 때 활주로로부터 떨어진 거리정보를 항공기에 제공하는 무선설비를 말한다.
5. "계기착륙시설(ILS)"이라 함은 **항공기에 대하여 그 착륙강하 직전 또는 착륙강하 중에 수평과 수직의 유도를 주고, 정점에서 착륙 기준점까지의 거리를 표시 하는 무선항행방식**을 말한다.
6. "전방향표지시설(VOR)"이라 함은 108 ㎒ 내지 118 ㎒의 주파수의 전파를 전방향에 발사하는 회전식 무선표지업무를 행하는 설비를 말한다.

15. 다음 중 무선국의 개설허가 시 고시하여야 할 무선국이 아닌 것은?
① 해안국
② 항공국
❸ 항공기국
④ 표준주파수국

해설

『전파법 시행령』제34조(고시대상무선국)

- 법 제21조제5항에 따라 **무선국의 개설허가를 한 경우에 고시하여야 할 무선국**은 다음 각 호와 같다. 다만, 제2호부터 제4호까지에 해당하는 무선국 중 국방 또는 치안에 사용되는 무선국의 경우에는 그러하지 아니하다.
  1. 방송국
  2. **해안국**
  3. **항공국**
  4. 육상에 개설하는 무선측위국
  5. **표준주파수 및 시보국**

16. 의무항공기국의 허가유효기간은?
① 10년　② 5년　❸ 무기한　④ 3년

해설

『전파법』 제22조(주파수 사용승인 및 무선국 개설허가의 유효기간)

① 주파수 사용승인의 유효기간은 10년 이내의 범위에서, 무선국 개설허가의 유효기간은 7년 이내의 범위에서 대통령령으로 각각 정하며, 그 기간이 끝나면 재승인이나 재허가를 할 수 있다.
② 제1항에도 불구하고 선박에 의무적으로 개설하여야 하는 무선국(이하 "의무선박국"이라 한다)이나 「항공안전법」에 따라 항공기 또는 경량항공기에 의무적으로 개설하여야 하는 무선국(이하 "의무항공기국"이라 한다)의 개설허가 유효기간은 무기한으로 한다.

17. 다음 항공이동업무 통신 중 우선순위가 가장 하위인 것은?
❶ 기상통보에 관한 통신
② 조난통신
③ 무선방향탐지에 관한 통신
④ 긴급통신

해설

『무선국의 운용 등에 관한 규정』 제81조
(통보의 종별과 우선순위)

- 항공이동업무에 있어서 통신의 우선순위
  1. 조난통신
  2. 긴급통신
  3. 무선방향탐지와 관련된 통신
  4. 비행안전 메시지
  5. **기상 메시지**
  6. 비행규칙 메시지
  7. 국제연합(UN)헌장의 적용관련 메시지
  8. 우선권이 특별히 요구되는 정부 메시지
  9. 전기통신업무의 운용 등 업무용 통신
  10. 제1호부터 제9호까지 정한 통신 외의 통신

18. 다음 중 행정처분을 하기 위해 청문을 실시하여야 하는 경우로 옳지 않은 것은?
① 무선국 개설허가의 취소
② 적합성평가의 취소
③ 주파수회수 또는 주파수재배치
❹ 개설신고한 무선국의 운용휴지

해설

『전파법』제77조(청문)

- 과학기술정보통신부장관 또는 방송통신위원회는 다음 각 호의 어느 하나에 해당하는 <u>처분을 하려면 청문을 하여야 한다.</u>
  1. <u>주파수회수 또는 주파수재배치</u>
  2. 주파수이용권의 양수 또는 임차에 대한 승인 취소
  3. 주파수할당의 취소
  4. 위성주파수이용권의 양도 또는 임대 등에 대한 승인 취소
  5. 우주국 무선설비의 양도 또는 임대에 대한 승인 취소
  6. <u>적합성평가의 취소</u>
  7. 지정시험기관의 업무정지 명령 또는 지정 취소
  8. <u>무선국 개설허가의 취소</u> 또는 개설신고한 무선국의 폐지, 무선국 운용정지 또는 무선국의 운용허용시간·주파수·안테나공급전력의 제한 명령
  9. 기술자격의 취소 또는 업무종사의 정지 명령

19. 다음 중 항공기용 비상위치지시용 무선표지설비의 기술기준에 적합하지 않은 것은?
① 소형, 경량으로 1인이 휴대하기 용이할 것
② 방수가 되어 있고, 해면에 떠야 하며 옆으로 넘어질 경우 다시 원상태로 회복되어야 할 것
③ 해면에 떠있는 경우 쉽에 발견될 수 있도록 유니트는 눈에 잘 띄는 색으로 할 것
❹ 취급에 있어서 특별한 지식이나 기능을 가지지 않은 사람은 조작할 수 없을 것

해설

『항공업무용 무선설비의 기술기준』제10조
(비상위치지시용 무선표지설비)

1. 공통조건
   가. <u>소형, 경량으로 1인이 휴대하기</u> 쉽고 취급 및 조작이 용이할 것
   나. <u>방수되는 것으로 해면에서 부력 및 복원력을 유지해야 하고 식별이 용이한 색상</u>이어야 하며 <u>구명부기에 부착할 수 있는 등 해면에서 사용이 적합할 것</u>
   다. 전원은 독립된 전지를 사용하고 전지의 유효기간을 명시할 것
   라. 전원의 개폐방법 및 주의사항 등 기기의 취급방법을 식별이 용이한 곳에 표시해야 하고 해수 등에 훼손되지 않도록 적합한 재질을 사용할 것
   마. 통상 발생되는 온도의 변화, 진동 및 충격이 있을 경우에도 정상 동작 할 것

20. 다음 중 전파형식 'A3E'에 대한 설명으로 틀린 것은?
① 주반송파의 변조형식이 진폭변조이고 양측파대이다.
② 주반송파를 변조시키는 신호의 특성이 아날로그정보를 포함하는 단일채널이다.
③ 송신할 정보가 전화이다.
❹ 4조건 부호로서 각각의 조건이 신호소자를 표시 한 것이다.

해설

- 진폭변조 : Amplitude Modulation
- 주파수변조 : Frequency Modulation

『전파법 시행령』[별표4] 전파형식 표시

⚠ 세부사항은 〈기본해설〉참조

A-진폭변조 양측파대	F-주파수변조
3-아날로그 정보 단일 채널	3-아날로그 정보 단일 채널
E-무선전화(음성방송 포함)	E-무선전화(음성방송 포함)
P-무변조 연속펄스	G-위상변조
3-아날로그 정보 단일 채널	3-아날로그 정보 단일 채널
E-무선전화(음성방송 포함)	E-무선전화(음성방송 포함)

- A3E : 진폭변조 양측파대 무선전화
- F3E : 주파수변조 무선전화
- P3E : 무변조 연속펄스 변조 무선전화
- G3E : 위상변조 무선전화

2014년도 제1회 정기검정 전파법규
정답 및 심화해설

정답 모아보기

01	②	05	④	09	②	13	②	17	④
02	③	06	②	10	①	14	①	18	③
03	①	07	④	11	③	15	①	19	②
04	②	08	②	12	③	16	③	20	②

1. 다음은 ICAO의 항공이동업무에 관한 사항이다. 괄호 안에 들어갈 알맞은 것은?

> 항공이동업무에서 단일채널단신은 전적으로 항공이동업무에 단독으로 분배된 대역에서 (　　) 이하의 무선주파수를 사용하는 무선전화통신에 사용되어야 한다.

① 20[MHz]　　 30[MHz]
③ 40[MHz]]　　④ 50[MHz]

해설

ICAO Annex 10: Aeronautical Telecommunications, Volume V – Aeronautical Radio Frequency Spectrum Utilization, CHAPTER 3. <u>UTILIZATION OF FREQUENCIES BELOW 30 MHz</u>

3.1.1 In the aeronautical mobile service, single channel simplex shall be used in radiotelephone communications utilizing radio frequencies <u>below 30 MHz</u> in the bands allocated exclusively to the aeronautical mobile (R) service.

2. 전파형식의 등급표시에 있어 기본 특성의 셋째 기호(송신할 정보형태) 중 '전화'를 나타내는 문자는?
① A　　② C　　 E　　④ F

해설

『전파법 시행령』[별표4] 전파형식 표시
⚠ 세부사항은 〈기본해설〉 참조

A-양측파대　　　　　F-주파수변조
3-아날로그 정보 단일 채널　3-아날로그 정보 단일 채널
<u>E-무선전화(음성방송 포함)</u>　E-무선전화(음성방송 포함)

P-무변조 연속펄스　　G-위상변조
3-아날로그 정보 단일 채널　3-아날로그 정보 단일 채널
E-무선전화(음성방송 포함)　E-무선전화(음성방송 포함)

• A3E : 양측파대 진폭변조 무선전화
• F3E : 주파수변조 무선전화
• P3E : 무변조 연속펄스 변조 무선전화
• G3E : 위상변조 무선전화

3. 시설자가 미래창조과학부장관에게 신고하고 무선국의 운용을 휴지할 수 있는 기간은?
❶ 1개월이상 1년이내
② 2개월이상 1년이내
③ 3개월이상 1년이내
④ 6개월이상 1년이내

해설

『전파법 시행령』제51조(폐지·운용휴지 등)

① 법 제25조의2제1항에 따라 **무선국의 폐지·휴지 또는 무선국의 재운용**을 신고하려는 자는 그 사유를 첨부하여 과학기술정보통신부장관 또는 방송통신위원회에 <u>신고하여야 한다.</u>
② 제1항에 따른 <u>무선국의 휴지기간은 1개월 이상 1년 이내의 기간으로 한다.</u>

4. 다음 중 항공이동업무의 무선국을 위한 조난 및 긴급통신을 목적으로 이용하는 무선전화용 주파수는?
   ① 156.8[MHz]
   ❷ 121.5[MHz]
   ③ 243[MHz]
   ④ 500[KHz]

해설

『무선국 운용 등에 관한 규정』 제88조(121.5 MHz의 주파수 사용)

121.5 MHz의 주파수의 사용은 다음 각 호의 어느 하나인 경우에 한정한다.
1. **급박한 위험상태에 있는 항공기국과 지상의 항공국 간에 통신을 행하는 경우**로서 통상 사용하는 전파가 명확하지 아니하거나 다른 항공기국간에 사용하고 있는 경우
2. 수색과 구조작업에 종사하는 항공기국 상호간 또는 항공기국이 지상의 항공국 또는 해상의 선박국과의 통신을 행하는 경우
3. 121.5 MHz외의 **주파수를 사용할 수 없는 항공기국과 항공국간에 통신을 행하는 경우**
4. 제1호 및 제2호에 준하는 경우로서 **긴급을 요하는 통신을 행하는 경우**

5. 항공국이 운용을 종료하고자 할 때의 제한사항으로 옳지 않은 것은?
   ① 통신이 가능한 범위 안에 있는 모든 항공기국에 대하여 그 뜻을 통지하여야 한다.
   ② 정시외의 시각에 다시 운용을 종료하고자 하는 때에는 그 예정시각도 통지하여야 한다.
   ③ 항공국이 운용종료 통지결과 항공기국으로부터 운용시간 연장을 요구할 경우에는 그 요구된 시간까지 운용하여야 한다.
   ❹ 통신을 행하였던 항공기국에 대해서만 그 뜻을 통지하여야 한다.

해설

『무선국의 운용 등에 관한 규정』 제66조(무선국 운용종료의 제한)

① 항공국이 운용을 종료하고자 하는 때에는 **통신이 가능한 범위 안에 있는 모든 항공기국에 그 뜻을 통지하여야 한다.** 이 경우 **정시 외의 시각에 다시 운용을 종료하고자 하는 때에는 그 예정시각도 통지하여야 한다.**
② 제1항의 **항공국은 같은 항의 통지결과 항공기국으로부터 운용시간 연장을 요구할 경우에는 그 요구된 시간까지 운용하여야 한다.**

6. 의무항공기국의 무선설비 성능유지를 확인하야 하는 주기로 옳은 것은?
   ① 500시간 사용할 때마다 1회 이상 확인
   ❷ 1,000시간 사용할 때마다 1회 이상 확인
   ③ 1,500시간 사용할 때마다 1회 이상 확인
   ④ 2,000시간 사용할 때마다 1회 이상 확인

해설

폐지된 『전파법 시행규칙』제34조 (의무항공기국의 무선설비의 기능시험) [2000.5.22.]

⚠ 2014년도 문제이며, 현행 시행규칙([시행 2022. 1. 4.])에는 제34조가 존재하지 않음.

제34조 (의무항공기국의 무선설비의 기능시험)
⚠ 삭제되어 현재 존재하지 않는 조항임.
① 의무항공기국의 무선설비는 그 항공기의 비행전에 그 설비가 완전히 동작할 수 있는 상태인 것을 **확인하여야 한다.**
② **의무항공기국의 무선설비는 1,000시간을 사용할 때마다 1회 이상** 그 송신장치의 출력과 변조도, 수신장치의 감도와 선택도에 비하여 무선설비규칙에 정한 성능의 유지여부를 시험하여야 한다.

7. 다음은 항공무선통신사가 행할 수 있는 무선설비 외부조정의 기술운용 범위를 나타낸 말이다. 괄호 안에 들어갈 적당한 말은?

항공국과 항공기를 위한 무선항행국의 공급전력 (   ) 이하 무선설비

① 50와트   ② 100와트
③ 200와트   ❹ 250와트

해설

『전파법 시행령』 제115조(무선종사자의 자격) [별표 17]의 4. <u>항공무선통신사 종사범위</u>

가. 다음에서 정한 무선설비의 통신운용(무선전신 제외)
 1) 항공기국, 항공국 및 항공기를 위한 무선항행업무를 하는 무선국의 무선설비
 2) 그 밖에 항공운항 및 항공업무 관련 무선국의 안테나 공급 전력이 50와트 이하의 무선설비
나. <u>다음에서 정한 무선설비의 외부조정의 기술운용</u>(무선전신 및 다중무선설비 제외)
 1) 항공기에 개설하는 무선설비
 2) **항공국과 항공기를 위한 무선항행업무를 하는 무선국의 안테나공급전력이 <u>250와트</u> 이하의 무선설비**
 3) 레이다

4) 그 밖에 항공운항 및 항공업무 관련 무선국의 안테나 공급 전력이 50와트 이하의 무선설비
다. 제3급 아마추어무선기사(전화급)의 종사범위에 속하는 운용

- 항공국: 항공기국과 통신을 하기 위하여 <u>육상의 일정한 고정지점에 개설하는 무선국</u>. 다만, 선박상 또는 지구위성상에 개설하는 경우에는 이동하는 무선국을 포함한다.

8. 항공기국 무선설비의 일반조건을 설명한 것 중 옳지 않은 것은?
① 작고 가벼우며, 취급이 용이할 것
❷ 무선실비 동작안전을 위하여 온도 및 습도에 예민하게 반응할 것
③ 수신설비는 가능한 한 항공기의 전기적 잡음에 의한 방해를 받지 아니할 것
④ 공중선계는 풍압과 빙결에 견딜 것

해설

『항공업무용 무선설비의 기술기준』 제4조(항공기국 무선설비의 일반조건)

- 항공기국의 무선설비는 다음 각 호의 조건에 적합해야 한다.
  1. <u>작고 가벼우며 취급이 용이할 것</u>
  2. 항공기의 통상적인 운항상태에서 온도, 고도 등의 환경변화에 의해 기능이 저하되지 않고 정상적으로 동작할 것
  3. <u>수신설비는 항공기의 전기적 잡음에 의한 방해가 발생하여도 정상 동작할 것</u>
  4. 안테나계는 <u>풍압과 빙결에 견딜 것</u>
  5. 화재 발생 위험이 적을 것
  6. 전원설비는 항행안전을 위해 필요한 무선설비를 30분 이상 연속 동작시킬 수 있는 성능을 가진 축전지를 비치해야 하고 축전지는 항행 중 충전이 가능할 것
  7. 전원개폐기, 주파수전환기, 음향조정기 등의 제어기는 착석하여 조작할 수 있도록 명칭 또는 기능을 표시해야 하고 식별을 위한 조명장치를 갖출 것

9. 항공기국과 통신하기 위하여 육상에 개설하고 이동하지 않는 무선국은?
① 항공고정국
❷ 항공국
③ 기지국
④ 해안국

해설

『전파법 시행령』 제29조(무선국의 분류)
⚠ 다른 무선국의 분류는 〈기본해설〉 참조

10. 다음 중 전파법에서 규정한 용어의 설명으로 옳지 않은 것은?
❶ '무선국'은 무선통신을 위하여 허가 받은 무선기기를 말한다.
② '송신설비'는 전파를 보내는 설비로서 송신장치와 송신공중선계로 구성되는 설비를 말한다.
③ '수신설비'는 전파를 받는 설비로서 수신장치와 수신공중선계로 구성되는 설비를 말한다.
④ '무선설비'는 전파를 보내거나 받는 전기적 시설을 말한다.

해설

『전파법』 제2조(정의), 『전파법 시행령』 제2조(정의)
⚠ 전체 용어 정의는 〈기본해설〉 참조

『전파법』 제2조(정의)
5. "무선설비"란 전파를 보내거나 받는 전기적 시설을 말한다.
6. "무선국(無線局)"이란 <u>무선설비와 무선설비를 조작하는 자의 총체를 말한다.</u> 다만, 방송수신만을 목적으로 하는 것은 제외한다.

『전파법 시행령 제2조(정의)
2. "송신설비"란 전파를 보내는 설비로서 송신장치와 송신안테나계로 구성되는 설비를 말한다.
3. "수신설비"란 전파를 받는 설비로서 수신장치와 수신안테나계로 구성되는 설비를 말한다.

11. 다음 중 무선설비의 효율적 이용을 위하여 미래창조과학부장관의 승인을 얻어 위탁운용 또는 공동사용할 수 있는 무선설비가 아닌 것은?
① 무선국의 공중선주
② 송신설비
❸ 무선국의 성능측정 설비
④ 수신설비

해설

『전파법 시행령』 제69조(무선설비의 위탁운용 및 공동사용)
⚠ 2014년도 문제이며, 당시[시행 2012. 11. 23.] '<u>무선국의 공중선주</u>' 용어는 현재[시행 2022. 2. 28.] '<u>무선국의 안테나설치대</u>'로 변경되었음.

제69조(무선설비의 위탁운용 및 공동사용)
① 법 제48조제1항에 따라 위탁운용 또는 공동사용할 수 있는 무선설비는 다음 각 호와 같다.
  1. **무선국의 공중선주**
  2. **송신설비** 및 **수신설비**
  3. 시설자가 동일한 무선국의 무선설비
  4. 방송통신위원회가 정하는 아마추어국의 무선설비
  5. 그 밖에 공공의 안전을 위한 무선국으로서 방송통신위원회가 특히 필요하다고 인정하여 고시하는 무선설비

12. 의무항공기국이 운용의무시간 중에 청취하여야 할 전파형식은?
  ① J3E   ② F3E   ❸ A3E   ④ E3E

해설

『무선국의 운용 등에 관한 규정』 제72조(항공국 및 의무항공기국의 청취의무)

① 항공국과 의무항공기국은 운용의무시간 중에 다음 각 호의 구분에 의하여 청취하여야 한다.
  1. 항공국의 청취주파수

구분	전파형식	주파수
의무청취	A3E	121.5 MHz
지정청취	A3E	2850 kHz부터 17970 kHz까지의 주파수에서 당해 무선국에 지정된 주파수 및 117.975 MHz부터 137 MHz 까지의 주파수 중에서 당해 무선국에 지정된 주파수

  2. 의무항공기국의 전파형식은 A3E로 하며, 그 주파수는 당해 항공기가 항행하는 관할항공국이 지정한 주파수로 한다.
② 제1항제2호의 규정에 불구하고 의무항공기국은 통신중인 상대 항공기국의 승인이 있는 경우에는 청취를 하지 아니할 수 있다.

13. 선박, 항공기 또는 기타 이동체의안전, 선상 또는 시계 내에 있는 인명의 안전에 관련되 긴급 전문의 우선순위 약어는?
  ① SS   ❷ DD
  ③ FF   ④ GG

해설

『항공통신업무 운영 규정』[별표] 항공통신업무 운영기준 및 절차 ⚠ 전체는 〈기본해설〉 참조

  2.3.1.1 항공고정통신망 취급 전문의 종류
    2.3.1.1.1 조난전문(우선순위 SS)은 ~
    2.3.1.1.2 **긴급전문(우선순위 DD)은** 선박, 항공기 또는 기타 이동체, 선상 또는 시계안에 있는 인명의 안전에 관련된 전문들로 구성되어야 한다.
    2.3.1.1.3 비행안전전문(우선순위 FF)은 ~
    2.3.1.1.4 기상전문(우선순위 GG)은 ~
    2.3.1.1.5 비행규칙전문(우선순위 GG)은 ~
    2.3.1.1.6 항공정보업무(AIS) 전문(우선순위 GG)은 ~
    2.3.1.1.7 항공행정전문(우선순위 KK)은 ~
    2.3.1.1.9 서비스전문(적절한 우선순위)은 ~

14. 항공기국이 항공국에 무선전화에 의한 시험통신을 행하고 이에 항공국이 시험통신에 응하는 경우 올바른 송신 순서는?
  ❶ 상대항공기국의 호출명칭-여기는-자국의호출명칭-명료도-이상
  ② 상대항공기국의 호출명칭-여기는-자국의호출명칭-이상-명료도
  ③ 자국의호출명칭-여기는-상대항공기국의 호출명칭-이상-명료도
  ④ 자국의호출명칭-여기는-상대항공기국의 호출명칭-명료도-이상

해설

『무선국 운영등에 관한 규정』 제89조(무선전화에 의한 시험통신)

① 항공기국이 항공국과 무선전화에 의한 시험통신을 행하는 경우에는 다음 각 호의 사항을 순서대로 송신하여야 한다.
  1. 상대국의 호출부호 또는 호출명칭 1회
  2. "여기는" 또는 "THIS IS" 1회
  3. 자국의 호출부호 또는 호출명칭 1회
  4. 다음 각목의 경우에는 다음 약어 1회
    가. 항공기의 항행중 시험을 하는 경우 : 감도시험
    나. 항공기의 출발직전에 시험을 하는 경우 : 비행전 시험
    다. 기타 지상에서 통신시험하는 경우 : 정비시험
  5. 사용하고 있는 주파수 1회
  6. "이상" 또는 "OVER" 1회
② 제1항의 **시험통신에 응하는 항공국은 다음 각 호의 사항을 순서대로 송신**하여야 한다.
  1. **상대항공기국의** 호출부호 또는 **호출명칭** 1회
  2. **"여기는"** 또는 "THIS IS" 1회

3. **자국의** 호출부호 또는 **호출명칭** 1회
4. **명료도** 1회
5. "**이상**" 또는 "OVER" 1회

15. 무선국의 검사를 거부하거나 방해한 자에 대한 벌칙은?
① 1년 이하의 징역 또는 500만원 이하의 벌금
② 1년 이하의 징역 또는 300만원 이하의 벌금
③ 500만원 이하의 과태료
④ 300만원 이하의 과태료

해설

『전파법』 제86조(벌칙)

 제86조(벌칙) 전체는 〈기본해설〉 참조

 2014년도 문제이며, 당시 "1년 이하의 징역 또는 500만원 이하의 벌금"은 현재 "1년 이하의 징역 또는 1천만원 이하의 벌금"으로 변경되었음.

〈과거〉『전파법』 제86조(벌칙) [시행 2013.3.23.]

- 다음 각 호의 어느 하나에 해당하는 자는 **1년 이하의 징역 또는 500만원 이하의 벌금**에 처한다.
  1. 제24조제4항 및 제5항(제58조제3항에 따라 준용되는 경우를 포함한다), 제47조의2제5항 및 제71조의2제1항 및 제2항(제47조의3제4항에 따라 준용되는 경우를 포함한다)에 따른 **검사**·측정·조사·시험 또는 현장 출입**을 거부하거나 방해한 자**

〈현행〉『전파법』 제86조(벌칙) [시행 2014.12.4.] ~

- 다음 각 호의 어느 하나에 해당하는 자는 **1년 이하의 징역 또는 1천만원 이하의 벌금**에 처한다.
  1. 제24조제4항 및 제5항(제58조제3항에 따라 준용되는 경우를 포함한다), 제47조의2제5항 및 제71조의2제1항 및 제2항(제47조의3제4항에 따라 준용되는 경우를 포함한다)에 따른 **검사**·측정·조사·시험 또는 현장 출입**을 거부하거나 방해한 자**

16. 주파수할당을 받은 자가 주파수이용기간이 만료되어 주파수재할당을 받으려면 주파수이용기간 만료 몇 개월전에 신청하여야 하는가?
① 1개월
② 2개월
❸ 6개월
④ 8개월

해설

『전파법 시행령』 제18조(재할당)

① 법 제16조제1항 본문에 따라 주파수할당을 받은 자가 주파수이용기간이 만료되어 주파수재할당을 받으려면 주파수이용기간 만료 6개월 전에 재할당신청을 하여야 한다.

17. 다음 중 무선국 검사 시 허가 또는 신고사항 등과 일치하는지 여부를 확인하는 대조검사 항목에 포함되지 않는 것은?
① 시설자
② 설치장소
③ 무선종사자 배치
❹ 공중선 전력

해설

『전파법 시행령』 제45조(검사의 시기·방법 등)

 2014년도 문제이며, 당시 '공중선 전력'은 현재 '안테나공급전력'으로 변경되었음. (11번 문제 참조)

③ 정기검사, 수시검사 및 법 제24조제8항에 따른 검사는 다음 각 호의 구분에 따라 실시하며, 구체적인 검사항목 등 검사에 필요한 세부사항은 과학기술정보통신부장관이 정하여 고시한다.
1. 성능검사 : <u>안테나공급전력</u>·주파수·불요발사(不要發射)·점유주파수대폭·등가등방복사전력(等價等方輻射電力)·실효복사전력(實效輻射電力)·변조도 등 무선설비의 성능에 대하여 행하는 검사
2. **대조검사** : <u>시설자</u>·무선설비·<u>설치장소</u> 및 <u>무선종사자의 배치</u> 등이 무선국허가·신고사항 등과 일치하는지 여부를 대조·확인하는 검사

18. 의무항공기국의 무선실비로서 A3E 전파 118[MHz]부터 136.975[MHz]까지 주파수대의 전파를 사용하는 송신설비의 유효통달거리는 최소 얼마 이상이어야 하는가? (단, 비행고도 300미터 일 때)
① 50[Km] 이상
② 60[Km] 이상
❸ 70[Km] 이상
④ 80[Km] 이상

『항공업무용 무선설비의 기술기준』 제9조(초단파대 무선전화 및 데이터링크 장치)

⚠ 2014년도 문제이며, 2020년 개정판에 따르면 현재 제9조의 "유효통달거리"는 삭제된 상태임.

⚠ 과거 『항공업무용 무선설비의 기술기준』 제9조(초단파대 무선전화 및 데이터링크 장치)

4. 의무항공기국의 무선설비로서 A3E전파 118 ㎒ 부터 136.975 ㎒ 까지의 주파수대의 전파를 사용하는 송신설비의 안테나공급전력은 2 W 이상이고, 그 유효통달거리는 다음 표와 같을 것

비행고도	유효통달거리
300m	70km 이상
500m	90km 이상
700m	105km 이상
1000m	125km 이상
1500m	150km 이상
3000m	210km 이상
5000m	275km 이상
7000m	315km 이상

19. 무선국을 개설하고자 하는 자는 누구에게 허가를 얻어야 하는가?
① 산업통산자원부장관
❷ 미래창조과학부장관
③ 국립전파연구원장
④ 국토교통부장관

『전파법』 제21조(무선국 개설허가 등의 절차)
[시행 2022. 6. 9.]

⚠ 2014년도 문제이며, 당시 '미래창조과학부장관'은 현재 '과학기술정보통신부장관'으로 변경되었음.

① 제19조제1항에 따라 <u>무선국의 개설허가</u> 또는 허가받은 사항을 변경하기 위한 허가(이하 "변경허가"라 한다)를 받으려는 <u>자는</u> 대통령령으로 정하는 바에 따라 <u>과학기술정보통신부장관에게 신청하여야 한다.</u>
② ~③ 생략
④ 과학기술정보통신부장관은 제2항에 따라 심사한 결과 그 신청이 적합하면 무선국 개설허가 또는 변경허가를 하고 신청인에게 무선국의 준공기한과 그 밖에 대통령령으로 정하는 사항이 적힌 허가증을 발급하여야 한다.

20. 업무종사의 정지를 당한 후 그 기간에 무선설비를 운용한 경우 벌칙은?
① 200만원 이하의 벌금
❷ 200만원 이하의 과태료
③ 2년 이하의 징역 또는 2,000만원 이하의 벌금
④ 2년 이하의 징역

『전파법』 제91조(과태료)

⚠ 제91조(과태료) 전체는 〈기본해설〉 참조

제91조(과태료) 다음 각 호의 어느 하나에 해당하는 자에게는 200만원 이하의 과태료를 부과한다.
7. 제76조에 따라 <u>업무종사의 정지를 당한 후 그 기간에 무선설비를 운용</u>하거나 그 공사를 한 자

2013년도 제4회 정기검정 전파법규
정답 및 심화해설

정답 모아보기

01	①	05	③	09	②	13	①	17	①
02	③	06	④	10	④	14	①	18	①
03	④	07	③	11	①	15	①	19	④
04	④	08	②	12	①	16	②	20	②

1. 다음 중 변경허가를 받아야 하는 사항이 아닌 경우는?
  ❶ 간이무선국의 동일 주파수대역내에서의 주파수 변경
  ② 송신공중선의 형식, 구성 및 이득의 변경
  ③ 공중선전력의 변경
  ④ 운용허용시간의 변경

 해설

『전파법 시행령』제31조 제4항 제5호

제31조(허가의 신청)
④ 법 제19조제1항 후단 및 제21조제1항에 따라 다음 각 호의 사항에 대하여 **변경허가를 받으려는 자는 변경허가 신청서**(전자문서로 된 신청서를 포함한다)에 무선설비의 공사설계서(제1호·제2호·제4호 및 제8호를 변경하는 경우는 제외한다) 및 무선국 변경내역서(전자문서를 포함한다)를 첨부하여 **과학기술정보통신부장관에게 제출하여야 한다**.
  1. 무선국의 목적
  2. 통신의 상대방 및 통신사항(방송국의 경우에는 방송사항 및 방송구역을 말한다)
  3. 무선설비의 설치 장소(무선설비가 설치된 차량을 교체하는 경우는 제외한다)
  4. 호출부호 또는 호출명칭
  5. 전파의 형식, 점유주파수대폭 및 주파수(**간이무선국이 같은 주파수대역 내에서 주파수를 변경하는 경우는 제외한다**)
  6. 안테나공급전력
  7. 안테나의 형식·구성 및 이득(아마추어국의 경우에는 안테나 형식만 해당한다)
  8. 운용허용시간
  9. 송신장치의 증설(아마추어국으로서 안테나공급전력 10와트 이하의 송신장치는 제외한다)
  10. 무선기기의 대치(과학기술정보통신부장관 고시로 정하는 무선기기는 제외한다)

2. '항공무선통신사'자격증을 가진 사람이 운용할 수 있는 종사범위에 해당하는(포함되는) 자격종목은?
  ① 전파전자통신기능사
  ② 무선설비기능사
  ❸ 제3급아마추어무선기사(전화급)
  ④ 제2급아마추어무선기사

 해설

『전파법 시행령』제115조(무선종사자의 자격)
[별표 17]의 4. 항공무선통신사 종사범위
  가. 다음에서 정한 무선설비의 통신운용(무선전신 제외)
    1) 항공기국, 항공국 및 항공기를 위한 무선항행업무를 하는 무선국의 무선설비
    2) 그 밖에 항공운항 및 항공업무 관련 무선국의 안테나 공급 전력이 50와트 이하의 무선설비
  나. 다음에서 정한 무선설비의 외부조정의 기술운용(무선전신 및 다중무선설비 제외)
    1) 항공기에 개설하는 무선설비
    2) 항공국과 항공기를 위한 무선항행업무를 하는 무선국의 안테나공급전력이 250와트 이하의 무선설비
    3) 레이다
    4) 그 밖에 항공운항 및 항공업무 관련 무선국의 안테나 공급 전력이 50와트 이하의 무선설비
  다. **제3급 아마추어무선기사(전화급)**의 종사범위에 속하는 운용

3. 다음 중 미래창조과학부장관이 추진하여야 하는 전파이용기술의 표준화에 관한 사항이 아닌 것은?
  ① 전파관련 표준의 제정
  ② 전파관련 표준의 보급
  ③ 전파관련 표준의 적합인증
  ❹ 전파관련 표준의 등록

> [해설]

『전파법』제63조(표준화)

⚠ 장관 명칭 변경됨 : 미래창조과학부장관 → 과학기술정보통신부장관

① 과학기술정보통신부장관은 전파의 효율적인 이용 촉진, 전파이용 질서의 유지 및 이용자 보호 등을 위하여 **전파이용기술의 표준화**에 관한 다음 각 호의 사항을 추진하여야 한다.
  1. 전파 관련 표준의 <u>제정</u> 및 <u>보급</u>
  2. 전파 관련 표준의 <u>적합인증</u>
  3. 그 밖의 표준화에 필요한 사항
② 제1항에 따른 전파이용 기술 표준화의 추진에 필요한 사항은 대통령령으로 정한다.

4. 항공국의 개설허가 유효기간의 알맞은 것은?
  ① 1년   ② 2년   ③ 3년   ❹ 5년

> [해설]

『전파법 시행령』제36조(무선국 개설허가의 유효기간)

① 법 제22조제1항에 따른 무선국 개설허가의 유효기간은 다음 각 호와 같다.
  1. 실험국 및 실용화시험국: 1년
  2. 이동국·육상국·육상이동국·기지국·이동중계국·선박국·선상통신국·무선표지국·무선측위국·우주국·일반지구국·해안지구국·항공지구국·육상지구국·이동지구국·기지지구국·육상이동지구국·아마추어국·간이무선국·**항공국**·고정국·무선항행육상국·무선항행이동국·무선탐지육상국·무선탐지이동국·비상국·기상원조국·항공기지구국·무선조정국·무선조정이동국·무선조정중계국·전파천문국·선박지구국·항공기국·비상위치지시용무선표지국·비상위치지시용위성무선표지국·해안국 및 무선방향탐지국: <u>5년</u>
  2의2. 방송국: 5년
  3. 제1호·제2호 및 제2호의2 외의 무선국: 3년

5. 전파법에서 규정하는 '무선국'의 정의로 옳은 것은?
  ① 전파를 이용하여 부호를 보내거나 받는 통신시설
  ② 무선전신, 무선전화, 기타 전파를 보내거나 받는 전기적 시설
  ❸ 무선설비와 무선설비를 조작하는 자의 총체
  ④ 전파를 이용하여 음성, 기타 음향을 보내거나 받는 통신시설

> [해설]

『전파법』제2조(정의)

⚠ 전체 용어 정의는 〈기본해설〉 참조

  6. "**무선국(無線局)**"이란 **무선설비와 무선설비를 조작하는 자의 총체를 말한다.** 다만, 방송수신만을 목적으로 하는 것은 제외한다.

6. 다음 중 항공고정업무에 있어서 통신의 우선순위가 가장 빠른 것은?
  ① 항공기의 도착정보
  ② 항공기의 안전운항에 관한 통신
  ③ 항공기 기상예보 및 기상통보
  ❹ 항공기 등의 조난 또는 인명안전에 관한 긴급한 통보

> [해설]

『무선국의 운용 등에 관한 규정』제96조(통신의 우선순위)

① 항공고정업무에 있어서의 **통신의 우선순위는 다음 각 호**의 순서에 의하되, 순위가 같은 경우에는 수신한 순서에 의한다.
  1. **항공기 등의 조난 또는 인명의 안전에 관한 긴급한 통신**
  2. 긴급한 통신(제1호의 통신을 제외한다) 및 항공기의 안전운항에 관한 통신(제3호의 통신을 제외한다)
  3. 항공기 도착통보, 비행의 취소 및 출발연기에 관한 정보, 항공기 기상예보 및 기상통보, 여객 및 승무원의 인원수, 화물의 중량 등에 관한 탑재통보, 항공기의 정상운항에 관한 통신, 항공기 보안사무에 관한 통신, 노탐에 관한 통신, 일반항공행정에 관한 통신, 좌석예약에 관한 통신 및 항공사의 일반 운영에 관한 통신

7. 다음 중 전파감시업무가 아닌 것은?
  ① 무선국에서 사용하고 있는 전파의 품질측정
  ② 혼신을 일으키는 전파의 탐지
  ❸ 무선국에서 발사한 전파의 도청
  ④ 무허가 무선국에서 발사하는 전파의 탐지

> [해설]

『전파법』제49조(전파감시)

① 과학기술정보통신부장관은 전파의 효율적 이용을 촉진하고 혼신의 신속한 제거 등 전파이용 질서를 유지하고 보호하기 위하여 전파감시 업무를 수행하여야 한다.
② 제1항에 따른 <u>전파감시 업무는 다음 각 호와 같다.</u>

1. <u>무선국에서 사용하고 있는</u> 주파수의 편차·대역폭(帶域幅) 등 <u>전파의 품질 측정</u>
2. <u>혼신을 일으키는 전파의 탐지</u>
3. 허가받지 아니한 무선국에서 발사한 전파의 탐지
4. 제28조제2항에 따른 통신, <u>허가받지 아니한 무선국에서 발사한 전파</u>, 혼신에 관하여 조사를 의뢰받은 전파 등의 방향 <u>탐지</u>
5. 제25조 및 제27조부터 제30조까지의 규정에 따른 사항의 준수 여부
6. 그 밖에 전파이용 질서를 유지하고 보호하기 위하여 대통령령으로 정하는 사항

8. 기지국과 육상이동국, 육상국과 이동국, 육상이동국 상호간 및 이동국 상호간의 통신을 중계하기 위하여 설치하는 무선국을 무엇이라 하는가?
    ① 이동국　　　　　❷ 이동중계국
    ③ 기지국　　　　　④ 육상국

해설

『전파법 시행령』 제29조(무선국의 분류)
   13. <u>이동중계국: 기지국과 육상이동국, 육상국과 이동국, 육상이동국 상호 간 및 이동국 상호 간의 통신을 중계하기 위한</u> 다음 각 목의 어느 하나에 해당하는 <u>무선국</u>
      가. 육상의 일정한 고정 지점에 개설하는 무선국
      나. 선박에 개설하는 무선국
      다. 자동차에 개설하여 육상의 일정하지 아니한 지점에서 정지 중에 운용하는 무선국

9. 권한의 위임, 위탁 규정에 따라 무선국의 폐지 또는 운용휴지를 하고자하는 경우 누구에게 신고서를 제출하여야 하는가?
    ① 한국방송통신전파진흥원장
    ❷ 중앙전파관리소장
    ③ 우정청장
    ④ 국립전파연구원장

해설

『전파법』 제25조의2(무선국의 폐지 및 운용 휴지), 『전파법 시행령』 제51조(폐지·운용휴지 등), 『전파법 시행령』 제123조(권한의 위임·위탁)

『전파법』 제25조의2(무선국의 폐지 및 운용 휴지)
① 시설자가 무선국을 폐지하려고 하거나 무선국의 운용을 1개월 이상 휴지하려는 경우 또는 1개월 이상 운용을 휴지한 무선국을 재운용하려는 경우에는 대통령령으로 정하는 바에 따라 과학기술정보통신부장관에게 신고하여야 한다.

『전파법 시행령』 제51조(폐지·운용휴지 등)
① 법 제25조의2제1항에 따라 무선국의 폐지·휴지 또는 무선국의 재운용을 신고하려는 자는 그 사유를 첨부하여 과학기술정보통신부장관 또는 방송통신위원회에 신고하여야 한다.
② 제1항에 따른 무선국의 휴지기간은 1개월 이상 1년 이내의 기간으로 한다.

『전파법 시행령』 제123조(권한의 위임·위탁)
② <u>과학기술정보통신부장관은 법 제78조제1항에 따라 다음 각 호의 권한을 중앙전파관리소장에게 위임</u>한다.
   5. 법 제25조의2에 따른 <u>무선국</u>(연주소를 갖추고 안테나공급전력이 1와트를 초과하는 방송국은 제외한다)<u>의 폐지·운용휴지 및 재운용의 신고에 관한 사항</u>

10. 기간통신사업자가 개설하는 무선국의 공중선주, 송신설비 및 수신설비는 공동사용명령의 대상이다. 이에 해당되지 않는 무선국은?
    ① 기지국　　　　　② 이동중계국
    ③ 고정국　　　　　❹ 이동국

해설

『전파법 시행령』 제69조의2(무선설비의 공동사용 명령 등)
② <u>공동사용명령등의 대상</u>은 기간통신사업자가 개설·운용하는 <u>기지국·이동중계국 및 고정국</u>에 설치되는 다음 각 호의 무선설비로 한다.
   1. 무선국의 안테나설치대
   2. 송신설비 및 수신설비

11. 다음 중 항공기국이 무선전화통신으로 무선방향탐지국에 대하여 방위측정용 부호를 송신하고자 하는 경우 송신순서로 옳은 것은?
- ❶ 자국의 호출부호 - 각 10초간의 2선 - 자국의 호출부호
- ② 상대국의 호출부호 - 각 10초간의 2선 - 자국의 호출부호
- ③ 자국의 호출부호 - 각 20초간의 2선 상대국의 호출부호
- ④ 상대국의 호출부호 - 각 20초간의 2선 - 자국이 호출부호

해설

『무선국의 운용 등에 관한 규정』 제93조(무선전화에 의한 측정전파의 발사방법)

항공기국은 무선전화통신에 의하여 무선방향탐지국에 대하여 방위측정용 부호를 송신하고자 하는 경우에는 다음 각 호의 사항을 순서대로 송신하여야 한다. 다만, 당해 무선방향탐지국으로부터 특별한 요구가 있는 경우에는 그 요구에 의한다.
1. <u>자국의 호출부호</u>(또는 호출명칭)
2. <u>각 10초간의 2선</u>
3. <u>자국의 호출부호</u>(또는 호출명칭)

12. 다음 중 항공기국이 항공국과 무선전화에 의한 시험통신을 행할 때 가장 먼저 송신하는 것은?
- ❶ 상대국의 호출명칭
- ② 자국의 호출명칭
- ③ 사용하고 있는 주파수
- ④ 명료도

해설

『무선국의 운용 등에 관한 규정』 제89조(무선전화에 의한 시험통신)

① <u>항공기국이 항공국과 무선전화에 의한 시험통신을 행하는 경우에는 다음 각 호의 사항을 순서대로 송신</u>하여야 한다.
  1. <u>상대국의</u> 호출부호 또는 <u>호출명칭</u> 1회
  2. "여기는" 또는 "THIS IS" 1회
  3. 자국의 호출부호 또는 호출명칭 1회
  4. 다음 각목의 경우에는 다음 약어 1회
     가. 항공기의 항행중 시험을 하는 경우 : 감도시험
     나. 항공기의 출발직전에 시험을 하는 경우 : 비행전 시험
     다. 기타 지상에서 통신시험하는 경우 : 정비시험
  5. 사용하고 있는 주파수 1회
  6. "이상" 또는 "OVER" 1회

② 제1항의 시험통신에 응하는 항공국은 다음 <u>각 호의 사항을 순서대로</u> 송신하여야 한다.
  1. 상대항공기국의 호출부호 또는 호출명칭 1회
  2. "여기는" 또는 "THIS IS" 1회
  3. 자국의 호출부호 또는 호출명칭 1회
  4. 명료도 1회
  5. "이상" 또는 "OVER" 1회

13. 국제전기통신연합의 회원국이 요구한 국제전기통신연합의 헌장과 협약의 개정안을 검토하고 채택하는 기구는?
- ❶ 전권위원회
- ② 이사회
- ③ 사무총국
- ④ 세계전파통신회의

해설

국제전기통신연합(ITU) 헌장, 『국제전파 감시백서』 중앙전파관리소(2009. 12)

국제전기통신연합(ITU) 헌장, 제8조 전권위원회(ARTICLE 8 Plenipotentiary Conference)

57　i) consider and adopt, if appropriate, proposals for amendments to this Constitution and the Convention, put forward by Member States, in accordance with the provisions of Article 55 of this Constitution and the relevant provisions of the Convention, respectively.

57　i) 본 헌장 55조의 조항과 협약의 관련 조항에 따라 <u>회원국이 제출한 본 헌장 및 협약의 개정 제안을 고려하고 채택한다.</u>

『국제전파 감시백서』 중앙전파관리소(2009. 12), 전권위원회(Plenipotentiary Conference)
- ITU 헌장과 협약에 규정된 조직, 활동, 중요정책을 결정하는 <u>최상위기구로 4년마다 개최</u>
- ITU의 모든 활동과 전략적 정책 및 기획에 대한 이사회 보고 내용 검토
- <u>회원국이 요구한 헌장 및 협약 개정안 검토 및 채택</u>
- 타 국제기구와의 협정체결 및 개정, 이사회가 체결한 잠정협약 검토 및 조치

14. 다음 중 선박국과 협동 수색 및 구조작업에 종사하고 있는 항공기상의 무선국간에 통신에 사용할 수 있는 주파수는?
❶ 156.3[MHz]
② 4,125[kHz]
③ 2,183.4[kHz]
④ 500[kHz]

> **해설**

『무선국의 운용 등에 관한 규정』 제88조 제2호에 따라 정답은 121.5 MHz로 판단됨.(현재 답 없음)

『무선국의 운용 등에 관한 규정』 제88조(121.5 MHz의 주파수 사용)
121.5 MHz의 주파수의 사용은 다음 각 호의 어느 하나인 경우에 한정한다.
1. 급박한 위험상태에 있는 항공기국과 지상의 항공국 간에 통신을 행하는 경우로서 통상 사용하는 전파가 명확하지 아니하거나 다른 항공기국간에 사용하고 있는 경우
2. 수색과 구조작업에 종사하는 항공기국 상호간 또는 항공기국이 지상의 항공국 또는 해상의 선박국과의 통신을 행하는 경우
3. 121.5 MHz외의 주파수를 사용할 수 없는 항공기국과 항공국간에 통신을 행하는 경우
4. 제1호 및 제2호에 준하는 경우로서 긴급을 요하는 통신을 행하는 경우

⚠ 156.3[MHz]는 『무선국의 운용 등에 관한 규정』[별표 6] "선박안전법 제29조제2항 및 어선법 제5조에 따라 선박에 갖추어야 하는 무선설비와 사용주파수" → 문제와 완전하게 일치하는 법규를 찾지 못함.

무선설비	사용주파수	비고
(1) 초단파대 무선전화	156.3 MHz, 156.65 MHz, 156.8 MHz	일반 무선통신도 송신 및 수신할 수 있어야 한다.
(2) 중단파대 무선전화	2182 kHz	일반 무선통신도 송신 및 수신할 수 있어야 한다.
(3) 중단파대 및 단파대 무선전화	2182 kHz, 4125 kHz, 6215 kHz, 8291 kHz, 12290 kHz, 16420 kHz	일반 무선통신도 송신 및 수신할 수 있어야 한다.

15. 다음 중 항공이동업무에 있어서 통신의 우선순위가 가장 우선인 것은?
❶ 무선방향탐지에 관한 통신
② 항공기의 안전운항에 관한 통신
③ 기상통보에 관한 통신
④ 항공기의 정상운항에 관한 통신

> **해설**

『무선국의 운용 등에 관한 규정』 제81조 (통보의 종별과 우선순위)

- 항공이동업무에 있어서 통신의 우선순위
  1. 조난통신
  2. 긴급통신
  3. 무선방향탐지와 관련된 통신
  4. 비행안전 메시지
  5. 기상 메시지
  6. 비행규칙 메시지
  7. 국제연합(UN)헌장의 적용관련 메시지
  8. 우선권이 특별히 요구되는 정부 메시지
  9. 전기통신업무의 운용 등 업무용 통신
  10. 제1호부터 제9호까지 정한 통신 외의 통신

16. 무선국의 허가를 받은 자가 준공기한(기한을 연장한 경우에는 그 기한)이 지난 후 몇 일이 지날 때까지 준공신고를 마치지 아니한 경우에 무선국의 개설허가를 취소할 수 있는가?
① 20일   ❷ 30일   ③ 40일   ④ 50일

> **해설**

『전파법』제72조(무선국의 개설허가 취소 등)
⚠ 제77조 세부내용은 〈기본해설〉 참조

② 과학기술정보통신부장관 또는 방송통신위원회는 시설자가 다음 각 호의 어느 하나에 해당하는 때에는 **무선국 개설허가의 취소** 또는 개설신고한 무선국의 폐지를 명하거나 6개월 이내의 기간을 정하여 무선국의 운용정지, 무선국의 운용허용시간, 주파수 또는 안테나공급전력의 제한을 명할 수 있다.
3. 제21조제4항에 따른 무선국의 허가증 또는 제22조의2 제2항에 따른 무선국 신고증명서에 적혀있는 준공기한이 지난 후 **30일이 지날 때까지 준공신고를 마치지 아니한 경우**

17. 항공이동업무국의 121.5[MHz]의 주파수 사용조건으로 적정하지 못한 경우는?

❶ 항공기의 항공기국 상호간 통상적인 업무연락에 관한 통신을 행하는 경우
② 수색과 구조작업에 종사하는 항공기의 항공기국 상호간에 통신을 행하는 경우
③ 121.5[MHz]외의 주파수를 사용할 수 없는 항공기국과 항공국 간에 통신을 행하는 경우
④ 급박한 위험상태에 있는 항공기의 항공기국과 지상의 무선국 간에 통신을 행하는 경우로서 통상 사용하는 전파가 명확하지 아니하거나 다른 항공기국 간에 사용하고 있는 경우

『무선국 운용 등에 관한 규정』 제88조
(121.5 MHz의 주파수 사용)

121.5 MHz의 주파수의 사용은 다음 각 호의 어느 하나인 경우에 한정한다.
1. 급박한 위험상태에 있는 항공기국과 지상의 항공국 간에 통신을 행하는 경우로서 통상 사용하는 전파가 명확하지 아니하거나 다른 항공기국간에 사용하고 있는 경우
2. 수색과 구조작업에 종사하는 항공기국 상호간 또는 항공기국이 지상의 항공국 또는 해상의 선박국과의 통신을 행하는 경우
3. 121.5 MHz외의 주파수를 사용할 수 없는 항공기국과 항공국간에 통신을 행하는 경우
4. 제1호 및 제2호에 준하는 경우로서 긴급을 요하는 통신을 행하는 경우

18. 다음 중 MF(헥터미터파) 전파의 주파수 범위로 옳은 것은?

❶ 300[kHz] 초과 3,000[kHz] 이하
② 3[MHz] 초과 30[MHz] 이하
③ 30[MHz] 초과 300[MHz] 이하
④ 300[MHz] 초과 3,000[MHz] 이하

『전파법 시행령』 [별표 5] 주파수의 표시(제29조의2 관련)

주파수대의 주파수 범위	주파수대 번호	주파수대 약칭	미터법에 따른 구분
3kHz 초과 30kHz 이하	4	VLF	밀리아미터파
30kHz 초과 300kHz 이하	5	LF	킬로미터파
300kHz 초과 3,000kHz 이하	6	MF	헥터미터파
3MHz 초과 30MHz 이하	7	HF	데카미터파
30MHz 초과 300MHz 이하	8	VHF	미터파
300MHz 초과 3,000MHz 이하	9	UHF	데시미터파
3GHz 초과 30GHz 이하	10	SHF	센티미터파
30GHz 초과 300GHz 이하	11	EHF	밀리미터파
300GHz 초과 3,000GHz 이하(또는 3THz 이하)	12		데시밀리미터파

19. 다음 중 항공기가 항공국으로부터 조난통신에 사용하는 전파를 지시받지 못하는 경우에 행할 수 있는 조난통신용 주파수로 적절하지 않은 것은?

① 156.8[MHz] ② 2,182[kHz]
③ 500[kHz]   ❹ 4,555[kHz]

『무선국의 운용 등에 관한 규정』 제98조
(조난통신의 사용전파 등)

⚠ 2013년도 문제이며, 당시 2012년 『무선국의 운용 등에 관한 규정』 제98조 3항에 500kHz, 2,182kHz, 156.8MHz 3가지 주파수를 사용한다고 명시되어 있었으나, 현재(2020년~) 제98조 3항에는 500kHz가 삭제되고 2,182kHz, 156.8MHz 2가지 주파수만 명시되어 있음.

① 조난통신의 송신에 사용하는 전파는 관할항공국으로부터 지시된 전파로 하여야 한다. 다만, 그 전파에 의하는 것이 불가능하거나 부적당할 때에는 그러하지 아니하다. [시행 2020. 9. 22.]

② 조난항공기국은 관할항공국으로부터 지시된 전파로 조난호출 및 조난통보의 송신을 행하여도 응답이 없는 경우에는 다른 적절한 전파로 변경하여 그 호출 및 통보의 송신을 행할 수 있다. 이 경우 가능한 적당한 어구에 의하여 전파변경에 관한 뜻을 표시하여야 한다. [시행 2020. 9. 22.]

③ 항공기국은 조난호출과 조난통보의 송신을 행하는 경우에 제1항의 전파 외에 자국이 2182 kHz 또는 156.8 MHz의 주파수를 갖추고 있는 때에는 그 주파수에 의하여 당해 송신을 행하여야 한다. 다만, 그 주파수에 의하여 송신할 시간적 여유가 없는 때에는 그러하지 아니하다. [시행 2020. 9. 22.] (현행규정)

③ 항공기국은 조난호출과 조난통보의 송신을 행하는 경우에 제1항의 전파외에 자국이 500kHz, 2,182kHz 또는 156.8MHz

의 주파수를 갖추고 있는 때에는 그 주파수에 의하여 당해 송신을 행하여야 한다. 다만, 그 주파수에 의하여 송신할 시간적 여유가 없는 때에는 그러하지 아니하다. [시행 2012. 3.1 4.] (과거규정)

20. 대한민국 헌법 또는 헌법에 의하여 설치한 국가기관을 폭력으로 파괴할 것을 주장하는 통신을 발한 자에 대한 벌칙은?

① 3년 이하의 징역 또는 1,000만원 이하의 벌금
❷ 3년 이상의 유기징역 또는 금고 (×)
③ 5년 이하의 징역 또는 5,000만원 이하의 벌금
④ 5년 이상의 유기징역 또는 금고

해설

개정된 법령문제, 현행 『전파법』 제80조(벌칙)
〈개정 2014.6.3., 2015.12.1.〉

⚠ 2013년도 문제이며, 현재는 「전파법」에 따라 "1년 이상 15년 이하의 징역에 처한다"로 변경되었음.

① 무선설비나 전선로에 주파수가 9킬로헤르츠 이상인 전류가 흐르는 통신설비(케이블전송설비 및 평형2선식 나선전송설비를 제외한 통신설비를 말한다)를 이용하여 「대한민국헌법」 또는 「대한민국헌법」에 따라 설치된 국가기관을 폭력으로 파괴할 것을 주장하는 통신을 한 자는 <u>1년 이상 15년 이하의 징역에 처한다</u>.
② 제1항의 미수범은 처벌한다.
③ 제1항의 죄를 저지를 목적으로 예비하거나 음모한 자는 10년 이하의 징역에 처한다.3., 2020. 6. 9.〉

2013년도 제1회 정기검정 전파법규
정답 및 심화해설

정답 모아보기

01	②	05	③	09	④	13	④	17	④
02	④	06	④	10	①	14	③	18	②
03	②	07	④	11	③	15	③	19	③
04	②	08	②	12	④	16	③	20	④

1. 다음 중 무선국 개설허가의 유효기간으로 잘못된 것은?
① 실험국 : 1년
❷ 항공국 : 3년
③ 우주국 : 5년
④ 항공법에 의해 항공기에 의무적으로 개설하는 무선국 : 무기한

해설

『전파법』제22조(주파수 사용승인 및 무선국 개설허가의 유효기간) / 『전파법 시행령』제36조(무선국 개설허가의 유효기간)

『전파법』제22조(주파수 사용승인 및 무선국 개설허가의 유효기간)
① 주파수 사용승인의 유효기간은 10년 이내의 범위에서, 무선국 개설허가의 유효기간은 7년 이내의 범위에서 대통령령으로 각각 정하며, 그 기간이 끝나면 재승인이나 재허가를 할 수 있다.
② 제1항에도 불구하고 「항공안전법」에 따라 항공기 또는 경량항공기에 <u>의무적으로 개설하여야 하는 무선국</u>(이하 "의무항공기국")의 개설허가 유효기간은 <u>무기한</u>으로 한다.

『전파법 시행령』제36조(무선국 개설허가의 유효기간)
① 법 제22조제1항에 따른 무선국 개설허가의 유효기간은 다음 각 호와 같다.
 1. **실험국** 및 실용화시험국: **1년**
 2. 이동국·육상국·육상이동국·기지국·이동중계국·선박국·선상통신국·무선표지국·무선측위국·**우주국**·일반지구국·해안지구국·항공지구국·육상지구국·이동지구국·기지지구국·육상이동지구국·아마추어국·간이무선국·**항공국**·고정국·무선항행육상국·무선항행이동국·무선탐지육상국·무선탐지이동국·비상국·기상원조국·항공기지구국·무선조정국·무선조정이동국·무선조정중계국·전파천문국·선박지구국·항공기국·비상위치지시용무선표지국·비상위치지시용위성무선표지국·해안국 및 무선방향탐지국: **5년**

2. 전자파가 인체에 미치는 영향을 고려하여 무선설비 등에서 발생하는 전자파에 대한 기준을 정하여 고시하는 사항과 관계없는 것은?
① 전자파 인체보호기준
② 전자파 강도 측정기준
③ 전자파 흡수율 측정기준
❹ 전자파 인체내성 측정기준

해설

『전파법』제47조의2(전자파 인체보호기준)

과학기술정보통신부장관은 다음 각 호의 사항을 정하여 고시하여야 한다.
1. **전자파 인체보호기준**
2. 전자파 등급기준
3. **전자파 강도 측정기준**
4. **전자파 흡수율 측정기준**
5. 전자파 측정대상 기자재와 측정방법 6. 전자파 등급 표시 대상과 표시방법
7. 그 밖에 전자파로부터 인체를 보호하기 위하여 필요한 사항

3. 특정한 주파수의 용도를 정하는 것을 무엇이라 하는가?
① 주파수 할당
❷ 주파수 분배
③ 주파수 지정
④ 주파수 배치

> **해설**

『전파법』제2조(정의)

⚠ 전체 용어 정의는 〈기본해설〉 참조

① 이 법에서 사용하는 용어의 뜻은 다음과 같다.
1. "**전파**"란 인공적인 유도(誘導) 없이 공간에 퍼져 나가는 전자파로서 국제전기통신연합이 정한 범위의 주파수를 가진 것을 말한다.
2. "**주파수분배**"란 **특정한 주파수의 용도를 정하는 것을 말한다**.
3. "**주파수할당**"이란 특정한 주파수를 이용할 수 있는 권리를 특정인에게 주는 것을 말한다.
4. "**주파수지정**"이란 허가나 신고로 개설하는 무선국에서 이용할 특정한 주파수를 지정하는 것을 말한다.
   4의4. "**주파수재배치**"란 주파수회수를 하고 이를 대체하여 주파수할당, 주파수지정 또는 주파수 사용승인을 하는 것을 말한다.

4. 다음 중 항공이동업무에 있어서 통신의 우선순위가 옳게 나열된 것은?
① 조난통신 – 기상통보에 관한 통신 – 무선방향탐지에 관한 통신
❷ 조난통신 – 긴급통신 – 무선방향탐지에 관한 통신
③ 조난통신 – 기상통보에 관한 통신 – 항공기 안전운항에 관한 통신
④ 조난통신 – 항공기 안전운항에 관한 통신 – 긴급통신

> **해설**

『무선국의 운용 등에 관한 규정』 제81조
(통보의 종별과 우선순위)

① 항공이동업무에 있어서 통신의 우선순위는 다음 각 호의 순서에 의하여야 한다.
  1. **조난통신**
  2. **긴급통신**
  3. **무선방향탐지와 관련된 통신**
  4. 비행안전 메시지
  5. 기상 메시지
  6. 비행규칙 메시지
  7. 국제연합(UN)헌장의 적용관련 메시지
  8. 우선권이 특별히 요구되는 정부 메시지
  9. 전기통신업무의 운용 등 업무용 통신
  10. 제1호부터 제9호까지 정한 통신 외의 통신
② 노탐(항공고시보)에 관한 통신은 긴급의 정도에 따라 제1항제2호의 긴급통신 다음으로 그 순위를 적절하게 선택할 수 있다.

5. 국제항공조정무선통신망에 속하는 항공고정국에서 행하는 호출 순서를 바르게 나타낸 것은?
① 자국의 호출부호 – "DE" – 상대국의 호출부호 – 청수주파수를 표시하는 약어
② 자국의 호출부호 – 상대국의 호출부호 – "DE" – 청수주파수를 표시하는 약어
❸ 상대국의 호출부호 – "DE" – 자국의 호출부호 – 우선순위를 표시하는 약어
④ 상대국의 호출부호 – 자국의 호출부호 – "DE" – 우선순위를 표시하는 약어

> **해설**

『무선국의 운용 등에 관한 규정』 제5장 항공무선통신업무국의 운용, 제67조(호출)

① 호출은 다음 각 호의 사항을 차례로 송신하여야 한다.
  1. <u>상대국의 호출부호</u>(상대국이 2 이상인 경우에는 각 1회) 1회
  2. "<u>여기는</u>" 또는 "THIS IS" 1회
     ⚠ 여기는(DE)
  3. <u>자국의 호출부호</u> 1회
  4. <u>제97조에 따른 약어</u> 1회
     ⚠ 제97조(우선순위를 표시하는 약어)
② 제1항에 따른 호출시 연락설정이 곤란하다고 인정되는 경우에는 호출부호를 3회까지 송신할 수 있다.

6. 다음 중 항공기국의 통신연락 방법으로 옳지 않은 것은?
① 책임항공국과 그 담당구역은 "항공법"규정에 따른다.
② 항공기국은 원칙적으로 책임항공국과 연락을 취하여야 한다.
③ 부득이한 사정이 있을 때에는 다른 항공기국을 경유할 수 있다.
❹ 항공기국 상호간의 통신은 호출한 항공기국이 그 통신을 지도한다.

> 해설

개정 이전 행정규칙 『무선국의 운용 등에 관한 규정』제75조(항공기국의 통신연락) 문제이며, 2020년 개정 시 다음 용어가 개정되었음. "책임항공국" → "관할항공국"

〈과거〉『무선국의 운용 등에 관한 규정』제75조
① 항공기국이 연락하여야 할 항공국은 책임항공국으로 한다. 다만, 따로 유효하게 통신을 취급할 수 있는 항공국이 있는 경우에는 그 항공국으로 한다.
② 항공기국은 **부득이한 사정이 있는 경우에는 다른 항공기국을 경유**하여 제1항의 연락을 **할 수 있다.**
③ 제1항의 **책임항공국과 그 담당구역은** 「항공법」 제38조제2항**에 따른다.**
④ 항공기국 상호간의 통신은 **호출을 받은** 항공기국이 해당 통신을 지도하여야 한다. 이 경우 항공국의 개입이 있는 경우에는 그 개입에 따라야 한다.
⑤ 항공기국은 통신하고자 하는 항공국의 담당구역에 진입한 경우 그 항공국을 호출할 수 있다. 이에 대한 응답이 없는 경우 10 초 이상 경과한 후 재호출하여야 한다.

7. 의무항공기국의 A3E전파 118[MHz]부터 136.975[MHz]까지 주파수대의 전파를 사용하는 송신설비로서 비행고도에 따른 유효통달거리에 관한 기준으로 잘못된 것은?
   ① 비행고도 1,500미터 : 150킬로미터 이상
   ② 비행고도 3,000미터 : 210킬로미터 이상
   ③ 비행고도 5,000미터 : 275킬로미터 이상
   ❹ 비행고도 7,000미터 : 290킬로미터 이상

> 해설

『항공업무용 무선설비의 기술기준』 제9조(초단파대 무선전화 및 데이터링크 장치)
 ⚠ 2013년도 문제이며, 2020년 개정판에 따르면 현재 제9조의 "유효통달거리"는 삭제된 상태임.

 ⚠ 과거『항공업무용 무선설비의 기술기준』 제9조(초단파대 무선전화 및 데이터링크 장치)
   4. 의무항공기국의 무선설비로서 A3E전파 118 ㎒ 부터 136.975 ㎒ 까지의 주파수대의 전파를 사용하는 송신설비의 안테나공급전력은 2 W 이상이고, 그 유효통달거리는 다음 표와 같을 것

비행고도	유효통달거리
300m	70km 이상
500m	90km 이상
700m	105km 이상
1000m	125km 이상
1500m	150km 이상
3000m	210km 이상
5000m	275km 이상
7000m	315km 이상

8. 노탐(NOTAM)에 관한 통신은 긴급의 정도에 따라 어떤 통신 다음으로 그 순위를 적절하게 선택할 수 있는가?
   ① 조난통신
   ❷ 긴급통신
   ③ 무선방향탐지에 관한 통신
   ④ 항공기 안전운항에 관한 통신

> 해설

『무선국의 운용 등에 관한 규정』 제81조(통보의 종별과 우선순위)

① 항공이동업무에 있어서 통신의 우선순위는 다음 각 호의 순서에 의하여야 한다.
   1. 조난통신
   2. 긴급통신
   3. 무선방향탐지와 관련된 통신
   4. 비행안전 메시지
   5. 기상 메시지
   6. 비행규칙 메시지
   7. 국제연합(UN)헌장의 적용관련 메시지
   8. 우선권이 특별히 요구되는 정부 메시지
   9. 전기통신업무의 운용 등 업무용 통신
   10. 제1호부터 제9호까지 정한 통신 외의 통신
② **노탐(항공고시보)에 관한 통신은 긴급의 정도에 따라 제1항제2호의 긴급통신 다음으로** 그 순위를 적절하게 선택할 수 있다.

9. 다음 중 양벌규정에 해당하지 않는 경우는?
① 허가를 받아야할 무선국을 허가 없이 개설한 경우
② 운용정지 명령을 받은 무선국을 운용한 경우
③ 무선국에 대한 검사, 조사 또는 시험을 거부한 경우
❹ 조난이 없음에도 무선설비에 의하여 조난통신을 발하는 경우

해설

『전파법』 제88조(양벌규정), 제84조(벌칙), 제86조(벌칙)
⚠ 세부내용은 〈기본해설〉 참조

제88조(양벌규정) 법인의 대표자나 법인 또는 개인의 대리인, 사용인, 그 밖의 종업원이 그 법인 또는 개인의 업무에 관하여 <u>제84조 또는 제86조</u>의 위반행위를 하면 그 행위자를 벌하는 외에 그 법인 또는 개인에게도 해당 조문의 벌금형을 과(科)한다.

제84조(벌칙) 다음 각 호의 어느 하나에 해당하는 자는 3년 이하의 징역 또는 3천만원 이하의 벌금에 처한다.
1. <u>허가를 받지 아니</u>하거나 신고를 하지 아니하고 <u>무선국을 개설</u>하거나 <u>운용한 자</u>

제86조(벌칙) 다음 각 호의 어느 하나에 해당하는 자는 1년 이하의 징역 또는 1천만원 이하의 벌금에 처한다.
1. <u>검사·측정·조사·시험</u> 또는 현장 출입을 <u>거부</u>하거나 방해한 자
6. <u>운용정지 명령을 받은 무선국·무선설비</u> 또는 통신설비를 운용한 자

⚠ ④번 "조난이 없음에도 무선설비에 의하여 조난통신을 발하는 경우"는 『전파법』제83조(벌칙)에 해당

제83조(벌칙)
① 삭제 〈2015. 12. 22.〉
② 선박이나 항공기의 <u>조난이 없음에도 불구하고 무선설비로 조난통신을 한 자는 5년 이하의 징역에 처한다.</u>

10. 다음 중 항공국의 의무 청취주파수 (전파형식/주파수)로 옳은 것은?
❶ A3E/121.5[MHz]
② J3E/121.5[MHz]
③ A3E/156.8[MHz]
④ J3E/156.8[MHz]

해설

『무선국의 운용 등에 관한 규정』 제72조(항공국 및 의무항공기국의 청취의무)

① 항공국과 의무항공기국은 운용의무시간 중에 다음 각 호의 구분에 의하여 <u>청취하여야 한다.</u>
 1. 항공국의 청취주파수

구분	전파형식	주파수
의무청취	A3E	<u>121.5 MHz</u>
지정청취	A3E	2850 kHz부터 17970 kHz까지의 주파수에서 당해 무선국에 지정된 주파수 및 117.975 MHz부터 137 MHz까지의 주파수 중에서 당해 무선국에 지정된 주파수

11. 다음 중 ITU의 공용어가 아닌 것은?
① 중국어
② 프랑스어
❸ 일본어
④ 영어

해설

국제전기통신연합(ITU) 헌장, ARTICLE 29(제29조)
Languages(언어)

1) The <u>official languages</u> of the Union shall be <u>Arabic, Chinese, English, French, Russian and Spanish.</u>
1) 연합의 공식 언어는 <u>아랍어, 중국어, 영어, 프랑스어, 러시아어 및 스페인어</u>로 한다.

12. 해상이동업무의 무선국과 통신하기 위하여 항공기국이 156[MHz]와 174[MHz]사이의 주파수를 사용하는 경우, 송신기의 평균 송신전력은 몇 와트를 초과할 수 없는가?
① 50와트
② 30와트
③ 10와트
❹ 5와트

해설

현행 법규·행정규칙에서는 관련 근거를 찾지 못함. 과거 법규·행정규칙 문제로 판단됨.

13. 항공기에 개설하여 항공이동위성업무를 행하는 이동지구국은?
① 항공국
② 항공기국
③ 항공지구국
❹ 항공기지구국

해설

『전파법 시행령』제29조 (무선국의 분류)
 제29조(무선국의 분류) 전체는 〈기본해설〉참조

제29조(무선국의 분류)
11. **항공국**: 항공기국과 통신을 하기 위하여 육상의 일정한 고정지점에 개설하는 무선국
7. **항공기국**: 항공기에 개설하여 항공이동업무를 하는 무선국
33. **항공지구국**: 육상의 일정한 고정 지점에 개설하여 항공이동위성업무를 하는 지구국
37. **항공기지구국**: 항공기에 개설하여 <u>항공이동위성업무를 하는 지구국</u>

14. 항공무선통신사 자격증을 소지하고 제 3급아마추어무선기사(전신급) 자격검정에 응시하는 경우 면제받을 수 있는 과목이 아닌 것은?
① 전파법규
② 통신보안
❸ 무선통신술
④ 무선설비취급방법

해설

『전파법 시행령』제106조(검정과목의 면제) [별표16]

보유자격 및 업무경력	응시하는 기술자격검정	면제과목
항공무선통신사, 육상무선통신사, 제3급아마추어 무선기사(전화급)	제3급 아마추어무선기사 (전신급)	전파법규, 통신보안, 무선설비 취급방법

15. 다음 중 국제 전파규칙(RR)에서 규정하고 있지 않는 사항은?
① 업무와 무선국에 관한 규정사항
② 주파수할당에 관한 사항
❸ 공중선전력의 분배에 관한 사항
④ 무선국으로부터의 혼신에 관한 사항

해설

전파규칙(Radio Regulations) Volume 1
 전파규칙(RR) 관련 기타 문제는 〈기본해설〉참조

〈 TABLE OF CONTENTS 〉〈 목차 〉
Preamble 서문
• CHAPTER I - Terminology and technical characteristics
 제Ⅰ장 - 용어 및 기술적 특성
• CHAPTER II - Frequencies 제Ⅱ장 - 주파수
• CHAPTER III - Coordination, notification and recording of frequency assignments and Plan modifications 제Ⅲ장 - **주파수 할당의 조정, 통고 및 등록과 계획 변경**
• CHAPTER IV - Interferences 제Ⅳ장 - **간섭**
  혼신에 관한 사항에 해당
• CHAPTER V - Administrative provisions 제Ⅴ장 - 행정규정
• CHAPTER VI - Provisions for services and stations 제Ⅵ장 - **업무와 무선국에 관한 규정**
• CHAPTER VII - Distress and safety communications 제Ⅶ장 - 조난 및 안전통신
• CHAPTER VIII - Aeronautical services 제Ⅷ장 - 항공업무
• CHAPTER IX - Maritime services 제Ⅸ장 - 해상업무
• CHAPTER X - Provisions for entry into force of the Radio Regulations 제Ⅹ장 - 전파규칙 규정의 발효

16. 무선설비기기에 대한 적합성평가의 기준적용에 대한 시험 및 확인 방법 등에 관한 세부사항은 누가 공고하는가?
① 우체국장
② 한국방송통신전파진흥원장
❸ 국립전파연구원장
④ 중앙전파관리소장

해설

『무선설비규칙』제19조(세부기준 등의 고시)

① 제2장, 제3장 및 제4장에서 규정한 방송표준방식, **무선설비 기술기준** 및 안전시설기준의 세부기준 등에 관하여 필요한 사항은 과학기술정보통신부장관 또는 **국립전파연구원장이 정하여 고시한다.**

17. 다음 중 외국정부 또는 그 대표자에게 무선국의 개설을 허용할 수 없는 무선국은?
① 실험국
② 의무선박국
③ 의무항공기국
❹ 방송국

> **해설**

『전파법』제20조(무선국 개설의 결격사유)

① 다음 각 호의 어느 하나에 해당하는 자는 **무선국을 개설할 수 없다.**
  1. 대한민국의 국적을 가지지 아니한 자
  2. **외국정부 또는 그 대표자**
  3. 외국의 법인 또는 단체
② 제1항 제1호부터 제3호까지의 규정은 다음 각 호의 **어느 하나에 해당하는 무선국에 대하여는 적용하지 아니한다.**
  1. **실험국**
  2. **「선박안전법」,「어선법」또는「수상레저기구의 등록 및 검사에 관한 법률」에 따른 선박의 무선국**
    ⚠ 즉, 의무선박국
  3. **「항공안전법」제101조 단서 및 「항공사업법」제55조에 따른 허가를 받아 국내항공에 사용되는 항공기의 무선국** ⚠ 즉, 의무항공기국

18. 다음 중 조난호출을 행한 항공기국이 호출에 이어서 지체 없이 행하여야 하는 조난통보 사항으로 적합하지 않은 것은?
  ① 조난항공기의 식별표지
  ❷ 책임항공국의 호출부호
    ⚠ 책임항공국의 현재 용어는 '관할항공국'
  ③ 조난항공기의 위치
  ④ 조난의 종류, 상황과 필요로 하는 구조의 종류

> **해설**

『무선국의 운용 등에 관한 규정』제100조(조난통보)

① **조난호출을 행한 항공기국은 지체 없이 그 조난호출에 이어서** 조난통보를 순서대로 송신하여야 한다.
  1. 조난호출
  2. **조난항공기의 식별표지**
  3. **조난항공기의 위치**
  4. **조난의 종류·상황과 필요로 하는 구조의 종류**
  5. 기타 구조상 필요한 사항(기장이 행하고자 하는 조치를 포함한다)

19. 다음 중 방송통신위원회가 전파이용기술의 표준화를 추진하는 직접적인 목적으로 볼 수 없는 것은?
  ① 전파의 효율적인 이용 촉진
  ② 전파이용 질서의 유지
  ❸ 전파감시업무의 효율적 수행
  ④ 전파 이용자 보호

> **해설**

『전파법』제63조(표준화)

① 과학기술정보통신부장관은 **전파의 효율적인 이용 촉진, 전파이용 질서의 유지** 및 **이용자 보호** 등을 위하여 **전파이용 기술의 표준화**에 관한 다음 각 호의 사항을 추진하여야 한다.
  1. 전파 관련 표준의 제정 및 보급
  2. 전파 관련 표준의 적합인증
  3. 그 밖의 표준화에 필요한 사항
  ⚠ 개정된 현행법은 방송통신위원회(×)가 아니라 과학기술정보통신부장관(○)이 추진해야 함.

20. 항공이동업무국의 운용시간에 관한 사항을 틀린 것은?
  ① 항공국 및 항공지구국은 별도로 고시하지 않는 한 상시 운용하여야 한다.
  ② 의무항공기국의 운용의무시간은 그 항공기의 항행 중으로 한다.
  ③ 의무항공기국은 운용의무시간 외에 무선국 검사에 필요한 경우 운용할 수 있다.
  ❹ 의무항공기국은 운용의무시간 외에 비행종료 후 타 항공기국에 연락을 위해 송신할 수 있다.

> **해설**

『무선국의 운용 등에 관한 규정』제73조, 제74조

제73조(항공국 등의 운용의무시간)
① **항공국 및 항공지구국은 상시 운용하여야 한다.** 다만, 다음 각 호의 경우에는 그러하지 아니하다.
  1. 항공교통관제에 관한 통신을 취급하지 아니하는 항공국의 경우
  2. 항공교통관제에 관한 업무를 일정시간 행하지 아니하기로 되어 있는 항공관제기관에 속하는 항공국의 경우

제74조(의무항공기국의 운용시간)
① **의무항공기국의 운용의무시간은 그 항공기의 항행 중으로 한다.**
② 제1항에 따른 운용의무시간 외에 **의무항공기국을 운용할 수 있는 경우는 다음 각 호와 같다.**
  1. 무선통신에 의하지 아니하고는 통신연락수단이 없는 경우로서 긴급한 통보를 항공이동업무국 또는 해상이동업무국에 송신하는 경우
  2. **무선국 검사에 필요한 경우**
  3. 항행준비중인 경우

PART 02

영어

기본해설

02

몸말

기본학습

영어 기출문제
기본 해설

영어 기출문제를 보면 『무선통신매뉴얼(ICAO Doc 9432 Manual of Radiotelephony)』, 『항공교통관제절차(ICAO Doc 4444 Air Traffic Management)』, 전파규칙(Radio Regulations) 등에서 주로 출제되고 있습니다. 이중에서 특히 영문 알파벳 및 숫자의 표기와 발음, 무선통신 숫자 송신방법, 무선통신 표준 단어 및 어구를 구분하는 문제는 매회 반복 출제되고 있으므로, 무엇보다도 이를 먼저 완벽하게 숙지해야 하겠습니다.

1. 다음 중 영문통화표의 약어로 옳지 않은 것은? 2022년 제1회 검정 등 다수, 빈출문제

① D : Delta　　❷ M : Michael　　③ N : November　　④ W : Whiskey

 해설

『무선통신매뉴얼』, 2.3. 문자 송신
ICAO Doc 9432 "Manual of Radiotelephony" 2.3 TRANSMISSION OF LETTERS

2.3 TRANSMISSION OF LETTERS	2.3. 문자 송신
2.3.1 To expedite communications, the use of phonetic spelling should be dispensed with if there is no risk of this affecting correct reception and intelligibility of the message.	2.3.1 신속한 통신을 위해서 전문의 정확한 수신과 이해에 영향을 미칠 위험이 없는 경우 스펠링을 따로 따로 발음하지 않아야 한다.
2.3.2 With the exception of the telephony designator and the type of aircraft, each letter in the aircraft callsign shall be spoken separately using the phonetic spelling.	2.3.2 전화 지정어 및 항공기 형식을 제외하고는 항공기 호출부호의 각 문자는 음성 철자를 사용하여 각각 발음하여야 한다.
2.3.3 The words in the table below shall be used when using the phonetic spelling.	2.3.3 음성 철자를 사용할 때는 아래 표의 단어를 사용하여야 한다.

Letter	Word	Pronunciation
A	Alpha	AL FAH
B	Bravo	BRAH VOH
C	Charlie	CHAR LEE/SHAR LEE
D	Delta	DELL TAH
E	Echo	ECK OH
F	Foxtrot	FOKS TROT
G	Golf	GOLF
H	Hotel	HOH TELL
I	India	IN DEE AH

Letter	Word	Pronunciation
J	Juliet	**JEW** LEE **ETT**
K	Kilo	**KEY** LOH
L	Lima	**LEE** MAH
M	Mike	MIKE
N	November	NO **VEM** BER
O	Oscar	**OSS** CAH
P	Papa	PAH **PAH**
Q	Quebec	KEH **BECK**
R	Romeo	**ROW** ME OH
S	Sierra	SEE **AIR** RAH
T	Tango	**TANG** GO
U	Uniform	**YOU** NEE FORM/**OO** NEE FORM
V	Victor	**VIK** TAH
W	Wiskey	**WISS** KEY
X	X-ray	**ECKS** RAY
Y	Yankee	**YANG** KEY
Z	Zulu	**ZOO** LOO

Note.- Syllables to be emphasized are underlined.　　*주- 밑줄친 부분은 강세절임*

2. 다음 괄호 안에 알맞은 발음은?

2022년 제1회 검정 등 다수, 빈출문제

> When the English language is used, number 8 shall be transmitted using the pronunciation of ( ).

❶ AIT ② I-IT ③ E-IT ④ EI-TO

해설

『무선통신매뉴얼』, 2.4 숫자 송신
ICAO Doc 9432 "Manual of Radiotelephony" 2.4 TRANSMISSION OF NUMBERS

2.4 TRANSMISSION OF NUMBERS / 2.4 숫자 송신

2.4.1 When the language used for communication is English, numbers shall be transmitted using the following pronunciation.

2.4.1 통신에 사용되는 언어가 영어인 경우, 다음과 같은 발음으로 숫자를 송신하여야 한다.

Numeral or numeral element	Pronunciation
0	ZE-RO
1	WUN
2	TOO
3	TREE
4	FOW-er
5	FIFE
6	SIX
7	SEV-en
8	AIT
9	NIN-er
Decimal	DAY-SEE-MAL
Hundred	HUN-dred
Thousand	TOU-SAND

Note.- The syllables printed in capital letters in the above list are to be stressed; for example, the two syllables in ZE-RO are given equal emphasis, whereas the first syllable of FOW-er is given primary emphasis.

주- 위 표에서 **대문자로 된 음절은 강세**가 주어진다. 예를 들어 ZE-RO의 **두 음절은 모두 강세**가 주어지고 FOW-er의 경우 **첫 음절에만 강세**가 주어진다.

3. 다음 중 영문통화표의 연결이 옳지 않은 것은?   2018년 제4회 검정 등 다수, 빈출문제

① I : India   ❷ V : Victory   ③ 9 : Novenine   ④ 소수점 : Decimal

4. 다음 중 영문통화표의 설명으로 옳지 않은 것은?   2018년 제1회 검정 등 다수, 빈출문제

① 0 : NADAZERO   ② 2 : BISSOTWO   ❸ 소수점 : PERIOD   ④ 종지부 : STOP

 해설

전파규칙(Radio Regulations) Volume 2

Appendix 14 Phonetic alphabet and Figure code

1. When it is necessary to spell out call signs, service abbreviations and words, the following letter spelling table shall be used:

호출부호, 서비스 약어 및 단어 철자가 필요한 때에는 다음 각 호의 문자철자표를 사용한다.

Letter to be transmitted	Code word to be used	Spoken as (*)
A	Alfa	**AL** FAH
B	Bravo	**BRAH** VOH
C	Charlie	**CHAR** LEE or **SHAR** LEE
D	Delta	**DELL** TAH
E	Echo	**ECK** OH
F	Foxtrot	**FOKS** TROT
G	Golf	GOLF
H	Hotel	HOH **TELL**
I	India	**IN** DEE AH
J	Juliett	**JEW** LEE **ETT**
K	Kilo	**KEY** LOH
L	Lima	**LEE** MAH
M	Mike	MIKE
N	November	NO **VEM** BER
O	Oscar	**OSS** CAH
P	Papa	PAH **PAH**
Q	Quebec	KEH **BECK**
R	Romeo	**ROW** ME OH
S	Sierra	SEE **AIR** RAH
T	Tango	**TANG** GO
U	Uniform	**YOU** NEE FORM or **OO** NEE FORM
V	Victor	**VIK** TAH
W	Whiskey	**WISS** KEY
X	X-ray	**ECKS** RAY
Y	Yankee	**YANG** KEY
Z	Zulu	**ZOO** LOO

(*) The syllables to be emphasized are underlined.(강조할 음절은 밑줄이 그어져 있다.)

2. When it is necessary to spell out figures or marks, the following table shall be used:
숫자 또는 표시의 철자가 필요한 때에는 다음 표를 사용하여야 한다.

Figure or mark to be transmitted	Code word to be used	Spoken as (*)
0	Nadazero	NAH-DAH-ZAY-ROH
1	Unaone	OO-NAH-WUN
2	Bissotwo	BEES-SOH-TOO
3	Terrathree	TAY-RAH-TREE
4	Kartefour	KAR-TAY-FOWER
5	Pantafive	PAN-TAH-FIVE
6	Soxisix	SOK-SEE-SIX
7	Setteseven	SAY-TAY-SEVEN
8	Oktoeight	OK-TOH-AIT
9	Novenine	NO-VAY-NINER
Decimal point	Decimal	DAY-SEE-MAL
Full stop	Stop	STOP

(*) Each syllable should be equally emphasized(각 음절은 똑같이 강조되어야 한다.)

3. However, stations of the same country, when communicating between themselves, may use any other table recognized by their administration.
그러나, 동일한 국가의 무선국은, 그들 사이에 통신할 때, 그들의 행정부에 의해 인정된 다른 표를 사용할 수 있다.

영문 알파벳과 숫자 통화표(Phonetic alphabet and Figure code)의 표기(Word/Code word to be used)와 발음(Pronunciation/Spoken as) 문제는 매회 반복 출제되고 있으므로, 무엇보다 이를 먼저 완벽하게 숙지해야 하겠습니다.

5. Which of the following phonetic alphabet code word of 'ICAO' is correct?

① India, Charlie, Alpha, Omega
② Indian, Charles, Alfa, Oskar
③ Indian, Charles, Alpha, Omega
❹ India, Charlie, Alfa, Oscar

해설

다음 중 'ICAO'의 음성알파벳코드 단어로 올바른 것은?
 ①, ③의 Omega(×), ②, ③의 Indian(×), ②, ③의 Charles(×), ②의 Oskar(×)이므로 ❹번을 선택함.

 『무선통신매뉴얼』, ICAO Doc 9432 "Manual of Radiotelephony"에서 A는 Alpha이므로 사실 ❹번도 오답임. 다만, 전파규칙(RR) Phonetic alphabet and Figure code에서는 A가 Alfa임.

 따라서 A의 표기(code word)는 Alpha와 Alfa 모두 정답으로 간주되며, 발음은 둘 다 <u>AL</u> FAH임.

 참고로 미연방항공청(FAA) A의 표기(code word) 또한 Alfa임.

6. 다음 중 항공통신에 사용하는 숫자의 표현으로 적절하지 않은 것은?

2020년 제4회 검정

❶ Aircraft call sign, CCA 211 : Air China two eleven (×) → Air China two one one (O)
② Heading, 100 degrees : heading one zero zero (O)
③ Runway, 15 : runway one five (O)
④ Altimeter setting, 1013 : QNH one zero one three (O)

 해설

『무선통신매뉴얼』, 2.4 숫자 송신
ICAO Doc 9432 "Manual of Radiotelephony" 2.4 TRANSMISSION OF NUMBERS

2.4.2 All numbers, except as specified in 2.4.3, shall be transmitted by pronouncing each digit separately.	2.4.2 2.4.3절에 명시된 것을 제외하고, 모든 숫자는 각각 분리된 숫자로 발음하여 송신하여야 한다.

aircraft call signs AAR 242	*transmitted as* Asiana Air **two four two**
flight levels FL 180 FL 200	*transmitted as* flight level **one eight zero** flight level **two zero zero**
headings 100 degrees 080 degrees	*transmitted as* heading **one zero zero** heading **zero eight zero**
wind direction and speed 200 degrees 25 knots 160 degrees 18 knots gusting 30 knots	*transmitted as* wind **two zero zero** degrees **two five** knots wind **one six zero** degrees **one eight** knots gusting **three zero** knots
transponder codes 2 400 4 203	*transmitted as* squawk **two four zero zero** squawk **four two zero three**
runway 27 30	*transmitted as* runway **two seven** runway **three zero**
altimeter setting 1 010 1 000	*transmitted as* QNH **one zero one zero** QNH **one zero zero zero**

2.4.3 All numbers used in the transmission of altitude, cloud height, visibility and runway visual range (RVR) information, which contain whole hundreds and whole thousands, shall be transmitted by pronouncing each digit in the number of hundreds or thousands followed by the word HUNDRED or THOUSAND as appropriate. Combinations of thousands and whole hundreds shall be transmitted by	2.4.3 고도, 구름 높이, 시정 및 활주로가시거리(RVR) 정보를 전송할 때 사용되는, 백 또는 천 단위로 떨어지는 숫자를 포함하는 모든 숫자는 백 또는 천 단위 숫자를 각각 발음하고, 그 뒤에 적절하게 단어 HUNDRED 또는 THOUSAND를 붙여 송신하여야 한다. 천 단위와 백 단위로 떨어지는 숫자의 조합은 천 단위 숫자 뒤에 단어 THOUSAND를, 그리고 백 단위 숫자 다음에 단어 HUNDRED를 붙여 각각 분리하여 발음하여 송신하여야 한다.

pronouncing each digit in the number of thousands followed by the word THOUSAND followed by the number of hundreds followed by the word HUNDRED.

altitude	*transmitted as*
800	eight hundred
3 400	three thousand four hundred
12 000	one two thousand
cloud height	*transmitted as*
2 200	two thousand two hundred
4 300	four thousand three hundred
visibility	*transmitted as*
1 000	visibility one thousand
700	visibility seven hundred
runway visual range	*transmitted as*
600	RVR six hundred
1 700	RVR one thousand seven hundred

7. 다음 중 VHF 통신에 있어서 채널의 간격이 8.33[kHz]일 경우 주파수의 통신방법으로 가장 적절한 것은?

2017년 제1회 검정 등 다수

❶ 118.025 -one one eight decimal zero two five
② 118.010 -one one eight decimal zero one
③ 118.020 -one one eight point zero two
④ 118.010 -one one eight point zero one

『무선통신매뉴얼』, 2.4 숫자 송신
ICAO Doc 9432 "Manual of Radiotelephony" 2.4 TRANSMISSION OF NUMBERS

2.4.4 Except as specified in 2.4.5 all six digits of the numerical designator should be used to identify the transmitting channel in VHF radiotelephony communications, except in the case of both the fifth and sixth digits being zeros, in which case only the first four digits should be used.

Note 1.— The following examples illustrate the application of the procedure in 2.4.4:

2.4.4 2.4.5에 명시된 경우를 제외하고, <u>VHF 무선통신에서 송신채널을 식별하기 위해 숫자 지정자의 6자리 숫자를 모두 사용하여야 한다.</u> 단 다섯 번째와 여섯 번째 숫자가 모두 0인 경우에는 처음 4자리만 사용하여야 한다.

주1- 다음 예시는 2.4.4 절차의 적용을 보여준다.

Channel	Transmitted as
118.000	ONE ONE EIGHT DECIMAL ZERO
118.005	ONE ONE EIGHT DECIMAL ZERO ZERO FIVE
118.010	ONE ONE EIGHT DECIMAL ZERO ONE ZERO
118.025	ONE ONE EIGHT DECIMAL ZERO TWO FIVE
118.050	ONE ONE EIGHT DECIMAL ZERO FIVE ZERO
118.100	ONE ONE EIGHT DECIMAL ONE

Note 2.— Caution must be exercised with respect to the indication of transmitting channels in VHF radiotelephony communications when all six digits of the numerical designator are used in airspace where communication channels are separated by 25 kHz, because on aircraft installations with a channel separation capability of 25 kHz or more, it is only possible to select the first five digits of the numerical designator on the radio management panel.

Note 3.— The numerical designator corresponds to the channel identification in Annex 10, Volume V, Table 4-1 (bis).

주2- **25 kHz 채널 간격으로 통신채널을 사용 중인 공역에서 숫자지정자로 6자리 숫자가 모두 사용되는 경우에는, VHF 무선통신에서 송신채널 표시에 주의를 기울여야 한다.** 25 kHz 이상의 채널 간격 운영능력을 갖춘 항공기에서는, 무선관리패널에서 숫자 지정자의 처음 5자리만 선택할 수 있기 때문이다.

주3- 숫자지정자는 부속서 10, 제5권, 표 4-1(bis)의 채널 식별과 동일하다.

2.4.5 In airspace where all VHF voice communications channels are separated by 25 kHz or more and the use of six digits as in 2.4.4 is not substantiated by the operational requirement determined by the appropriate authorities, the first five digits of the numerical designator should be used, except in the case of both the fifth and sixth digits being zeros, in which case only the first four digits should be used.

2.4.5 모든 VHF 음성통신 채널 간격이 25 kHz 이상이고 2.4.4에서와 같이 6자리 숫자의 사용이 관련 당국이 결정한 운영요건에 의해 입증되지 않는 공역에서는, 숫자지정자의 처음 5자리를 사용하여야 한다. 단, 다섯 번째와 여섯 번째 숫자가 모두 0인 경우는 처음 4자리만 사용하여야 한다.

Note 1.— The following examples illustrate the application of the procedure in 2.4.5 and the associated settings of the aircraft radio management panel for communication equipment with channel separation capabilities of 25 kHz and 8.33/25 kHz:

주1- 다음 예시는 2.4.5 절차의 적용과 **25 kHz 및 8.33/25 kHz**의 채널 간격 운영능력을 갖춘 통신장비에 대한 항공기 무선관리패널 설정을 보여준다.

Channel	Transmitted as	Radio management panel setting for communication equipment with	
		25 kHz (5 digits)	8.33/ 25 kHz (6 digits)
118.000	ONE ONE EIGHT DECIMAL ZERO	118.00	118.000
118.025	**ONE ONE EIGHT DECIMAL ZERO TWO**	118.02	**118.025**
118.050	ONE ONE EIGHT DECIMAL ZERO FIVE	118.05	118.050
118.075	ONE ONE EIGHT DECIMAL ZERO SEVEN	118.07	118.075
118.100	ONE ONE EIGHT DECIMAL ONE	118.10	118.100

Note 2.— Caution must be exercised with respect to the indication of transmitting channels in VHF radiotelephony communications when five digits of the numerical designator are used in airspace where aircraft are also operated with channel separation capabilities of 8.33/25 kHz. On aircraft installations with a channel separation capability of 8.33 kHz and more, it is possible to select six digits on the radio management panel. It should therefore be ensured that the fifth and sixth digits are set to 25 kHz channels (see Note 1).

Note 3.— The numerical designator corresponds to the channel identification in Annex 10, Volume V, Table 4-1 (bis).

주2- 8.33/25 kHz의 채널 간격 운용능력을 갖춘 항공기가 운항하는 공역에서 숫자지정자의 5자리 숫자가 사용되는 경우, **VHF 무선통신에서 송신채널을 표시할 때 주의를 기울여야 한다.** 8.33 kHz 이상의 채널 간격 운용능력이 탑재된 항공기의 경우, 무선관리패널에서 6자리 숫자를 선택할 수 있다. 따라서 다섯 번째 및 여섯 번째 숫자가 25 kHz 폭 채널로 설정되어 있는지를 확인해야 한다. (주1 참조)

주3- 숫자지정자는 부속서 10, 제5권, 표 4-1(bis)의 채널 식별과 동일하다.

2.5 TRANSMISSION OF TIME

2.5.1 When transmitting time, only the minutes of the hour should normally be required. Each digit should be pronounced separately. However, the hour should be included when any possibility of confusion is likely to result.

Note.— The following example illustrates the application of this procedure:

2.5 시간 송신

2.5.1 시간은 일반적으로 시간의 분(分) 단위만 송신하고, 숫자를 각각 분리하여 발음하여야 한다. 그러나 혼동이 일어날 가능성이 있다면 시간(時間) 단위도 포함하여야 한다.

주- 다음 예시는 해당 절차의 적용을 보여준다.

Time	Statement
0920 (9:20 A.M.)	TOO ZE-RO *or* ZE-RO NIN-er TOO ZE-RO
1643 (4:43 P.M.)	FOW-er TREE *or* WUN SIX FOW-er TREE

Note.- Co-ordinaied universa[time (UTC) shall be used.

주- 세계 표준시가 사용된다.

2.5.2 Pilots may check the time with the appropriate ATS unit. Time checks shall be given to the nearest half minute.	2.5.2 조종사들은 관계 항공교통업무기관에 요청하여 시간을 점검할 수 있다. 시간 점검은 30초를 기준하여 가장 가까운 쪽의 분(分)으로 제공하여야 한다.
(관제사)　KOCA 001, TIME 0611 　　　　　or 　　　　　KOCA 001, TIME 0715 AND A HALF	(조종사)　KOCA 001, 　　　　　REQUEST TIME CHECK

8. 항공무선통신에서 숫자를 나타내는 표현으로 적합하지 않은 것은?　　　2018년 제4회 검정

① Numbers are used in almost every radio call 번호(숫자)는 거의 모든 무선통화에 사용된다.
❷ "10" should be pronounced "ten" (×) "10"은 "텐"으로 발음해야 한다.(×) → one zero(O)
③ "11,000" is pronounced "one one thousand" "11,000"은 "one one thousand"으로 발음된다
④ All numbers are spoken by pronouncing each digit separately except for whole hundreds and thousands 전체가 백(100) 단위 및 천(1,000) 단위인 것을 제외하고는 모든 번호(숫자)는 각 숫자를 분리해서 발음하여 말한다.

9. 항공무선 통신에서 고도계 수정치 '29.92'를 송신할 때 맞는 것은?　　　2015년 제4회 검정

❶ Two nine point nine two (×)
② Two niner niner two (O)　　⚠ 아래 <해설> '바항'의 고도계수정치 참조
③ Twenty nine decimal ninety two
④ Twenty nine ninety two

해설

『항공교통관제절차』 제2장 관제 일반((GENERAL CONTROL)

2-4-17 숫자 사용법(Numbers Usage)

숫자는 다음과 같이 읽는다 :
가. 일련번호 - 분리된 숫자

예	숫 자	읽　　　기
	11,495	"One one four niner five"
	20,069	"Two zero zero six niner"

나. 고도 또는 비행고도 :
　1) 고도 - 100 또는 1,000단위로 "HUNDRED" 또는 "THOUSAND"를 적절히 붙여 각각 분리하여 읽는다.

예	숫 자	읽　　　기
	10,000	"One zero thousand."
	11,000	"One one thousand."
	12,900	"One two thousand niner hundred."

　　주기 : 관제사가 선호하는 경우, 더욱 명확히 하기 위하여 고도를 그룹 폼(group form)으로 바꾸어 다시 말할 수 있다.

예	숫 자	읽 기
	10,000	"Ten thousand."
	11,000	"Eleven thousand."
	12,900	"Twelve thousand niner hundred."

2) 비행고도 - "Flight Level"뒤에 비행고도를 각각 분리하여 읽는다.

예	비행 고도	읽 기
	140	"Flight level one four zero."
	275	"Flight level two seven five."

3) MDA/DH 고도 - MDA/DH 고도를 하나씩 각각 분리하여 읽는다.

예	MDA/DH(고도)	읽 기
	1,320	"Minimum descent altitude, one three two zero."
	486	"Decision height, four eight six."

다. 시간 :

1) 일반적인 시간정보 - 국제표준시(UTC)로 시간 및 분의 4자리 단위로 각각 분리하여 읽는다.

예	시간(12HR)	UTC	읽 기
	1:15 A.M.	0115	"Zero one one five."
	1:15 P.M.	1315	"One three one five."

2) 요구시 - UTC 형식의 4자리 분리된 시간 다음에 같은 지역표준시간을 말하거나 같은 지역시간만 말한다. 지역시간은 24시간 시스템에 기초한 것이며, "Local"은 UTC 이외의 것을 참고할 때, 언급한다. "Zulu"는 UTC 를 표기하기 위하여 사용된다.

예	UTC	시간(24HR)	시간(12HR)	읽 기
	0530	1430 KST	2:30 PM	"Zero five three zero, one four three zero local." 또는"Two-thirty P-M."

3) 시간점검 - "Time" 다음에 시간 및 분의 네 자리 분리된 숫자 및 가장 가까운 1/4분(15초 단위)을 읽는다. 8초 미만의 1/4분은 이전 1/4분 단위로 읽고, 8초 이상의 1/4분은 다음의 1/4분 단위로 읽는다.

예	시 간	읽 기
	1415 : 06	"Time, one four one five."
	1415 : 10	"Time, one four one five and one-quarter."

4) 약식시간 - 분 단위만의 분리된 숫자로 표시

예	시 간	읽 기
	1415	"One five."
	1420	"Two zero."

라. 공항표고 - "Field Elevation"이란 말 다음에 표고의 분리된 숫자로 읽는다.

예	표 고	읽 기
	17feet	"Field elevation, one seven."
	817feet	"Field elevation, eight one seven."
	2,817feet	"Field elevation, two eight one seven."

마. "0"이라는 숫자는 허가된 항공기 호출부호 및 고도를 제외하고 "Zero"로 읽는다.

예	"Zero"로 읽을 경우	그룹폼(group form)으로 읽을 때
	"Field elevation one six zero."	"Western five thirty."
	"Heading three zero zero."	"EMAIR one ten."
	"One zero thousand five hundred."	"Ten thousand five hundred."

바. 고도계수정치 - "Altimeter" 또는 "QNH"란 말 다음에 고도계수정치를 분리된 숫자로 읽는다.

예	수 정 치	읽 기
	30.01	"Altimeter, three zero zero one."
	1013	"QNH, one zero one three."

사. 지상풍 - "Wind"란 단어 다음에 풍향을 10°단위의 분리된 숫자로, "AT/DEGREES"란 단어와 Knots로 지시된 풍속을 분리된 숫자로 읽으며, Gusts가 관측되면 함께 언급한다.
- 관제용어 : WIND (숫자) AT (숫자)
  [Surface] WIND (숫자) DEGREES (속도) (단위)
  WIND AT (고도) (숫자) DEGREES (숫자) KILOMETERS PER HOUR (또는 KNOTS)
- 주기 : 바람은 항상 평균방향 및 속도와 중요한 편차로 표현된다.
- 주기 : 돌풍이란 평균풍속보다 10kts이상인 바람 정보를 의미하며, 이·착륙하는 항공기의 안전을 고려하여 평균풍속보다 5kts 이상인 최대풍속 정보를 제공하여야 한다.

⚠ 참고 : Doc 4444 12.3.1.8 & ANNEX 3

예: "Wind zero three zero at two five."
"Wind zero three zero degrees two five knots"
"Wind two seven zero at one five gusts three five."
"Wind two seven zero at six maximum wind 15."

아. 기수방향 - "HEADING"다음에 각도를 3자리의 분리된 숫자로 읽고 "DEGREES"는 생략한다. 북쪽을 표시할 때는 HEADING 360로 읽어야 한다.

예	방 향	읽 기
	5 degrees	"Heading zero zero five."
	30 degrees	"Heading zero three zero."
	360 degrees	"Heading three six zero."

자. 레이더 비컨코드 - 4단위의 분리된 숫자로 읽는다.

예	코 드	읽 기
	1000	"One zero zero zero."
	2100	"Two one zero zero."

차. 활주로 - "Runway" 다음에 활주로 번호를 분리된 숫자로 읽는다. 평행 활주로에서는 "L", "R" 또는 "C"가 부여된 경우, "LEFT", "RIGHT" 또는 "CENTER"라고 읽는다.

예	명 칭	읽 기
	3	"Runway Three."
	8L	"Runway Eight Left."
	27R	"Runway Two Seven Right."

카. 주파수
  1) 주파수는 분리된 숫자로 읽으며, 소수점의 사용이 필요한 경우, "Point"또는 "Decimal"을 삽입하여 읽는다.
    가) 소수점 아래 두 자리까지는 읽고, 이하 숫자는 생략한다.
    나) 주파수가 L/MF 주파수대일 때, "Kilohertz"를 포함한다.

    예

주파수	읽 기
126.55MHz	"One two six point five five." 또는 "One two six decimal five five."
369.0MHz	"Three six niner point zero." 또는 "Three six niner decimal zero."
121.5MHz	"One two one point five." 또는 "One two one decimal five."
135.275MHz	"One three five point two seven." 또는 "One three five decimal two seven."
302KHz	"Three zero two Kilohertz."

  ⚠ 참고 : ICAO ANNEX10 VOL. II 제5장(5.2.1.3.1.2)

  2) 공군ㆍ미공군/해군ㆍ미해군 : 군항공기 및 항공교통관제기관이 같은 채널을 사용하는 국지절차가 수립된 경우, 터미널(Terminal) 항공기에게 주파수 대신에 터미널(Terminal) 채널번호를 사용할 수 있다.

    예

주파수	읽 기
275.8MHz	"Local channel one six."

  3) TACAN 주파수는 2개 또는 3개의 지정된 채널 숫자를 읽어서 발부한다.
    예 : "TACAN channel nine seven."

타. 속 도
  1) 5-7-2"방법"을 제외하고는 속도를 나타내는 숫자다음에 "KNOTS"를 붙여 읽는다.

    예

속 도	읽 기
250	"Two five zero knots."
190	"One niner zero knots."

  2) 마하 표시는 "Mach" 다음에 속도를 나타내는 분리된 숫자로 읽는다.

    예

"Mach" 속도	읽 기
1.5	"Mach one point five."
0.64	"Mach point six four."
0.7	"Mach point seven."

파. 마일 - 마일 표기는 거리를 나타내는 분리된 숫자 다음에 "Mile"을 붙여 읽는다.
  예 : "Three zero mile arc east of Gwangju."
      "Traffic, one o'clock, two five miles, Northbound, D-C eight, FL270."

2-4-18 숫자의 명확화(Number Clarification)

명확성이 필요하다고 판단될 때, 2-4-17"숫자 사용법"에 명시된 대로 말한 후, 관제사는 그룹 폼(group form) 또는 각 분리된 숫자를 사용하여 다시 말할 수 있다.

예 : "One seven thousand, seventeen thousand."
　　　"Altimeter two niner niner two, twenty nine ninety two."
　　　"One two six point (또는 decimal) five five, one twenty six fifty five."

2-4-19 항공교통관제기관 명칭(Facility Identification)

항공교통관제기관은 다음과 같이 호칭 한다.

가. 공항 관제탑 - 시설명칭 뒤에 "TOWER"를 사용한다. 군 및 민간공항이 같은 지역에 위치하고, 유사한 명칭을 사용하는 곳에서는 군 명칭 뒤에 군 시설 명칭 및 "TOWER"를 사용한다.

예 : "Gimpo tower", "Suwon tower", "Jeju tower"

나. 지역관제소 - 시설명칭 뒤에 "CONTROL"을 사용한다.

다. RAPCON을 포함한 접근관제시설 - 시설명칭 다음에 "APPROACH"를 사용한다. 군 및 민간시설이 같은 지역에 위치하고 유사한 명칭을 사용하는 곳에서는 군 명칭 다음에 군 시설명칭 및 "APPROACH"를 사용한다.

예 : "Seoul approach.", "Gimhae approach.", "Daegu approach."

라. 터미널(Terminal) 시설내의 기능 - 시설명칭 다음에 기능명칭을 사용한다.
예 : "Gimhae departure.", "Gimpo clearance delivery.",
　　　"Gimpo ground."

마. 음성통신제어시스템(VSCS : Voice Switching Control System) 장비가 없는 두 시설 간 인터폰 호출 또는 응신시, 시설명칭을 생략할 수 있다.

예 : "Seoul, handoff."

바. 비행정보소 - 시설명칭 다음에 "RADIO"를 사용한다.

예 : "Seoul Radio."

사. ASR 또는 PAR를 갖고 있으나 접근관제업무를 수행치 않는 레이더시설 - 시설명칭 다음에 "GCA"를 사용한다.

예 : "Suwon GCA.", "Cheongju GCA.", "Seoul GCA."

10. 항공통신의 송신내용 끝에 송신하는 용어로서 "My transmission is ended, and I expect a response from you."의 뜻에 맞는 것은?

2022년 제1회 검정 등 다수, 빈출문제

① Out   ❷ Over   ③ End   ④ Completed

해설

『무선통신매뉴얼』 2.6 표준 단어 및 어구
ICAO Doc 9432 "Manual of Radiotelephony" 2.6 STANDARD WORDS AND PHRASES

2.6 STANDARD WORDS AND PHRASES	2.6 표준 단어 및 어구
The following words and phrases shall be used in radiotelephony communications as appropriate and shall have the meaning given below.	아래에 표기된 단어 및 어구는 무선통신에서 적절히 사용되어야 하며 그 의미는 다음과 같다.

Word/Phrase	Meaning
ACKNOWLEDGE	Let me know that you have received and understood this message. 이 메시지를 수신하고 이해했는지를 알려달라
AFFIRM	Yes 예
APPROVED	Permission for proposed action granted 요청사항에 대해 허가한다
BREAK	I hereby indicate the separation between portions of the message. *Note.— To be used where there is no clear distinction between the text and other portions of the message.* 메시지 내용이 분리된 것을 표시한다. *주- 메시지와 다른 메시지가 명확히 구분되지 않을 때 사용*
BREAK BREAK	I hereby indicate the separation between messages transmitted to different aircraft in a very busy environment. 매우 바쁜 상황에서 서로 다른 항공기에게 전달된 메시지가 분리된 것을 의미한다
CANCEL	Annul the previously transmitted clearance. 이전에 허가했던 것을 취소한다
CHECK	Examine a system or procedure. *Note.— Not to be used in any other context. No answer is normally expected.* 시스템이나 절차를 확인하라 *주- 다른 맥락에서는 사용되지 않음. 통상 대답은 하지 않음*
CLEARED	Authorized to proceed under the conditions specified. 특정조건하에서 진행을 허가한다
CONFIRM	I request verification of: (clearance, instruction, action, information). (허가, 지시, 정보 또는 요청발부) 에 대한 확인을 요청한다
CONTACT	Establish radio contact with . . . . . .와 무선 교신하라
CORRECT	True. or Accurate. 맞다. 또는 정확하다

CORRECTION	An error has been made in this transmission (or message indicated). The correct version is . . . 통신 내용에 잘못된 부분이 발생되었으며, 수정된 내용은 ... 이다
DISREGARD	Ignore. 이 메세지를 무시하라
HOW DO YOU READ	What is the readability of my transmission? 나의 송신 감도는 어떤지 알려달라 (이 메세지가 얼마나 잘 수신되고 있는지 알려달라)
I SAY AGAIN	I repeat for clarity or emphasis. 전달내용을 분명히 하고 강조하기 위해 반복한다
MAINTAIN	Continue in accordance with the condition(s) specified or in its literal sense. e.g. "maintain VFR" 지정된 조건에 따라 계속하라. 혹은 문자 그대로 (고도/비행고도 등을) 유지하라 예) "maintain VFR"
MONITOR	Listen out on (frequency). 주파수를 경청하라
NEGATIVE	No or Permission not granted or That is not correct or not capable. NO, 허가불허, 그것은 정확하지 않다, 혹은 불가능하다
OUT	This exchange of transmissions is ended and no response is expected. Note.— Not normally used in VHF communications. 송신이 끝났고 대답은 더 이상 필요하지 않다 주- VHF 통신에는 보통 사용하지 않는다
OVER	My transmission is ended and I expect a response from you. Note.— Not normally used in VHF communications. 내 송신은 끝났으니 그 쪽에서 대답하라 주- VHF 통신에는 보통 사용하지 않는다
READ BACK	Repeat all, or the specified part, of this message back to me exactly as received. 내 메시지의 일부나 전부를 정확하게 반복해보라
RECLEARED	A change has been made to your last clearance and this new clearance supersedes your previous clearance or part thereof. 이전의 허가사항이 변경되었으니 새로운 허가사항으로 대체하라
REPORT	Pass me the following information. 다음의 정보를 나에게 전해달라
REQUEST	I should like to know . . ., or I wish to obtain . . . . .을 알고싶다...을 얻고싶다
ROGER	I have received all of your last transmission. Note- Under no circumstances to be used in reply to a question requiring "READ BACK" or a direct answer in the affirmative (AFFIRM) or negative (NEGATIVE) 당신의 마지막 송신을 모두 받았다 주- "READ BACK"이나 긍정 및 부정으로 대답을 요구하는 질문에 대한 답으로 사용하여서는 안 된다.

SAY AGAIN	Repeat all, or the following part, of your last transmission.
	마지막으로 송신한 내용의 전부나 일부를 반복하라
SPEAK SLOWER	Reduce your rate of speech.
	말하는 속도를 천천히 하라
STANDBY	Wait and I will call you.
	Note.— The caller would normally re-establish contact if the delay is lengthy. STANDBY is not an approval or denial.
	기다리면 내가 부르겠다
	주– 호출한 사람은 지연이 길어질 경우 재 교신을 하여야 한다. STANDBY는 승인 또는 거부를 의미하는 것은 아니다
UNABLE	I cannot comply with your request, instruction, or clearance.
	Note.— UNABLE is normally followed by a reason.
	당신의 요구, 지시, 허가에 따를 수 없다
	주- UNABLE은 보통 그 이유가 뒤따른다
WILCO	(Abbreviation for "will comply".) I understand your message and will comply with it.
	(WILL COMPLY의 축약형) 당신의 메시지를 알아들었으며 그대로 따르겠다
WORDS TWICE	a) As a request: Communication is difficult. Please send every word or group of w&ds twice.
	b) As information: Since communication is difficult, every word or group of words in this message will be sent twice.
	a) 요청 시 : 통신내용이 어려우니 모든 낱말이나 구를 두 번씩 반복해 달라
	b) 정보제공 시 : 통신내용이 어려우니 이 메시지의 단어나 구를 두 번씩 보낼 것이다

Note.— The phrase "GO AHEAD" has been deleted, in its place the use of the calling aeronautical station's call sign followed by the answering aeronautical station's call sign shall be considered the invitation to proceed with transmission by the station calling.

주- 어구 "GO AHEAD"는 삭제되었으며, 대신 호출국의 호출부호 다음에 응답국의 호출부호를 전송하는 것이 호출국에게 메시지 전송을 계속해도 좋다는 의미로 간주된다.
예) (관제사) "HL1234, JEJU Tower"
*   (조종사) "JEJU Tower, HL1234"*

⚠️ 무선통신에서 숫자 송신방법과 표준 단어 및 어구의 의미 구분은 매회 반복 출제되고 있으므로, 무엇보다 이를 먼저 완벽하게 숙지해야 하겠습니다.

11. 다음 중 관제기관과 해당 관제기관 호출부호에 사용하는 접미사가 적절히 연결된 것은? 2015년 제4회 검정

① Area Control Center - Center (×) → CONTROL
② Approach Control - Control (×) → APPROACH
③ Aeronautical Station - Radar (×) → RADIO
❹ Company Dispatch - Dispatch (O) → DISPATCH

『무선통신매뉴얼』 2.7 호출부호
ICAO Doc 9432 "Manual of Radiotelephony" 2.7 CALL SIGNS,

2.7 CALL SIGNS	2.7 호출부호
2.7.1 Call signs for aeronautical stations	2.7.1 항공국 호출부호
2.7.1.1 Aeronautical stations are identified by the name of the location followed by a suffix. The suffix indicates the type of unit or service provided.	2.7.1.1 항공국은 지명 다음에 접미사를 붙여 식별한다. 접미사는 기관의 형태 또는 제공업무를 나타낸다.

기관 또는 업무	호출 접미사
Area control center	**CONTROL**
Radar(in general)	RADAR*
Approach control	**APPROACH**
Approach control radar arrivals	ARRIVAL
Approach control radar departure	DEPARTURE
Aerodrome control	TOWER
Surface movement control	GROUND
Clearance delivery	DELIVERY
precision approach radar	PRECISION*
Direction finding station	HOMER*
Flight information service	INFORMATION
Apron/Ramp control/management service	APRON
Company dispatch	**DISPATCH**
Aeronautical station	RADIO

* Indicates that those suffixes may not used in Korea
(이러한 접미사는 한국에서 사용할 수 없음을 나타낸다.)

2.7.1.2 When satisfactory communication has been established, and provided that it will not be confusing, the name of the location or the call sign suffix may be omitted.	2.7.1.2 만족스러운 통신이 이루어지고 혼동을 일으킬 가능성이 없다면, 지명이나 호출 접미사를 생략할 수 있다.

2.7.2 Aircraft call signs

2.7.2.1 An aircraft call sign shall be one of the following types:

Type	Example
a) the characters corresponding to the registration marking of the aircraft;	HL 1234 *or* Cessna HL 1234
b) the telephony designator of the aircraft operating agency, followed by the last four characters of the registration marking of the aircraft; or	KAL 7401
c) the telephony designator of the aircraft operating agency, followed by the flight identification.	JJA 001

Note.- the name of the aircraft manufacturer or name of aircraft model may be used as a radiotelephony prefix to the Type a) above.

2.7.2.2 After satisfactory communication has been established, and provided that no confusion is likely to occur, aircraft call signs specified in 2.7.2.1 may be abbreviated as follows:

Type	Example
a) the first and at least the last two characters of the aircraft registration;	HL34 or Cessna HL34
b) the telephony designator of the aircraft operating agency followed by at least the last two characters of the aircraft registration;	KAL 01
c) No abbreviated form	-

Note.— The abbreviated examples correspond to 2.7.2.1.

2.7.2.2.1 An aircraft shall use its abbreviated call sign only after it has been addressed in this manner by the aeronautical station.

2.7.2.3 An aircraft shall not change its type of call sign during flight except that where there is a likelihood that confusion may occur because of similar call signs, an aircraft may be instructed by an air traffic control unit to change the type of its call sign temporarily.

2.7.2 항공기 호출부호

2.7.2.1 항공기의 호출부호는 다음 형태중의 하나여야 한다.

Type	Example
a) 항공기의 등록부호와 동일한 문자	HL 1234 *or* Cessna HL 1234
b) 항공기 운영회사의 무선통신지정어 다음에 그 항공기의 4자리 등록부호	KAL 7401
c) 항공기 운영회사의 무선통신지정어 다음에 항공기 식별부호	JJA 001

주- 위 a)의 경우에는 항공기 제작회사나 항공기의 모델 명을 무선통신 시 앞부분에 붙여 사용할 수 있다.

2.7.2.2 만족스러운 통신이 이루어지고 혼동을 일으킬 가능성이 없다면, 2.7.2.1에 기술된 항공기 호출부호를 다음과 같이 축약하여 사용할 수 있다.

Type	Example
a) 항공기등록부호의 첫 문자와 적어도 마지막 2문자	HL34 or Cessna HL34
b) 항공기 운영회사의 무선통신지정어 다음에 적어도 항공기 등록부호의 마지막 2문자	KAL 01
c) 약어형태를 쓰지 않는 경우	-

주- 축약된 예시는 2.7.2.1과 동일하다.

2.7.2.2.1 항공기는 항공국에서 이러한 방식으로 호출한 경우에만 축약된 호출부호를 사용하여야 한다.

2.7.2.3 항공기는 유사한 호출부호로 인하여 혼동이 일어날 가능성이 있는 경우를 제외하고는 호출부호 유형을 변경하여서는 아니 되고, 항공교통관제기관은 일시적으로 호출부호의 유형을 변경하도록 지시할 수 있다.

2.7.2.4 Aircraft in the heavy or super wake turbulence category shall include the word "HEAVY" or "SUPER" immediately after the aircraft call sign in the initial contact between such aircraft and ATS units.

2.7.2.4 항적난기류 "HEAVY" 및 "SUPER" 등급의 항공기는 해당 항공기와 항공교통업무기관 간의 최초 무선교신 시에 항공기 호출부호 뒤에 "HEAVY" 및 "SUPER"라는 단어를 붙여 사용하여야 한다.

12. 조난 중인 항공기를 관제하는 기관에서 기타 무선국의 무선침묵을 지시할 때 사용되는 표현으로 가장 적절한 내용은?

2019년 제4회 검정, 2015년 제4회 검정

❶ Stop transmitting
② Break Break
③ Keep Silence
④ Stand By

ICAO Annex 10. Aeronautical Telecommunications(항공통신 업무)
Volume II, Communication Procedures including those with PANS status
5.3.2. 3 Imposition of silence(침묵 부과)

5.3.2.3.1 The station in distress, or the station in control of distress traffic, shall be premitted to impose silence, either on all station of the mobile service in the area or on any station which interferes with the distress traffic. It shall address these instructions "to all station", or to one station only, according to circumstances. In either case, it shall use:

- **STOP TRANSMITTING**

- the radiotelephony distress signal **MAYDAY**

조난 무선국 또는 조난 항공기를 통제하는 무선국은 그 지역에 있는 이동업무의 모든 국 또는 조난 항공기를 방해하는 모든 국에 침묵을 부과하는 것이 허용되어야 한다. 상황에 따라 이 지침을 "모든 무선국에" 또는 한 무선국에 지정해야 한다. 두 경우 모두 다음을 사용해야 한다.

- 통신 중단

- 무선통신 조난신호 **MAYDAY**

『무선통신매뉴얼』 9.2.2 통신중단 요청
ICAO Doc 9432 "Manual of Radiotelephony" 9.2.2 Imposition of silence

| Chapter 9 | 제 9 장 |
| Distress and Urgency Procedures and Communications Failure Procedures | 조난 및 긴급 절차와 통신 두절시의 절차 |

9.1 INTRODUCTION / 9.1 개요

9.1.1 Distress and urgency communication procedures are detailed in Annex 10, Volume II.

9.1.1 조난 및 긴급 통신절차는 부속서 10, 제2권에 상세히 기술되어 있다.

9.1.2 Distress and urgency conditions are defined as:
a) ***Distress***: a condition of being threatened by serious and/or imminent danger and of requiring immediate assistance.
b) ***Urgency***: a condition concerning the safety of an aircraft or other vehicle, or of some person on board or within sight, but which does not require immediate assistance.

9.1.2 조난 및 긴급상황의 정의는 다음과 같다:
a) ***조난***: 심각하거나 긴박한 위험에 처해 있으며, 즉각적인 도움을 필요로 하는 상황
b) ***긴급***: 즉각적인 도움을 필요로 하지는 않으나 항공기, 차량, 탑승객 또는 가시거리 내의 사람의 안전과 관련된 상황

9.1.3 The word "MAYDAY" spoken at the start identifies a **distress message**, and the words "PAN PAN" spoken at the start identifies an **urgency message**. The words "MAYDAY" or "PAN PAN", as appropriate, should preferably be spoken **three times** at the start of the initial distress or urgency call.

9.1.3 "MAYDAY"로 시작하는 경우 조난메시지를 의미하고, "PAN PAN"으로 시작하는 경우 긴급메시지를 의미한다. 경우에 따라 조난 혹은 긴급호출을 최초로 시작할 때 MAYDAY 또는 PAN PAN을 3회 반복하여 송신한다.

9.1.4 Distress messages have priority over all other transmissions, and urgency messages have priority over all transmissions except distress messages.

9.1.4 조난메시지는 모든 다른 통신에 우선권을 갖고, 긴급메시지는 조난메시지를 제외한 다른 모든 통신에 우선권을 갖는다.

9.1.5 Pilots making distress or urgency calls should attempt to speak slowly and clearly so as to avoid any unnecessary repetition.

9.1.5 조난 또는 긴급호출 시, 조종사는 불필요한 반복을 피하기 위해서 천천히 그리고 분명하게 말하여야 한다.

9.1.6 Pilots should adapt the phraseology procedures in this chapter to their specific needs and to the time available.

9.1.6 조종사는 본 장에서 기술한 용어 사용 절차를 그들의 요구 사항과 주어진 시간 내에 적절하게 적용하여야 한다.

9.1.7 Pilots should seek assistance whenever there is any doubt as to the safety of a flight. In this way the risk of a more serious situation developing can often be avoided.

9.1.7 조종사는 비행안전에 대해 확신이 없는 경우 언제든지 도움을 요청하여야 한다. 이를 통해 상황이 악화되는 것을 피할 수 있다.

9.1.8 A distress or urgency call should normally be made on the frequency in use at the time. Distress communications should be continued on this frequency unless it is considered that better assistance can be provided by changing to another frequency.

The frequency 121.5 MHz has been designated the international aeronautical emergency frequency although not all aeronautical stations maintain a continuous watch on that frequency.

These provisions are not intended to prevent the use of any other communications frequency if considered necessary or desirable, including the maritime mobile service RTF calling frequencies.

9.1.9 If the ground station called by the aircraft in distress or urgency does not reply, then any other ground station or aircraft shall reply and give whatever assistance possible.

9.1.10 A station replying (or originating a reply) to an aircraft in distress or urgency should provide such advice, information and instructions as is necessary to assist the pilot. Superfluous transmissions may be distracting at a time when the pilot's hands are already full.

9.1.11 Aeronautical stations shall refrain from further use of a frequency on which distress or urgency traffic is heard, unless directly involved in rendering assistance or until after the emergency traffic has been terminated.

9.2 DISTRESS MESSAGES

9.2.1 Aircraft in distress

9.2.1.1 A distress message should contain as many as possible of the following elements, if possible in the order shown:

a) name of the station addressed;
b) identification of the aircraft;
c) nature of the distress condition;
d) intention of the person in command;
e) position, level and heading of the aircraft; and
f) any other useful information.

9.1.8 일반적으로 조난 및 긴급호출은 그 당시 사용 중인 주파수 상에서 이루어져야 한다. 조난 통신은 다른 주파수를 이용할 때 보다 나은 지원을 받을 수 있다고 판단하는 경우가 아니라면 해당 주파수를 유지하여야 한다.

주파수 121.5MHz는 모든 항공국이 계속하여 감시하는 것은 아니더라도 국제적인 항공비상 주파수로 지정되어 있다.

이러한 규정은 해양이동업무 무선통신주파수를 포함한 다른 통신주파수의 사용이 필요하거나 바람직하다고 판단되는 경우, 그 주파수들의 사용을 막자는 의도는 아니다.

9.1.9 조난 또는 긴급상황에 처한 항공기가 지상국을 호출했음에도 불구하고 응답이 없는 경우, 다른 지상국 또는 항공기가 응답하여야 하며 가능한 모든 지원을 제공하여야 한다.

9.1.10 조난이나 긴급상황에 처한 항공기에게 응답하는 무선국은 조종사를 지원하는데 필요한 조언, 정보, 그리고 지시사항을 제공하여야 한다. 필요 이상의 송신은 조종사가 매우 바쁠 경우 혼란을 가중시킬 수 있다.

9.1.11 항공국은 직접적으로 상황을 지원하거나 비상상황이 종료된 경우를 제외하고 조난이나 긴급상황에 처한 항공기가 수신하는 주파수의 사용을 자제하여야 한다.

9.2 조난메시지

9.2.1 조난항공기

9.2.1.1 조난메시지는 다음의 순서대로 가능한 많은 내용을 포함하여야 한다.

a) 호출되는 무선국의 명칭
b) 항공기의 식별부호
c) 조난상태의 성격
d) 기장의 의도
e) 항공기의 위치, 고도 및 기수 방향
f) 기타 유용한 정보

(조종사)   MAYDAY MAYDAY MAYDAY
         JEJU TOWER HL1234
         ENGINE ON FIRE
         MAKING FORCED LANDING
         20 MILES SOUTH OF JEJU
         PASSING 3 000 FEET
         HEADING 360

(관제사)   HL1234 JEJU TOWER
         ROGER MAYDAY
         WIND AT JEJU 350 DEGREES
         10 KNOTS, QNH 1008

(조종사)   MAYDAY MAYDAY MAYDAY
         JEJU TOWER HL1234
         ENGINE FAILED. WILL ATTEMPT TO LAND YOUR FIELD,
         5 MILES SOUTH, 4 000 FEET, HEADING 360

(관제사)   HL1234 JEJU TOWER
         ROGER MAYDAY
         CLEARED STRAIGHT-IN APPROACH RUNWAY 25 WIND 360 DEGREES 10 KNOTS, QNH 1008, YOU ARE NUMBER ONE

(조종사)   CLEARED STRAIGHT-IN APPROACH RUNWAY 25
         QNH 1008 HL1234

9.2.1.2 These provisions are not intended to prevent the aircraft from using any means at its disposal to attract attention and make known its condition including the activation of the appropriate SSR code, 7700), nor any station from using any means at its disposal to assist an aircraft in distress. Variation on the elements listed under 9.2.1.1 is permissible when the transmitting station is not itself in distress, provided that such a circumstance is clearly stated.

9.2.1.3 The station addressed will normally be that station communicating with the aircraft or the station in whose area of responsibility the aircraft is operating.

9.2.1.2 위에서 기술한 조항은 조난상황에 처한 항공기가 주의를 환기시키고 해당 항공기의 상황을 전달하기 위해 일방적으로 조치하는 것을 방지하기 위한 절차가 아니며 (관련 SSR 코드 7700의 작동 포함), 무선국이 조난 항공기를 지원하기 위해 취하는 조치를 방해하는 절차 또한 아니다. 송신국이 조난 상황에 처한 항공기가 아니고, 그러한 상황이 명백히 입증되었다면 9.2.1.1에서 기술한 요소들은 다양한 형태로 변경하여 송신가능하다.

9.2.1.3 조난상황을 보고받는 무선국은 일반적으로 항공기와 통신하거나 운항하는 지역의 책임통신국이다.

9.2.2 Imposition of silence

9.2.2.1 An aircraft in distress or a station in control of distress traffic **may impose silence, either on all aircraft on the frequency or on a particular aircraft which interferes with the distress traffic.** Aircraft so requested will maintain radio silence until advised that the distress traffic has ended.

(관제사) ALL STATIONS JEJU TOWER
 STOP TRANSMITTING. MAYDAY
 or
 KOCA 001
 STOP TRANSMITTING, MAYDAY

9.2.3 Termination of distress and silence

9.2.3.1 When an aircraft is no longer in distress, it shall transmit a message cancelling the distress condition.

9.2.3.2 When the ground station controlling the distress traffic is aware that the aircraft is no longer in distress it shall terminate the distress communication and silence condition,

(관제사) HL1234
 WIND 350 DEGREES 8 KNOTS,
 RUNWAY 25 CLEARED TO LAND

(관제사) ALL STATIONS JEJU TOWER
 DISTRESS TRAFFIC ENDED

9.2.2 통신중단 요청

9.2.2.1 조난 항공기 또는 조난 상황을 관제하는 무선국은 해당 주파수로 교신하는 모든 항공기 혹은 조난 상황을 간섭하는 특정 항공기에 대해 통신중단을 요청할 수 있다. 해당 요청을 받은 항공기는 조난 상황 종료까지 통신중단을 유지하여야 한다.

9.2.3 조난 및 통신 중단의 종료

9.2.3.1 항공기의 조난상황이 해소된 경우 그 항공기는 조난 상황을 종료하는 메시지를 송신하여야 한다.

9.2.3.2 조난상황을 관제하는 지상국은 항공기의 조난상황이 해소된 것을 인지하였을 때 조난통신 및 통신중단 요청을 해제하여야 한다.

(조종사) JEJU TOWER HL1234
 CANCEL DISTRESS. ENGINE SERVICEABLE, RUNWAY IN SIGHT. REQUEST LANDING

(조종사) RUNWAY 25 CLEARED TO LAND HL1234

13. 다음 문장의 괄호 안에 들어갈 수준에 해당하는 것?

2020년 제4회 검정, 2015년 제1회 검정

> The language proficiency of aeroplane and helicopter pilots required to use the radiotelephone aboard an aircraft <u>who demonstrate proficiency below the Expert Level (　) shall be formally evaluated at intervals in accordance with an individual's demonstrated proficiency level.</u>

① 3　　　　　② 4　　　　　③ 5　　　　　❹ 6

해설

ICAO Annex 1. Personnel Licensing(항공종사자 면허)

1.2.9.6 Recommendation. — the language proficiency of **aeroplane,** airship, **helicopter** and powered-lift pilots, flight navigators required to use the radiotelephone aboard an aircraft, air traffic controllers and aeronautical station operators who demonstrate proficiency below the <u>Expert Level (Level 6)</u> should be formally evaluated at intervals in accordance with an individual's demonstrated proficiency level, as follows:

권고.— 항공기, 비행선, 헬리콥터 및 동력리프트 조종사, 항공기 탑승 시 무선전화 사용에 필요한 비행항법사, 전문가 수준(레벨 6) 이하의 숙련도를 입증하는 항공교통관제사 및 항공국 운영자의 언어 숙련도를 공식적으로 평가해야 한다. 다음과 같이 개인이 입증한 숙련도 수준에 따라 명령을 내린다.

a) those demonstrating language proficiency at the Operational Level (Level 4) should be evaluated at least once every three years; and

운영 수준(레벨 4)에서 언어 능력을 입증하는 사람은 **3년에 한 번 이상** 평가해야 한다.

b) those demonstrating language proficiency at the Extended Level (Level 5) should be evaluated at least once every six years.

확장 수준(레벨 5)에서 언어 능력을 입증하는 사람은 **최소 6년에 한 번** 평가해야 한다.

『항공안전법』 제45조(항공영어구술능력증명)
① 다음 각 호의 어느 하나에 해당하는 업무에 종사하려는 사람은 국토교통부장관의 항공영어구술능력증명을 받아야 한다.
　1. 두 나라 이상을 운항하는 항공기의 조종
　2. 두 나라 이상을 운항하는 항공기에 대한 관제
　3. 항공통신업무 중 두 나라 이상을 운항하는 항공기에 대한 무선통신

『항공안전법 시행규칙』 제99조(항공영어구술능력증명시험의 실시 등)
① 항공영어구술능력증명시험의 등급은 6등급으로 구분하되, 6등급 항공영어구술능력증명시험에 응시하려는 사람은 응시원서 접수 당시 제3항에 따른 유효기간 내에 있는 5등급 항공영어구술능력증명을 보유해야 한다.
② 항공영어구술능력증명시험의 평가 항목 및 등급별 합격기준은 별표 11과 같다.
③ 항공영어구술능력증명의 등급별 유효기간은 다음 각 호의 구분에 따른 기준일부터 계산하여 4등급은 3년, 5등급은 6년, 6등급은 영구로 한다.
* EPTA(English Proficiency Test for Aviation), 항공영어구술능력시험

14. 조난신호에 관한 ICAO 규정으로 옳지 않은 것은? 2018년 제1회 검정

① A distress message sent via data link which transmits the intent of the word "MAYDAY"
② A radiotelephony distress signal consisting of the spoken word "MAYDAY"
❸ A parachute flare showing a green light (×) → red light(O)
④ A signal made by radiotelegraphy or by any other signaling method consisting of the group "SOS"

ICAO Annex 2. Rules of the Air(항공규칙)

1.1 Distress signals

The following signals, used either together or separately, mean that **grave and imminent danger** threatens, and **immediate assistance is requested**:

    a) a signal made by radiotelegraphy or by any other signalling method consisting of the group **SOS** (. . .———. . . in the Morse Code);
    b) a radiotelephony distress signal consisting of the **spoken word MAYDAY**;
    c) a distress message sent via **data link** which transmits the intent of the **word MAYDAY**;
    d) **rockets or shells throwing red lights**, fired one at a time at short intervals;
    e) a <u>parachute flare showing a red light</u>.

『항공안전법 시행규칙』 [별표 26]   신호 (제194조 관련)
1. 조난신호(Distress signals)
  가. 조난에 처한 항공기가 다음의 신호를 복합적 또는 각각 사용할 경우에는 중대하고 절박한 위험에 처해 있고 즉각적인 도움이 필요함을 나타낸다.
    1) 무선전신 또는 그 밖의 신호방법에 의한 "SOS" 신호(모스부호는 ……---……)
    2) 짧은 간격으로 한 번에 1발씩 발사되는 붉은색불빛을 내는 로켓 또는 대포
    3) <u>붉은색 불빛을 내는 낙하산 부착 불빛</u>
    4) "메이데이(MAYDAY)"라는 말로 구성된 무선 전화 조난 신호
    5) 데이터링크를 통해 전달된 "메이데이(MAYDAY)" 메시지
  나. 조난에 처한 항공기는 가목에도 불구하고 주의를 끌고, 자신의 위치를 알리며, 도움을 얻기 위한 어떠한 방법도 사용할 수 있다.

ICAO Annex 2. Rules of the Air(항공규칙)

1.2 Urgency signals

1.2.1 The following signals, used either together or separately, mean that an aircraft wishes to give notice of difficulties which compel it to land without requiring immediate assistance:

    a) the repeated switching on and off of the landing lights; or
    b) the repeated switching on and off of the navigation lights in such manner as to be distinct from flashing navigation lights.

1.2.2 The following signals, used either together or separately, mean that an aircraft has a very urgent message to transmit concerning the safety of a ship, aircraft or other vehicle, or of some person on board or within sight:

    a) a signal made by radiotelegraphy or by any other signalling method consisting of the group XXX;
    b) a radiotelephony urgency signal consisting of the spoken words PAN, PAN;
    c) an urgency message sent via data link which transmits the intent of the words PAN, PAN.

『항공안전법 시행규칙』 [별표 26]   신호 (제194조 관련)
2. 긴급신호(Urgency signals)
   가. 항공기 조종사가 착륙등 스위치의 개폐를 반복하거나 점멸항행등과는 구분되는 방법으로 항행등 스위치의 개폐를 반복하는 신호를 복합적으로 또는 각각 사용할 경우에는 즉각적인 도움은 필요하지 않으나 불가피하게 착륙해야 할 어려움이 있음을 나타낸다.
   나. 다음의 신호가 복합적으로 또는 각각 따로 사용될 경우에는 이는 선박, 항공기 또는 다른 차량, 탑승자 또는 목격된 자의 안전에 관하여 매우 긴급한 통보 사항을 가지고 있음을 나타낸다.
      1) 무선전신 또는 그 밖의 신호방법에 의한 "XXX" 신호
      2) 무선전화로 송신되는 "PAN PAN"
      3) 데이터링크를 통해 전송된 "PAN PAN"

15. 다음 문장이 의미하는 용어는?

2019년 제4회 검정, 2016년 제1회 검정

Radiodetermination using the reception of radio waves for the purpose of determining the direction of a station or object.

❶ Radio direction finding
② Radio bearing
③ Radiotelephony network
④ Radio direction-finding station

해설

무선국 또는 물체의 방향을 결정하기 위한 목적으로 수신된 전파를 이용하는 무선측위 (Radiodetermination, 無線測位)
→ 무선방향탐지(Radio direction finding)

전파규칙(Radio Regulations) Volume 1
Section I - General terms(일반용어)

1.2 **administration**: Any governmental department or service responsible for discharging the obligations undertaken in the Constitution of the International Telecommunication Union, in the Convention of the International Telecommunication Union and in the Administrative Regulations (CS 1002).

주관청: 국제전기통신연합의 헌장(ITU 헌장), 국제전기통신연합의 협약 (ITU협약) 및 업무규칙(Administrative Regalations)에 의하여 부과된 의무사항을 이행할 책임이 있는 정부의 부처 또는 업무담당기관(CS 1002).

1.3 **telecommunication**: Any transmission, emission or reception of signs, signals, writings, images and sounds or intelligence of any nature by wire, radio, optical or other electromagnetic systems (CS).

전기통신: 유선, 무선, 광 또는 기타의 전자적 방식에 의하여 부호, 신호, 문자, 영상, 음성 또는 기타 모든 성질의 정보를 전송, 발사 또는 수신하는 것(CS).

1.4 **radio**: A general term applied to the use of radio waves.

전파(radio): 전파(radio waves)의 사용에 적용되는 일반적인 용어.

1.5 **radio waves or hertzian waves**: Electromagnetic waves of frequencies arbitrarily lower than 3000 GHz, propagated in space without artificial guide.

전파 또는 헤르츠파: 인공적인 유도 장치 없이 공간을 전파(傳播)하는 임의의 3000 GHz 이하 주파수의 전자파.

1.6 **radiocommunication**: Telecommunication by means of radio waves (CS) (CV).

무선통신: 전파를 이용하는 전기통신(CS)(CV).

1.7 **terrestrial radiocommunication**: Any radiocommunication other than space radiocommunication or radio astronomy.

지상무선통신: 우주무선통신 또는 전파천문 이외의 모든 무선통신.

1.8 **space radiocommunication**: Any radiocommunication involving the use of one or more space stations or the use of one or more reflecting satellites or other objects in space.

우주무선통신: 하나 이상의 우주국을 사용하거나 하나 이상의 반사위성 이나 기타 우주에 있는 다른 물체를 사용하는 무선통신.

1.9 **radiodetermination**: The determination of the position, velocity and/or other characteristics of an object, or the obtaining of information relating to these parameters, by means of the propagation properties of radio waves.

무선측위: 전파의 전파특성을 이용하여 물체의 위치, 속도 및/또는 다른 특징을 결정하거나 또는 이러한 것과 관련된 정보를 취득하는 것.

1.10 **radionavigation**: Radiodetermination used for the purposes of navigation, including obstruction warning.

무선항행: 장애물 경보를 포함하는 항행목적으로 사용되는 무선측위.

1.11 **radiolocation**: Radiodetermination used for purposes other than those of radionavigation.

무선탐지: 무선항행 이외의 목적으로 사용되는 무선측위.

1.12 <u>**radio direction-finding**</u>: Radiodetermination using the reception of radio waves for the purpose of determining the direction of a station or object.

<u>무선방향탐지</u>: 무선국 또는 물체의 방향을 결정하기 위한 목적으로 수신된 전파를 이용하는 무선측위.

1.13 **radio astronomy**: Astronomy based on the reception of radio waves of cosmic origin.

전파천문: 우주로부터 수신되는 전파를 기초로 하는 천문학.

1.14 **Coordinated Universal Time (UTC)**: Time scale, based on the second (SI), as described in Resolution 655 (WRC-15). (WRC-15)

협정세계시(UTC): 결의 655(WRC-15)에 명시되어있는 초(SI)를 기반으로 하는 시간척도. (WRC-15)

1.15 **industrial, scientific and medical (ISM) applications (of radio frequency energy)**: Operation of equipment or appliances designed to generate and use locally radio frequency energy for industrial, scientific, medical, domestic or similar purposes, excluding applications in the field of telecommunications.

(무선 주파수 에너지의) 산업, 과학 및 의료(ISM)의 응용: 한정된 장소에서 무선 주파수 에너지를 발생시켜 산업, 과학, 의료, 가사(家事) 또는 기타 이와 유사한 목적에 사용하도록 설계된 설비 또는 장치의 운용으로서 전기통신 분야 응용을 제외한 것.

16. ICAO 규정에서 정의한 다음의 용어는 무엇을 나타내는가?   2022년 제1회 검정, 2015년 제1회 검정

> An aeronautical telecommunication station having primary responsibility for handling communications pertaining to the operation and control of aircraft in a given area.

① Air control radio station
② Ground control radio station
③ Land station
❹ Air-ground control radio station

주어진 지역에서의 항공관제를 위한 통신에 대해 일차적 책임을 갖는 항공통신국
→ 공대지 관제무선국(air-ground control radio station)

ICAO Annex 10. Aeronautical Telecommunications(항공통신 업무)

Volume II Communication Procedures including those with PANS status, "1.2 STATIONS",

Air-ground control radio station. An aeronautical telecommunication station having primary responsibility for handling communications pertaining to the operation and control of aircraft in a given area.

공대지 관제무선국(air-ground control radio station)이란 주어진 지역에서의 항공관제를 위한 통신에 대해 일차적 책임을 갖는 항공통신국을 말한다.

『항공통신업무 운영 규정』
제2조(정의) 이 규정에서 사용하는 용어의 뜻은 다음과 같다.
1. 항공통신 업무란 다음의 업무를 말한다.
    가. "항공방송업무(Aeronautical broadcasting service)"란 항행과 관련된 정보전송을 위한 방송업무를 말한다.
    나. "항공고정업무(Aeronautical fixed service)" 란 효율적이고 경제적인 항공서비스의 운영을 위해, 주로 항행안전에 대비하여 명시된 고정지점들 간에 통신 업무를 말한다.
    다. 항공이동업무(Aeronautical mobile service, RR S1.32)"란 지상통신국들과 항공기국들 또는 항공기국들 간의 이동업무를 말한다.
    라. "항공무선항행업무(Aeronautical radio navigation service, RR S1.46)"란 항공기의 편의 및 안전운행을 위한 무선항행업무를 말한다.
    마. "항공통신업무(Aeronautical telecommunication service)"란 모든 항행목적을 위해 제공되는 통신업무를 말한다.
    바. "국제통신업무(International telecommunication service)"란 국가의 사무소들 또는 기지국들(stations) 간에, 또는 이동국들(Mobile stations) 간의 통신 업무를 말한다.
    사. "공대지 관제무선국(air-ground control radio station)이란 주어진 지역에서의 항공관제를 위한 통신에 대해 일차적 책임을 갖는 항공통신국을 말한다.
    아. "무선방향탐지(RR S1.12)"란 무선국 또는 물체의 방향을 측정할 목적으로 전파를 수신하는 무선측위를 말한다.
    자. "정규 항공통신국(Regular station)"이란 관제기관이 정상상태에서 항공기와 통신하거나 항공기로부터의 통신에 개입하기 위하여 항공로상 공중-지상간 무선전화통신망을 형성하도록 지정한 통신국을 말한다.
2. "항공정보통신시설"이란 항공통신업무를 제공하기 위한 시설을 말한다.
3. "항행안전시설 관리자"란 항공기 항행안전을 지원하기 위하여 법인 또는 개인이 국토교통부장관(이하 "장관"이라

한다)의 업무위탁 또는 승인을 받아 「공항시설법」 제2조제15호의 항행안전시설을 관리 또는 유지보수 하는 자를 말한다.

4. "항공통신업무종사자"란 서울지방항공청, 부산지방항공청, 제주지방항공청(이하 "지방청"이라 한다), 항공교통본부(이하 "교통본부"라 한다), 또는 항공사 등에 소속된 직원으로서 국제항공통신국 또는 항공통신국에서 항공정보통신시설을 조작하거나 사용하여 항공통신업무를 수행하는 사람을 말한다.
5. "항공통신기관(Aeronautical telecommunication agency)"이란 국제항공통신국과 항공통신국을 운영하는 책임기관을 말한다.
6. "국제항공통신국(International Aeron autical telecommunication Station)"이란 국내·외 항공통신국 상호간의 항공고정통신업무, 항공이동통신업무를 수행하는 통신국을 말한다.
7. "항공통신국(Aeronautical Telecommunication Station)"이란 국제항공통신국 이외의 항공통신업무 수행 통신국을 말한다.
8. "항공국(Aeronautical Station)"이란 항공이동통신업무를 수행하기 위하여 일정한 장소에 설치된 무선국을 말한다.
9. "항공기국(Aircraft Station)"이란 항공이동통신업무를 수행하기 위하여 항공기에 설치된 무선국을 말한다.
10. "항공고정통신망(AFTN)"이란 항공정보를 전 세계 항공통신기관 상호간에 공유하기 위하여 국제민간항공기구(이하 "ICAO"라 한다)의 기술기준에 따라 전 세계적으로 구축된 통신망을 말한다.
11. "항공종합통신망(ATN)"이란 지점 또는 공지간 그리고 항공기간에 항공정보를 상호 교환하기 위하여 전 세계적으로 구축하여 연결된 항공분야 종합통신망을 말한다.
12. "항공정보교환시설(AMHS)"이란 AFTN 또는 ATN에서 소통되고 있는 항공정보를 표준양식에 맞추어 지정된 우선순위와 주소체계에 따라 전 세계 항공통신기관 또는 항공기 상호간에 송수신하기 위한 시설을 말한다.
13. "항공종합통신망 접속주소(NSAP)"란 국제 및 국내 간 항공종합통신망(ATN)을 오류없이 구성하기 위한 접속주소를 말한다.
14. "단파이동통신시설(HF Radio)"이란 항공주파수의 단파(HF) 대역을 이용하여 장거리 또는 대양지역에 있는 항공기에게 음성 또는 데이터 방식의 항행안전에 관한 정보를 제공하는 항공정보통신시설을 말한다.
15. "방송(Broadcast)"이라 함은 항공항행에 관한 정보를 모든 항공통신국이 수신할 수 있도록 주소를 지정하지 않고 송신하는 것을 말한다.
16. "항공사(Aircraft operating agency)"란 「항공사업법」에 따라 항공기를 사용하거나 이용하여 항공운송업무를 영위하는 법인 또는 사람을 말한다.

『전파법 시행령』
제29조(무선국의 분류)

7. 항공기국: 항공기에 개설하여 항공이동업무를 하는 무선국
11. 항공국: 항공기국과 통신을 하기 위하여 육상의 일정한 고정지점에 개설하는 무선국. 다만, 선박상 또는 지구위성상에 개설하는 경우에는 이동하는 무선국을 포함한다.
29. 우주국: 인공위성에 개설하여 위성방송업무 외의 우주무선통신업무를 하는 무선국
33. 항공지구국: 육상의 일정한 고정 지점에 개설하여 항공이동위성업무를 하는 지구국
   ⚠ 영문 : Aeronautical Earth Station (ICAO)
37. **항공기지구국: 항공기에 개설하여 항공이동위성업무를 하는 지구국**
   ⚠ 영문 : 항공기지구국 (ICAO) Aircraft Earth Station

17. 다음 문장이 나타내는 무선국은? 2014년 제4회 검정 등, 빈출문제

> A mobile earth station in the aeronautical mobile-satellite service located on board an aircraft.

① Aircraft Station → 항공기국
❷ Aircraft Earth Station → 항공기지구국
③ Aeronautical Station → 항공국
④ Aeronautical Mobile Station (× 없음) : Aeronautical Earth Station → 항공지구국

해설

> 항공기에 위치하여 항공이동위성업무를 하는 이동지구국 → 항공기지구국(Aircraft Earth Station)

전파규칙(Radio Regulations) Volume 1

CHAPTER I, Section IV – Radio stations and systems(무선국 및 시스템)

1.84 aircraft earth station: A mobile earth station in the aeronautical mobile-satellite service located on board an aircraft.
　항공기지구국 : 항공기에 위치하여 항공이동위성업무를 하는 이동지구국.

『전파법 시행령』 제29조(무선국의 분류)
37. <u>항공기지구국</u>: 항공기에 개설하여 항공이동위성업무를 하는 지구국

전파규칙(Radio Regulations) Volume 1

CHAPTER I, Section IV – Radio stations and systems (무선국 및 시스템)

1.61 station: One or more transmitters or receivers or a combination of transmitters and receivers, including the accessory equipment, necessary at one location for carrying on a radiocommunication service, or the radio astronomy service.

　무선국 : 무선통신업무 또는 전파천문업무를 수행하기 위하여 한 장소에서 필요한 부속장치를 포함하는 1개 이상의 송신기 또는 수신기 또는 송신기와 수신기의 조합.

　Each station shall be classified by the service in which it operates permanently or temporarily.

　각 무선국은 항구적으로 또는 일시적으로 운용하는 업무에 의하여 분류된다.

1.62 terrestrial station: A station effecting terrestrial radiocommunication.

　지상국 : 지상무선통신을 수행하는 무선국.

　In these Regulations, unless otherwise stated, any station is a terrestrial station.

　이 전파규칙에서 별도 기술되는 경우를 제외하고, "임의의 무선국"은 지상국을 나타낸다.

1.63 earth station: A station located either on the Earth's surface or within the major portion of the Earth's atmosphere and intended for communication:

　지구국 : 지구 표면 위 또는 지구 대기권의 주요 부분내에 위치하며 다음과 같은 통신을 목적으로 하는 무선국:

　-- with one or more space stations; or

　　　1개 이상의 우주국과의 통신; 또는

　-- with one or more stations of the same kind by means of one or more reflecting satellites or other objects in space.

> 1개 이상의 반사위성 또는 우주에 있는 다른 물체 등과 동일한 1개 이상의 무선국과의 통신.

1.64 **space station**: A station located on an object which is beyond, is intended to go beyond, or has been beyond, the major portion of the Earth's atmosphere.

우주국 : 지구 대기권 주요 부분 밖에 있거나 밖으로 나갈 계획이거나 또는 밖에 위치하는 물체내에 설치되어 있는 무선국.

1.65 **survival craft station**: A mobile station in the maritime mobile service or the aeronautical mobile service intended solely for survival purposes and located on any lifeboat, life-raft or other survival equipment.

구명부기국(또는 구명이동국) : 오직 인명구조 목적만을 위하여 구명정, 구명뗏목 또는 기타 구명장비에 설치되어 있는 해상이동업무 또는 항공이동업무를 행하는 이동국.

1.66 **fixed station**: A station in the fixed service.

고정국 : 고정업무를 행하는 무선국.

1.66A **high altitude platform station**: A station located on an object at an altitude of 20 to 50 km and at a specified, nominal, fixed point relative to the Earth.

성층권통신시스템 : 지구 고도 20-50 km 상에 지구에 대하여 상대적으로 고정되고 특정한 공칭지점에 위치하고 있는 물체내에 설치되어 있는 무선국.

1.67 **mobile station**: A station in the mobile service intended to be used while in motion or during halts at unspecified points.

이동국 : 불특정 지점에서 정지한 상태 또는 이동하면서 이동업무를 행하는 무선국.

1.68 **mobile earth station**: An earth station in the mobile-satellite service intended to be used while in motion or during halts at unspecified points.

이동지구국 : 불특정 지점에서 정지한 상태 또는 이동하면서 이동위성 업무를 행하는 지구국.

1.69 **land station**: A station in the mobile service not intended to be used while in motion.

육상국 : 이동하면서 사용하는 것을 목적으로 하지 않는 이동업무를 행하는 무선국.

1.70 **land earth station**: An earth station in the fixed-satellite service or, in some cases, in the mobile-satellite service, located at a specified fixed point or within a specified area on land to provide a feeder link for the mobile-satellite service.

육상지구국 : 이동위성업무의 피더링크를 제공하기 위하여 육상의 특정 고정지점, 또는 특정지역내에 위치하여 고정위성업무 또는 경우에 따라서 이동위성업무를 행하는 지구국.

1.71 **base station**: A land station in the land mobile service.

기지국 : 육상이동업무를 행하는 육상국.

1.72 **base earth station**: An earth station in the fixed-satellite service or, in some cases, in the land mobile-satellite service, located at a specified fixed point or within a specified area on land to provide a feeder link for the land mobile-satellite service.

기지지구국 : 육상이동위성업무의 피더링크를 제공하기 위하여 육상의 특정고정지점 또는 특정지역내에 위치하여 고정위성업무 또는 경우에 따라서 육상이동위성업무를 행하는 지구국.

1.73 **land mobile station**: A mobile station in the land mobile service capable of surface movement within the geographical limits of a country or continent.

육상이동국 : 한 국가 또는 대륙의 지리적 경계내에서 지표면상으로 이동이 가능한 육상이동업무를 행하는 이동국.

1.74 **land mobile earth station**: A mobile earth station in the land mobile-satellite service capable of surface movement within the geographical limits of a country or continent.

육상이동지구국 : 한 국가 또는 대륙의 지리적 경계내에서 지표면상으로 이동이 가능한 육상이동위성업무를 행하는 이동지구국.

1.75 **coast station**: A land station in the maritime mobile service.

해안국 : 해상이동업무를 행하는 육상국.

1.76 **coast earth station**: An earth station in the fixed-satellite service or, in some cases, in the maritime mobile-satellite service, located at a specified fixed point on land to provide a feeder link for the maritime mobile-satellite service.

해안지구국 : 해상이동위성업무의 피더링크를 제공하기 위하여 육상의 특정 고정지점에 위치하여 고정위성업무 또는 경우에 따라서 해상이동위성업무를 행하는 지구국.

1.77 **ship station** : A mobile station in the maritime mobile service located on board a vessel which is not permanently moored, other than a survival craft station.

선박국 : 항구적으로 계류(정박)되어 있지 않은 선박에 위치한 구명부기국 이외의 해상이동업무를 행하는 무선국.

1.78 **ship earth station** : A mobile earth station in the maritime mobile-satellite service located on board ship.

선박지구국 : 선박에 위치한 해상이동위성업무를 행하는 이동지구국.

1.79 **on-board communication station** : A low-powered mobile station in the maritime mobile service intended for use for internal communications on board a ship, or between a ship and its lifeboats and life-rafts during lifeboat drills or operations, or for communication within a group of vessels being towed or pushed, as well as for line handling and mooring instructions.

선상통신국 : 선박의 내부통신, 구명정 구조훈련 또는 구조작업 기간 중에 선박과 그 선박의 구명정 및 구명 뗏목간의 통신, 또는 예인선과 피예인선간의 통신 또는 밧줄 연결과 정박 지시에 관한 통신을 목적으로 하는 해상이동업무를 행하는 저전력의 이동국.

1.80 **port station**: A coast station in the port operations service.

항무통신국 : 항무통신업무를 행하는 해안국.

1.81 **aeronautical station**: A land station in the aeronautical mobile service.

항공국 : 항공이동업무를 행하는 육상국.

In certain instances, an aeronautical station may be located, for example, on board ship or on a platform at sea.

이 무선국은 경우에 따라서 선박 또는 해상 플랫폼 내에 설치될 수도 있다.

1.82 **aeronautical earth station**: An earth station in the fixed-satellite service, or, in some cases, in the aeronautical mobile-satellite service, located at a specified fixed point on land to provide a feeder link for the aeronautical mobile-satellite service.

항공지구국 : 항공이동위성업무의 피더링크를 제공하기 위하여 육상의 특정고정지점에 위치하여 고정위성업무 또는 경우에 따라서 항공이동위성업무를 행하는 지구국.

1.83 **aircraft station**: A mobile station in the aeronautical mobile service, other than a survival craft station, located on board an aircraft.

항공기국 : 구명부기국 이외 항공기에 위치하여 항공이동업무를 행하는 이동국.

1.84 **aircraft earth station**: A mobile earth station in the aeronautical mobile-satellite service located on board an aircraft.

항공기지구국 : 항공기에 위치하여 항공이동위성업무를 하는 이동지구국.

1.85 **broadcasting station**: A station in the broadcasting service.

방송국 : 방송업무를 행하는 무선국.

1.86 **radiodetermination station**: A station in the radiodetermination service.

무선측위국 : 무선측위업무를 행하는 무선국.

1.87 **radionavigation mobile station**: A station in the radionavigation service intended to be used while in motion or during halts at unspecified points.

무선항행이동국 : 불특정 지점에서 정지한 상태 또는 이동하면서 무선항행 업무를 행하는 무선국.

1.88 **radionavigation land station**: A station in the radionavigation service not intended to be used while in motion.

무선항행육상국 : 이동하면서 사용하는 것을 목적으로 하지 않는 무선항행 업무를 행하는 무선국.

1.89 **radiolocation mobile station**: A station in the radiolocation service intended to be used while in motion or during halts at unspecified points.

무선탐지이동국 : 불특정 지점에서 정지한 상태 또는 이동하면서 무선탐지업무를 행하는 무선국.

1.90 **radiolocation land station**: A station in the radiolocation service not intended to be used while in motion.

무선탐지육상국: 이동하면서 사용하는 것을 목적으로 하지 않는 무선탐지업무를 행하는 무선국.

1.91 **radio direction-finding station**: A radiodetermination station using radio direction-finding.

무선방향탐지국 : 무선방향탐지용으로 사용하는 무선측위국.

1.92 **radiobeacon station**: A station in the radionavigation service the emissions of which are intended to enable a mobile station to determine its bearing or direction in relation to the radiobeacon station.

무선표지국 : 이동국에 대하여 전파를 발사하여 그 전파를 발사하는 표지국에 대한 이동국의 방위 또는 방향을 이동국이 측정하는 것을 목적으로 하는 무선항행업무를 행하는 무선국.

1.93 **emergency position-indicating radiobeacon station**: A station in the mobile service the emissions of which are intended to facilitate search and rescue operations.

비상위치지시용무선표지국 : 수색과 구조작업을 용이하게 할 목적으로 전파를 발사하는 이동업무를 행하는 무선국.

1.94 **satellite emergency position-indicating radiobeacon**: An earth station in the mobile-satellite service the emissions of which are intended to facilitate search and rescue operations.

위성비상위치지시용무선표지국 : 수색과 구조작업을 용이하게 할 목적으로 전파를 발사하는 이동위성업무를 행하는 무선국.

1.95 **standard frequency and time signal station**: A station in the standard frequency and time signal service.

표준주파수 및 시보국 : 표준주파수 및 시보업무를 행하는 무선국.

1.96 **amateur station**: A station in the amateur service.

아마추어국 : 아마추어업무를 행하는 무선국.

1.97 **radio astronomy station**: A station in the radio astronomy service.

전파천문국 : 전파천문업무를 행하는 무선국.

1.98 **experimental station**: A station utilizing radio waves in experiments with a view to the development of science or technique.

실험국 : 과학 또는 기술개발을 위한 실험용으로 전파를 이용하는 무선국.

This definition does not include amateur stations.

이 정의는 아마추어국을 포함하지 않는다.

『전파법 시행령』 제29조(무선국의 분류)
① 법 제20조의2제3항에 따라 무선국은 다음 각 호와 같이 분류한다.
1. 고정국: 고정업무를 하는 무선국
2. 방송국
    가. 지상파방송국: 지상파방송업무를 하는 무선국
    나. 위성방송국: 위성방송업무를 하는 무선국
    다. 지상파방송보조국: 지상파방송보조업무를 하는 무선국
    라. 위성방송보조국: 위성방송보조업무를 하는 무선국
3. 육상이동국: 육상(하천이나 그 밖에 이에 준하는 수역을 포함한다)에서 육상이동업무를 하는 무선국
4. 선박국: 선박에 개설하여 해상이동업무를 하는 무선국
5. 선상통신국: 선박의 선내통신, 구명정의 구조훈련 또는 구조작업이 이루어지는 때의 선박과 그 구명정이나 구명뗏목 간의 통신, 끄는 배와 끌리는 배 또는 미는 배와 밀리는 배로 구성되는 선단(船團) 내의 통신과 밧줄연결 및 계류지시를 목적으로 해상이동업무를 하는 저전력의 무선국
6. 구명부기국: 구명정·구명복, 그 밖의 구명설비에 개설하여 해상이동(위성)업무 또는 항공이동(위성)업무를 하는 무선국
7. 항공기국: 항공기에 개설하여 항공이동업무를 하는 무선국
8. 이동국: 이동체에 개설하거나 휴대하여 이동업무를 행하는 무선국으로서 육상이동국·선박국·선상통신국·구명부기국 및 항공기국에 해당하지 아니하는 무선국
9. 기지국: 육상이동국과의 통신 또는 이동중계국의 중계에 의한 통신을 하기 위하여 육상의 일정한 고정지점에 개설하는 무선국. 다만, 재난상황 또는 심각한 통신장애 등에 대비하기 위하여 이동체에 개설하거나 휴대 가능한 형태로 개설하는 무선국을 포함한다.
10. 해안국: 선박국과 통신을 하기 위하여 육상의 일정한 고정지점에 개설하는 무선국
11. 항공국: 항공기국과 통신을 하기 위하여 육상의 일정한 고정지점에 개설하는 무선국. 다만, 선박상 또는 지구위성상에 개설하는 경우에는 이동하는 무선국을 포함한다.
12. 육상국: 육상의 일정한 고정지점에 개설하여 이동업무를 하는 무선국으로서 기지국·해안국·항공국 및 이동중계국에 해당하지 아니하는 무선국. 다만, 재난상황 또는 심각한 통신장애 등에 대비하기 위하여 이동체에 개설하거나 휴대 가능한 형태로 개설하는 무선국을 포함한다.
13. 이동중계국: 기지국과 육상이동국, 육상국과 이동국, 육상이동국 상호 간 및 이동국 상호 간의 통신을 중계하기 위한 다음 각 목의 어느 하나에 해당하는 무선국
    가. 육상의 일정한 고정 지점에 개설하는 무선국
    나. 선박에 개설하는 무선국
    다. 자동차에 개설하여 육상의 일정하지 아니한 지점에서 정지 중에 운용하는 무선국

14. **무선항행육상국**: 무선항행업무를 하는 이동하지 아니하는 무선국
15. **무선항행이동국**: 무선항행업무를 하는 이동하는 무선국
16. **무선표지국**: 무선표지업무를 하는 무선국
17. **비상위치지시용무선표지국**: 탐색과 구조작업을 쉽게 하기 위하여 비상위치지시용 무선표지설비만을 사용하여 전파를 발사하는 무선표지국
18. **무선탐지육상국**: 무선탐지업무를 하는 이동하지 아니하는 무선국
19. **무선탐지이동국**: 무선탐지업무를 하는 이동하는 무선국
20. **무선방향탐지국**: 무선방향탐지를 하는 무선국
21. **무선측위국**: 무선측위업무를 하는 무선국으로서 무선항행육상국·무선항행이동국·무선표지국·비상위치지시용무선표지국·무선탐지육상국·무선탐지이동국 및 무선방향탐지국에 해당하지 아니하는 무선국
22. **기상원조국**: 기상원조업무를 하는 무선국
23. **표준주파수 및 시보국**: 표준주파수 및 시보업무를 하는 무선국
24. **무선조정국**: 무선조정업무 및 무선조정이동업무를 하는 무선국
25. **무선조정이동국**: 이동체에 개설하여 무선조정이동업무를 하는 무선국
26. **무선조정중계국**: 무선조정국과 무선조정이동국 간, 무선조정이동국 상호 간의 무선통신을 중계하는 다음 각 목의 어느 하나에 해당하는 무선국
    가. 육상의 일정한 고정지점에 개설한 무선국
    나. 이동체에 개설하여 이동 중 또는 일정하지 아니한 지점에서 정지 중에 운용하는 무선국
27. **아마추어국**: 개인적인 무선기술에의 흥미에 따라 자기훈련과 기술연구에 전용하는 무선국
28. **비상국**: 비상통신업무만을 하는 것을 목적으로 개설하는 무선국
29. **우주국**: 인공위성에 개설하여 위성방송업무 외의 우주무선통신업무를 하는 무선국
30. **일반지구국**: 육상의 일정한 고정 지점에 개설하여 고정위성업무 또는 위성방송업무를 하는 지구국
31. **기지지구국**: 육상의 일정한 고정 지점에 개설하여 육상이동위성업무를 하는 지구국
32. **해안지구국**: 육상의 일정한 고정 지점에 개설하여 해상이동위성업무를 하는 지구국
33. **항공지구국**: 육상의 일정한 고정 지점에 개설하여 항공이동위성업무를 하는 지구국
34. **육상지구국**: 육상의 일정한 고정 지점에 개설하여 이동위성업무를 하는 지구국으로서 기지지구국·해안지구국 및 항공지구국에 해당하지 아니하는 지구국
35. **육상이동지구국**: 육상(하천이나 그 밖에 이에 준하는 수역을 포함한다)의 이동체에 개설하거나 휴대하여 육상이동위성업무를 하는 지구국
36. **선박지구국**: 선박에 개설하여 해상이동위성업무를 하는 지구국
37. **항공기지구국**: 항공기에 개설하여 항공이동위성업무를 하는 지구국
38. **이동지구국**: 이동체에 개설하거나 휴대하여 이동위성업무를 하는 지구국으로서 육상이동지구국·선박지구국 및 항공기지구국에 해당하지 아니하는 지구국
39. **비상위치지시용위성무선표지국**: 위성을 이용하는 비상위치지시용무선표지국
40. **전파천문국**: 전파천문업무를 하는 무선국
41. **실험국**: 과학 또는 기술의 발전을 위한 실험에 전용하는 무선국
42. **실용화시험국**: 해당 무선통신업무를 실용에 옮길 목적으로 시험적으로 개설하는 무선국
43. **간이무선국**: 일정 지역에서 간단한 업무연락을 위하여 사용할 목적으로 과학기술정보통신부장관이 정하여 고시한 전파형식·주파수 및 안테나공급전력 등의 기준에 적합한 무선국

18. 전파규칙(RR)의 목적이 아닌 것은? 2019년 제4회 검정

① To ensure the availability and protection from harmful interference of the frequencies provided for distress and safety purposes.
② To facilitate the efficient and effective operation of all radio communication services.
❸ To develop new technology of radio communication.
④ To assist in the prevention and resolution of cases of harmful interference between the radio services of different administrations.

해설

전파규칙(Radio Regulations) Volume 1

Preamble(서문)

0.5 With a view to fulfilling the purposes of the International Telecommunication Union set out in Article 1 of the Constitution, these Regulations have the following objectives:

헌장 제1조에 명시되어 있는 국제전기통신연합(ITU)의 목적을 이행하기 위하여 이 전파규칙의 목표는 다음과 같다:

0.6 **to facilitate** equitable access to and rational use of the natural resources of the radio - frequency spectrum and the geostationary-satellite orbit;

천연자원인 무선 주파수 스펙트럼과 정지위성궤도에 대한 공평한 이용과 합리적 사용을 촉진하는 것;

0.7 **to ensure** the availability and protection from harmful interference of the frequencies provided for distress and safety purposes;

조난 및 안전 목적용 주파수의 이용 가능성을 보장하고 이를 유해간섭 으로부터 보호를 보장하는 것;

0.8 **to assist** in the prevention and resolution of cases of harmful interference between the radio services of different administrations;

주관청의 무선통신업무간 유해간섭을 예방하고 해결하기 위해 지원하는 것;

0.9 **to facilitate** the efficient and effective operation of all radiocommunication services;

모든 무선통신업무의 효율적이고 효과적인 운용을 촉진하는 것;

0.10 **to provide** for and, where necessary, regulate new applications of radiocommunication technology.

새로운 무선통신기술 제공에 대비하고 필요한 경우에는 관련 규정을 제정하는 것.

19. 다음 문장의 괄호 안에 알맞은 것은?

2020년 제4회 검정

For the allocation of frequencies the world has been divided into (　　) regions.

① One　　　② Two　　　❸ Three　　　④ Four

해설

주파수의 분배를 위하여 전세계를 (　　)개의 지역으로 구분하고 있다.

전파규칙(Radio Regulations) Volume 1
　　ARTICLE 5 Frequency allocations(주파수의 분배)
　　Section I – Regions and areas(지역과 구역)

5.2 For the allocation of frequencies the world has been divided into three Regions as shown on the following map and described in Nos. 5.3 to 5.9:

5.2 다음 지도에서 표시하는 바와 같이, 주파수의 분배를 위하여 전세계를 3개의 지역으로 구분하고, 세부 내용은 제5.3호부터 제5.9호에서 정한다.

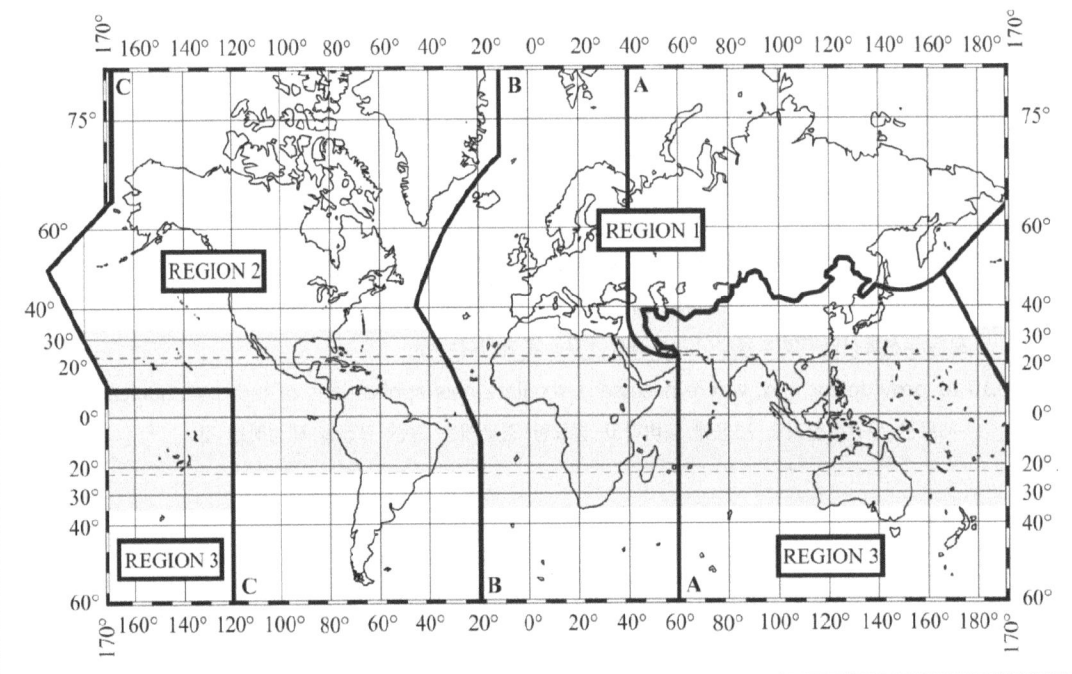

20. 밑줄 친 부분에 알맞은 것은? 2011년 제4회 검정

> The term used by ATC to request an aircraft's heading is _____.

① Report your direction → 너의 (이동) 방향을 보고하라
② Say altitude → 고도를 말하라
❸ Say heading → (360°기준으로) 방향을 말하라
④ Say intention → 의도를 말하라

21. 다음 문장이 설명하는 용어는 무엇인가? 2014년 제1회 검정

> The direction in which the longitudinal axis of an aircraft is pointed, usually expressed in degrees form North.

① Azimuth　　❷ Heading　　③ Radial　　④ TIS

해설

FAA-H-8083-18 'Flight Navigator Handbook' Glossary(용어사전)

Heading. The direction in which the longitudinal axis of an aircraft is pointed, usually expressed in degrees clockwise from north (true, magnetic, compass or grid).

기수방위. 항공기의 세로축이 가리키는 방향으로 일반적으로 북쪽(진북, 자북, 나북, 그리드북)에서 시계 방향으로 도(°) 단위로 표시된다.

Azimuth angle (Z). The interior angle of the astronomical triangle at the zenith measured from the observer's meridian to the vertical circle through the body.

방위각(Z) 관측자의 자오선에서 몸체를 통과하는 수직 원까지 측정 한 천문 삼각형의 천정 삼각형의 내각

Azimuth stabilization. Orientation of the picture on a radarscope so as to place true north at the top of the scope.

방위각 안정화. 스코프 상단에 진북을 배치하기 위해 레이더 스코프에서 사진의 방향.

FAA-H-8083-25A 'Pilot's Handbook of Aeronautical Knowledge' Glossary(용어사전)

Heading. The direction in which the nose of the aircraft is pointing during flight.

기수방위. 비행 중 기체의 기수가 가리키는 방향.

Radials. The courses oriented from a station.

레디얼. 스테이션을 중심으로 한 코스

22. 다음은 어떤 용어에 대한 설명인가?   2013년 제4회 검정

> The vertical distance of a point or a level, on or affixed to the surface of the earth, measured from mean sea level.

❶ Elevation　　　② Altitude　　　③ Height　　　④ Flight Level

23. 다음 문장이 설명하는 항공용어는 무엇인가?   2011년 제4회 검정

> The vertical distance of a level, a point or an object considered as a point, measured from a specified datum

① Altitude　　　② Elevation　　　③ Flight level　　　❹ Height

해설

ICAO Doc 4444 air traffic management "Definitions(용어의 정의)"

Elevation. The vertical distance of a **point or a level, on or affixed** to the surface of the earth, measured from mean sea level.
평균 해수면에서 측정한, 지표면에 부착된 지점 또는 레벨의 수직 거리

Altitude. The vertical distance of a level, a point or an object considered as a point, measured from mean sea level (MSL).
평균 해수면(MSL)에서 측정한 레벨, 포인트 또는 포인트로 간주되는 물체의 수직 거리

Height. The vertical distance of a level, a point or an object considered as a point, measured from a specified datum.
지정된 데이텀에서 측정한 레벨, 포인트 또는 포인트로 간주되는 물체의 수직 거리

Flight level. A surface of constant atmospheric pressure which is related to a specific pressure datum, 1 013.2 hectopascals(hPa), and is separated from other such surfaces by specific pressure intervals.
특정 기압 데이텀 1013.2 헥토파스칼(hPa)과 관련된 특정 기압 간격으로 다른 표면과 분리된 일정한 기압면

　Note 1.— A pressure type altimeter calibrated in accordance with the Standard Atmosphere:
　　표준 대기에 따라 보정된 압력 유형 고도계

　　a) when set to a QNH altimeter setting, will indicate altitude;
　　　QNH 고도계수정치로 수정할 경우, 해발고도를 나타냄.
　　b) when set to QFE altimeter setting, will indicate height above the QFE reference datum;
　　　QFE 고도계수정치로 수정할 경우, QFE 기준면으로부터의 높이를 나타냄.
　　c) when set to a pressure of 1 013.2 hPa, may be used to indicate flight levels.
　　　기압 1013.2 hpa로 수정할 경우, 비행고도 (Flight level)를 나타냄.

『항공교통관제절차』 "용어의 정의"

ELEVATION(표고) : 평균해면(MSL)으로부터 측정된 지표면 상의 어떤 지점 또는 평면의 수직거리.

ALTITUDE(고도) : 절대고도(AGL) 또는 평균해면고도(MSL)로 측정된 평면, 지점 또는 장애물의 피트/미터 단위의 높이. (참조 : FLIGHT LEVEL)

   1. MSL 고도 : 해수면으로부터 측정된 피트/미터 단위의 고도
   2. AGL 고도 : 지표면으로부터 측정된 피트/미터 단위의 고도
   3. 지시고도 : 고도계상에 나타난 고도. 압력 또는 대기고도계 상에서 표준대기상태에서 변화량을 보상하지 않고 계기오차를 수정하지 않은 고도.

HEIGHT(높이) : 특정한 기준으로부터 일정한 고도, 지점 또는 지점으로 간주되는 물체까지의 수직거리를 말한다.

FLIGHT LEVEL(비행고도) : 수은 29.92 인치의 기준점을 참조하여 공기압을 비교한 100피트 단위로 3개 숫자로 나타낸 고도. 100피트 단위로 명시된다. FL 250은 25,000피트의 기압지시 고도를 나타낸다. FL 255는 25,500피트를 지시한다.

24. What is the meaning when a steady red light signal is directed from the control tower to someone in the landing area?
   2018년 제4회 검정

❶ Stop
② Permission to cross landing area or to move onto taxiway
③ Vacate maneuvering area in accordance with local instructions
④ Move off the landing area or taxiway and watch out for aircraft

> 관제탑에서 착륙 구역에 있는 누군가에게 붉은 색 빛총 신호를 계속 보낸다는 것은 무슨 의미인가?

FAA. 'Aeronautical Information Manual (AIM)' 4-3-13. Traffic Control Light Signals
Airport Traffic Control Tower Light Gun Signals

Color and Type of Signal	Meaning		
	Movement of Vehicles, Equipment and Personnel	Aircraft on the Ground	Aircraft in Flight
Steady green	Cleared to cross, proceed or go	Cleared for takeoff	Cleared to land
Flashing green	Not applicable	Cleared for taxi	Return for landing (to be followed by steady green at the proper time)
Steady red	STOP	STOP	Give way to other aircraft and continue circling
Flashing red	Clear the taxiway/runway	Taxi clear of the runway in use	Airport unsafe, do not land

Flashing white	Return to starting point on airport	Return to starting point on airport	Not applicable
Alternating red and green	Exercise extreme caution	Exercise extreme caution	Exercise extreme caution

『항공안전법 시행규칙』 [별표 26] 신호(제19조 관련) "빛총 신호"

신호의 종류	의미		
	비행 중인 항공기	지상에 있는 항공기	차량·장비 및 사람
연속되는 녹색	착륙을 허가함	이륙을 허가함	
연속되는 붉은 색	다른 항공기에 진로를 양보하고 계속 선회할 것	정지할 것	정지할 것
깜박이는 녹색	착륙을 준비할 것 (착륙 및 지상유도를 위한 허가가 뒤이어 발부)	지상 이동을 허가함	통과하거나 진행할 것
깜박이는 붉은색	비행장이 불안전하니 착륙하지 말 것	사용 중인 착륙지역으로부터 벗어날 것	활주로 또는 유도로에서 벗어날 것
깜박이는 흰색	착륙하여 계류장으로 갈 것	비행장 안의 출발지점으로 돌아 갈 것	비행장 안의 출발지점으로 돌아갈 것

25. ICAO Annex(부속서) 1~19. 영문 및 한글 명칭

⚠ 국토교통부 훈령『국제민간항공기구(ICAO) 항공안전 상시평가 대응에 관한 규정』의
[별표 3] '국제민간항공조약 부속서 및 담당기관'을 참조

순 번	부속서 영문 명칭	순 번	부속서 한글 명칭
Annex 1.	Personnel Licensing	부속서 1.	항공종사자 면허
Annex 2.	Rules of the Air	부속서 2.	항공규칙
Annex 3.	Meteorological Service for International Air Navigation	부속서 3.	항공기상
Annex 4.	Aeronautical Charts	부속서 4.	항공지도
Annex 5.	Units of Measurement to be Used in Air and Ground Operations	부속서 5.	공지측정단위
Annex 6.	Operation of Aircraft (Part Ⅰ. Part Ⅱ, Part Ⅲ)	부속서 6.	항공기운항 (Part Ⅰ~Ⅲ가 있음)
Annex 7.	Aircraft Nationality and Registration Marks	부속서 7.	항공기 국적 및 등록 기호
Annex 8.	Airworthiness of Aircraft	부속서 8.	항공기 감항성
Annex 9.	Facilitation	부속서 9.	출입국 간소화
Annex 10.	Aeronautical Telecommunications (Volume Ⅰ, Ⅱ, Ⅲ, Ⅳ, Ⅴ)	부속서10.	항공통신 업무 (Volume Ⅰ~Ⅴ가 있음)
Annex 11.	Air Traffic Services	부속서11.	항공교통 업무
Annex 12.	Search and Rescue	부속서12.	수색구조업무
Annex 13.	Aircraft Accident and Incident Investigation	부속서13.	항공기 사고조사
Annex 14.	Aerodromes (Volume Ⅰ, Volume Ⅱ)	부속서14.	비행장 (Volume Ⅰ, Ⅱ가 있음)
Annex 15.	Aeronautical Information Services	부속서15.	항공정보업무
Annex 16.	Environmental Protection (Volume Ⅰ, Ⅱ, Ⅲ, Ⅳ)	부속서16.	환경보호 (Volume Ⅰ~Ⅳ가 있음)
Annex 17.	Security	부속서17.	항공보안
Annex 18.	The Safe Transport of Dangerous Goods by Air	부속서18.	위험물 항공운송
Annex 19.	Safety Management	부속서19.	안전관리

PART 02

영어

기출문제

02 のち ご案内

2023년도 제1회 정기검정
영 어

01 When may an aircraft discontinue reporting over compulsory reporting points?

① After the first fix
② Any time
③ After receiving the statement "radar contact" from ATC
④ None of the above

02 Which of the following spoken figure code is false?

① 0 : NAH-DAH-ZAY-ROH
② 3 : TAY-RAH-TREE
③ 4 : PAN-TAH-FOWER
④ 7 : SAY-TAY-SEVEN

03 무선국이 지정된 조건에서 무선 주파수 또는 무선 주파수 채널을 사용할 수 있도록 주관청에서 부여하는 권한은 무엇인가?

① radiocommunication service
② radiolocation
③ allotment
④ assignment

04 약어 "QDM"의 올바른 해석은 다음 중 무엇인가?

① Magnetic Heading(zero wind)
② Atmospheric pressure at aerodrome elevation
③ Atmospheric pressure at mean sea level
④ Altimeter sub-scale setting

05 Which of the following phonetic alphabet code is false? (The syllables to be emphasized are underlined)

① D : Spoken as 'DELL TAH'
② L : Spoken as 'LEE MAH'
③ R : Spoken as 'ROU ME OHH'
④ X : Spoken as 'ECKS RAY'

06 다음 문장에 맞는 용어는?

> An aeronautical mobile service reserved for communications relating to safety and regularity of flight, primarily along national or international civil air routes.

① aeronautical mobile route service
② aeronautical mobile service
③ aeronautical mobile-satellite service
④ aeronautical mobile off-route service

07 Which of the following is related to ICAO Annex 2?

① Rules of the Air
② Meteorological Service for International Air Navigation
③ Airworthiness of Aircraft
④ Aeronautical Telecommunications

08 Which of the following answers fills in the blank?

> A flashing white light signal from the control tower to an aircraft taxing is an indication (   ).

① to taxi at a faster speed
② to taxi only on taxiways and not cross runways
③ to return to the starting point on the airport
④ that instrument conditions exist

09 What are the emergency radio frequencies for aviation use?

① 122.5 MHz & 243.0 MHz
② 121.5 MHz & 240.1 MHz
③ 121.5 MHz & 243.0 MHz
④ 122.5 MHz & 240.1 MHz

10 Which of the following phonetic alphabet code word of 'ICAO' is correct?

① India, Charlie, Alpha, Omega
② Indian, Charles, Alfa, Oskar
③ Indian, Charles, Alpha, Omega
④ India, Charlie, Alfa, Oscar

11 다음 문장의 밑줄 친 부분에 알맞은 것은?

> ATC authorization for an aircraft to land is _____.

① Cleared to land
② Cleared for take off
③ Cleared for the option
④ Cleared for low approach

12 Which of the following answers fills in the blank?

> Terminate interphone message with _____.

① Operating initials
② Goodbye
③ Your name
④ Over

13 "Cleared for take-off"를 맞게 설명한 것은?

① 이륙준비 완료
② 이륙을 불허함
③ 이륙을 인가함
④ 이륙을 취소함

14 항공기가 활주로에 착륙할 때 수직 유도 시스템 구현으로 착륙하는 항공기의 수직 편차를 나타내어 최적의 강하 경로를 제공해주는 계기 착륙 시스템은?

① instrument landing system localizer
② marker beacon
③ instrument landing system glide path
④ radio altimeter

15 Which of the following answers fills in the blank?

> If the control tower uses a light signal to direct a pilot to taxi clear of landing area or runway in use, the light will be (   ).

① flashing red
② steady red
③ alternating red and green
④ flashing green

16 비행고도 FL200를 올바르게 읽는 방법은?

① twenty thousand
② flight level twenty thousand
③ two zero zero
④ flight level two zero zero

17 Which part of an airplane can control its motion to the right and the left?

① A flap
② rudder
③ An elevator
④ All of these

18 레이다 비컨코드 4100를 송신할 때 맞는 것은?

① squawk four thousand one hundred
② four thousand one hundred
③ squawk four one zero zero
④ squawk four one

19 숫자 "9"를 ICAO 숫자 발음법에 따라 올바르게 발음한 것은?

① knife
② naive
③ nine
④ nin-er

20 "내 송신은 끝났으니 그 쪽에서 대답하라" 할 때 사용되는 용어는?

> My transmission is ended and I expect a response from you.

① OUT
② ROGER
③ WILCO
④ OVER

2022년도 제4회 정기검정
영 어

01 다음 문장의 괄호 안에 들어갈 가장 적합한 것은?

> An urgent message sent via data link which transmits the intent of the words ( ).

① MAYDAY
② SOS
③ URGENT
④ PAN PAN

02 AFTN(Aeronautical Fixed Telecommunication Network)에서 가장 높은 우선순위를 나타내는 문자 표시는?

① GG KK
② FF
③ DD FF
④ SS

03 항공용으로 사용되는 'NOTAM'은 무엇의 약어인가?

① Note to Airmen
② Noted information to Airmen
③ Notice to Aerodrome
④ Notice to Airmen

04 다음 설명은 어떤 용어에 대한 설명인가?

> A transmission from one station to another station in circumstances where two-way communication cannot be established but where it is believed that the called station is able to receive the transmission.

① Broadcasting
② Communication Failure
③ Blind Transmission
④ Blind Communication

05 다음 설명이 나타내는 용어는 무엇인가?

> A surveillance technique in which aircraft automatically provide, via a data link, data derived from on-board navigation and position-fixing systems, including aircraft identification, four-dimensional position and additional data as appropriate.

① ADS
② ATIS
③ SSR
④ TIS

06 다음 문장의 밑줄 친 부분에 들어갈 알맞은 것은?

> The forward force produced by either a propeller or the reaction of a jet engine exhaust is called _____.

① Power
② Length
③ Weight
④ Thrust

07 항공통신용어 중 "현재 사용하고 있는 주파수를 유지할 것"을 요구할 때 사용되는 것은?

① Remain this frequency
② Keep this frequency
③ Hold this frequency
④ Do not leave this frequency

08 다음 밑줄 친 곳에 알맞은 것은?

> "Approach Sequence" is the order _____ two or more aircraft are cleared to approach to land at the aerodrome.

① about which
② what
③ that
④ in which

09 What dose aviation radio phrase "WILCO" mean?

① I have received your message.
② I understand your transmissions.
③ I have received your message, understand it, and will comply with it.
④ My transmission is ended.

10 다음의 정의에 대한 항공통신용어는?

> ATC authorization for an aircraft to execute any standard or special instrument approach procedure for that airport.

① Cleared as field
② Cleared for the option
③ Cleared approach
④ Cleared to land

11 "우리는 지금 인천으로 접근하고 있는 중이다."를 바르게 송신한 것은?

① We are come to Incheon.
② We are approached Incheon.
③ We are reached Incheon.
④ We are approaching Incheon.

12 다음 밑줄 친 곳에 알맞은 것은?

> The communication word technically meaning "I have received all of your last transmission" is _____.

① ROGER
② AFFIRMATIVE
③ YES
④ CORRECT

13 항공통신 교신 중에 조종사 또는 관제사가 수 초 동안 기다릴 것을 요구할 때 또는 "ATC clearance"가 곧 나간다는 것을 알릴 때 사용되는 용어는?

① Wait seconds
② Stand by
③ Wait
④ Wait a moment

14 Choose the wrong ICAO phonetic alphabet.

① A : Alfa
② G : Golf
③ O : October
④ T : Tango

15 Aviation radio message에서 number "3"을 올바르게 표현한 것은?

① three
② slow
③ tree
④ dry

16 항공통신의 송신내용 끝에 사용하는 용어로서 "교신은 끝났고 응답을 기대하지 않음"의 뜻을 갖는 것은?

① Out
② Over
③ End
④ Completed

17 다음 문장이 설명하는 무선국은?

A mobile station in the aeronautical mobile service located on board an aircraft.

① Aircraft station
② Mobile station
③ Aeronautical station
④ Broadcasting station

18 다음 문장에서 설명하는 항공용어는 무엇인가?

A set of rules governing the conduct of flight under instrument meteorological conditions.

① Visual Flight Rules
② Instrument Flight Rules
③ Instrument Departure Procedure
④ Standard Instrument Departure

19 다음 문장을 나타내는 통신용어는?

Used to request a repeat of the last transmissions

① Say again
② Speak again
③ Repeat last transmission
④ Request last transmission again

20 다음 괄호 안에 들어갈 가장 적절한 것은 무엇인가?

When activated, an emergency locator transmitter(ELT) transmits on (   ).

① 118.0 and 118.8[MHz]
② 121.5 and 243.0[MHz]
③ 123.0 and 119.0[MHz]
④ 135.0 and 247.0[MHz]

2022년도 제1회 정기검정
영 어

01 "반송주파수 2,182[kHz]는 무선전화용국제조난주파수이다."에서 밑줄 친 부분에 대한 영문 표현으로 가장 적합한 것은?

① An international distress frequency for radiotelegraphy.
② An international emergency frequency for radiotelegraphy.
③ An international emergency frequency for radiotelephony.
④ An international distress frequency for radiotelephony.

02 ICAO 규정에서 정의한 다음의 용어는 무엇을 나타내는가?

> An aeronautical telecommunication station having primary responsibility for handling communications pertaining to the operation and control of aircraft in a given area.

① Air control radio station
② Ground control radio station
③ Land station
④ Air-ground control radio station

03 다음 문장의 괄호 안에 들어갈 알맞은 것은?

> (　　) indicates that a ship or other vehicle is threatened by grave and imminent danger and request immediate assistance.

① Distress signal
② Emergency request
③ Transmission signal
④ Call sign

04 항공통신의 송신내용 끝에 송신하는 용어로서 "My transmission is ended, and I expect a response from you."의 뜻에 맞는 것은?

① Out
② Over
③ End
④ Completed

05 약어 "QDM"의 올바른 해석은 다음 중 무엇인가?

① Magnetic Heading(zero wind)
② Atmospheric pressure at aerodrome elevation
③ Atmospheric pressure at mean sea level
④ Altimeter sub-scale setting

06 Which of the following is not true?

① "TCAS" is an abbreviation for "Traffic Alert and Collision Advance System"
② "ACARS" is an abbreviation for "ARNIC communications addressing and reporting system"
③ "ILS" is an acronym for "Instrument Landing System"
④ "ATC" is an acronym for "Air Traffic Control"

07 다음 설명은 어떤 용어에 대한 의미인가?

> Let me know that you have received and understood this message.

① Confirm   ② Acknowledge
③ Understand   ④ Check

08 다음 중 용어의 기능이 가장 적합하게 설명된 것은?

① "DME" Providing only azimuth information.
② "TACAN" providing only distance information.
③ "DME" providing distance and azimuth information.
④ "TACAN" providing distance and azimuth information.

09 "우리는 지금 인천으로 접근하고 있는 중이다."를 바르게 송신한 것은?

① We are come to Incheon.
② We are approached Incheon.
③ We are reached Incheon.
④ We are approaching Incheon.

10 다음 문장이 의미하는 용어는?

> Used by ATC when prompt compliance is required to avoid the development of an imminent situation.

① Hurry
② Speedy
③ Expedite
④ Will do

11 다음 괄호 안에 알맞은 발음은?

> When the English language is used, number 8 shall be transmitted using the pronunciation of (   ).

① AIT   ② I-IT
③ E-IT   ④ EI-TO

12 ATC 항공통신의 송신내용 중 "Request a pilot to suspend electronic counter measure activity"를 뜻하는 용어는?

① Stop Stream   ② Step Taxi
③ Stop Squawk   ④ Stand by

13 The communication word technically meaning "I have received all of your last transmission" is;

① Roger
② AFFIRMATIVE
③ Yes
④ CORRECT

14 관제사로부터 "Traffic, three o'clock one zero miles, southbound, slow moving"이라는 정보를 받았다면 당신을 기준으로 그 비행체의 위치는?

① 왼쪽 10마일
② 바로 왼쪽
③ 오른쪽 10마일
④ 바로 오른쪽

15 The correct word of "Words twice" is :

① Say again.
② Please say every word twice.
③ That is not correct
④ My transmission is ended and I say again.

16 다음 중 영문통화표의 약어로 옳지 않은 것은?

① D : Delta
② M : Michael
③ N : November
④ W : Whiskey

17 다음 항공통신용어 중 조종사에게 착륙을 포기하고 다시 비행으로 전환하라는 뜻을 가지는 용어는?

① Give Way
② Low Approach
③ Give up Landing
④ Go Around

18 다음 문장이 설명하는 무선국은?

A land station in the aeronautical mobile service.

① Base station
② Aircraft station
③ Space station
④ Aeronautical station

19 다음 문장의 뜻으로 알맞은 것은?

Inspectors have the right to require the production of the operator's certificated, but proof of professional knowledge may not be demanded.

① 검사관은 통신사의 자격증 제시를 요구할 수 없으나 직무에 관한 전문지식의 입증을 요구할 수 있다.
② 검사관은 통신사의 자격증 제시를 요구할 수 있으나 직무에 관한 전문지식의 입증을 요구할 수 없다.
③ 검사관은 통신사의 자격증 제시를 요구하였지만 직무에 관한 전문지식을 입증할 수 없었다.
④ 검사관은 통신사의 자격증 제시를 요구하였고 직무에 관한 전문지식을 입증하였다.

20 다음 문장의 밑줄 친 단어와 같은 의미를 가지는 것은?

The air traffic controller announced the arrival of the flight.

① Landing
② Captain
③ Leaving
④ Number

2020년도 제4회 정기검정
영 어

01 다음 문장의 괄호 안에 들어갈 수준에 해당하는 것?

> The language proficiency of aeroplane and helicopter pilots required to use the radiotelephone aboard an aircraft who demonstrate proficiency below the Expert Level ( ) shall be formally evaluated at intervals in accordance with an individual's demonstrated proficiency level.

① 3　　　　② 4
③ 5　　　　④ 6

02 ICAO에서 정의한 다음의 용어는 무엇을 나타내는가?

> A designated route along which air traffic advisory service is available.

① Advisory Airspace
② Advisory Traffic
③ Advisory Flight
④ Advisory Route

03 다음 문장의 괄호 안에 들어갈 장비의 명칭으로 알맞은 것은?

> Aircraft on long over-water flights, or on flight over designated areas over which the carriage of an ( ) is required, shall continuously guard the VHF emergency frequency 121.5[MHz].

① VOR　　　　② SSR
③ ELT　　　　④ ADS-R

04 "The urgency signal shall have priority over all other communication, except distress."의 올바른 해석은?

① 긴급신호가 어느 신호보다 최우선한다.
② 긴급신호보다 안전신호가 우선한다.
③ 긴급신호보다 조난신호가 우선한다.
④ 긴급신호와 조난신호의 우선순위는 같다.

05 다음 중 항공통신에 사용하는 숫자의 표현으로 적절하지 않은 것은?

① Aircraft call sign, CCA 211 : Air China two eleven
② Heading, 100 degrees : heading one zero zero
③ Runway, 15 : runway one five
④ Altimeter setting, 1013 : QNH one zero one three

06 다음 중 밑줄 친 부분에 알맞은 것은?

> The number of degrees of roll around the longitudinal axis of the airplane is called _____.

① Angle of attack
② Angle of incidence
③ Angle of bank
④ Pitch angle

07 다음 문장의 밑줄 친 부분의 알맞은 것은?

> ATC authorization for an aircraft to land is _____.

① Cleared to land
② Cleared for take off
③ Cleared for the option
④ Cleared for low approach

08 What is a definition of "ROGER" in aviation radio phrase?

① I have received all of your last transmission.
② My transmission is ended and I expect a response from you.
③ Let me know that you have received and understand this message.
④ This conversation is ended and no response is expected.

09 항공무선통신에서 숫자 "3"을 송신할 때 영문 통화표에 의한 발음 방법은?

① TAY-RAH-THRI
② TEY-RAH-THLEE
③ TAY-RAH-TREE
④ TEY-RAH-TLEE

10 다음 문장의 괄호 안에 들어갈 적합한 것은?

> The ATC phraseology meaning "I have received your message, understand it, and will comply with it." is ( ).

① Over
② Roger out
③ Wilco
④ Will do

11 항공통신용어 "Affirmative"가 뜻하는 것과 가장 가까운 표현은?

① Yes
② NO
③ I am right
④ Roger

12 다음 문장의 의미로 쓰이는 항공통신용어는 무엇인가?

> Let me know that you have received and understood this message.

① Roger
② Acknowledge
③ Wilco
④ Affirmative

13 The communication word technically meaning "I have received all of your last transmission" is;

① Roger ② AFFIRMATIVE
③ Yes   ④ CORRECT

14 "귀 국은 어디에서 어디로 가고 있습니까?"의 적합한 영문표현은?

① Where are you bound for and where are you from?
② Where are you going and where are you coming?
③ Where do you go and where did you come?
④ Where do you going and where is your destination?

15 관제사로부터 "Traffic, three o'clock one zero miles, southbound, slow moving" 이 라는 정보를 받았다면 당신을 기준으로 그 비행체의 위치는?

① 왼쪽 10마일
② 바로 왼쪽
③ 오른쪽 10마일
④ 바로 오른쪽

16 다음 문장의 괄호 안에 알맞은 것은?

For the allocation of frequencies the world has been divided into (　　) regions.

① One   ② Two
③ Three ④ Four

17 다음 문장에서 설명하는 항공용어는 무엇인가?

A ground-based electronic navigation aid transmitting very high frequency navigation signals, 360 degrees in azimuth, oriented form magnetic north.

① ASR   ② TACAN
③ ILS   ④ VOR

18 Which part of an airplane can control its motion to the right and the left?

① A flap   ② A rudder
③ An elevator ④ All of these

19 다음 내용이 설명하는 항공용어는 무엇인가?

A level maintained during a significant portion of a flight.

① VFR level
② Cruise level
③ Maximum level
④ Vectoring level

20 항공통신 용어 중 관제사가 '주파수 변경을 허가 한다'를 지시할 때 사용하는 용어로 알맞은 것은?

① FREQUENCY UNUSABLE
② REMAIN THIS FREQUENCY
③ CHANGE TO MY FREQUENCY
④ FREQUENCY CHANGE APPROVED

2019년도 제4회 정기검정
영 어

01 다음 괄호 안에 들어갈 가장 적합한 것은?

> Aircraft station in flight maintain service to meet the essential communication needs of the aircraft with respect to ( ) of flight.

① safe and regularity
② safe and regular
③ safety and regular
④ safety and regularity

02 다음 중 문장의 괄호 안에 들어갈 가장 적합한 것은?

> All stations which hear the ( ) shall immediately cease any transmission capable of interfering with the distress traffic.

① service call ② emergency call
③ distress call ④ stations call

03 다음 문장의 괄호 안에 들어갈 가장 알맞은 것은?

> The urgency signal has priority ( ) all other communication, except distress.

① in   ② under
③ at   ④ over

04 다음 문장이 의미하는 용어로 적합한 것은?

> Have I correctly received the message or did you correctly receive this message?

① ACKNOWLEDGE
② APPROVED
③ CONFIRM
④ GO AHEAD

05 다음 문장의 밑줄 친 곳에 알맞은 것은?

> A pilot who encounters a distress or urgency condition can obtain assistance simply _____ the air traffic facility or other agency.

① on contacting
② on contacting with
③ by contacting
④ by contacting to

06 다음 문장은 어떤 용어에 대한 설명인가?

> I hereby indicate the separation between portions of the message. (To be used where there is no clear distinction between the text and other portions of the message)

① Stand by   ② Monitor
③ Cancel   ④ Break

07 조난 중인 항공기를 관제하는 기관에서 기타 무선국의 무선침묵을 지시할 때 사용되는 표현으로 가장 적절한 내용은?

① Stop transmitting
② Break Break
③ Keep Silence
④ Stand By

08 다음 문장이 의미하는 용어는?

> Radiodetermination using the reception of radio waves for the purpose of determining the direction of a station or object.

① Radio direction finding
② Radio bearing
③ Radiotelephony network
④ Radio direction-finding station

09 다음 문장의 의미로 쓰이는 항공통신용어는 무엇인가?

> Let me know that you have received and understood this message.

① Roger
② Acknowledge
③ Wilco
④ Affirmative

10 "귀 국은 어디에서 어디로 가고 있습니까?"의 적합한 영문 표현은?

① Where are you bound for and where are you from?
② Where are you going and where are you coming?
③ Where do you go and where did you come?
④ where do you going and where is your destination?

11 Choose the wrong ICAO phonetic alphabet.

① D : Delta   ② I : Indo
③ Q : Quebec   ④ S : Sierra

12 항공통신용어 중 조종사에게 현재 사용 중인 주파수를 계속 유지할 것을 요구할 때 사용되는 용어는?

① Hold this frequency
② Keep different frequency
③ Remain this frequency
④ Do not change this frequency

13 The communication word technically meaning "I have received all of your last transmission" is ;

① ROGER
② AFFIRMATIVE
③ YES
④ CORRECT

14 관제사로부터 "Traffic, three o'clock one zero miles, southbound, show moving" 이라는 정보를 받았다면 당신을 기준으로 그 비행체의 위치는?

① 왼쪽 10마일
② 바로 왼쪽
③ 오른쪽 10마일
④ 바로 오른쪽

15 Aviation radio message에서 number "1"을 올바르게 발음한 것은?

① one
② wun
③ wan
④ win

16 항공통신용어 중 '현재의 고도를 떠나 지정된 고도로 강하하여 유지하라'를 관제사가 지시할 때 사용되는 것은?

① At or above
② Expedite descend
③ Change and Hold
④ Descend and Maintain

17 전파규칙(RR)의 목적이 아닌 것은?

① To ensure the availability and protection from harmful interference of the frequencies provided for distress and safety purposes.
② To facilitate the efficient and effective operation of all radio communication services.
③ To develop new technology of radio communication.
④ To assist in the prevention and resolution of cases of harmful interference between the radio services of different administrations.

18 다음 문장의 밑줄 친 부분에 알맞은 것은?

Altitude in aviation is measured in _____

① Feet
② Miles
③ Inches
④ Kilometers

19 Most aircraft are based on fixed wings, but which one of these would be rotary wing aircraft?

① Glider
② Airship
③ Aeroplane
④ Helicopter

20 다음 중 AIR TRAFFIC SERVICE에 포함되지 않는 것은?

① Flight Information service
② Air Traffic Advisory service
③ Air Traffic Control service
④ Flight Detection service

2018년도 제4회 정기검정
영 어

01 항공무선 교신에서 나의 송신에 대한 상대국의 수신 상태를 알려고 질문하는 용어는?

① Advice me the receiving level.
② Report your receiving condition.
③ What is your listening status?
④ How do you read me?

02 다음 설명이 나타내는 용어는 무엇인가?

A surveillance technique in which aircraft automatically provide, via a data link, data derived from on-board navigation and position-fixing systems, including aircraft identification, four-dimensional position and additional data as appropriate.

① ADS   ② ATIS
③ SSR   ④ TIS

03 다음 문장을 올바르게 해석한 것은?

Administrations are urged to discontinue, in the fixed service, the use of double-sideband radiotelephone (class A3E) transmissions.

① 주관청은 고정업무에서 양측파대 무선전화의 전송중지가 촉구된다.
② 주관청은 고정업무에서 단측파대 무선전신의 전송을 중지한다.
③ 주관청은 고정업무에서 양측파대 무선전화의 전송이 장려된다.
④ 주관청은 고정업무에서 단측파대 무선전화의 전송이 장려된다.

04 항공무선통신에서 숫자를 나타내는 표현으로 적합하지 않은 것은?

① Numbers are used in almost every radio call
② "10" should be pronounced "ten"
③ "11,000" is pronounced "one one thousand"
④ All numbers are spoken by pronouncing each digit separately except for whole hundreds and thousands

05 다음 문장의 괄호 안에 해당되는 기간은?

Those demonstrating language proficiency at the Level 5 should be evaluated at least once every (   ).

① Three years
② Four years
③ Five years
④ Six years

06 When an error has been made in transmission, which word should be spoken?

① Clear
② Correction
③ Advice
④ Say Again

07 다음 문장의 밑줄 친 부분에 들어갈 단어를 순서대로 나열한 것은?

> The urgency communications have priority over all other communications, except ( ), and the word ( ) warns other stations not to interfere with urgency traffic.

① distress, PAN PAN
② distress, MAYDAY
③ emergency, PAN PAN
④ emergency, MAYDAY

08 항공통신의 송신내용 중에 'READ BACK' 이란 용어의 뜻은?

① Wait and I will call you
② Annual the previously transmitted clearance
③ Permission for proposed action granted
④ Repeat my message back to me

09 다음 문장은 어떤 용어에 대한 설명인가?

> ATC authorization for an aircraft to land. It is predicated on known traffic and known physical airport conditions.

① Cleared For Take-off
② Circle To Runway
③ Cleared To Land
④ Cleared To TAXI

10 다음 중 영문통화표의 연결이 옳지 않은 것은?

① I : India
② V : Victory
③ 9 : Novenine
④ 소수점 : Decimal

11 다음 괄호 안에 알맞은 발음은?

> When the English language is used, number 8 shall be transmitted using the pronunciation of ( ).

① AIT
② I-IT
③ E-IT
④ EI-TO

12 What is a definition of "OVER" in aviation radio phrase?

① My transmission is ended.
② My transmission is ended and I expect a response from you.
③ Let me know that you have received and understand this message.
④ This conversation is ended and no response is expected.

13 항공통신의 송신내용 끝에 사용하는 용어로서 "교신은 끝났고 응답을 기대하지 않음"의 뜻을 갖는 것은?

① Out
② Over
③ End
④ Completed

14 다음 중 "ROGER"의 의미에 대한 설명으로 맞는 것은?

① I've received all of your transmission.
② Can be used to answer a question requiring yes or no?
③ Ready to take off.
④ Ready to touchdown.

15 다음 중 International phonetic alphabet의 발음이 틀린 것은?

① A : AL FAH
② B : BRAI BOU
③ E : ECK OH
④ G : GOLF

16 How can you read 4,500 feet in ATC?

① "FOUR FIVE ZERO"
② "FOUR POINT FIVE"
③ "FOUR - FIVE HUNDRED"
④ "FOUR THOUSAND FIVE HUNDRED"

17 Who is most responsible for collision avoidance in an alert area?

① All pilots
② Air Traffic Control
③ the controlling agency
④ Flight operations manager

18 다음 문장의 괄호 안에 알맞은 것은?

> The radio spectrum shall be subdivided into (　　) frequency bands.

① Three　　② Six
③ Nine　　④ Ten

19 What is the meaning when a steady red light signal is directed from the control tower to someone in the landing area?

① Stop
② Permission to cross landing area or to move onto taxiway
③ Vacate maneuvering area in accordance with local instructions
④ Move off the landing area or taxiway and watch out for aircraft

20 다음 괄호 안에 들어갈 가장 적절한 것은 무엇인가?

> When activated, and emergency locator transmitted(ELT) transmits on (　　).

① 118.0 and 118.8 MHz
② 121.5 and 243.0 MHz
③ 123.0 and 119.0 MHz
④ 135.0 and 247.0 MHz

2018년도 제1회 정기검정
영 어

01 조난신호에 관한 ICAO 규정으로 옳지 않은 것은?

① A distress message sent via data link which transmits the intent of the word "MAYDAY"
② A radiotelephony distress signal consisting of the spoken word "MAYDAY"
③ A parachute flare showing a green light
④ A signal made by radiotelegraphy or by any other signaling method consisting of the group "SOS"

02 다음 문장의 괄호 안에 들어갈 수준에 해당하는 것은?

The language proficiency of aeroplane and helicopter pilots required to use the radiotelephone aboard an aircraft who demonstrate proficiency below the Expert Level (　) shall be formally evaluated at intervals in accordance with an individual's demonstrated proficiency level.

① 3　② 4　③ 5　④ 6

03 다음 중 ICAO규정에서 정의한 용어로 알맞은 것은?

A form of radio communication primarily intended for the exchange of information in the form of speech.

① Radiotelegraph
② Radio station
③ Radiotelephony
④ Radio frequency

04 다음 문장의 괄호 안에 들어갈 가장 적합한 것은?

Changes of frequency in the sending and receiving apparatus of any mobile station shall be capable of being made (　).

① as well as possible
② as far as possible
③ as long as possible
④ as rapidly as possible

05 다음은 어떤 용어에 대한 설명인가?

Proceed with your message.

① Approved　② Contact
③ Go Ahead　④ Say Again

06 조난신호에 관한 ICAO 규정으로 괄호 안에 적합한 것은?

> A radiotelephony distress signal consisting of the spoken word (　　　).

① MAYDAY　② HELP
③ URGENT　④ PAN PAN

07 다음 문장의 괄호 안에 들어갈 알맞은 내용은?

> In radar service, clearance to land or any alternative clearance received from the (　　) or, when applicable, non-radar controller should normally be passed to the aircraft.

① Ground Controller
② Flight Controller
③ Radar Controller
④ Aerodrome Controller

08 항공통신용어 "Affirmative"가 뜻하는 것과 가장 가까운 표현은?

① Yes　② No
③ I am right　④ Roger

09 Aviation radio message에서 number "1"을 올바르게 발음한 것은?

① one　② wun
③ wan　④ win

10 다음 문장의 의미로 쓰이는 항공통신용어는 무엇인가?

> Let me know that you have received and understood this message.

① Roger　② Acknowledge
③ Wilco　④ Affirmative

11 What is a definition of "ROGER" in aviation radio phrase?

① I have received all of your last transmission.
② My transmission is ended and I expect a response from you.
③ Let me know that you have received and understand this message.
④ This conversation is ended and no response is expected.

12 다음 괄호 안에 들어갈 단어로 알맞은 것은?

> When a radiotelephone call has been made to an aeronautical station but no answer has been received a period of at least (　　) should elapse before a subsequent call is made to that station.

① five seconds
② ten seconds
③ thirty seconds
④ one minute

13 다음 중 영문통화표의 설명으로 옳지 않은 것은?

① 0 : NADAZERO
② 2 : BISSOTWO
③ 소수점 : PERIOD
④ 종지부 : STOP

14 Choose the wrong ICAO phonetic alphabet.

① A : Alfa   ② G : Golf
③ O : October   ④ T : Tango

15 Choose the wrong ICAO phonetic alphabet.

① F : Foxtrot   ② J : Juliett
③ R : Roma   ④ L : Lima

16 다음 문장의 밑줄 친 단어와 같은 의미를 가지는 것은?

> The air traffic controller announced the arrival of the flight.

① Landing   ② Captain
③ Leaving   ④ Number

17 항공통신 용어 중 관제사가 "주파수 변경을 허가 한다"를 지시할 때 사용하는 용어로 알맞은 것은?

① FREQUENCY UNUSABLE
② REMAIN THIS FREQUENCY
③ CHANGE TO BY FREQUENCY
④ FREQUENCY CHANGE APPROVED

18 다음 문장의 괄호 안에 들어갈 가장 적합한 것은?

> The letter L shall be transmitted using the word.

① Lima   ② Lost
③ Latin   ④ Letter

19 다음 문장의 밑줄 친 부분에 알맞은 단어는?

> International standards for Air Traffic Management are set by _____.

① UN   ② ICAO
③ IAEA   ④ NOTAM

20 다음 내용이 설명하는 항공용어는 무엇 인가?

> An aerodrome to which an aircraft may proceed when it becomes impossible to land at the aerodrome of intended landing.

① Alternate aerodrome
② Supplement aerodrome
③ Amendment aerodrome
④ International aerodrome

2017년도 제1회 정기검정
영 어

01 다음 중 VHF 통신에 있어서 채널의 간격이 8.33[kHz]일 경우 주파수의 통신방법으로 가장 적절한 것은?

① 118.025 –one one eight decimal zero two five
② 118.010 –one one eight decimal zero one
③ 118.020 –one one eight point zero two
④ 118.010 –one one eight point zero one

02 다음 괄호 안에 알맞은 것은?

> Before renewing the call, the calling station shall ascertain that the station called is not (   ) another station.

① in communication to
② in communication of
③ in communication with
④ in communication for

03 다음 문장의 괄호 안에 들어갈 알맞은 것은?

> The international radiotelephony distress signal is (   ).

① "EMERGENCY"
② "DISTRESS"
③ "MAYDAY"
④ "URGENT"

04 다음 문장의 밑줄 친 it은 무엇을 의미하는가?

> When an aeronautical station receives calls form several aircraft stations at practically the same time. it decides the order in which these station may transmit their traffic.

① an aircraft station
② an aeronautical station
③ an aircraft station or an aeronautical station
④ an airspace station

05 다음 문장의 괄호 안에 들어갈 알맞은 것은?

> The distress call shall have (   ) priority over all other transmissions.

① to absolute   ② absolutely
③ in absolute   ④ absolute

06 다음 괄호 안에 알맞은 것은?

> Did you hear me (   ) 7.035 [kHz]?

① in   ② as
③ on   ④ by

07 다음 문장의 괄호 안에 들어갈 알맞은 것은?

> When ( ) does not reply to a call sent three times at intervals of two minutes, the calling shall cease and shall not be renewed until after an interval of fifteen minutes.

① a station to call
② a station called
③ a station calling
④ a station to be calling

08 "귀하는 D8AA로부터의 조난신호를 수신하였습니까?"의 가장 적절한 표현은?

① Do you have any information about D8AA?
② Have you received the urgency signal sent by D8AA?
③ Have you had any information about D8AA?
④ Have you received the distress signal sent by D8AA?

09 What dose aviation radio phrase "WILCO" mean?

① I have received your message.
② I understand your transmission.
③ I have received your message, understand it, and will comply with it
④ My transmission is ended.

10 What is a definition of "OVER" in aviation radio phrase?

① My transmission is ended.
② My transmission is ended and I expect a response from you.
③ Let me know that you have received and understand this message.
④ This conversation is ended and no response is expected.

11 항공무선통신에서 숫자 "3"을 송신할 때 영문통화표에 의한 발음 방법은

① TAY-RAH-THRI
② TEY-RAH-THLEE
③ TAY-RAH-TREE
④ TEY-RAH-TLEE

12 항공통신용어 "Affirmative"가 뜻하는 것과 가장 가까운 표현은?

① Yes   ② No
③ I am right ④ Roger

13 Choose the wrong ICAO phonetic alphabet.

① D : Delta   ② I : Indo
③ Q : Quebec   ④ S : Sierra

14 Choose the wrong ICAO phonetic alphabet.

① F : Foxtrot ② J : Juliett
③ R : Roma   ④ L : Lima

15 "귀 국은 어디에서 어디로 가고 있습니까?"의 적합한 영문표현은?

① Where are you bound for and where are you from?
② Where are you going and where are you coming?
③ Where do you go and where did you come?
④ Where do you going and whre is your destination?

16 시간정보의 송수신 발음으로 옳지 않은 것은?

① 08:16 : ONE SIX, WUN SIX
② 20:57 : FIVE SEVEN, FIFE SEV-en
③ 02:50 : ZERO TWO FIVE ZERO, OU TOO FIFE OU
④ 13:00 : ONE THREE ZERO ZERO, WUN TREE ZE-RO ZE-RO

17 조종사가 출발을 위한 모든 점검과 이륙을 위한 활주로 진입준비가 완료되었음을 의미할 때 사용하는 항공통신용어는?

① Ready for taxi
② Ready for take off
③ Cleared for take off
④ Ready for departure

18 다음 중 AIR TRAFFIC SERVICE에 포함되지 않는 것은?

① Flight Information Service
② Air Traffic Advisory service
③ Air Traffic Control service
④ Flight Detection Service

19 다음 문장의 밑줄 친 부분에 알맞은 것은?

> The pilot wants to know the barometer reading. He wants to know _____.

① the pollen count
② the atmospheric pressure
③ the temperature of the air
④ the amount of moisture in the air

20 Which part of an airplane can increase lift during a flight?

① A flap   ② A rudder
③ An aileron   ④ An elevator

2016년도 제1회 정기검정
영 어

01 Which one is not contained in the "Arrival reports"?

① Aircraft identification
② Departure aerodrome
③ Time of arrival
④ Fuel endurance

02 다음 괄호 속에 들어갈 가장 알맞은 말을 고르시오.

> The distress call and message shall be sent only on the authority of the master or person (   ) the ship, aircraft or other vehicle carrying the mobile station or ship earth station.

① responsible to
② responsible for
③ responsible on
④ responsible of

03 ICAO Doc4444에 수록 된 용어 중 고도의 단위를 틀리게 서술한 것은?

① FLIGHT LEVEL
② FEET
③ METRES
④ MILES

04 다음 문장이 의미하는 용어는?

> Radiodetermination using the reception of radio waves for the purpose of determining the direction of a station or object.

① Radio direction finding
② Radion bearing
③ Radiotelephony network
④ Radio direction-finding station

05 다음 문장의 괄호 안에 들어갈 알맞은 것은?

> The distress call shall have (   ) priority over all other transmissions.

① to absolute ② absolutely
③ in absolute ④ absolute

06 다음 중 약어의 표현이 적절하지 않은 것을 고르시오.

① DME - Distance Measuring Equipment
② ILS - Instrument Landing System
③ ADF - Automatic Direction Finder
④ NAV - Navigation Aircraft Vertical

07 다음 문장의 밑줄 친 부분에 들어갈 알맞은 것은?

> The speed in level flight at which an airplane operatives most efficiently and economically is called _____.

① Cruising Speed
② Top Speed
③ Maximum Level Speed
④ Maximum Structural Cruising Speed

08 다음 문장이 의미하는 용어로 적합한 것은?

> Have I correctly received the message or did you correctly receive this message?

① ACKNOWLEDGE
② APPROVED
③ CONFIRM
④ GO AHEAD

09 다음 문장의 밑줄 친 부분에 들어갈 알맞은 것은?

> The component of the total aerodynamic forces acting on an airfoil perpendicular to the relative wind is called _____.

① Lift   ② Drag
③ Weight   ④ Thrust

10 "Check and confirm with originator"이 의미하는 단어로 적합한 것은?

① SAY AGAIN   ② CLEARED
③ VERIFY   ④ READY

11 다음 문장의 밑줄 친 부분이 의미하는 것은?

> Generators are widely used for high-powered alternating current and direct current installations.

① 교류   ② 직류
③ 전압   ④ 전력

12 121.5 MHz 또는 243.0 MHz로 항공교통관제기구에서 조난 항공기를 위하여 감청하는 주파수를 호칭하는 말은 무엇인가?

① Monitor channel
② Search and rescue channel
③ Guard frequency
④ Standby frequency

13 다음 중 "속도를 음속 0.7로 증속하라.속도를 음속 0.7로 증속하라."를 항공통신에서 바르게 송신한 것은?

① Increase speed until mach zero point seven.
② Increase speed in mach zero point seven.
③ Increase speed at mach point seven.
④ Increase speed to mach point seven.

14 "Cleared for take-off"를 맞게 설명한 것은?

① 이륙준비 완료
② 이륙을 불허함
③ 이륙을 인가함
④ 이륙을 취소함

15 다음 문장의 뜻을 가장 잘 나타내는 것은?

> He speaks German no better than you speak French

① You speak French very well.
② He speaks German well.
③ He speaks German well, but not so well as you speak French.
④ You speak French as good as he speaks German.

16 "그는 너무 뚱뚱해서 계단을 오를 수 없다."를 영작한 문장으로 가장 적절한 것은?

① He is so fat that walk up the stairs.
② He is too fat that he can walk up the stairs.
③ He is too fat to walk up the stairs.
④ He is too fat for he can't walk up the stairs.

17 다음 문장의 괄호 안에 들어갈 가장 적절한 단어는?

> There is not (   ) air pollution and the beaches are clean and beautiful.

① more
② most
③ many
④ much

18 다음 문장의 밑줄 친 곳에 들어갈 가장 적절한 단어는?

> To astronomers, the moon has long been an _____, its origin escaping simple solution.

① enigma
② ultimatum
③ affront
④ opportunity

19 다음 문장의 밑줄 친 부분을 해석하면?

> The flow of electric current in a conduct is directly proportional to the Volt.

① 정비례한다.
② 반비례한다.
③ 동등하다.
④ 무관하다.

20 다음 문장의 밑줄 친 부분과 같은 뜻을 가진 단어는?

> You must take into account the fact that he has little education.

① guess
② consider
③ imagine
④ require

2015년도 제4회 정기검정
영 어

01 다음 중 관제기관과 해당 관제기관 호출부호에 사용하는 접미사가 적절히 연결된 것은?

① Area Control Center – Center
② Approach Control – Control
③ Aeronautical Station – Radar
④ Company Dispatch – Dispatch

02 다음 문장의 괄호 안에 들어갈 내용으로 맞지 않는 것은?

> Except for reasons of safety no transmission shall be directed to an aircraft during (　　).

① starting engine
② take-off
③ the last part of the final approach
④ the landing roll

03 다음 괄호 안에 적절한 내용으로 짝지어진 것은?

> In addition to being preceded by the radiotelephony distress signal (　　), preferably spoken (　　) times.

① pan pan, two   ② pan pan, three
③ mayday, two   ④ mayday, three

04 조난 중인 항공기를 관제하는 기관에서 기타 무선국의 무선침묵을 지시할 때 사용되는 표현으로 가장 적절한 것은?

① Stop Transmitting
② Break Break
③ Keep Silence
④ Stand By

05 항공무선 통신에서 고도계 수정치 '29.92'를 송신할 때 맞는 것은?

① Two nine point nine two
② Two niner niner two
③ Twenty nine decimal ninety two
④ Twenty nine ninety two

06 다음 문장의 밑줄 친 부분에 들어갈 내용으로 알맞은 것은?

> Altitude expressed in feet measured above ground level is abbreviated as _____.

① MSL   ② QNH
③ QFE   ④ AGL

07 다음 중 용어의 기능이 가장 적합하게 설명된 것은?

① "DME" providing only azimuth information.
② "TACAN" providing only distance information.
③ "DME" providing distance and azimuth information.
④ "TACAN" providing distance and azimuth information.

08 약어 'CAVOK'의 의미와 발음을 가장 적절하게 설명한 것은?

① No precipitation, KA-VOK
② No Precipitation, KAV-OH-KAY
③ Visibility, cloud and present weather better than prescribed values, KA-VOK
④ Visibility, cloud and present weather better than prescribed values, KAV-OH-KAY

09 특정 지시나 허가, 요청을 따를 수 없을 때 사용하는 항공관제 용어는?

① WHEN ABLE
② UNABLE
③ NEGATIVE
④ NEGATIVE CONTACT

10 항공무선 교신에서 "나의 송신에 대한 상대국의 수신상태를 파악"하기 위해 질문하는 용어는?

① Advise me your receiving level.
② Report your receiving condition.
③ What is your listening status?
④ How do you read me?

11 항공통신용어 중 "현재 사용하고 있는 주파수를 유지할 것"을 요구할 때 사용되는 것은?

① Remain this frequency
② Keep this frequence
③ Hold this frequency
④ Do not leave this frequency

12 다음은 어떤 용어에 대한 설명인가?

| Proceed with your message. |

① Approved   ② Contact
③ Go Ahead   ④ Say Again

13 What is a definition of "ROGER" in aviation radio phrase?

① I have received all of your last transmission.
② My transmission is ended and I expect a response from you.
③ Let me know that you have received and understand this message.
④ This conversation is ended and no response is expected.

14 다음 영문 통화표의 약어 발음방법으로 틀린 것은?

① A : ALFAH
② O : OSSCAH
③ S : SEE EIRRAH
④ X : ECKSRAY

15 다음 문장의 괄호 안에 들어갈 가장 적절한 단어는?

> There is not (　) air pollution and the beaches are clean and beautiful.

① more　　　　② most
③ many　　　　④ much

16 다음 보기의 문장 중 뜻이 다른 하나의 문장은 어느 것인가?

① A child of five would understand it.
② A five-year-old child would understand it.
③ A five-year-old child would know it.
④ A child is five-year-old, but he understand it.

17 다음 문장의 빈칸에 들어갈 가장 적절한 단어는?

> Just as all roads once led to Rome, all blood vessels in the human body ultimately _____ the heat.

① detour around　　② look after
③ shut off　　　　　④ empty into

18 다음 문장의 밑줄 친 부분에 들어갈 가장 적절한 단어는?

> Unfortunately, excessive care in choosing one's words often results in a loss of ____.

① precision　　　② atmosphere
③ selectivity　　　④ spontaneity

19 다음 문장의 밑줄 친 부분에 들어갈 알맞은 것은?

> He convinced me that ____ he says is true.

① that　　　　② what
③ who　　　　④ which

20 다음 문장의 밑줄 친 곳에 들어갈 가장 알맞은 것은?

> Be sure to get the dial tone before you begin to dial. Then dial and wait ____ the answer.

① in　　　　② on
③ for　　　　④ up

2015년도 제1회 정기검정
영 어

01 다음 괄호 안에 알맞은 것은?

> Before renewing the call, the calling station shall ascertain that the station called is not (　　　) another station.

① in communication to
② in communication of
③ in communication with ~와 통신하다.
④ in communication for

02 다음 문장에서 나타내는 전파의 특성을 가장 적절히 설명한 것은?

> The propagation of radio waves, particularly at frequencies greater than 1 [GHz], is significantly influenced by rain, as well as by sand and dust storms.

① 강우 뿐 아니라 모래와 먼지폭풍에 의하여 조금 영향을 받는다.
② 강우뿐 아니라 모래와 먼지폭풍에 의하여 중대한 영향을 받는다.
③ 강우 뿐 아니라 모래와 먼지폭풍에 의하여 어떤 영향도 받지 않는다.
④ 강우 뿐 아니라 모래와 먼지폭풍에 의하여 때때로 영향을 받는다.

03 ICAO 규정에서 정의한 다음의 용어는 무엇을 나타내는가?

> An aeronautical telecommunication station having primary responsibility for handling communications pertaining to the operation and control of aircraft in a given area.

① Air control radio station
② Ground control radio station
③ Land station
④ Air-ground control radio station

04 다음 문장의 괄호 안의 수준에 해당하는 것은?

> The language proficiency of aeroplane and helicopter pilots required to use the radiotelephone aboard an aircraft who demonstrate proficiency below the Expert Level (　　) shall be formally evaluated at intervals in accordance with an individual's demonstrated proficiency level.

① 3　　　　　② 4
③ 5　　　　　④ 6

05 다음의 괄호 안에 적합한 것은?

> Any radio frequency between 3 and 30 MHz is defined as (   ).

① High frequency
② Very High frequency
③ Ultra High frequency
④ Super High frequency

06 관제사가 항공교통 관제상 위험한 상황을 피하기 위해 조종사에게 급한 항공기 기동을 요구할 때 주로 쓰이는 말은?

① At once
② Very soon
③ Right now
④ Immediately

07 다음 설명은 어떤 용어에 대한 의미인가?

> Let me know that you have received and understood this message.

① Confirm
② Acknowledge
③ Understand
④ Check

08 다음 문장의 밑줄 친 부분에 알맞은 말은?

> The maximum number of hours or minutes that an aircraft can stay in the air is called _____.

① Endurance
② Maximum duration
③ Longest flight duration
④ Maximum flight period

09 송신 중에 쓰이는 말로 "The message will be repeated."와 같은 내용의 용어로 무엇인가?

① Speak again
② I say again
③ Repeat last transmission
④ Request last transmission again

10 다음 문장의 밑줄 친 부분에 알맞은 것은?

> An inside aircraft communication system for the crew is called _____.

① Interphone system
② Transmitter system
③ Receiver system
④ Transponder system

11 다음 문장의 밑줄 친 부분에 들어갈 알맞은 것은?

> The forward force produced by either a propeller or the reaction of a jet engine exhaust is called _____.

① Power
② Length
③ Weight
④ Thrust

12 다음 괄호 안에 알맞은 것은?

> Did you hear me (   ) 7.035 kHz?

① in
② as
③ on
④ by

13 항공통신 교신 중에 조종사 또는 관제사가 수 초 동안 기다릴 것을 요구할 때 또는 "ATC clearance"가 곧 나간다는 것을 알릴 때 사용되는 용어는?

① Wait seconds
② Stand by
③ Wait
④ Wait a moment

14 Choose the wrong ICAO phonetic alphabet.

① K : Kilo
② H : Hotel
③ C : Charlie
④ B : Brave

15 다음 중 뜻이 다른 문장은 어느 것인가?

① Have you booked a seat on a plane?
② Have you reserved a seat on a plane?
③ Did you make a reservation on a plane?
④ Do you have a bookkeeping on a plane?

16 다음 괄호 안에 가장 적합한 것은?

Ladies and gentlemen, we are waiting ( ) clearance from the AIR Traffic Tower.

① for
② to
③ from
④ in

17 다음 대화 중 밑줄 친 부분의 뜻은?

M : My teacher told me to speak with you abut this project.
W : What do you need? I've specialized in working with databases.

① 전문으로 하는
② 모으고 있는
③ 추진 중인
④ 특별한

18 다음 문장의 밑줄 친 부분에 들어갈 가장 적합한 단어는?

Thanks to the emerging technology of active noise control, automakers may soon be able to _____ noise inside a car.

① dampen
② energize
③ undertake
④ augment

19 다음 문장에서 밑줄 친 부분의 표현이 잘못된 것은?

The American standard of living ① is still ② higher ③ than most of the other ④ living in the world.

① is
② higher
③ than most
④ living

20 다음 중 동사의 변형을 나타낸 것으로 잘못된 것은?

① overspread - overspread - overspread
② transmit - transmited - transmited
③ modulate - modulated - modulated
④ broadcast - broadcast - broadcast

2014년도 제4회 정기검정
영 어

01 "Stay with me"라는 항공통신 용어와 뜻이 같은 것은?

① Maintain your present altitude.
② Do not get away from this area.
③ Do not change frequency.
④ Maintain your holding pattern.

02 다음 문장에 공통으로 사용되는 것은?

- ( ) she grows older, she will become wiser.
- She treated me ( ) a kid.

① like
② at
③ as
④ by

03 다음 문장의 밑줄 친 부분에 들어갈 알맞은 것은?

"The highest point of an airport's usable runways measured in feet from mean sea level is called _____."

① field elevation
② highest obstacle
③ high of obstacle
④ highest field obstacle

04 다음 문장의 밑줄 친 부분에 들어갈 알맞은 것은?

The speed in level flight at which an airplane operatives most efficiently and economically is called _____.

① Cruising Speed
② Top Speed
③ Maximum Level Speed
④ Maximum Structural Cruising Speed

05 다음 문장의 괄호 안에 들어갈 알맞은 것은?

Maneuvers intentionally performed by an aircraft involving an abrupt change in its attitude an abnormal attitude, or an abnormal variation in speed are ( ).

① acrobatic flight
② steep spirals
③ unusual attitude recovery
④ spins

06 다음 대화에서 빈칸에 들어갈 가장 적합한 문장은?

A : You look pale. What's the matter?
B : I've caught a cold.
A : ( )

① Please give my regards to him.
② I am glad to hear from you.
③ I hope to see you soon.
④ That's too bad

07 다음 중 항공기에 제공되는 위치정보(Position Information)의 형식으로 가장 적절한 것은?

① True heading and distance to a significant point
② True course and distance to an en-route navigation aid
③ Direction and distance from the center line of an ATS route
④ Distance to touchdown, if the aircraft is on traffic pattern

08 항공통신 용어 중 조종사에게 현재 사용 중인 주파수를 계속 유지할 것을 요구할 때 사용되는 용어는?

① Hold this frequency
② Keep different frequency
③ Remain this frequency
④ Do not change this frequency

09 다음 문장의 괄호 안에 들어갈 적합한 것은?

> Brown is flying in from New Zealand tonight. We need to (   ) some arrangements for his arrival.

① have
② make
③ made
④ took

10 다음 문장이 나타내는 무선국은?

> A mobile earth station in the aeronautical mobile-satellite service located on board an aircraft.

① Aircraft Station
② Aircraft Earth Station
③ Aeronautical Station
④ Aeronautical Mobile Station

11 다음 문장의 밑줄 친 부분의 뜻은?

> "The number of HF aeronautical stations on the world-wide channels should be kept ot a minimum consistent with <u>the economic and efficient use of frequencies</u>."

① 주파수의 경제적이고 효율적인 사용
② 주파수의 경제적이고 일관성 있는 사용
③ 주파수의 효과적이고 일관성 있는 사용
④ 주파수의 유용하고 편리한 사용

12 다음 밑줄 친 곳에 알맞은 것은?

> "Approach Sequence" is the order _____ two or more aircrafts are cleared to approach to land to the aerodrome.

① about which
② what
③ that
④ in which

13 The correct meaning of "Words Twice" is :

① say again.
② please say every word twice.
③ that is not correct.
④ my transmission is ended and I say again.

14 고도 14,500[feet]를 송신할 때 가장 바람직한 송신 방법은?

① fourteen and five hundreds
② fourteen decimal five hundreds
③ fourteen thousands and five hundreds
④ one four thousand five hundred

15 Which one is not contained in the "Arrival Reports"?

① Aircraft identification
② Departure aerodrome
③ Time of arrival
④ Fuel endurance

16 "그는 돈을 많이 벌지 않지만, 그럭저럭 지낼 만한 것 같다."를 영작한 문장으로 가장 적절한 것은?

① He doesn't make much money, but he seems to get on.
② He doesn't make much money, but he seems to break down.
③ He doesn't make much money, but he seems to come to.
④ He doesn't make much money, but he seems to get by.

17 다음 문장의 밑줄 친 부분에 알맞은 것은?

"They have a _____ old baby only."

① third months
② three months
③ three - months
④ three - month

18 다음은 동사의 명사형을 적은 것이다. 철자가 잘못된 것은?

① transmit - transmission
② cancel - cancellation
③ emit - emition
④ receive - reception

19 다음 문장의 괄호 안에 들어갈 가장 적합한 것은?

An urgent message sent via data link which transmits the intent of the word ( ).

① MAYDAY
② SOS
③ URGENT
④ PAN PAN

20 다음 문장의 괄호 안에 들어갈 가장 적합한 것은?

( ) money has been budgeted for this expansion plan, the manger is reluctant to proceed.

① Despite
② In spite
③ Although
④ If

2014년도 제1회 정기검정
영 어

01 다음 문장의 밑줄 친 곳에 가장 적합한 것은?

> Controlled airspace ( ) those areas designated as Control Area, Control Zones, Terminal Control Areas and so on ...

① consists with
② consists of
③ is consists with
④ is consist of

02 다음 문장의 밑줄 친 곳에 들어갈 가장 적절한 단어는?

> Precision of wording is necessary in writing; by choosing words that exactly convey the desired meaning, one can avoid _____.

① redundancy
② ambiguity
③ lucidity
④ duplicity

03 다음 대화의 내용 중 괄호 안에 들어갈 가장 적절한 표현은?

> A : Dear, could you help me with dishes?
> B : Of course, if you promise to teach me how to ( ) the DVD player later.

① go
② walk
③ operate
④ drive

04 다음 설명이 나타내는 용어는 무엇인가?

> A surveillance technique in which aircraft automatically provide, via a data link, data derived from on-board navigation and position-fixing systems, including aircraft identification, four-dimensional position and additional data as appropriate.

① ADS
② ATIS
③ SSR
④ TIS

05 다음 문장이 설명하는 용어는 무엇인가?

> The direction in which the longitudinal axis of an aircraft is pointed, usually expressed in degrees form North.

① Azimuth
② Heading
③ Radial
④ TIS

06 다음 문장의 밑줄 친 곳에 들어갈 가장 적절한 단어는?

> To astronomers, the moon has long been an _____, its origin escaping simple solution.

① enigma
② ultimatum
③ affront
④ opportunity

07 항공통신교신 중 'Stay with me' 라는 말이 요구하는 뜻은?

① Hold your position
② Maintain present altitude
③ Fly toward my position
④ Do not change frequency

08 다음 중 밑줄 친 부분에 알맞은 것은?

> The number of degrees of roll around the longitudinal axis of the airplane is called _____.

① Angle of attack
② Angle of incidence
③ Angle of bank
④ Pitch angle

09 다음 문장이 나타내는 항공통신 용어로 적당한 것은?

> Authorized by ATC to proceed under the condition specified.

① CONTACT
② CONFIRM
③ CLEARED
④ CLEAR FOR TAKE-OFF

10 다음의 문장이 나태내는 용어로 적합한 것은?

> Let me know that you have received and understood this message.

① APPROVED
② CONFIRM
③ GO AHEAD
④ ACKNOWLEDGE

11 다음 문장의 괄호 안에 들어갈 가장 적절한 단어는?

> Messages shall be cancelled by a telecommunication station only when cancellation is authorized by the message _____.

① receiver
② originator
③ operator
④ holder

12 "승무원들은 브리핑실로 들어갔다."를 바르게 영작한 것은?

① The crew entered the briefing room.
② The crew entered in the briefing room.
③ The crew entered to the briefing room.
④ The crew entered into the briefing room.

13 다음 문장은 어떤 용어에 대한 설명인가?

> I have received all of your last transmission.

① Yes
② Affirmative
③ Roger
④ Go ahead

14 다음 문장의 밑줄 친 부분에 알맞은 것은?

> Are all telephone number _____ in the directory?

① list
② listed
③ listing
④ being

15 다음 문장의 밑줄 친 부분에 알맞은 것은?

> Any radio frequency between 30 and 300 MHz is defined as _____.

① Low Frequency
② Medium Frequency
③ High Frequency
④ Very High Frequency

16 항공용으로 사용되는 'NOTAM'은 무엇의 약어 인가?

① Note to Airmen
② Noted information to Airmen
③ Notice to Aerodrome
④ Notice to Airmen

17 다음 문장에서 설명하는 항공용어는 무엇인 가?

> I hae received your message, understand it, and will comply with it.

① Roger
② Roger out
③ Wilco
④ will do

18 다음 내용이 설명하는 항공용어는 무엇인가?

> Successive operations involving takeoffs and landings or low approaches where the aircraft does not exit the traffic pattern.

① touch and go operation
② closed traffic
③ rectangular pattern
④ circling maneuver

19 다음 문장의 밑줄 친 곳에 들어갈 가장 알맞은 것은?

> Be sure to get the dial tone before you begin to dial. Then dial and wait ____ the answer.

① in
② on
③ for
④ up

20 ICAO(국제민간항공기구) Doc4444에 수록된 영어 중 고도의 단위를 틀리게 서술한 것은?

① FLIGHT LEVELS
② FEET
③ METERS
④ MILES

2013년도 제4회 정기검정
영 어

01 다음 문장의 밑줄 친 곳에 들어갈 가장 적당한 단어는?

> The fog made _____ difficult to calculate the distance.

① on ② of
③ it ④ such

02 다음 문장에서 밑줄 친 부분의 표현이 잘못된 것은?

> The American standard of living ① is still ② higher ③ than most of the other ④ living in the world.

① is ② higher
③ than most ④ living

03 The correct words of "MH 100" are :

① heading one zero zero degrees
② heading one zero zero
③ magnetic heading one hundred
④ magnetic heading one zero zero

04 특정 지시나 허가, 요청을 따를 수 없을 때 사용하는 항공관제 용어는?

① WHEN ABLE
② UNABLE
③ NEGATIVE
④ NEGATIVE CONTACT

05 다음 문장의 괄호 안에 들어갈 적절한 것은?

> Everyone in the world has a right to enjoy his liberty and ( ) his life.

① still more ② much more
③ much less ④ more less

06 다음은 어떤 용어에 대한 설명인가?

> The vertical distance of a point or a level, on or affixed to the surface of the earth, measured from mean sea level.

① Elevation ② Altitude
③ Height ④ Flight Level

07 다음 문장의 괄호 안에 들어갈 적절한 내용은?

> Inter-pilot air-to-air communication shall be established on the air-to-air channel ( ) MHz.

① 121.50 ② 123.45
③ 126.20 ④ 243.00

08 다음 문장의 밑줄친 부분에 들어갈 가장 적절한 단어는?

> Because the salt used to deice highways in snow states is highly _____. It can turn the reinforcing bars in the concrete on highways, bridges, and parking garages into rusty mush.

① obvious
② diluted
③ corrosive
④ profitable

09 다음 문장의 밑줄 친 부분의 뜻은?

> The distress signals indicate that a ship, an aircraft or other vehicle is threatened by grave and imminent danger and requests immediate assistance.

① 큰 위험이나 별로 급하지 않은 위험
② 중대하고도 시급한 위험
③ 시급하고 조심스러운 위험
④ 시급하나 별로 중요치 않은 위험

10 다음 문장에 해당하는 통신 용어는?

> The conversation is ended and no response is expected.

① OVER
② OUT
③ DISREGARD
④ HAND OFF

11 다음 문장의 괄호 안에 알맞은 것은?

> An area from which radio transmission and/or radar echoes cannot be received is called ( ).

① blind zone
② black zone
③ shaded zone
④ uncontrolled zone

12 항공통신의 송신내용중에 "READ BACK"이란 용어의 뜻은?

① Wait and I will call you
② Annual the previously transmitted clearance
③ Permission for proposed action granted
④ Repeat my message back to me

13 약어 "CAVOK"의 의미와 발음을 가장 적절하게 설명한 것은?

① No precipitation, KA-VOK
② No precipitation, KAV-OH-KAV
③ Visibility, cloud and present weather better than prescribed values, KA-VOK
④ Visibility, cloud and present weather better than prescribed values, KAV-OH-KAY

14 항공통신용어 중 'Unable to contact'란 말의 뜻은?

① 어떤 통신국과 교신할 수 없다.
② 어떤 통신국과 교신하면 안된다.
③ Negative contact와 같은 의미이다.
④ Positive contact와 같은 의미이다.

15 다음의 주어진 문장과 뜻이 가장 가까운 것은?

> The man is at work

① The man is working harder than usual
② The man is going to work
③ The man has done his work
④ The man is working

16 관제사가 항공교통 관제상 위험한 상황을 피하기 위해 조종사에게 급한 항공기 기동을 요구할 때 주로 쓰이는 말은?

① At once ② Very soon
③ Right now ④ immediately

17 다음은 어떤 항공 용어에 대한 설명인가?

> One-way communication from aircraft to stations or locations on surface of the earth.

① Broadcast
② Non-Network communication
③ Air-Ground communication
④ Air-to-Ground communication

18 다음 문장의 밑줄 친 부분에 알맞은 단어는?

> He need some wood for the desk he is making. How _____ does he need?

① much ② great
③ long ④ many

19 조난신호에 관한 ICAO 규정으로 괄호 안에 적절한 것은?

> A radiotelephony distress signal consisting of the spoken word (   ).

① MAYDAY ② HELP
③ URGENT ④ PAN PAN

20 다음 문장에서 설명하는 주파수 단위는?

> One million cycles per second of radio frequency.

① Hertz ② Kilohertz
③ Megahertz ④ Gigahertz

2013년도 제1회 정기검정
영 어

01 다음 문장의 밑줄 친 부분에 들어갈 알맞은 것은?

> You must take care _____ you should catch cold.

① because ② lest
③ but ④ that

02 다음 중 관제 실무에 관한 영어 표현으로 잘못된 것은?

① 여기는 ABC관제소 즉시 응답하시오.
   - This is ABC Control, Acknowledge.
② 즉시 비행경로를 좌/우로 변경하시오.
   - Immediately, Turn left/right
③ 속도를 150노트로 줄이시오.
   - Reduce speed to 150knots.
④ 비행 중 매 5분마다 위치보고를 하시오.
   - Repeat your position every 5 minutes.

03 다음 문장은 어떤 용어에 대한 설명인가?

> ATC authorization for an aircraft to land. it is predicated on known traffic and known physical airport conditions.

① Cleared For Take-off
② Circle to Runway
③ Cleared To Land
④ Cleared To Taxi

04 다음 문장의 해석으로 옳은 것은?

> Land Mobile Service mean a mobile service between base stations and land mobile station or between land mobile stations.

① 육상이동업무란 기지국과 육상국간, 또는 육상국간의 이동업무이다.
② 육상이동업무란 기지국과 이동국간, 또는 이동국간의 이동업무이다.
③ 육상이동업무란 기지국과 육상국간, 또는 이동국간의 이동업무이다.
④ 육상이동업무란 기지국과 육상이동국간, 또는 육상이동국간의 이동업무이다.

05 다음 문장은 어떤 용어에 대한 설명인가?

> I hereby indicate the separation between portions of the message. (To be used where there is no clear distinction between the text and other portions of the message)

① Stand by
② Monitor
③ Cancel
④ Break

06 다음의 문장이 나타내는 무선국은?

> A mobile earth station in the aeronautical mobile-satellite service located on board an aircraft.

① Aircraft station
② Aircraft earth station
③ Aeronautical station
④ Aeronautical mobile station

07 다음 중 "ROGER"의 의미에 대한 설명으로 맞는 것은?

① I've received all your transmission.
② Can be used to answer a question requiring yes or no?
③ Ready to take off.
④ Ready to touchdown.

08 다음 문장의 밑줄 친 곳에 알맞은 것은?

> When a fix, point or object is approximately 90 degrees to the right or left of the aircraft track, you as a pilot usually say "The aircraft is _____ a fix, point or object."

① abeam
② left or right
③ side by side
④ over

09 항공무선 교신에서 나의 송신에 대한 상대국의 수신 상태를 알려고 질문하는 용어는?

① Advise me your receiving level.
② Report your receiving condition.
③ What is your listening status?
④ How do you read me?

10 다음 문장의 괄호 안에 들어갈 가장 적합한 것은?

> All stations which hear the ( ) shall immediately cease any transmission capable of interfering with the distress traffic.

① service call
② emergency call
③ distress call
④ stations call

11 다음 문장의 밑줄 친 부분의 의미로 가장 적합한 것은?

> Name tags will help us to identify and expedite the return of your baggage.

① speed up
② delay
③ charge
④ carry out

12 다음 문장의 밑줄 친 부분에 들어갈 가장 적절한 단어는?

> One might dispute the author's handling of particular points of Picasso's interaction with his artistic environment, but her main theses are _____ .

① incongruous
② untenable
③ undecipherable
④ irreproachable

13 다음의 문장에 밑줄 친 부분에 들어갈 알맞은 것은?

> The velocity and direction of the air with reference to any airfoil of an aircraft in flight is called _____.

① Scalar ② Vector
③ Stream Air ④ Relative wind

14 다음 문장의 밑줄 친 부분에 들어갈 알맞은 것은?

> The foremost part of the airfoil which first meets the relative wind is _____.

① Upper Camber ② Lower Camber
③ Leading Edge ④ Trailing Edge

15 다음의 문장과 뜻이 같은 것은?

> After I had finished the work, I played cards.

① Finished the work, I played cards.
② Had finishing the work, I played cards.?
③ Having finished the work, I played cards.
④ Having had finished the work, I played cards.

16 다음 문장을 나타내는 용어는?

> Pilot has completed his pre-take-off checks and is in a position from which he can commence a take off without delay.

① LINE UP
② READY
③ CLEARED TO LAND
④ STAND BY

17 다음 문장의 괄호 안에 들어갈 가장 적합한 것은?

> Changes of frequency in the sending and received apparatus of any mobile station shall be capable of being made ( ).

① as well as possible
② as far as possible
③ as long as possible
④ as rapidly as possible

18 다음 문장의 괄호 안에 들어갈 가장 적합한 것은?

> Two-thirds of the surface _____ water.

① are ② were
③ are the ④ is

19 다음 문장의 괄호 안에 들어갈 가장 적합한 것은?

> ( ) is a system combing ground-based and airborne equipment to measure the distance of the aircraft from a ground facility.

① VOR ② ILS
③ DME ④ TACAN

20 다음 중 "전화를 잘못 거셨습니다."라고 말할 때, 괄호 안에 들어갈 알맞은 것은?

> You have the ( ) number.

① wrong ② false
③ bad ④ another

PART 02

영어

정답 및 심화해설

02

용 어

설명 및 신조어류

2023년도 제1회 정기검정 영어
정답 및 심화해설

정답 모아보기

01	③	05	③	09	③	13	③	17	②
02	③	06	①	10	④	14	②	18	③
03	④	07	①	11	①	15	①	19	④
04	①	08	③	12	①	16	④	20	④

1. When may an aircraft discontinue reporting over compulsory reporting points?
① After the first fix
② Any time
❸ After receiving the statement "radar contact" from ATC
④ None of the above

 해설

항공기는 언제 필수보고지점에서 보고를 중단할 수 있습니까?

FAA "Aeronautical information Manual(AIM)", 『항공교통관제절차』 제92조(방위측정의 요구)

Aeronautical information Manual(AIM) - Pilot/Controller Glossary
- COMPULSORY REPORTING POINTS- Reporting points which must be reported to ATC. They are designated on aeronautical charts by solid triangles or filed in a flight plan as fixes selected to define direct routes. These points are geographical locations which are defined by navigation aids/fixes. Pilots should discontinue position reporting over compulsory reporting points when informed by ATC that their aircraft is in "radar contact."

『항공교통관제절차』 - 용어의 정의
- COMPULSORY REPORTING POINTS(필수보고지점) : 항공교통관제기관에 필수적으로 보고가 필요한 지점. 이것은 삼각형 모양으로 항공로지도에 명시되거나, 직항공로를 정의하기 위하여 선택된 픽스로서 비행계획상에 제출된다. 이러한 지점들은 항행 보조/픽스로 정의되는 지정학적 위치이다. 관제기관에 의해 항공기가 "radar contact" 되면 조종사는 필수보고지점에서 보고를 중단해야 한다.

2. Which of the following spoken figure code is false?
① 0 : NAH-DAH-ZAY-ROH
② 3 : TAY-RAH-TREE
❸ 4 : PAN-TAH-FOWER
④ 7 : SAY-TAY-SEVEN

 해설

다음 중 잘못된 음성 숫자 코드는 무엇입니까?

전파규칙(Radio Regulations) Volume 2

⚠ 2018년도 제1회 13번 및 <기본해설> 참조

Figure or mark to be transmitted	Code word to be used	Spoken as
0	Nadazero	NAH-DAH-ZAY-ROH
3	Terrathree	TAY-RAH-TREE
4	Kartefour	KAR-TAY-FOWER
7	Setteseven	SAY-TAY-SEVEN

3. 무선국이 지정된 조건에서 무선 주파수 또는 무선 주파수 채널을 사용할 수 있도록 주관청에서 부여하는 권한은 무엇인가?
① radiocommunication service → 무선통신업무
② radiolocation → 무선탐지
③ allotment → 분배
❹ assignment → 할당

전파규칙(Radio Regulations) Volume 1. Section II
- 주파수 관리와 관련된 특수 용어

> 1.18 <u>assignment</u> (of a radio frequency or radio frequency channel): Authorization given by an administration for a radio station to use a radio frequency or radio frequency channel under specified conditions.
>
> 1.18 (무선주파수 또는 무선주파수 채널의) <u>할당</u> : 주관청이 무선주파수 또는 무선주파수 채널을 무선국에게 특정한 조건에서 사용하도록 허가하는 것

4. 약어 "QDM"의 올바른 해석은 다음 중 무엇인가?
  ❶ Magnetic Heading(zero wind)
  ② Atmospheric pressure at aerodrome elevation
  ③ Atmospheric pressure at mean sea level
  ④ Altimeter sub-scale setting

『항공약어 및 부호 사용에 관한 기준』[별표 1] 항공약어
→ 2. Encode(암호화)
⚠ 2022년도 제1회 정기검정 5번 참조

❶ Magnetic heading (zero wind) 무풍 자침로	QDM
② Atmospheric pressure at aerodrome elevation (or at runway threshold) 비행장표고(활주로시단)로 환산한 대기압	QFE
③ 번은 Encode(암호화)에 해당하는 항목 없음	
④ Altimeter sub-scale setting to obtain elevation when on the ground 지상의 표고를 얻기 위한 고도수정치	QNH

5. Which of the following phonetic alphabet code is false? (The syllables to be emphasized are underlined)
  ① D : Spoken as '<u>DELL</u> TAH'
  ② L : Spoken as '<u>LEE</u> MAH'
  ❸ R : Spoken as '<u>ROU</u> ME OHH' → <u>ROW</u> ME OH
  ④ X : Spoken as '<u>ECKS</u> RAY'

다음 중 잘못된 음성 알파벳 코드는 무엇입니까?
(강조할 음절은 밑줄이 그어져 있음)

전파규칙(Radio Regulations) Volume 2. Appendix 14
⚠ 전체 내용은 <기본해설> 참조

Phonetic alphabet and Figure code		
Letter to be transmitted	Code word to be used	Spoken as (*)
D	Delta	<u>DELL</u> TAH
L	Lima	<u>LEE</u> MAH
R	Romeo	<u>ROW</u> ME OH
X	X-ray	<u>ECKS</u> RAY

6. 다음 문장에 맞는 용어는?

> An aeronautical mobile service reserved for communications relating to safety and regularity of flight, primarily along national or international civil air routes.

  ❶ aeronautical mobile route service
    → RR : aeronautical mobile (R)* service
    → 항공이동(R)* 업무. *(R): route(항공로)
  ② aeronautical mobile service
    → 항공이동업무
  ③ aeronautical mobile-satellite service
    → 항공이동위성업무
  ④ aeronautical mobile off-route service
    → 항공이동(OR)** 업무. **(OR): off-route

전파규칙(Radio Regulations) Volume 1. Section III
- 전파업무

Section III – Radio services

1.33 **aeronautical mobile (R)* service**: An aeronautical mobile service reserved for communications relating to safety and regularity of flight, primarily along national or international civil air routes.
*(R): route

1.33 **항공이동(R)*업무**: 주로 국내 또는 국제 민간항공로에서 안전 및 정규 비행에 관한 통신을 목적으로 하는 항공이동업무.
*(R): route(항공로)

7. Which of the following is related to ICAO Annex 2?
  ❶ Rules of the Air → 항공규칙, Annex 2
  ② Meteorological Service for International Air Navigation → 항공기상, Annex 3
  ③ Airworthiness of Aircraft → 항공기 감항성, Annex 8
  ④ Aeronautical Telecommunications → 항공통신 업무, Annex 10

다음 중 ICAO 부속서 2와 관련된 것은?

ICAO 부속서(Annex) 영문 및 한글 명칭

⚠ Annex 1~19는 <기본해설> 참조

순번	부속서 영문 및 한글 명칭
Annex 1. 부속서 1.	Personnel Licensing 항공종사자 면허
Annex 2. 부속서 2.	Rules of the Air 항공규칙
Annex 3. 부속서 3.	Meteorological Service for International Air Navigation 항공기상
Annex 4. 부속서 4.	Aeronautical Charts 항공지도
Annex 5. 부속서 5.	Units of Measurement to be Used in Air and Ground Operations 공지측정단위
Annex 6. 부속서 6.	Operation of Aircraft (Part Ⅰ, Part Ⅱ, Part Ⅲ) 항공기운항 (Part Ⅰ~Ⅲ가 있음)
Annex 7. 부속서 7.	Aircraft Nationality and Registration Marks 항공기 국적 및 등록 기호
Annex 8. 부속서 8.	Airworthiness of Aircraft 항공기 감항성
Annex 9. 부속서 9.	Facilitation 출입국 간소화
Annex 10. 부속서 10.	Aeronautical Telecommunications (Volume Ⅰ, Ⅱ, Ⅲ, Ⅳ, Ⅴ) 항공통신 업무 (Volume Ⅰ~Ⅴ가 있음)
Annex 11. 부속서 11.	Air Traffic Services 항공교통 업무
Annex 12. 부속서 12.	Search and Rescue 수색구조업무
Annex 13. 부속서 13.	Aircraft Accident and Incident Investigation 항공기 사고조사
Annex 14. 부속서 14.	Aerodromes (Volume Ⅰ, Volume Ⅱ) 비행장 (Volume Ⅰ, Ⅱ가 있음)
Annex 15. 부속서 15.	Aeronautical Information Services 항공정보업무
Annex 16. 부속서 16.	Environmental Protection (Volume Ⅰ, Ⅱ, Ⅲ, Ⅳ) 환경보호 (Volume Ⅰ~Ⅳ가 있음)
Annex 17. 부속서 17.	Security 항공보안
Annex 18. 부속서 18.	The Safe Transport of Dangerous Goods by Air 위험물 항공운송
Annex 19. 부속서 19.	Safety Management 안전관리

8. Which of the following answers fills in the blank?

> A flashing white light signal from the control tower to an aircraft taxing is an indication ( ).

① to taxi at a faster speed
  → 더 빠른 속도로 Taxi 하라.
② to taxi only on taxiways and not cross runways
  → 활주로를 건너지 말고 유도로에서만 Taxi 하라.
❸ to return to the starting point on the airport
  → 비행장 안의 출발지점으로 돌아 갈 것
④ that instrument conditions exist
  → 계기 조건이 존재하는지

관제탑에서 Taxi 중인 항공기에게 보내는 **깜박이는 흰색** 빛총 신호는 ( )표시이다.

FAA "Aeronautical Information Manual (AIM)" Traffic Control Light Signals, 『항공안전법 시행규칙』[별표 26] 빛총 신호

⚠ 아래 15번 및 2018년도 제4회 정기검정 19번 참조

Aeronautical Information Manual (AIM) 4-3-13. Traffic Control Light Signals

Airport Traffic Control Tower Light Gun Signals

Color and Type of Signal	Meaning		
	Movement of Vehicles, Equipment and Personnel	Aircraft on the Ground	Aircraft in Flight
Steady green	Cleared to cross, proceed or go	Cleared for takeoff	Cleared to land
Flashing green	Not applicable	Cleared for taxi	Return for landing (to be followed by steady green at the proper time)
Steady red	STOP	STOP	Give way to other aircraft and continue circling
Flashing red	Clear the taxiway/runway	Taxi clear of the runway in use	Airport unsafe, do not land
Flashing white	Return to starting point on airport	Return to starting point on airport	Not applicable
Alternating red and green	Exercise extreme caution	Exercise extreme caution	Exercise extreme caution

『항공안전법 시행규칙』[별표 26] 빛총신호

신호의 종류	의 미		
	비행 중인 항공기	지상에 있는 항공기	차량·장비 및 사람
연속되는 녹색	착륙을 허가함	이륙을 허가함	
연속되는 붉은 색	다른 항공기에 진로를 양보하고 계속 선회할 것	정지할 것	정지할 것
깜박이는 녹색	착륙을 준비할 것 (착륙 및 지상유도를 위한 허가가 뒤이어 발부)	지상 이동을 허가함	통과하거나 진행할 것
깜박이는 붉은색	비행장이 불안전하니 착륙하지 말 것	사용 중인 착륙지역으로 부터 벗어날 것	활주로 또는 유도로에서 벗어날 것
깜박이는 흰색	착륙하여 계류장으로 갈 것	비행장 안의 출발지점으로 돌아 갈 것	비행장 안의 출발지점으로 돌아갈 것

9. What are the emergency radio frequencies for aviation use?
   ① 122.5 MHz & 243.0 MHz
   ② 121.5 MHz & 240.1 MHz
    121.5 MHz & 243.0 MHz
   ④ 122.5 MHz & 240.1 MHz

해설

항공용 비상무선주파수는?

FAA "Aeronautical Information Manual (AIM)"; 『항공안전법 시행규칙』; FAA "Aeronautical Information Manual (AIM)", 5-6-13. Interception Procedures(요격절차)

FAA "Aeronautical Information Manual (AIM)", 5-6-13. Interception Procedures(요격절차)

3. All aircraft operating in US national airspace are highly encouraged to maintain a listening watch on VHF/UHF <u>guard frequencies</u> (121.5 or 243.0MHz).
   미국 국가 영공에서 운항하는 모든 항공기는 VHF/UHF <u>가드 주파수(121.5 또는 243.0MHz)</u>에 대한 청취 감시를 유지하는 것이 매우 권장된다.

『항공안전법 시행규칙』제107조(무선설비)
② 제1항제1호에 따른 무선설비는 다음 각 호의 성능이 있어야 한다.
  1. 비행장 또는 헬기장에서 관제를 목적으로 한 양방향통신이 가능할 것
  2. 비행 중 계속하여 기상정보를 수신할 수 있을 것
  3. 운항 중 항공기국과 항공국 간 또는 항공국과 항공기국 간 양방향 통신이 가능할 것
  4. <u>항공비상주파수(121.5㎒ 또는 243.0㎒)를 사용하여 항공교통관제기관과 통신이 가능할 것</u>
  5. 무선전화 송수신기 각 2대 중 각 1대가 고장이 나더라도 나머지 각 1대는 고장이 나지 아니하도록 각각 독립적으로 설치할 것

10. Which of the following phonetic alphabet code word of 'ICAO' is correct?
    ① India, Charlie, Alpha, Omega
    ② Indian, Charles, Alfa, Oskar
    ③ Indian, Charles, Alpha, Omega
     India, Charlie, Alfa, Oscar

해설

다음 중 'ICAO'의 음성알파벳코드 단어로 올바른 것은?

①, ③의 Omega(×), ②, ③의 Indian(×), ②, ③의 Charles(×), ②의 Oskar(×)이므로 ❹번을 선택함.

 『무선통신매뉴얼』, ICAO Doc 9432 "Manual of Radiotelephony"에서 A는 Alpha이므로 사실 ❹번도 오답임. 다만, 전파규칙(RR) Phonetic alphabet and Figure code에서는 A가 Alfa임.

 따라서 A의 표기(code word)는 Alpha와 Alfa 모두 정답으로 간주되며, 발음은 둘 다 AL FAH임.

 참고로 미연방항공청(FAA) A의 표기는 Alfa임.

ICAO Doc 9432 "Manual of Radiotelephony"

Letter	Word	Pronunciation
I	India	IN DEE AH
C	Charlie	CHAR LEE/SHAR LEE
A	Alpha	AL FAH
O	Oscar	OSS CAH

11. 다음 문장의 밑줄 친 부분에 알맞은 것은?

> ATC authorization for an aircraft to land is _____.

❶ Cleared to land
② Cleared for take off
③ Cleared for the option
④ Cleared for low approach

해설

FAA "Aeronautical information Manual(AIM)", 『항공교통관제절차』

 2020년도 제4회 7번, 2018년도 제4회 9번, 2013년도 제1회 3번 참조

FAA "Aeronautical Information Manual(AIM)" "Pilot//Controller Glossary"

CLEARED TO LAND- ATC authorization for an aircraft to land. It is predicated on known traffic and known physical airport conditions.

CLEARED TO LAND- 항공기 착륙을 위한 ATC 승인. 알려진 교통량과 알려진 물리적 공항 상태를 근거로 한다.

『항공교통관제절차』 "용어의 정의"

CLEARED TO LAND(착륙허가) : 착륙항공기에 대한 항공교통관제(ATC) 허가. 착륙허가는 알려진 교통과 알려진 물리적 공항 상태를 포함한다.

12. Which of the following answers fills in the blank?

> Terminate interphone message with _____.

❶ Operating initials
② Goodbye
③ Your name
④ Over

해설

다음 중 빈칸에 들어갈 답은?
_____로 인터폰 메시지를 종료하라.

FAA Order JO 7110.65AA - Air Traffic Control.
Section 4. Radio and Interphone Communications

2-4-13.
INTERPHONE MESSAGE TERMINATION :
Terminate interphone messages with <u>your operating initials.</u>

2-4-13.
인터폰 메시지 종료 :
너의 운영 이니셜로 인터폰 메시지를 종료하라.

13. "Cleared for take-off"를 맞게 설명한 것은?
① 이륙준비 완료 ② 이륙을 불허함
❸ 이륙을 인가함 ④ 이륙을 취소함

해설

『항공교통관제절차』 용어의 정의
 2016년도 제1회 정기검정 14번 참조

CLEARED FOR TAKE-OFF : 출발 항공기에 대한 항공교통관제(ATC) 허가. 이륙허가는 알려진 교통과 물리적인 공항상태를 포함한다.

14. 항공기가 활주로에 착륙할 때 수직 유도 시스템 구현으로 착륙하는 항공기의 수직 편차를 나타내어 최적의 강하 경로를 제공해주는 계기 착륙 시스템은?

① instrument landing system localizer
 → 방위각제공시설(로컬라이저)
② marker beacon → 마커비콘
❸ instrument landing system glide path
 → 활공각제공시설(글라이드패스)
④ radio altimeter → 전파 고도계

해설

서울지방항공청 홈페이지(https://www.molit.go.kr)

< 항행안전무선시설 >

- 레이더시설(RADAR : Radio Detecting and Ranging) - 비행중인 항공기를 탐지하여 관제사가 화면을 보고 항공기를 안전하게 관제할 수 있도록 하는 시설
- 계기착륙시설(ILS : Instrument Landing System) - 항공기의 정밀착륙을 안내하기 위한 수평/수직 유도 및 거리 정보를 제공
- 방위각제공시설(LLZ : Localizer) - 활주로 중심선에 대한 코스유도 정보(수평정보) 제공
- 활공각제공시설(GP : Glide Path) - 활주로에 대한 항공기의 코스유도 정보(수직정보) 제공
- 마커비콘(Marker Beacon) - 저시정 상태에서 접근 활주로가 임박했음을 지시
- 거리측정시설(DME : Distance Measuring Equipment) - 항행 중인 항공기에 시설 설치 지점에서 항공기까지의 거리 정보를 숫자로 제공하여 항로비행 및 이착륙 시에 이용
- 전방향표지시설(VOR : VHF Omni-directional Radio Range) - 항행 중인 항공기에 방위각 정보(1~360도)를 제공하는 시설로서 항공로의 구성, 공항접근 및 이착륙 시에 이용

15. Which of the following answers fills in the blank?

> If the control tower uses a light signal to direct a pilot to taxi clear of landing area or runway in use, the light will be (   ).

❶ flashing red → 깜빡이는 붉은색
② steady red → 연속되는 붉은색
③ alternating red and green → 붉은 색과 녹색 교대
④ flashing green → 깜빡이는 녹색

해설

다음 중 빈칸에 들어갈 답은?
관제탑이 빛총신호를 사용하여 조종사에게 사용 중인 착륙 구역 또는 활주로를 벗어나도록(clear of) 유도하는 경우, 그 빛총신호는 (   )이다.

FAA "Aeronautical Information Manual (AIM)" Traffic Control Light Signals, 『항공안전법 시행규칙』 [별표 26] 신호 (제19조 관련)

 앞의 2023년도 제1회 정기검정 8번 문제 참조

 ③번 alternating red and green(붉은 색과 녹색 교대)는 AIM에는 수록되어 있으나 『항공안전법 시행규칙』 [별표 26] "빛총신호"에는 없음.

16. 비행고도 FL200를 올바르게 읽는 방법은?
① twenty thousand
② flight level twenty thousand
③ two zero zero
❹ flight level two zero zero

해설

『무선통신매뉴얼』 2.4 숫자 송신, ICAO Doc 9432 "Manual of Radiotelephony" 2.4 TRANSMISSION OF NUMBERS

 2020년도 제4회 정기검정 5번 및 <기본해설> 참조

flight levels	transmitted as
FL 180	flight level one eight zero
FL 200	flight level **two zero zero**

17. Which part of an airplane can control its motion to the right and the left?
① A flap
❷ rudder
③ An elevator
④ All of these

해설

비행기의 어느 부분이 좌우로 움직이는 것을 제어할 수 있는가? 2020년도 제4회 18번

FAA, Pilot's Handbook of Aeronautical Knowledge

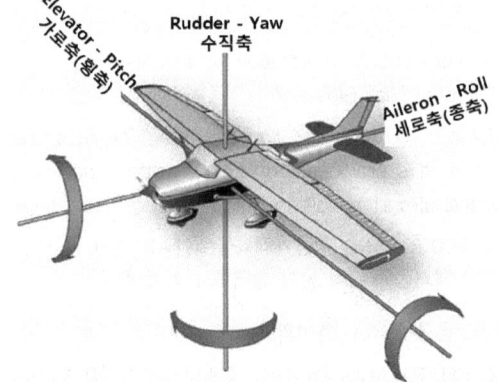

조종면	운동면	회전축
Aileron	Roll	Longitudinal
Elevator	Pitch	Lateral
Rudder	Yaw	Vertical

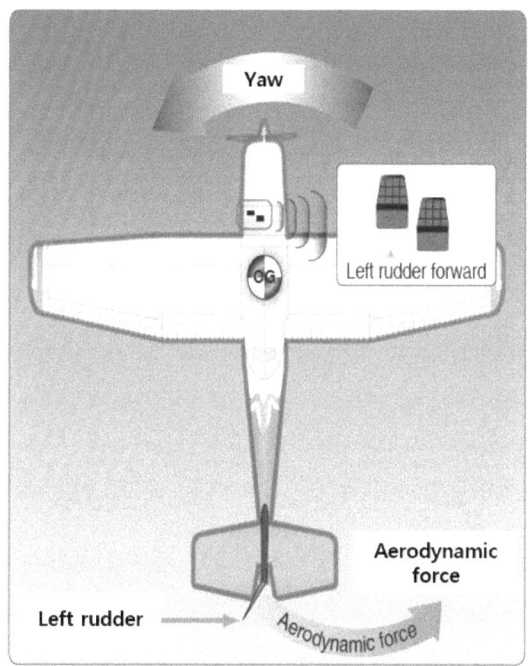

18. 레이다 비컨코드 4100를 송신할 때 맞는 것은?
① squawk four thousand one hundred
② four thousand one hundred
❸ squawk four one zero zero
④ squawk four one

> 해설

『무선통신매뉴얼』 2.4 숫자 송신, ICAO Doc 9432 "Manual of Radiotelephony" 2.4 TRANSMISSION OF NUMBERS
⚠ 2020년도 제4회 정기검정 5번 및 <기본해설> 참조

transponder codes	ttransmitted as
2400	squawk two four zero zero
4203	squawk four two zero three

19. 숫자 "9"를 ICAO 숫자 발음법에 따라 올바르게 발음한 것은?
① knife ② naive
③ nine   ❹ nin-er

> 해설

『무선통신매뉴얼』, ICAO Doc 9432 "Manual of Radiotelephony"
⚠ <기본해설> 참조

Numeral or numeral element	Pronunciation
0	ZE-RO
1	WUN
2	TOO
3	TREE
4	FOW-er
5	FIFE
6	SIX
7	SEV-en
8	AIT
9	NIN-er
Decimal	DAY-SEE-MAL
Hundred	HUN-dred
Thousand	TOU-SAND

20. "내 송신은 끝났으니 그 쪽에서 대답하라" 할 때 사용되는 용어는?

> My transmission is ended and I expect a response from you.

① OUT
② ROGER
③ WILCO
❹ OVER

> **해설**

『무선통신매뉴얼』, ICAO Doc9432 "Manual of Radiotelephony"

OUT	This exchange of transmissions is ended and no response is expected. *Note. - Not normally used in VHF communications.*
	송신이 끝났고 대답은 더 이상 필요하지 않다 *주 - VHF 통신에는 보통 사용하지 않는다.*
ROGER	I have received all of your last transmission. *Note - Under no circumstances to ve used in reply to a question requiring "READ BACK" or a direct answer in the affirmative (AFFIRM) or negative(NEGATIVE)*
	당신의 마지막 송신을 모두 받았다 *주 - "READ BACK"이나 긍정 및 부정으로 대답을 요구하는 질문에 대한 답으로 사용하여서는 안 된다.*
WILCO	(Abbreviation for will comply.) I understand your message and will comply with it.
	(WILL COMPLY의 축약형) 당신의 메시지를 알아들었으며 그대로 따르겠다.
OVER	My transmission is ended and I expect a response from you. *Note. - Not normally used in VHF communications.*
	내 송신은 끝났으니 그 쪽에서 대답하라 *주 - VHF 통신에는 보통 사용하지 않는다.*

2022년도 제4회 정기검정 영 어
정답 및 심화해설

정답 모아보기

01	④	05	①	09	③	13	②	17	①
02	④	06	④	10	③	14	③	18	②
03	④	07	①	11	④	15	③	19	①
04	③	08	④	12	①	16	①	20	②

1. 다음 문장의 괄호 안에 들어갈 가장 적합한 것은?

> An urgent message sent via data link which transmits the intent of the words (   ).

① MAYDAY ② SOS
③ URGENT ❹ PAN PAN

 해설

ICAO 부속서(Annex) 2, Rules of the Air

1.2 Urgency signals
a) a signal made by radiotelegraphy or by any other signalling method consisting of the group XXX;
무선통신 또는 그룹 XXX로 구성된 다른 신호 방식에 의해 생성된 신호
b) a radiotelephony urgency signal consisting of the spoken words PAN, PAN;
음성 단어 PAN, PAN으로 구성된 무선통신 긴급 신호
c) an **urgency message** sent via data link which transmits the intent of the words **PAN, PAN.**
PAN, PAN이라는 단어의 의도를 전달하는 데이터 링크를 통해 전송되는 긴급 메시지

2. AFTN(Aeronautical Fixed Telecommunication Network)에서 가장 높은 우선순위를 나타내는 문자 표시는?

① GG KK   ② FF
③ DD FF   ❹ SS

해설

『항공통신업무 운영 규정』[별표] 항공통신업무 운영기준 및 절차

2.3.1.2 우선순위의 순서
 2.3.1.2.1 항공고정통신망에서 전문을 전송할 때 우선순위의 순서는 다음과 같다.

전송순위	우선순위
1	SS
2	DD FF
3	GG KK

1) 조난전문 (SS) → 제1순위 : SS
2) 긴급전문 (DD)
3) 비행안전전문 (FF) → 제2순위 : DD 또는 FF
4) 기상전문 (GG)
5) 비행규칙전문 (GG)
6) 항공정보업무(AIS)전문 (GG) → 제3순위 : GG 또는 KK
7) 항공행정전문 (KK)
8) 서비스전문 (적당한 우선순위)

3. 항공용으로 사용되는 'NOTAM'은 무엇의 약어인가?
① Note to Airmen
② Noted information to Airmen
③ Notice to Aerodrome
❹ Notice to Airmen

해설

『항공교통관제절차』, ICAO Annex 11 Air Traffic Services, 『무선통신매뉴얼』

『항공교통관제절차』
• NOTAM: Notice To Airmen 항공고시보

ICAO 부속서(Annex) 11, 『무선통신매뉴얼』
• 항공고시보(NOTAM) 비행업무관련 종사자가 적시에 필수적으로 알아야하는 항공시설, 업무, 절차, 또는 위험의 상태, 변경, 신설 등에 관한 정보를 수록하고 있는 공고문

4. 다음 설명은 어떤 용어에 대한 설명인가?

> A transmission from one station to another station in circumstances where two-way communication cannot be established but where it is believed that the called station is able to receive the transmission.

① Broadcasting
② Communication Failure
❸ Blind Transmission
④ Blind Communication

해설

『무선통신매뉴얼』 제1장 용어 해설, ICAO Doc4444 "Air Traffic Management"

Blind transmission. A transmission from one station to another station in circumstances where two-way communication cannot be established but where it is believed that the called station is able to receive the transmission.

맹목방송. 양방향 통신이 성립된 것은 아니나, 호출되는 무선국이 그 방송을 수신한다고 예상되는 상황에서 한 무선국에서 다른 무선국으로의 방송

5. 다음 설명이 나타내는 용어는 무엇인가?

> A surveillance technique in which aircraft automatically provide, via a data link, data derived from on-board navigation and position-fixing systems, including aircraft identification, four-dimensional position and additional data as appropriate.

❶ ADS
② ATIS
③ SSR
④ TIS

해설

국제전기통신연합(ITU) 보고서
(Report ITU-R M.2413-0(11/2017)

Automatic dependent surveillance (ADS) is a surveillance technique in which aircraft automatically provide, via a data link, data from the on-board navigation and position fixing systems, including aircraft identification, four-dimensional position (latitude, longitude, altitude and time) and additional data as appropriate.

ADS(Automatic Dependent Surveillance)는 항공기 식별, 4차원 위치(위도, 경도, 고도 및 시간) 및 추가 데이터를 포함하여 항공기가 데이터 링크를 통해 자동으로 제공하는 감시 기술이다.

보충해설 『항공무선통신매뉴얼』, 『항공교통관제절차』

❶ AUTOMATIC DEPENDENT SURVEILLANCE (**ADS**): **자동종속감시시설**
② Automatic terminal information service(**ATIS**): **공항정보자동방송업무** → 24시간동안 또는 특정시간 대에 출발/도착하는 항공기에게 최신의 공항정보를 반복적이고 자동적으로 제공하는 방송 업무
③ Secondary surveillance radar(**SSR**): **2차 감시레이더**
④ TRAFFIC INFORMATION SERVICE-BROADCAST (**TIS-B**): TIS-B 서비스는 레이더 감시 범위와 ADS-B 지상시설의 방송 범위가 일치하는 NAS 전체에 제공된다.

6. 다음 문장의 밑줄 친 부분에 들어갈 알맞은 것은?

> The forward force produced by either a propeller or the reaction of a jet engine exhaust is called _____.

① Power   ② Length   ③ Weight   ❹ Thrust

해설

다음 문장의 밑줄 친 부분에 들어갈 알맞은 것은?

프로펠러나 제트 엔진 배기가스의 반작용에 의해 생성되는 전방으로의 힘을 (thrust)라고 한다.

FAA "Pilot's Handbook of Aeronautical Knowledge"
Thrust is the forward force produced by the powerplant / propeller.
추력은 발동기/프로펠러에 의해 생성되는 전방으로의 힘이다.

7. 항공통신용어 중 "현재 사용하고 있는 주파수를 유지할 것"을 요구할 때 사용되는 것은?
  ❶ Remain this frequency
  ② Keep this frequency
  ③ Hold this frequency
  ④ Do not leave this frequency

해설

『항공교통관제절차』,
2-1-17 무선통신(Radio Communications)

- 관제사는 주파수 변경을 원하지 않고 있으나 조종사가 주파수의 변경을 기대하거나 원하고 있을 때, 다음의 관제용어를 사용한다.
- 관제용어 : **REMAIN THIS FREQUENCY**

보충해설 『무선통신매뉴얼』(용어 사용 사례)

- 레이더 식별을 할 수 없거나 모호한 경우에는 조종사에게 조언하고 적절한 지시를 제공하여야 한다.

(관제사)	HL5678 WILL SHORTLY LOSE IDENTIFICATION TEMPORARILY DUE FADE AREA. REMAIN THIS FREQUENCY
(조종사)	WILCO HL5678

8. 다음 밑줄 친 곳에 알맞은 것은?

> "Approach Sequence" is the order _____ two or more aircraft are cleared to approach to land at the aerodrome.

① about which ② what
③ that   ❹ in which

해설

ICAO Doc 4444 "Air Traffic Management",
『항공교통관제절차』 ⚠ 순수 영어문제

ICAO Doc 4444 "Air Traffic Management"
Chapter 1. Definitions
Approach sequence. The order **in which** two or more aircraft are cleared to approach to land at the aerodrome.
접근순서. 두 대 이상의 항공기가 비행장에 착륙하기 위해 허가를 받은 순서이다.

『항공교통관제절차』 용어의 정의
APPROACH SEQUENCE(접근순서) : 접근을 위한 항공기의 순서

9. What dose aviation radio phrase "WILCO" mean?
  ① I have received your message.
  ② I understand your transmissions.
  ❸ I have received your message, understand it, and will comply with it.
  ④ My transmission is ended.

해설

『무선통신매뉴얼』,
ICAO Doc 9432 "Manual of Radiotelephony"

WILCO	(Abbreviation for will comply.) I understand your message and will comply with it.
	(WILL COMPLY의 축약형) 당신의 메시지를 알아들었으며 그대로 따르겠다.

10. 다음의 정의에 대한 항공통신용어는?

> ATC authorization for an aircraft to execute any standard or special instrument approach procedure for that airport.

① Cleared as field
② Cleared for the option
❸ Cleared approach
④ Cleared to land

해설

FAA "Aeronautical information Manual(AIM)",
『항공교통관제절차』

"Aeronautical information Manual(AIM)"
CLEARED APPROACH - ATC authorization for an aircraft to execute any standard or special instrument approach procedure for that airport.

『항공교통관제절차』 용어의 정의
CLEARED APPROACH : 공항의 표준 또는 특정 계기접근절차를 실행하도록 항공기에 대한 ATC 인가.

11. "우리는 지금 인천으로 접근하고 있는 중이다."를 바르게 송신한 것은?
① We are come to Incheon.
② We are approached Incheon.
③ We are reached Incheon.
❹ We are approaching Incheon.

해설

⚠ 순수 영어문제 + 무선통신
① 우리는 인천에 왔다.
②,③ 우리는 인천에 도착했다.
❹ 우리는 인천에 접근하고 있다.

12. 다음 밑줄 친 곳에 알맞은 것은?

> The communication word technically meaning "I have received all of your last transmission" is _____.

❶ ROGER   ② AFFIRMATIVE
③ YES   ④ CORRECT

해설

기술적으로 "당신의 마지막 송신을 모두 받았다"를 의미하는 통신 용어는;
- 『무선통신매뉴얼』, ICAO Doc 9432 "Manual of Radiotelephony"

ROGER	I have received all of your last transmission. Note. Under no circumstances to be used in reply to a question requiring "READ BACK" or a direct answer in the affirmative (AFFIRM) or negative(NEGATIVE)
	당신의 마지막 송신을 모두 받았다. 주. "READ BACK"이나 긍정 및 부정으로 대답을 요구하는 질문에 대한 답으로 사용하여서는 안 된다.

13. 항공통신 교신 중에 조종사 또는 관제사가 수초 동안 기다릴 것을 요구할 때 또는 "ATC clearance"가 곧 나간다는 것을 알릴 때 사용되는 용어는?
① Wait seconds   ❷ Stand by
③ Wait   ④ Wait a moment

해설

『무선통신매뉴얼』,
ICAO Doc 9432 "Manual of Radiotelephony"

STANDBY	Wait and I will call you. Note. The caller would normally re-establish contact if the delay is lengthy. STANDBY is not an approval or denial.
	기다리면 내가 부르겠다 주. 호출한 사람은 지연이 길어질 경우 재 교신을 하여야 한다. STANDBY는 승인 또는 거부를 의미하는 것은 아니다

14. Choose the wrong ICAO phonetic alphabet.
① A : Alfa   ② G : Golf
❸ O : October   ④ T : Tango

해설

『무선통신매뉴얼』,
ICAO Doc 9432 "Manual of Radiotelephony"

Letter	Word	Pronunciation
O	Oscar	**OSS** CAH

15. Aviation radio message에서 number "3"을 올바르게 표현한 것은?
① three   ② slow
❸ tree   ④ dry

해설

『무선통신매뉴얼』,
ICAO Doc 9432 "Manual of Radiotelephony"

Numeral or numeral element	Pronunciation
3	TREE

16. 항공통신의 송신내용 끝에 사용하는 용어로서 "교신은 끝났고 응답을 기대하지 않음"의 뜻을 갖는 것은?
❶ Out   ② Over
③ End   ④ Completed

『무선통신매뉴얼』,
ICAO Doc 9432 "Manual of Radiotelephony"

OUT	This exchange of transmissions is ended and no response is expected. Note. Not normally used in VHF communications.
	송신이 끝났고 대답은 더 이상 필요하지 않다 주. VHF 통신에는 보통 사용하지 않는다.

17. 다음 문장이 설명하는 무선국은?

> A mobile station in the aeronautical mobile service located on board an aircraft.

❶ Aircraft station
② Mobile station
③ Aeronautical station
④ Broadcasting station

전파규칙(Radio Regulations) Volume 1, 『전파법 시행령』

전파규칙(Radio Regulations) Volume 1
1.83 **aircraft station**: A mobile station in the aeronautical mobile service, other than a survival craft station, located on board an aircraft.
항공기국 : 구명부기국 이외 항공기에 위치하여 항공이동업무를 행하는 이동국.

『전파법 시행령』 제29조(무선국의 분류)
7. **항공기국**: 항공기에 개설하여 항공이동업무를 하는 무선국

❶ Aircraft station → 항공기국
② Mobile station → 이동국
③ Aeronautical station → 항공국
④ Broadcasting station → 방송국

18. 다음 문장에서 설명하는 항공용어는 무엇인가?

> A set of rules governing the conduct of flight under instrument meteorological conditions.

① Visual Flight Rules
❷ Instrument Flight Rules
③ Instrument Departure Procedure
④ Standard Instrument Departure

FAA "Aeronautical information Manual(AIM)",
『항공교통관제절차』

FAA "Aeronautical information Manual(AIM)"
INSTRUMENT FLIGHT RULES[ICAO] - A set of rules governing the conduct of flight under instrument meteorological conditions.

『항공교통관제절차』 용어의 정의
INSTRUMENT FLIGHT RULES[ICAO] - 계기비행 기상조건 아래서 수행되는 비행에 대한 절차를 통제하는 규칙.

FAA "Aeronautical information Manual(AIM)"
INSTRUMENT FLIGHT RULES(IFR) - Rules governing the procedures for conducting instrument flight. Also a term used by pilots and controllers to indicate type of flight plan.

『항공교통관제절차』 용어의 정의
INSTRUMENT FLIGHT RULES(계기비행규칙) : 계기비행 수행에 관한 절차를 통제하는 규칙이며, 또한 조종사나 관제사가 비행계획 형식을 나타낼 때 사용하는 용어이다.

19. 다음 문장을 나타내는 통신용어는?

> Used to request a repeat of the last transmissions

❶ Say again
② Speak again
③ Repeat last transmission
④ Request last transmission again

『무선통신매뉴얼』,
ICAO Doc 9432 "Manual of Radiotelephony"

SAY AGAIN	Repeat all, or the following part, of your last transmission.
	마지막으로 송신한 내용의 전부나 일부를 반복하라

20. 다음 괄호 안에 들어갈 가장 적절한 것은 무엇인가?

> When activated, an emergency locator transmitter(ELT) transmits on (   ).

① 118.0 and 118.8[MHz]
❷ 121.5 and 243.0[MHz]
③ 123.0 and 119.0[MHz]
④ 135.0 and 247.0[MHz]

해설

FAA "Aeronautical Information Manual(AIM)", 비상위치지시용무선표지설비(ELT)

6−2−4. Emergency Locator Transmitter(ELT)
ELTs of various types were developed as a means of locating downed aircraft. These electronic, battery operated transmitters operate on one of three frequencies. These operating frequencies are **121.5 MHz, 243.0 MHz,** and **the newer 406 MHz.** ELTs operating **on 121.5 MHz and 243.0 MHz** are analog devices.
다양한 유형의 ELT가 추락한 항공기를 찾는 수단으로 개발되었다. 배터리로 작동하는 이 전자 송신기는 세 가지 주파수 중 하나로 작동한다. 이 **동작 주파수는** 121.5MHz, 243.0MHz 및 최신 406MHz이다. 121.5MHz와 243.0MHz에서 동작하는 ELT는 아날로그 장치이다.

2022년도 제1회 정기검정 영어
정답 및 심화해설

정답 모아보기

01	④	05	①	09	④	13	①	17	④
02	④	06	①	10	③	14	③	18	④
03	①	07	②	11	①	15	②	19	②
04	②	08	④	12	①	16	②	20	①

1. "반송주파수 2,182[kHz]는 <u>무선전화용국제조난주파수</u>이다."에서 밑줄 친 부분에 대한 영문표현으로 가장 적합한 것은?

① An international distress frequency for radiotelegraphy.
② An international emergency frequency for radiotelegraphy.
③ An international emergency frequency for radiotelephony.
❹ An international distress frequency for radiotelephony.

해설

전파규칙(Radio Regulations) Volume 1

B2 − Call and reply
52.189 § 87 1) The frequency 2182 kHz is **an international distress frequency for radiotelephony** (see Appendix 15 and Resolution 354 (WRC-07)). (WRC-07)

B2 − 호출과 응답
52.189 § 87 1) 2182 kHz 주파수는 **무선전화용 국제조난주파수이다**(부록 15 및 결의 354(WRC-07) 참조). (WRC-07)

2. ICAO 규정에서 정의한 다음의 용어는 무엇을 나타내는가?

> An aeronautical telecommunication station having primary responsibility for handling communications pertaining to the operation and control of aircraft in a given area.

① Air control radio station
② Ground control radio station
③ Land station
❹ Air-ground control radio station

해설

ICAO Annex 10 Aeronautical Telecommunications, Volume Ⅱ Communication Procedures including those with PANS status, "1.2 STATIONS", 『항공통신업무 운영 규정』제2조(정의)

Air-ground control radio station. An aeronautical telecommunication station having primary responsibility for handling communications pertaining to the operation and control of aircraft in a given area.
공대지 관제무선국(air-ground control radio station)이란 주어진 지역에서의 항공관제를 위한 통신에 대해 일차적 책임을 갖는 항공통신국을 말한다.

3. 다음 문장의 괄호 안에 들어갈 알맞은 것은?

> ( ) indicates that a ship or other vehicle is threatened by grave and imminent danger and request immediate assistance.

❶ Distress signal
② Emergency request
③ Transmission signal
④ Call sign

해설

47 CFR § 80.5 - Definitions.
(CFR: Code of Federal Regulations)

Distress signal. The distress signal is a digital selective call using an internationally recognized distress call format in the bands used for terrestrial communication or an internationally recognized distress message format, in which case it is relayed through space stations, which <u>indicates that a person, ship, aircraft, or other vehicle is threatened by grave and imminent danger and requests immediate assistance.</u>

(조난신호)는 사람, 선박, 항공기 또는 기타 차량이 중대하고 시급한 위험에 의해 위협을 받고 있으며 즉각적인 지원을 요청함을 나타낸다.

---

4. 항공통신의 송신내용 끝에 송신하는 용어로서 "My transmission is ended, and I expect a response from you."의 뜻에 맞는 것은?
① Out
❷ Over
③ End
④ Completed

해설

『무선통신매뉴얼』,
ICAO Doc9432 "Manual of Radiotelephony"

OVER	My transmission is ended and I expect a response from you. Note. Not normally used in VHF communications. 내 송신은 끝났으니 그 쪽에서 대답하라 주. VHF 통신에는 보통 사용하지 않는다

① Out : 송신이 끝났고 대답은 더 이상 필요하지 않다
③,④ → STANDARD WORDS가 아님

---

5. 약어 "QDM"의 올바른 해석은 다음 중 무엇인가?
❶ Magnetic Heading(zero wind)
② Atmospheric pressure at aerodrome elevation
③ Atmospheric pressure at mean sea level
④ Altimeter sub-scale setting

해설

『항공약어 및 부호 사용에 관한 기준』 [별표 1] 항공약어
→ 2. Encode(암호화)

❶ Magnetic heading (zero wind) 무풍 자침로	QDM
② Atmospheric pressure at aerodrome elevation (or at runway threshold) 비행장표고(활주로시단)로 환산한 대기압	QFE
③번은 Encode(암호화)에 해당하는 항목 없음	
④ Altimeter sub-scale setting to obtain elevation when on the ground 지상의 표고를 얻기 위한 고도수정치	QNH

---

6. Which of the following is not true?
다음 중 옳지 않은 것은?
❶ "TCAS" is an abbreviation for "Traffic Alert and Collision <u>Advance</u> System"
② "ACARS" is an abbreviation for "ARNIC communications addressing and reporting system"
③ "ILS" is an acronym for "Instrument Landing System"
④ "ATC" is an acronym for "Air Traffic Control"

해설

『항공약어 및 부호 사용에 관한 기준』 [별표 1] 항공약어
→ 1. Decode(해독화)

❶ TCAS RA	(to be pronounced "TEE-CAS-AR-AY") **Traffic alert and collision avoidance system** resolution advisory ("TEE-CAS-AR-AY"로 발음) 공중충돌**회피**기동조언
② ACARS	(to be pronounced "AY-CARS") **Aircraft communication addressing and reporting system** ("AY-CARS"로 발음) 공중/지상 데이터통신시스템 ⚠ Aircraft 또는 ARNIC 모두 가능
③ ILS	Instrument landing system 계기착륙시설
④ ATC	Air traffic control 항공교통관제

7. 다음 설명은 어떤 용어에 대한 의미인가?

> Let me know that you have received and understood this message.

① Confirm
❷ Acknowledge
③ Understand
④ Check

해설

『무선통신매뉴얼』, ICAO Doc9432
"Manual of Radiotelephony"

ACKNOWLEDGE	Let me know that you have received and understood this message. 이 메시지를 수신하고 이해했는지를 알려달라

① Confirm : (허가, 지시, 정보 또는 요청발부) 에 대한 확인을 요청한다
③ Understand → STANDARD WORDS가 아님
④ Check : 시스템이나 절차를 확인하라

8. 다음 중 용어의 기능이 가장 적합하게 설명된 것은?
① "DME" Providing only azimuth information.
② "TACAN" providing only distance information.
③ "DME" providing distance and azimuth information.
❹ "TACAN" providing distance and azimuth information.

해설

『항공약어 및 부호 사용에 관한 기준』 [별표 1] 항공약어
→ 2. Encode(암호화)

DME	Distance measuring equipment 거리측정시설
TACAN	UHF tactical air navigation aid 전술항행표지시설

보충해설 『항공교통관제절차』1-2-6 약어(Abbreviations)

TACAN	TACAN UHF navigational aid (Omni-directional **Course and Distance Information**) 전술항행표지시설, UHF 항행안전시설 (**전방향 코스 및 거리정보**)

9. "우리는 지금 인천으로 접근하고 있는 중이다."를 바르게 송신한 것은?
① We are come to Incheon.
② We are approached Incheon.
③ We are reached Incheon.
❹ We are approaching Incheon.

해설

⚠ 순수 영어문제 + 무선통신
① 우리는 인천에 왔다.
②,③ 우리는 인천에 도착했다.
❹ 우리는 인천에 접근하고 있다.

10. 다음 문장이 의미하는 용어는?

> Used by ATC when prompt compliance is required to avoid the development of an imminent situation.

① Hurry
② Speedy
❸ Expedite
④ Will do

해설

FAA "Aeronautical information Manual(AIM)", 『항공교통관제절차』

FFA "Aeronautical information Manual(AIM)"
EXPEDITE - Used by ATC when prompt compliance is required to avoid the development of an imminent situation.
EXPEDITE - 긴박한 상황으로 전개를 피하기 위해 즉각 이행이 필요한 경우 ATC(Air Traffic Control)에서 사용한다.

『항공교통관제절차』2-1-5 긴급 이행
• "Immediately"라는 용어는 긴박한 상황의 회피가 필요하며 신속한 이행이 요구되는 경우에만 사용한다.
• "Expedite"라는 용어는 긴박한 상황으로 진전됨을 회피하기 위하여 즉각 이행이 요구되는 경우에만 사용한다.

11. 다음 괄호 안에 알맞은 발음은?

> When the English language is used, number 8 shall be transmitted using the pronunciation of ( ).

❶ AIT
② I-IT
③ E-IT
④ EI-TO

해설

『무선통신매뉴얼』 2.4. 송신 숫자, ⚠ <기본해설> 참조
ICAO Doc 9432 "Manual of Radiotelephony"
2.4 TRANSMISSION OF NUMBERS

영어를 사용하는 경우 숫자 8은 (   )이라는 발음을 사용하여 송신한다.

12. ATC 항공통신의 송신내용 중 "Request a pilot to suspend electronic countermeasure activity"를 뜻하는 용어는?
　❶ Stop Stream
　② Step Taxi
　③ Stop Squawk
　④ Stand by

해설

ATC 항공통신의 송신내용 중 "조종사에게 전자적 대응 활동 중단 요청"을 뜻하는 용어는?
- FAA "Aeronautical information Manual(AIM)",
  『항공교통관제절차』

FAA "Aeronautical information Manual(AIM)"
STOP STREAM – Used by ATC to request a pilot to suspend electronic attack activity.
STOP STREAM – ATC가 조종사에게 전자 공격활동을 중단하도록 요청하는데 사용

『항공교통관제절차』 '용어의 정의'
STOP STREAM : 항공교통관제기관이 조종사에게 전자대항 활동(ECM) 중지를 요구할 때, 사용하는 용어
* ECM: Electronic Counter Measure

13. The communication word technically meaning "I have received all of your last transmission" is;
　❶ Roger　　　　② AFFIRMATIVE
　③ Yes　　　　　④ CORRECT

해설

기술적으로 "당신의 마지막 송신을 모두 받았다"를 의미하는 통신 용어는;
- 『무선통신매뉴얼』,
  ICAO Doc9432 "Manual of Radiotelephony"

ROGER	I have received all of your last transmission. Note. Under no circumstances to be used in reply to a question requiring "READ BACK" or a direct answer in the affirmative (AFFIRM) or negative(NEGATIVE)
	당신의 마지막 송신을 모두 받았다 주. "READ BACK"이나 긍정 및 부정으로 대답을 요구하는 질문에 대한 답으로 사용하여서는 안 된다.

② AFFIRMATIVE : Yes, 예
③ Yes → STANDARD WORDS가 아님
④ CORRECT : True. or Accurate. 맞다. 또는 정확하다.

14. 관제사로부터 "Traffic, three o'clock one zero miles, southbound, slow moving"이라는 정보를 받았다면 당신을 기준으로 그 비행체의 위치는?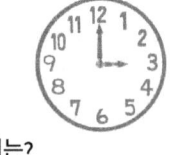
　① 왼쪽 10마일
　② 바로 왼쪽
　❸ 오른쪽 10마일
　④ 바로 오른쪽

해설

항적, 3시 방향 10마일, 남쪽으로, 천천히 이동 중

15. The correct word of "Words twice" is :
　① Say again.
　❷ Please say every word twice.
　③ That is not correct
　④ My transmission is ended and I say again.

해설

『무선통신매뉴얼』,
ICAO Doc9432 "Manual of Radiotelephony"

WORDS TWICE	a) As a request: Communication is difficult. Please send every word or group of words twice. b) As information: Since communication is difficult, every word or group of words in this message will be sent twice. a) 요청 시 : 통신내용이 어려우니 모든 낱말이나 구를 두 번씩 반복해 달라 b) 정보제공 시 : 통신내용이 어려우니 이 메시지의 단어나 구를 두 번씩 보낼 것이다

① say again : Repeat all, or the following part, of your last transmission.
마지막으로 송신한 내용의 전부나 일부를 반복하라.

16. 다음 중 영문통화표의 약어로 옳지 않은 것은?
① D : Delta
❷ M : Michael
③ N : November
④ W : Whiskey

 해설

『무선통신매뉴얼』,
ICAO Doc 9432 "Manual of Radiotelephony"

Letter	Word	Pronunciation
M	Mike	MIKE

17. 다음 항공통신용어 중 조종사에게 착륙을 포기하고 다시 비행으로 전환하라는 뜻을 가지는 용어는?
① Give Way
② Low Approach
③ Give up Landing
❹ Go Around

 해설

FAA "Aeronautical information Manual(AIM)", 『항공교통관제절차』

FAA "Aeronautical information Manual(AIM)"
GO AROUND - Instructions for a pilot to abandon his/her approach to landing.

『항공교통관제절차』 '용어의 정의'
· **GO AROUND** : 조종사에게 착륙을 위한 접근 포기 지시이며, 추가적인 지시가 따를 수 있다.
· **GIVE WAY**(description) : 운항중인 항공기로 하여금 타 항공기에게 진행우선권을 양보하도록 지시하고자 할 경우에 사용되는 관제용어
· **LOW APPROACH** : 항공기가 활주로에 접지하지 않고 복행을 포함한 시계접근 또는 계기접근으로 공항 활주로를 따라 접근하는 것이다.

18. 다음 문장이 설명하는 무선국은?

A land station in the aeronautical mobile service.

① Base station
② Aircraft station
③ Space station
❹ Aeronautical station

 해설

ICAO Annex 10 Aeronautical Telecommunications, Volume Ⅱ Communication Procedures including those with PANS status, "1.2 STATIONS", 『항공통신업무 운영 규정』 제2조(정의)

Aeronautical Station. A land station in the aeronautical mobile service. In certain instances, an aeronautical station may be on board a ship or on an earth satellite.
항공국(Aeronautical Station)"이란 항공이동통신업무를 수행하기 위하여 일정한 장소에 설치된 무선국을 말한다.

19. 다음 문장의 뜻으로 알맞은 것은?

> Inspectors have the right to require the production of the operator's certificated, but proof of professional knowledge may not be demanded.

① 검사관은 통신사의 자격증 제시를 요구할 수 없으나 직무에 관한 전문지식의 입증을 요구할 수 있다.
❷ 검사관은 통신사의 자격증 제시를 요구할 수 있으나 직무에 관한 전문지식의 입증을 요구할 수 없다.
③ 검사관은 통신사의 자격증 제시를 요구하였지만 직무에 관한 전문지식을 입증할 수 없었다.
④ 검사관은 통신사의 자격증 제시를 요구하였고 직무에 관한 전문지식을 입증하였다.

전파규칙(Radio Regulations) Volume 1

Inspection of stations 무선국의 검사
39.4
4) In addition, inspectors have the right to require the production of the operators' certificates, **but proof of professional knowledge may not be demanded.** 무선설비의 검사에 추가하여 검사관은 통신사의 자격증 제시를 요구할 수 있다. **그러나 통신사에게 직무에 관한 전문지식의 입증을 요구할 수는 없다.**

20. 다음 문장의 밑줄 친 단어와 같은 의미를 가지는 것은?

> The air traffic controller announced the <u>arrival</u> of the flight.

❶ Landing   ② Captain
③ Leaving   ④ Number

다음 문장의 밑줄 친 단어와 같은 의미를 가지는 것은?

> 항공교통관제사(air traffic controller)는 항공편(the flight)의 도착(arrival)을 알렸다.

❶ Landing 착륙, arrival 도착,
　⚠ Take off 이륙, Departure 출발
② Captain 기장
③ Leaving (주파수, 고도 등을 변경할 때)
④ Number

2020년도 제4회 정기검정 영어
정답 및 심화해설

정답 모아보기

01	④	05	①	09	③	13	①	17	④
02	④	06	③	10	③	14	①	18	②
03	③	07	①	11	①	15	③	19	②
04	③	08	①	12	②	16	③	20	④

1. 다음 문장의 괄호 안에 들어갈 수준에 해당하는 것?

> The language proficiency of aeroplane and helicopter pilots required to use the radiotelephone aboard an aircraft who demonstrate proficiency below the Expert Level ( ) shall be formally evaluated at intervals in accordance with an individual's demonstrated proficiency level.

① 3 ② 4 ③ 5 ❹ 6

해설

ICAO Annex 1 - Personnel Licensing
(부속서 1 - 항공종사자 면허) <기본해설> 참조

ICAO 부속서(Annex) 1. Personnel Licensing
1.2.9.6 권고.— 항공기, 비행선, 헬리콥터 및 동력리프트 조종사, 항공기 탑승 시 무선전화 사용에 필요한 비행항법사, **전문가 수준(레벨 6)** 이하의 숙련도를 입증하는 항공교통관제사 및 항공국 운영자의 언어 숙련도를 공식적으로 평가해야 한다. 다음과 같이 개인이 입증한 숙련도 수준에 따라 명령을 내린다.

a) **운영 수준(레벨 4)**에서 언어 능력을 입증하는 사람은 **3년에 한 번** 이상 평가해야 한다.
b) **확장 수준(레벨 5)**에서 언어 능력을 입증하는 사람은 **최소 6년에 한 번** 평가해야 한다.

『항공안전법』제45조(항공영어구술능력증명)
① 다음 각 호의 어느 하나에 해당하는 업무에 종사하려는 사람은 **국토교통부장관의 항공영어구술능력증명을 받아야 한다.**
    1. 두 나라 이상을 운항하는 항공기의 조종
    2. 두 나라 이상을 운항하는 항공기에 대한 관제
    3. 항공통신업무 중 두 나라 이상을 운항하는 항공기에 대한 무선통신

『항공안전법 시행규칙』제99조(항공영어구술능력증명시험의 실시 등)
① 항공영어구술능력증명시험의 등급은 **6등급으로 구분**하되, 6등급 항공영어구술능력증명시험에 응시하려는 사람은 응시원서 접수 당시 제3항에 따른 유효기간 내에 있는 5등급 항공영어구술능력증명을 보유해야 한다.
② 항공영어구술능력증명시험의 평가 항목 및 등급별 합격기준은 별표 11과 같다.
③ 항공영어구술능력증명의 등급별 유효기간은 다음 각 호의 구분에 따른 기준일부터 계산하여 **4등급은 3년, 5등급은 6년, 6등급은 영구**로 한다.

 EPTA(English Proficiency Test for Aviation), 항공영어구술능력시험

2. ICAO에서 정의한 다음의 용어는 무엇을 나타내는가?

> A designated route along which air traffic advisory service is available.

① Advisory Airspace
② Advisory Traffic
③ Advisory Flight
❹ Advisory Route

해설

『항공교통관제절차』, ICAO Annex 11 - Air Traffic Service
(부속서11 - 항공교통업무)

『항공교통관제절차』, '용어의 정의'
ADVISORY ROUTE(조언항공로) : 항공교통 정보 조언업무가 제공되는 비행정보구역내의 항공로

Annex 11 Chapter1. Definitions
Advisory route. A designated route along which air traffic advisory service is available.

3. 다음 문장의 괄호 안에 들어갈 장비의 명칭으로 알맞은 것은?

> Aircraft on long over-water flights, or on flight over designated areas over which the carriage of an ( ) is required, shall continuously guard the VHF emergency frequency 121.5[MHz].

① VOR
② SSR
❸ ELT
④ ADS-R

해설

『항공무선업무 운영 규정』, ICAO Annex 10 - Aeronautical Telecommunications, Volume Ⅱ (부속서10 - 항공통신, Volume Ⅱ)

『항공무선업무 운영 규정』,
2.2.2.1 통신의 청취 및 업무시간
2.2.2.1.1.1 장거리 해상을 비행하는 항공기국 또는 **비상위치송신기(ELT)**의 탑재가 요구된 지정된 공역을 비행하는 항공기국은 VHF 비상주파수 121.5㎒를 계속 청취하여야 한다.

ICAO Annex 10 - Aeronautical Telecommunications, Volume Ⅱ (부속서10 - 항공통신, Volume Ⅱ)
5.2.2 Establishment and assurance of communications
5.5.1.1.1 Aircraft on long over-water flights, or on flights over designated areas over which the carriage of an **emergency locator transmitter(ELT)** is required, shall continuously guard the VHF emergency frequency 121.MHz.

4. "The urgency signal shall have priority over all other communication, except distress."의 올바른 해석은?
① 긴급신호가 어느 신호보다 최우선한다.
② 긴급신호보다 안전신호가 우선한다.
❸ 긴급신호보다 조난신호가 우선한다.
④ 긴급신호와 조난신호의 우선순위는 같다.

해설

전파규칙(Radio Regulations) Volume 1

33.7A 2) **Urgency communications** shall have **priority over** all other communications, except **distress**.
33.7A 2) 긴급통신은 조난을 제외하고 **최상위 우선순위**를 가진다.
⚠ 즉, 긴급통신보다 조난통신이 우선한다.

5. 다음 중 항공통신에 사용하는 숫자의 표현으로 적절하지 않은 것은?
❶ Aircraft call sign, CCA 211 : Air China two eleven
② Heading, 100 degrees : heading one zero zero
③ Runway, 15 : runway one five
④ Altimeter setting, 1013 : QNH one zero one three

해설

『무선통신매뉴얼』

2.4.2 2.4.3절에 명시된 것을 제외하고, 모든 숫자는 각각 분리된 숫자로 발음하여 송신하여야 한다.

aircraft call signs	transmitted as
AAR 242	Asiana Air two four two

❶ Aircraft call sign, CCA 211 : Air China two eleven (×)
 → Air China two one one (O)
② Heading, 100 degrees : heading one zero zero (O)
③ Runway, 15 : runway one five (O)
④ Altimeter setting, 1013 : QNH one zero one three (O)

6. 다음 중 밑줄 친 부분에 알맞은 것은?

> The number of degrees of roll around the longitudinal axis of the airplane is called _____.

① Angle of attack
② Angle of incidence
❸ Angle of bank
④ Pitch angle

> **해설**

⚠️ 비행이론 문제

비행기의 세로축을 중심으로 한 **롤의 각도**를 뱅크각(Angle of bank)이라 한다.

① Angle of attack 받음각
② Angle of incidence 붙임각
❸ Angle of bank 뱅크각
④ Pitch angle 피치각

> **보충해설** FAA "Pilot's Handbook of Aeronautical Knowledge" 등

Pitching
피칭

Rolling
롤링

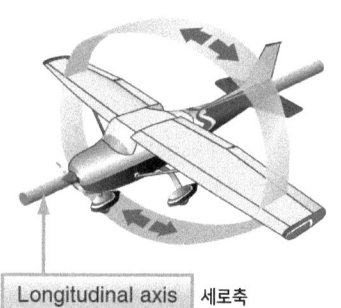

Yawing
요잉

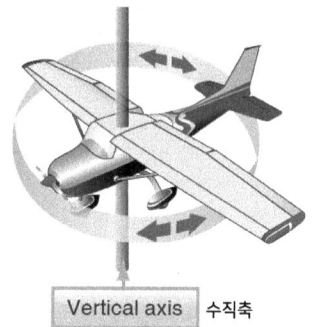

① **Angle of attack 받음각** : 시위선(chord line)과 상대풍(relative wind)이 이루는 각

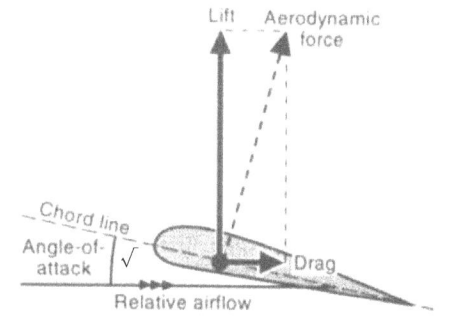

② **Angle of incidence 붙임각** : 비행기 종축선과 시위선(chord line) 사이의 각

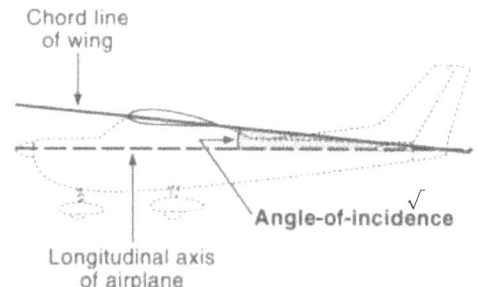

❸ **Angle of bank 뱅크각** : 비행기 세로축을 중심으로 한 롤(roll)의 각도

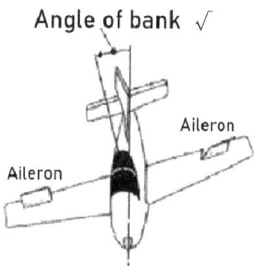

④ **Pitch angle 피치각** : 비행기 종축선과 수평선 사이의 각

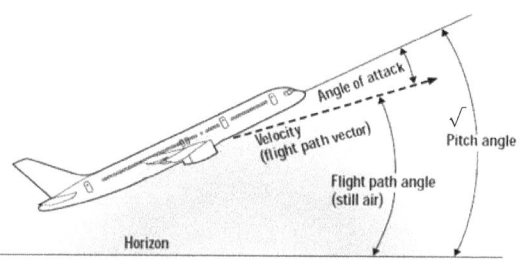

7. 다음 문장의 밑줄 친 부분의 알맞은 것은?

> ATC authorization for an aircraft to land is _____.

❶ Cleared to land
② Cleared for take off
③ Cleared for the option
④ Cleared for low approach

FAA "Aeronautical information Manual(AIM)", 『항공교통관제절차』

항공기 착륙을 위한 ATC 승인. 알려진 교통량과 알려진 물리적 공항 상태를 근거로 한다.

FAA "Aeronautical Information Manual(AIM)"
"Pilot//Controller Glossary"
CLEARED TO LAND- ATC authorization for an aircraft to land. It is predicated on known traffic and known physical airport conditions.

『항공교통관제절차』 "용어의 정의"
CLEARED TO LAND(착륙허가) : 착륙항공기에 대한 항공교통관제(ATC) 허가. 착륙허가는 알려진 교통과 알려진 물리적 공항상태를 포함한다.

8. What is a definition of "ROGER" in aviation radio phrase?
❶ I have received all of your last transmission
② My transmission is ended and I expect a response from you.
③ Let me know that you have received and understand this message.
④ This conversation is ended and no response is expected.

『무선통신매뉴얼』,
ICAO Doc9432 "Manual of Radiotelephony"

ROGER	I have received all of your last transmission. Note. Under no circumstances to ve used in reply to a question requiring "READ BACK" or a direct answer in the affirmative (AFFIRM) or negative(NEGATIVE)
	당신의 마지막 송신을 모두 받았다. 주. "READ BACK"이나 긍정 및 부정으로 대답을 요구하는 질문에 대한 답으로 사용하여서는 안 된다.

⚠ ② My transmission is ended and I expect a response from you. → OVER

9. 항공무선통신에서 숫자 "3"을 송신할 때 영문통화표에 의한 발음 방법은?
① TAY-RAH-THRI
② TEY-RAH-THLEE
❸ TAY-RAH-TREE
④ TEY-RAH-TLEE

전파규칙(Radio Regulations) Volume 2

Appendix 14 **Phonetic alphabet** and Figure code

Figure or mark to be transmitted	Code word to be used	Spoken as
3	Terrathree	TAY-RAH-TREE

10. 다음 문장의 괄호 안에 들어갈 적합한 것은?

> The ATC phraseology meaning "I have received your message, understand it, and will comply with it." is ( ).

① Over ② Roger out
❸ Wilco ④ Will do

해설

『무선통신매뉴얼』,
ICAO Doc 9432 "Manual of Radiotelephony"

WILCO	(Abbreviation for will comply.) I understand your message and will comply with it.
	(WILL COMPLY의 축약형) 당신의 메시지를 알아 들었으며 그대로 따르겠다.

11. 항공통신용어 "Affirmative"가 뜻하는 것과 가장 가까운 표현은?
① Yes
② NO
③ I am right
④ Roger

해설

『무선통신매뉴얼』,
ICAO Doc 9432 "Manual of Radiotelephony"

AFFIRM affirmative (AFFIRM)	Yes, 예
NEGATIVE	No or Permission not granted or That is not correct or not capable.
	NO, 허가불허, 그것은 정확하지 않다, 혹은 불가능하다

12. 다음 문장의 의미로 쓰이는 항공통신용어는 무엇인가?

> Let me know that you have received and understood this message.

① Roger
❷ Acknowledge
③ Wilco
④ Affirmative

해설

『무선통신매뉴얼』,
ICAO 문서(Doc) 9432 "Manual of Radiotelephony"

ACKNOWLEDGE	Let me know that you have received and understood this message.
	이 메시지를 수신하고 이해했는지를 알려달라

13. The communication word technically meaning "I have received all of your last transmission" is;
❶ Roger
② AFFIRMATIVE
③ Yes
④ CORRECT

해설

『무선통신매뉴얼』,
ICAO Doc9432 "Manual of Radiotelephony"

ROGER	I have received all of your last transmission. Note. Under no circumstances to ve used in reply to a question requiring "READ BACK" or a direct answer in the affirmative (AFFIRM) or negative(NEGATIVE)
	당신의 마지막 송신을 모두 받았다 주. "READ BACK"이나 긍정 및 부정으로 대답을 요구하는 질문에 대한 답으로 사용하여서는 안 된다.
CORRECT	True. or Accurate.
	맞다. 또는 정확하다

14. "귀 국은 어디에서 어디로 가고 있습니까?"의 적합한 영문표현은?
❶ Where are you bound for and where are you from?
② Where are you going and where are you coming?
③ Where do you go and where did you come?
④ Where do you going and where is your destination?

해설

『무선국의 운용 등에 관한 규정』[별표 1] 무선통신에 사용하는 모르스부호·약어 및 통화표(제4조관련), 무선전신 통신용 Q약어, ITU "Radio Regulations" Appendix 13. Q code

Q code	문	답 또는 통지
QRD	그곳은 어디로 가며 어디로 부터 왔습니까? Where are you bound for and where are you from?	이곳은…로 가며….로 부터 왔습니다. I am bound for … from …

15. 관제사로부터 "Traffic, three o'clock one zero miles, southbound, slow moving"이라는 정보를 받았다면 당신을 기준으로 그 비행체의 위치는?

① 왼쪽 10마일
② 바로 왼쪽
❸ 오른쪽 10마일
④ 바로 오른쪽

 해설

항적, 3시 방향 10마일, 남쪽으로, 천천히 이동 중

16. 다음 문장의 괄호 안에 알맞은 것은?

> For the allocation of frequencies the world has been divided into (　　) regions.

① One   ② Two
❸ Three   ④ Four

 해설

전파규칙(Radio Regulations) Volume 1 ARTICLE 5
Frequency allocations

Section I – Regions and areas	제1절 – 지역과 구역
5.2 For the allocation of frequencies the world has been divided into three Regions as shown on the following map and described in Nos. 5.3 to 5.9:	5.2 다음 지도에서 표시하는 바와 같이, 주파수의 분배를 위하여 전세계를 3개의 지역으로 구분하고, 세부 내용은 제5.3호부터 제5.9호에서 정한다.

17. 다음 문장에서 설명하는 항공용어는 무엇인가?

> A ground-based electronic navigation aid transmitting very high frequency navigation signals, 360 degrees in azimuth, oriented form magnetic north.

① ASR   ② TACAN
③ ILS   ❹ VOR

 해설

『항공교통관제절차』,
FAA "Aeronautical information Manual(AIM)"

『항공교통관제절차』 '용어의 정의'
VOR(전방향 표지시설) : 자북을 기준으로 하여 360도 전방향으로 VHF 항행신호를 송신하는 지상에 설치된 항행안전시설로서 국가공역 수립체계에 기본 시설이 된다.

AIM, Pilot/Controller Glossary
VOR - A ground-based electronic navigation aid transmitting very high frequency navigation signals, 360 degrees in azimuth, oriented from magnetic north.
VOR - 자북을 기준으로 방위각 360도의 VHF 항법 신호를 송신하는 지상 기반 전자 항법보조장치.
* Very high frequency omni-directional range (VOR)

18. Which part of an airplane can control its motion to the right and the left?
① A flap   ❷ A rudder
③ An elevator   ④ All of these

 해설

비행기의 어느 부분이 좌우로 움직이는 것을 제어할 수 있습니까?
FAA, 'Pilot's Handbook of Aeronautical Knowledge'

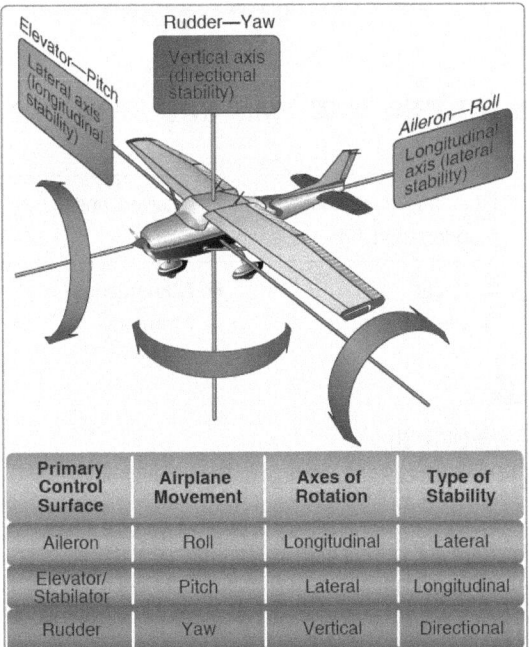

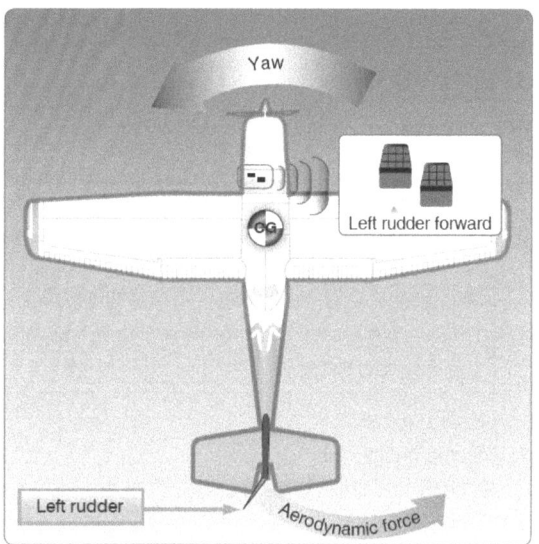

20. 항공통신 용어 중 관제사가 '주파수 변경을 허가 한다'를 지시할 때 사용하는 용어로 알맞은 것은?

① FREQUENCY UNUSABLE
② REMAIN THIS FREQUENCY
③ CHANGE TO MY FREQUENCY
❹ FREQUENCY CHANGE APPROVED

해설

『항공교통관제절차』 제7장 시계비행

7-6-11 업무 종료(Termination Of Service)
⚠ 아래는 해당 관제 용어의 사례임.

- 관제용어 : RADAR SERVICE TERMINATED, SQUAWK ONE TWO ZERO ZERO, 또는 SQUAWK VFR, 그리고 나서 CHANGE TO ADVISORY FREQUENCY APPROVED, 또는 CONTACT (주파수),
또는 **FREQUENCY CHANGE APPROVED**.

19. 다음 내용이 설명하는 항공용어는 무엇인가?

> A level maintained during a significant portion of a flight.

① VFR level
❷ Cruise level
③ Maximum level
④ Vectoring level

해설

ICAO Annex 11 Air Traffic Service, 『항공교통관제절차』

ICAO Annex 11 Air Traffic Service, Chapter-1 Definitions
Cruising level. A level maintained during a significant portion of a flight.
순항고도. 비행의 상당 부분 동안 유지되는 고도이다.

『항공교통관제절차』, '용어의 정의'
CRUISING ALTITUDE(순항고도) : 항공로 수평 비행시 유지할 고도 또는 비행고도. 이것은 일정한 고도이고 순항허가와 혼돈되지 않아야 한다.

2019년도 제4회 정기검정 영어
정답 및 심화해설

정답 모아보기

01	④	05	③	09	②	13	①	17	③
02	③	06	④	10	①	14	③	18	①
03	④	07	①	11	②	15	②	19	④
04	③	08	①	12	③	16	④	20	④

1. 다음 괄호 안에 들어갈 가장 적합한 것은?

> Aircraft station in flight maintain service to meet the essential communication needs of the aircraft with respect to ( ) of flight.

① safe and regularity
② safe and regular
③ safety and regular
❹ safety and regularity

해설

전파규칙(Radio Regulations) Volume 1

40.3 §3 Aircraft stations and aircraft earth stations in flight shall maintain service to meet the essential communications needs of the aircraft with respect to **safety and regularity of flight** and shall maintain watch as required by the competent authority and shall not cease watch, except for reasons of safety, without informing the aeronautical station or aeronautical earth station concerned.

40.3 § 3 비행중인 항공기국과 항공기지구국은 그 항공기의 운행의 **안전과 정시 비행**을 위하여 필수불가결한 통신수요를 충족시키기 위하여 그 항공기의 비행중에 업무를 항상 유지하여야 하며, 권한 당국이 요구하면 그 요구에 따라 감시를 유지하고 안전상의 이유를 제외하고는 관계된 항공국 또는 항공지구국에 통보 없이 감시를 중단하여서는 안 된다.

2. 다음 중 문장의 괄호 안에 들어갈 가장 적합한 것은?

> All stations which hear the ( ) shall immediately cease any transmission capable of interfering with the distress traffic.

① service call
② emergency call
❸ distress call
④ stations call

해설

전파규칙(Radio Regulations) Volume 1

32.4 § 3 **All stations which receive a distress** alert or **call** transmitted on the distress and safety frequencies in the MF, HF and VHF bands shall **immediately cease any transmission capable of interfering with distress traffic** and prepare for subsequent distress traffic.

32.4 § 3 MF, HF 및 VHF 주파수 대역에서 조난 및 안전주파수로 송신된 조난경보 및 **조난호출**을 수신한 모든 무선국은 조난통신과 이에 이어지는 조난통보에 간섭을 발생할 수 있는 **모든 송신을 즉시 중단**하여야 한다.

3. 다음 문장의 괄호 안에 들어갈 가장 알맞은 것은?

> The urgency signal has priority ( ) all other communication, except distress.

① in ② under
③ at ❹ over

해설

전파규칙(Radio Regulations) Volume 1

⚠ 순수 영어문제

33.7A 2) **Urgency communications** shall have **priority over all** other communications, except distress.

33.7A 2) 긴급통신은 조난을 제외하고 **최상위 우선순위**를 가진다.

4. 다음 문장이 의미하는 용어로 적합한 것은?

> Have I correctly received the message or did you correctly receive this message?

① ACKNOWLEDGE
② APPROVED
❸ CONFIRM
④ GO AHEAD

해설

『무선통신매뉴얼』,
ICAO Doc 9432 "Manual of Radiotelephony"

제가 메시지를 제대로 받았나요? 또는 당신이 이 메시지를 제대로 받았나요?

① 인정하다. 알리다.
② 인가하다. 승인하다.
❸ 확인하다.
④ 계속 말 하라.

5. 다음 문장의 밑줄 친 곳에 알맞은 것은?

> A pilot who encounters a distress or urgency condition can obtain assistance simply _____ the air traffic facility or other agency.

① on contacting
② on contacting with
❸ by contacting
④ by contacting to

해설

FAA "Aeronautical Information Manual (AIM)"

6-3-1. Distress and Urgency Communications
(조난 및 긴급 통신)

a. A pilot who encounters a <u>distress or urgency</u> condition can obtain assistance simply **by contacting** the air traffic facility or other agency in whose area of responsibility the aircraft is operating, stating the nature of the difficulty, pilot's intentions and assistance desired.

a. <u>조난이나 긴급 상황에 직면한 조종사는 어려움의 성격, 조종사의 의도 및 원하는 지원을 설명하고 항공기가 운항하는 책임 지역의 항공 교통 시설 또는 기타 기관에 **연락하여**</u> 간단히 지원을 받을 수 있다.

6. 다음 문장은 어떤 용어에 대한 설명인가?

> I hereby indicate the separation between portions of the message. (To be used where there is no clear distinction between the text and other portions of the message)

① Stand by   ② Monitor
③ Cancel   ❹ Break

해설

『무선통신매뉴얼』,
ICAO Doc 9432 "Manual of Radiotelephony"

BREAK	I hereby indicate the separation between portions of the message. Note. To be used where there is no clear distinction between the text and other portions of the message.

메시지 내용이 분리된 것을 표시한다.
주. 메시지와 다른 메시지가 명확히 구분되지 않을 때 사용

나는 이로써 메시지의 부분들 사이의 분리를 표시한다. (메시지의 다른 부분과 텍스트의 구분이 명확하지 않은 경우 사용)

7. 조난 중인 항공기를 관제하는 기관에서 기타 무선국의 무선침묵을 지시할 때 사용되는 표현으로 가장 적절한 내용은?

❶ Stop transmitting
② Break Break
③ Keep Silence
④ Stand By

해설

『무선통신매뉴얼』,
ICAO Doc 9432 "Manual of Radiotelephony"
❶ 송신을 중단하라
② 분리, 분리
③ 침묵을 유지하라
④ 잠시 대기하라

9.2.2 Imposition of silence(통신중단 요청)

9.2.2.1 An aircraft in distress or a station in control of distress traffic may impose silence, either on all aircraft on the frequency or on a particular aircraft which interferes with the distress traffic. Aircraft so requested will maintain radio silence until advised that the distress traffic has ended

9.2.2.1 조난 항공기 또는 조난 상황을 관제하는 무선국은 해당 주파수로 교신하는 모든 항공기 혹은 조난 상황을 간섭하는 특정 항공기에 대해 통신중단을 요청할 수 있다. 해당 요청을 받은 항공기는 조난 상황 종료까지 통신중단을 유지하여야 한다.

(관제사)	ALL STATIONS JEJU TOWER **STOP TRANSMITTING**, MAYDAY or KOCA 001 **STOP TRANSMITTING**, MAYDAY

8. 다음 문장이 의미하는 용어는?

> Radiodetermination using the reception of radio waves for the purpose of determining the direction of a station or object.

❶ Radio direction finding
② Radio bearing
③ Radiotelephony network
④ Radio direction-finding station

해설

전파규칙(Radio Regulations) Volume 1,
Section I - General terms (일반용어)

Radio direction-finding(무선방향탐지): 무선국 또는 물체의 방향을 결정하기 위한 목적으로 수신된 전파를 이용하는 무선측위(無線測位)

9. 다음 문장의 의미로 쓰이는 항공통신용어는 무엇인가?

> Let me know that you have received and understood this message.

① Roger
❷ Acknowledge
③ Wilco
④ Affirmative

해설

『무선통신매뉴얼』,
ICAO Doc 9432 "Manual of Radiotelephony"

ACKNOWLEDGE	이 메시지를 수신하고 이해했는지를 알려달라

10. "귀 국은 어디에서 어디로 가고 있습니까?"의 적합한 영문 표현은?

❶ Where are you bound for and where are you from?
② Where are you going and where are you coming?
③ Where do you go and where did you come?
④ where do you going and where is your destination?

해설

『무선국의 운용 등에 관한 규정』[별표 1] 무선통신에 사용하는 모르스부호·약어 및 통화표(제4조관련) 무선전신 통신용 Q약어, ITU "Radio Regulations" Appendix 13. Q code

Q code	문	답 또는 통지
QRD	그곳은 어디로 가며 어디로 부터 왔습니까? Where are you bound for and where are you from?	이곳은…로 가며…로 부터 왔습니다. I am bound for … from …

11. Choose the wrong ICAO phonetic alphabet.

① D : Delta
❷ I : Indo
③ Q : Quebec
④ S : Sierra

해설

『무선통신매뉴얼』,
ICAO Doc 9432 "Manual of Radiotelephony"

Letter	Word	Pronunciation
I	India	<u>IN</u> DEE AH

12. 항공통신용어 중 조종사에게 현재 사용 중인 주파수를 계속 유지할 것을 요구할 때 사용되는 용어는?

① Hold this frequency
② Keep different frequency
❸ Remain this frequency
④ Do not change this frequency

해설

『항공교통관제절차』,
2-1-17 무선통신(Radio Communications)

- 관제사는 주파수 변경을 원하지 않고 있으나 조종사가 주파수의 변경을 기대하거나 원하고 있을 때, 다음의 관제용어를 사용한다.
- 관제용어 : REMAIN THIS FREQUENCY.

보충해설 『무선통신매뉴얼』

- 레이더 식별을 할 수 없거나 모호한 경우에는 조종사에게 조언하고 적절한 지시를 제공하여야 한다.

(관제사)	HL5678 IDENTIFICATION LOST DUE RADAR FAILURE. CONTACT JEJU CONTROL ON 128.750
(조종사)	ROGER 128.750 HL5678
(관제사)	HL5678 WILL SHORTLY LOSE IDENTIFICATION TEMPORARILY DUE FADE AREA. REMAIN THIS FREQUENCY
(조종사)	WILCO HL5678

13. The communication word technically meaning "I have received all of your last transmission" is ;

❶ ROGER   ② AFFIRMATIVE
③ YES   ④ CORRECT

해설

『무선통신매뉴얼』,
ICAO Doc 9432 "Manual of Radiotelephony"

ROGER	당신의 마지막 송신을 모두 받았다. ㈜ "READ BACK"이나 긍정 및 부정으로 대답을 요구하는 질문에 대한 답으로 사용하여서는 안 된다.

14. 관제사로부터 "Traffic, three o'clock one zero miles, southbound, slow moving"이라는 정보를 받았다면 당신을 기준으로 그 비행체의 위치는?

① 왼쪽 10마일   ② 바로 왼쪽
❸ 오른쪽 10마일   ④ 바로 오른쪽

해설

항적, 3시 방향 10마일, 남쪽으로, 천천히 이동 중

15. Aviation radio message에서 number "1"을 올바르게 발음한 것은?

① one   ❷ wun
③ wan   ④ win

해설

『무선통신매뉴얼』,
ICAO Doc 9432 "Manual of Radiotelephony"

Numeral or numeral element	Pronunciation
1	WUN

16. 항공통신용어 중 '현재의 고도를 떠나 지정된 고도로 강하하여 유지하라'를 관제사가 지시할 때 사용되는 것은?

① At or above
② Expedite descend
③ Change and Hold
❹ Descend and Maintain

해설

『항공교통관제절차』,
5-11-4 강하 지시(Descent Instructions)

항공기가 강하지점(descent point)에 도착하면 다음 중 하나를 적절하게 발부한다.
가. 강하 제한사항이 설정되어 있지 않은 경우, 당해 항공기에게 최저강하고도(MDA)까지 강하할 것을 조언 한다.
- 관제용어: DESCEND TO YOUR MINIMUM DESCENT ALTITUDE.

나. **강하 제한사항이 설정되어 있는 경우, 설정되어 있는 제한고도까지 강하 지시 후**, 당해 항공기가 고도 제한점을 통과할 때, 최저강하고도(MDA)까지 계속 강하 할 것을 조언한다.
- 관제용어: <u>DESCEND AND MAINTAIN(제한고도)</u>. DESCEND TO YOUR MINIMUM DESCENT ALTITUDE.

17. 전파규칙(RR)의 목적이 아닌 것은?
① To ensure the availability and protection from harmful interference of the frequencies provided for distress and safety purposes.
② To facilitate the efficient and effective operation of all radio communication services.
❸ To develop new technology of radio communication.
④ To assist in the prevention and resolution of cases of harmful interference between the radio services of different administrations.

해설

전파규칙(Radio Regulations) Volume 1
⚠ <기본해설> 참조(전파규칙 서문)

① 조난 및 안전 목적용 주파수의 이용 가능성을 보장하고 이를 유해간섭으로부터 보호를 보장하는 것
② 모든 무선통신업무의 효율적이고 효과적인 운용을 촉진하는 것
❸ 무선통신의 신기술을 개발하는 것 → <u>관련 없음(전파규칙 서문)</u>
④ 주관청의 무선통신업무간 유해간섭을 예방하고 해결하기 위해 지원하는 것

18. 다음 문장의 밑줄 친 부분에 알맞은 것은?

Altitude in aviation is measured in _____.

❶ Feet ② Miles
③ Inches ④ Kilometers

해설

FAA "Aeronautical Information Manual (AIM)", 『항공안전법 시행규칙』제255조(항공정보) 제4항

FAA(미연방항공청) AIM, Pilot/Controller Glossary
- **ALTITUDE** - The height of a level, point, or object **measured in feet** Above Ground Level (AGL) or from Mean Sea Level (MSL).

『항공안전법 시행규칙』제255조(항공정보)제4항
④ 항공정보에 사용되는 측정단위는 다음 각 호의 어느 하나의 방법에 따라 사용한다.
1. 고도(Altitude): 미터(m) 또는 피트(ft)

『항공교통관제절차』(용어의 정의)
- **ALTITUDE(고도)** : 절대고도(AGL) 또는 평균해면고도(MSL)로 측정된 평면, 지점 또는 장애물의 **피트/미터 단위**의 높이.

⚠ FAA 고도 측정단위는 피트, ICAO는 미터/피트 사용, ICAO 체약국 한국은 ICAO 규칙을 따르고 있음.

19. Most aircraft are based on fixed wings. but which one of these would be rotary wing aircraft?
① Glider ② Airship
③ Aeroplane ❹ Helicopter

해설

대부분의 항공기는 고정된 날개를 기반으로 한다. 하지만 이것들 중 어느 것이 회전익 항공기일까?

ICAO부속서(Annex) 1. Personnel Licensing
- Aircraft. Any machine that can derive support in the atmosphere from the reactions of the air other than the reactions of the air against the earth's surface.
- Aircraft — category. Classification of aircraft according to specified basic characteristics, e.g. aeroplane, **helicopter**, glider, free balloon.

『항공안전법』제2조(정의)
1. "항공기"란 공기의 반작용(지표면 또는 수면에 대한 공기의 반작용은 제외한다. 이하 같다)으로 뜰 수 있는 기기로서 최대이륙중량, 좌석 수 등 국토교통부령으로 정하는 기준에 해당하는 다음 각 목의 기기와 그 밖에 대통령령으로 정하는 기기를 말한다.
가. 비행기
나. 헬리콥터
다. 비행선
라. 활공기(滑空機)

20. 다음 중 AIR TRAFFIC SERVICE에 포함되지 않는 것은?

① Flight Information service
② Air Traffic Advisory service
③ Air Traffic Control service
❹ Flight Detection service

해설

ICAO Doc 4444 Air Traffic Management,
『항공교통관제절차』 용어정의

ICAO Doc 4444 "**Air Traffic Management**", Air traffic service (ATS).
A generic term meaning variously, <u>flight information service</u>, alerting service, <u>air traffic advisory service</u>, <u>air traffic control service</u> (area control service, approach control service or aerodrome control service).

『항공교통관제절차』(용어의 정의)
- AIR TRAFFIC SERVICE(항공교통업무)
  1. 비행정보 업무 (Flight Information Service)
  2. 경보 업무 (Alerting Service)
  3. 항공교통 조언업무 (Air Traffic Advisory Service)
  4. 항공교통 관제업무 (Air Traffic Control Service)
     가. 지역관제업무 (Area Control Service)
     나. 접근관제업무 (Approach Control Service)
     다. 공항관제업무 (Airport Control Service)

2018년도 제4회 정기검정 영어
정답 및 심화해설

정답 모아보기

01	④	05	④	09	③	13	①	17	①
02	①	06	②	10	②	14	①	18	③
03	①	07	①	11	①	15	②	19	①
04	②	08	④	12	②	16	④	20	②

1. 항공무선 교신에서 나의 송신에 대한 상대국의 수신 상태를 알려고 질문하는 용어는?
① Advice me the receiving level.
② Report your receiving condition.
③ What is your listening status?
❹ How do you read me?

해설
『무선통신매뉴얼』,
ICAO Doc9432 "Manual of Radiotelephony"

HOW DO YOU READ	What is the readability of my transmission? 나의 송신 감도는 어떤지 알려달라 (이 메시지가 얼마나 잘 수신되고 있는지 알려달라)

2. 다음 설명이 나타내는 용어는 무엇인가?

> A surveillance technique in which aircraft automatically provide, via a data link, data derived from on-board navigation and position-fixing systems, including aircraft identification, four-dimensional position and additional data as appropriate.

❶ ADS   ② ATIS
③ SSR   ④ TIS

해설
국제전기통신연합(ITU) 보고서
(Report ITU-R M.2413-0(11/2017)

Automatic dependent surveillance (ADS) is a surveillance technique in which aircraft automatically provide, via a data link, data from the on-board navigation and position fixing systems, including aircraft identification, four-dimensional position (latitude, longitude, altitude and time) and additional data as appropriate.

ADS(Automatic Dependent Surveillance)는 항공기 식별, 4차원 위치(위도, 경도, 고도 및 시간) 및 추가 데이터를 포함하여 항공기가 데이터 링크를 통해 자동으로 제공하는 감시 기술이다.

보충해설 『무선통신매뉴얼』, 『항공교통관제절차』

❶ AUTOMATIC DEPENDENT SURVEILLANCE (ADS): 자동종속감시시설
② Automatic terminal information service(ATIS): 공항정보자동방송업무 → 24시간동안 또는 특정시간 대에 출발/도착하는 항공기에게 최신의 공항정보를 반복적이고 자동적으로 제공하는 방송 업무
③ Secondary surveillance radar(SSR): 2차 감시레이더
④ TRAFFIC INFORMATION SERVICE-BROADCAST (TIS-B): TIS-B 서비스는 레이더 감시 범위와 ADS-B 지상시설의 방송 범위가 일치하는 NAS 전체에 제공된다.

3. 다음 문장을 올바르게 해석한 것은?

> Administrations are urged to discontinue, in the fixed service, the use of double-sideband radiotelephone (class A3E) transmissions.

❶ 주관청은 고정업무에서 양측파대 무선전화의 전송중지가 촉구된다.
② 주관청은 고정업무에서 단측파대 무선전신의 전송을 중지한다.
③ 주관청은 고정업무에서 양측파대 무선전화의 전송이 장려된다.
④ 주관청은 고정업무에서 단측파대 무선전화의 전송이 장려된다.

전파규칙(Radio Regulations), ARTICLE 24 Fixed service(제24조 고정업무)

24.1 Administrations are urged to **discontinue**, in the fixed service, the use of double-sideband **radiotelephone** (class A3E) transmissions.
고정업무에서 양측파대 무선전화(전파형식 A3E) 송신 사용의 중단을 모든 주관청에 촉구한다.

4. 항공무선통신에서 숫자를 나타내는 표현으로 적합하지 않은 것은?
① Numbers are used in almost every radio call
❷ "10" should be pronounced "ten"
③ "11,000" is pronounced "one one thousand"
④ All numbers are spoken by pronouncing each digit separately except for whole hundreds and thousands

『항공교통관제절차』
"2-4-17 숫자 사용법(Numbers Usage)"
① 번호(숫자)는 거의 모든 무선통화(radio call)에 사용된다.
❷ "10"은 "텐"으로 발음해야 한다. → **one zero**
③ "11,000"은 "one one thousand"으로 발음된다.
④ 전체가 백(100) 단위 및 천(1,000) 단위인 것을 제외하고는 **모든 번호(숫자)는 각 숫자를 분리해서 발음하여 말한다.**

5. 다음 문장의 괄호 안에 해당되는 기간은?

> Those demonstrating language proficiency at the Level 5 should be evaluated at least once every ( ).

① Three years
② Four years
③ Five years
❹ Six years

ICAO 부속서(Annex) 1. Personnel Licensing
<기본해설> 참조

1.2.9.6 Recommendation.(권고)
a) those demonstrating **language proficiency** at the Operational Level (**Level 4**) should be evaluated at least once **every three years**; and
운영 수준(레벨 4)에서 언어 능력을 입증하는 사람들은 적어도 3년에 한 번 평가되어야 한다. 그리고
b) those demonstrating **language proficiency** at the Extended Level (**Level 5**) should be evaluated at least once **every six years**.
확장 수준(레벨 5)에서 언어 능력을 입증하는 사람들은 적어도 6년에 한 번 평가되어야 한다.

6. When an error has been made in transmission, which word should be spoken?
① Clear
❷ Correction
③ Advice
④ Say Again

통신전송에 오류가 발생했을 때 어떤 단어를 말해야 합니까?,
『무선통신매뉴얼』,
ICAO Doc9432 "Manual of Radiotelephony"

CORRECTION	An error has been made in this transmission(or message indicated). The correct version is …
	통신 내용에 잘못된 부분이 발생되었으며, 수정된 내용은 … 이다

7. 다음 문장의 밑줄 친 부분에 들어갈 단어를 순서대로 나열한 것은?

> The urgency communications have priority over all other communications, except ( ), and the word ( ) warns other stations not to interfere with urgency traffic.

❶ distress, PAN PAN
② distress, MAYDAY
③ emergency, PAN PAN
④ emergency, MAYDAY

해설

ICAO 부속서(Annex) 10. Aeronautical Telecommunications, 'Volume II Communication Procedures including those with PANS status', 5.3.3.3 Action by all other stations, 5.3.1 General

> 5.3.3.3 Action by all other stations
> 5.3.3.1 The <u>urgency communications</u> have priority over all other communications, <u>except distress</u>, and all stations shall take care not to interfere with the transmission of urgency traffic.
> <u>긴급 통신</u>은 <u>조난을 제외한</u> 다른 모든 통신보다 우선하며, 모든 무선국은 긴급 트래픽의 전송을 방해하지 않도록 주의해야 한다.
>
> 5.3.1 General
> 5.3.1.1 The radiotelephony **distress signal MAYDAY** and the radiotelephony <u>urgency signal PAN PAN</u> shall be used at the commencement of the first distress and urgency communication respectively.
> 무선통신 **조난 신호 MAYDAY** 및 무선통신 <u>긴급 신호 PAN PAN</u>은 각각 첫 번째 조난 및 긴급 통신을 시작할 때 사용해야 한다.

긴급 통신은 (조난)을 제외한 다른 모든 통신보다 우선하며, (PAN PAN)이라는 단어는 긴급 트래픽을 방해하지 않도록 다른 무선국에 경고한다.

8. 항공통신의 송신내용 중에 'READ BACK'이란 용어의 뜻은?
① Wait and I will call you
② Annual the previously transmitted clearance
③ Permission for proposed action granted
❹ Repeat my message back to me

 해설

『무선통신매뉴얼』,
ICAO Doc9432 "Manual of Radiotelephony"

READ BACK	Repeat all, or the specified part, of this message back to me exactly as received. 내 메시지의 일부나 전부를 정확하게 반복해 보라.

9. 다음 문장은 어떤 용어에 대한 설명인가?

> ATC authorization for an aircraft to land. It is predicated on known traffic and known physical airport conditions.

① Cleared For Take-off
② Circle To Runway
❸ Cleared To Land
④ Cleared To TAXI

 해설

FAA "Aeronautical Information Manual (AIM)" 항공정보매뉴얼(AIM)

항공기 착륙을 위한 ATC(Air Traffic Control, 항공교통관제)**의 승인**. 이는 알려진 교통량과 알려진 물리적 공항 상태를 근거로 한다.

AIM "Pilot/Controller Glossary"
- **CLEARED TO LAND** - ATC authorization for an aircraft to land. It is predicated on known traffic and known physical airport conditions.
- **CLEARED FOR TAKEOFF** - ATC authorization for an aircraft to depart. It is predicated on known traffic and known physical airport conditions.

10. 다음 중 영문통화표의 연결이 옳지 않은 것은?
① I : India
❷ V : Victory
③ 9 : Novenine
④ 소수점 : Decimal

해설

전파규칙(Radio Regulations) Volume 2

Appendix 14 Phonetic alphabet and Figure code

Letter to be transmitted	Code word to be used	Spoken as
V	Victor	<u>VIK</u> TAH
9	Novenine	NO-VAY-NINER

11. 다음 괄호 안에 알맞은 발음은?

> When the English language is used, number 8 shall be transmitted using the pronunciation of (   ).

 AIT
② I-IT
③ E-IT
④ EI-TO

해설

『무선통신매뉴얼』,
ICAO Doc 9432 "Manual of Radiotelephony"

Numeral or numeral element	Pronunciation
8	AIT

영어를 사용하는 경우 숫자 8은 (   )이라는 발음을 사용하여 송신한다.

12. What is a definition of "OVER" in aviation radio phrase?
① My transmission is ended.
 My transmission is ended and I expect a response from you.
③ Let me know that you have received and understand this message.
④ This conversation is ended and no response is expected.

해설

『무선통신매뉴얼』,
ICAO Doc9432 "Manual of Radiotelephony"

OVER	My transmission is ended and I expect a response from you. Note. Not normally used in VHF communications. 내 송신은 끝났으니 그 쪽에서 대답하라 주. VHF 통신에는 보통 사용하지 않는다.

13. 항공통신의 송신내용 끝에 사용하는 용어로서 "교신은 끝났고 응답을 기대하지 않음"의 뜻을 갖는 것은?
 Out
② Over
③ End
④ Completed

해설

『무선통신매뉴얼』,
ICAO Doc9432 "Manual of Radiotelephony"

OUT	This exchange of transmissions is ended and no response is expected. Note. Not normally used in VHF communications. 송신이 끝났고 대답은 더 이상 필요하지 않다 주. VHF 통신에는 보통 사용하지 않는다.

14. 다음 중 "ROGER"의 의미에 대한 설명으로 맞는 것은?
 I've received all of your transmission.
② Can be used to answer a question requiring yes or no?
③ Ready to take off.
④ Ready to touchdown.

해설

『무선통신매뉴얼』,
ICAO Doc9432 "Manual of Radiotelephony"

ROGER	I have received all of your last transmission. Note. Under no circumstances to ve used in reply to a question requiring "READ BACK" or a direct answer in the affirmative (AFFIRM) or negative(NEGATIVE) 당신의 마지막 송신을 모두 받았다. 주. "READ BACK"이나 긍정 및 부정으로 대답을 요구하는 질문에 대한 답으로 사용하여서는 안 된다.

15. 다음 중 International phonetic alphabet 의 발음이 틀린 것은?
① A : AL FAH
❷ B : BRAI BOU
③ E : ECK OH
④ G : GOLF

해설

전파규칙(Radio Regulations) Volume 2

Appendix 14 **Phonetic alphabet** and Figure code

Letter to be transmitted	Code word to be used	Spoken as
B	Bravo	BRAH VOH

16. How can you read 4,500 feet in ATC?
① "FOUR FIVE ZERO"
② "FOUR POINT FIVE"
③ "FOUR - FIVE HUNDRED"
❹ "FOUR THOUSAND FIVE HUNDRED"

해설

『항공교통관제절차』"2-4-17 숫자 사용법(Numbers Usage)"

1 고도 - 100 또는 1,000단위로 "HUNDRED" 또는 "THOUSAND"를 적절히 붙여 각각 분리하여 읽는다.

12,900	❶ One two thousand niner hundred ② Twelve thousand niner hundred

17. Who is most responsible for collision avoidance in an alert area?
❶ All pilots
② Air Traffic Control
③ the controlling agency
④ Flight operations manager

해설

경보 지역에서의 충돌 회피에 가장 큰 책임이 있는 사람은 누구입니까?
FAA "Aeronautical Information Manual (AIM)", Pilot/Controller Glossary

a. <u>Alert Area</u> - All activities within an Alert Area are conducted in accordance with Federal Aviation Regulations, and **pilots** of participating aircraft as well as **pilots** transiting the area are equally responsible for collision avoidance.
경보 지역 - 경보 지역 내의 모든 활동은 연방 항공 규정에 따라 수행되며, 참가 항공기의 **조종사**와 해당 지역을 통과하는 **조종사**는 <u>똑같이 충돌 회피에 대한 책임을 진다.</u>

18. 다음 문장의 괄호 안에 알맞은 것은?

> The radio spectrum shall be subdivided into (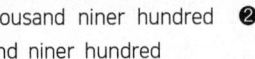) frequency bands.

① Three
② Six
❸ Nine
④ Ten

해설

전파규칙(Radio Regulations) Volume 1

Section I Frequency and wavelength bands
제1절 주파수 및 파장대역
2.1 The radio spectrum shall be subdivided into **nine** frequency bands.
무선 스펙트럼은 **9개**의 주파수 대역으로 세분되어야 한다.

19. What is the meaning when a steady red light signal is directed from the control tower to someone in the landing area?
❶ Stop
② Permission to cross landing area or to move onto taxiway
③ Vacate maneuvering area in accordance with local instructions
④ Move off the landing area or taxiway and watch out for aircraft

해설

관제탑에서 착륙 구역에 있는 누군가에게 빨간색 신호등이 계속 켜진다는 것은 무슨 의미입니까?
FAA "Aeronautical Information Manual (AIM)" Traffic Control Light Signals, 『항공안전법 시행규칙』 [별표 26] 신호 (제19조 관련)

Aeronautical Information Manual (AIM) 4-3-13. Traffic Control Light Signals

Airport Traffic Control Tower Light Gun Signals

Color and Type of Signal	Meaning		
	Movement of Vehicles, Equipment and Personnel	Aircraft on the Ground	Aircraft in Flight
Steady green	Cleared to cross, proceed or go	Cleared for takeoff	Cleared to land
Flashing green	Not applicable	Cleared for taxi	Return for landing (to be followed by steady green at the proper time)
Steady red	STOP	STOP	Give way to other aircraft and continue circling
Flashing red	Clear the taxiway/runway	Taxi clear of the runway in use	Airport unsafe, do not land
Flashing white	Return to starting point on airport	Return to starting point on airport	Not applicable
Alternating red and green	Exercise extreme caution	Exercise extreme caution	Exercise extreme caution

『항공안전법 시행규칙』 [별표 26] 신호(제19조 관련)

신호의 종류	의미		
	비행 중인 항공기	지상에 있는 항공기	차량·장비 및 사람
연속되는 녹색	착륙을 허가함	이륙을 허가함	
연속되는 붉은 색	다른 항공기에 진로를 양보하고 계속 선회할 것	정지할 것	정지할 것
깜박이는 녹색	착륙을 준비할 것(착륙 및 지상유도를 위한 허가가 뒤이어 발부)	지상 이동을 허가함	통과하거나 진행할 것
깜박이는 붉은색	비행장이 불안전하니 착륙하지 말 것	사용 중인 착륙지역으로부터 벗어날 것	활주로 또는 유도로에서 벗어날 것
깜박이는 흰색	착륙하여 계류장으로 갈 것	비행장 안의 출발지점으로 돌아 갈 것	비행장 안의 출발지점으로 돌아갈 것

20. 다음 괄호 안에 들어갈 가장 적절한 것은 무엇인가?

When activated, and emergency locator transmitted(ELT) transmits on ( ).

① 118.0 and 118.8 MHz
❷ 121.5 and 243.0 MHz
③ 123.0 and 119.0 MHz
④ 135.0 and 247.0 MHz

FAA "Aeronautical Information Manual (AIM)" 비상위치지시용무선표지설비(ELT)

6-2-4. Emergency Locator Transmitter(ELT)

ELTs of various types were developed as a means of locating downed aircraft. These electronic, battery operated transmitters operate on one of three frequencies. These operating frequencies are **121.5 MHz, 243.0 MHz,** and **the newer 406 MHz.** ELTs operating **on 121.5 MHz and 243.0 MHz** are analog devices.

다양한 유형의 ELT가 추락한 항공기를 찾는 수단으로 개발되었다. 배터리로 작동하는 이 전자 송신기는 세 가지 주파수 중 하나로 작동한다. 이 **동작 주파수는** 121.5MHz, 243.0MHz **및 최신 406MHz이다.** 121.5MHz와 243.0MHz에서 동작하는 ELT는 아날로그 장치이다.

2018년도 제1회 정기검정 영 어
정답 및 심화해설

정답 모아보기

01	③	05	③	09	②	13	③	17	④
02	④	06	①	10	②	14	③	18	①
03	③	07	④	11	①	15	③	19	②
04	④	08	①	12	②	16	①	20	①

1. 조난신호에 관한 ICAO 규정으로 옳지 않은 것은?

① A distress message sent via data link which transmits the intent of the word "MAYDAY"
② A radiotelephony distress signal consisting of the spoken word "MAYDAY"
❸ A parachute flare showing a green light
④ A signal made by radiotelegraphy or by any other signaling method consisting of the group "SOS"

해설

ICAO 부속서(Annex) 2. Rules of the Air,
『항공안전법 시행규칙』[별표 26] 신호(제194조 관련)

⚠ <기본해설> 참조

① "메이데이"라는 단어의 의도를 전달하는 데이터 링크를 통해 전송되는 조난 메시지
② 음성 단어 "MAYDAY"로 구성된 무선 전화 조난 신호
❸ **녹색 불빛**을 보여주는 낙하산 조명탄(×)
  → **붉은색 불빛**을 내는 낙하산 부착 불빛(O)
  → A parachute flare showing a <u>red light</u>(O)
④ 무선 전신 또는 그룹 "SOS"로 구성된 다른 신호 방법에 의해 만들어진 신호

2. 다음 문장의 괄호 안에 들어갈 수준에 해당하는 것은?

> The language proficiency of aeroplane and helicopter pilots required to use the radiotelephone aboard an aircraft who demonstrate proficiency below the Expert Level ( ) shall be formally evaluated at intervals in accordance with an individual's demonstrated proficiency level.

① 3   ② 4
③ 5   ❹ 6

해설

ICAO Annex 1 - Personnel Licensing (부속서 1 – 항공종사자 면허)

⚠ <기본해설> 참조

ICAO 부속서(Annex) 1. Personnel Licensing

1.2.9.6 권고.— 항공기, 비행선, 헬리콥터 및 동력리프트 조종사, 항공기 탑승 시 무선전화 사용에 필요한 비행항법사, **전문가 수준(레벨 6)** 이하의 숙련도를 입증하는 항공교통관제사 및 항공국 운영자의 언어 숙련도를 공식적으로 평가해야 한다. 다음과 같이 개인이 입증한 숙련도 수준에 따라 명령을 내린다.
a) 운영 수준(레벨 4)에서 언어 능력을 입증하는 사람은 **3년에 한 번 이상 평가해야 한다.**
b) 확장 수준(레벨 5)에서 언어 능력을 입증하는 사람은 **최소 6년에 한 번 평가해야 한다.**

3. 다음 중 ICAO규정에서 정의한 용어로 알맞은 것은?

> A form of radio communication primarily intended for the exchange of information in the form of speech.

① Radiotelegraph
② Radio station
❸ Radiotelephony
④ Radio frequency

> **해설**

ICAO 부속서(Annex) 2. Rules of the Air,
『항공교통관제절차』 용어의 정의

> **ICAO Annex 2.** Chapter 1. Definitions
> <u>Radiotelephony</u> A form of radio communication primarily intended for the exchange of information in the form of speech.
> 주로 음성 형태의 정보 교환을 목적으로 하는 무선 통신의 한 형태.

> 『항공교통관제절차』 용어의 정의
> **RADIOTELEPHONY** : 음성으로 정보를 교환하는 기본적인 무선통신의 형태

4. 다음 문장의 괄호 안에 들어갈 가장 적합한 것은?

> Changes of frequency in the sending and receiving apparatus of any **mobile station** shall be capable of being made ( ).

① as well as possible
② as far as possible
③ as long as possible
❹ as rapidly as possible

> **해설**

전파규칙(Radio Regulations) Volume 1

> 모든 **이동국**의 송신장치와 수신장치의 주파수 변경은 <u>가능한 한 신속하게</u> 실행될 수 있어야 한다.

51.4 §3
1) Changes of frequency in the sending and receiving apparatus of any <u>ship station</u> shall be capable of being made <u>as rapidly as possible.</u>
   모든 **선박국**의 송신장치와 수신장치의 주파수 변경은 <u>가능한 한 신속하게</u> 실행될 수 있어야 한다.
   ⚠ 전파규칙에는 'mobile station(이동국)'이 아니라 'ship station(선박국)'으로 되어 있음.

5. 다음은 어떤 용어에 대한 설명인가?

> Proceed with your message.

① Approved   ② Contact
❸ Go Ahead   ④ Say Again

> **해설**

『무선통신매뉴얼』, ICAO Doc9432
"Manual of Radiotelephony" → Go Ahead 삭제된 용어

당신의 메시지를 계속 진행하라(전할 말을 마라)

The phrase "GO AHEAD" has been deleted, in its place the use of the calling aeronautical station's call sign followed by the answering aeronautical station's call sign shall be considered the invitation to proceed with transmission by the station calling.

주. 어구 "GO AHEAD"는 삭제되었으며, 대신 호출국의 호출부호 다음에 응답국의 호출부호를 전송하는 것이 호출국에게 메시지 전송을 계속해도 좋다는 의미로 간주된다.
예) (관제사) "HL1234, JEJU Tower"
    (조종사) "JEJU Tower, HL1234"

6. 조난신호에 관한 ICAO 규정으로 괄호 안에 적합한 것은?

> A radiotelephony **distress signal** consisting of the spoken word ( ).

❶ MAYDAY   ② HELP
③ URGENT   ④ PAN PAN

> **해설**

ICAO 부속서(Annex) 2. Rules of the Air, 『항공안전법 시행규칙』 [별표 26] 신호(제194조 관련)

"메이데이(MAYDAY)"라는 말로 구성된 무선 전화 **조난 신호** (distress signal)

ICAO 부속서(Annex) 2. Rules of the Air
1.1 Distress signals
The following signals, used either together or separately, mean that **grave and imminent danger** threatens, and **immediate assistance is requested**:
a) a signal made by radiotelegraphy or by any other signalling method consisting of the group **SOS** (. . . ▬▬▬ . . . in the Morse Code);
b) a radiotelephony distress signal consisting of the **spoken word MAYDAY**;
c) a distress message sent via **data link** which transmits the intent of the **word MAYDAY**;
d) **rockets or shells throwing red lights**, fired one at a time at short intervals;
e) a **parachute flare showing a red light**.

『항공안전법 시행규칙』[별표 26] 신호 (제194조 관련)
1. 조난신호(Distress signals)
   가. 조난에 처한 항공기가 다음의 신호를 복합적 또는 각각 사용할 경우에는 **중대하고 절박한 위험**에 처해 있고 즉각적인 도움이 필요함을 나타낸다.
      1) 무선전신 또는 그 밖의 신호방법에 의한 "SOS" 신호 (모스부호는 ···---···)
      2) 짧은 간격으로 한 번에 **1발씩 발사되는 붉은색불빛**을 내는 로켓 또는 대포
      3) 붉은색 불빛을 내는 낙하산 부착 불빛
      4) "메이데이(MAYDAY)"라는 말로 구성된 무선 전화 조난 신호
      5) 데이터링크를 통해 전달된 "메이데이(MAYDAY)" 메시지
   나. 조난에 처한 항공기는 가목에도 불구하고 주의를 끌고, 자신의 위치를 알리며, 도움을 얻기 위한 **어떠한 방법도** 사용할 수 있다.

7. 다음 문장의 괄호 안에 들어갈 알맞은 내용은?

> In radar service, clearance to land or any alternative clearance received from the (   ) or, when applicable, non-radar controller should normally be passed to the aircraft.

① Ground Controller
② Flight Controller
③ Radar Controller
❹ Aerodrome Controller

해설

ICAO Doc4444 Air Traffic Management

레이더 서비스를 받는 상태에서 **비행장 관제사(Aerodrome Controller)**로부터, 또는 해당되는 경우, 비(非) 레이더 관제사(non-radar controller)로부터 받은 착륙 허가(clearance to land) 또는 대체 허가(alternative clearance)는 일반적으로 항공기에 전달되어야 한다.

< ICAO Doc4444 Air Traffic Management >
8.9.6 **Radar approaches**
   8.9.6.1.7 **Clearance to land** or any alternative clearance received from the **aerodrome controller** or, when applicable, the procedural controller should normally be passed to the aircraft before it reaches a distance of 4 km (2 NM) from touchdown.
   비행장 관제사 또는 해당되는 경우 절차상의 관제사로부터 받은 **착륙 허가** 또는 대체 허가는 일반적으로 착륙 지점에서 2NM(4km) 거리에 도달하기 전에 항공기에 전달되어야 한다.

8. 항공통신용어 "Affirmative"가 뜻하는 것과 가장 가까운 표현은?
❶ Yes
② No
③ I am right
④ Roger

해설

『무선통신매뉴얼』,
ICAO Doc9432 "Manual of Radiotelephony"

AFFIRM affirmative (AFFIRM)	Yes
	예
NEGATIVE	No or Permission not granted or That is not correct or not capable.
	NO, 허가불허, 그것은 정확하지 않다, 혹은 불가능하다

9. Aviation radio message에서 number "1"을 올바르게 발음한 것은?
① one
❷ wun
③ wan
④ win

해설

『무선통신매뉴얼』,
ICAO Doc 9432 "Manual of Radiotelephony"

Numeral or numeral element	Pronunciation
1	WUN

10. 다음 문장의 의미로 쓰이는 항공통신용어는 무엇인가?

> Let me know that you have received and understood this message.

① Roger
❷ Acknowledge
③ Wilco
④ Affirmative

해설

『무선통신매뉴얼』,
ICAO Doc9432 "Manual of Radiotelephony"

ACKNOWLEDGE	Let me know that you have received and understood this message. 이 메시지를 수신하고 이해했는지를 알려달라

11. What is a definition of "ROGER" in aviation radio phrase?
❶ I have received all of your last transmission.
② My transmission is ended and I expect a response from you.
③ Let me know that you have received and understand this message.
④ This conversation is ended and no response is expected.

해설

『무선통신매뉴얼』,
ICAO Doc9432 "Manual of Radiotelephony"

ROGER	I have received all of your last transmission. Note. Under no circumstances to ve used in reply to a question requiring "READ BACK" or a direct answer in the affirmative (AFFIRM) or negative(NEGATIVE) 당신의 마지막 송신을 모두 받았다. 주. "READ BACK"이나 긍정 및 부정으로 대답을 요구하는 질문에 대한 답으로 사용하여서는 안 된다.

❶ I have received all of your last transmission. → Roger
② My transmission is ended and I expect a response from you. → Over
③ Let me know that you have received and understand this message. → Acknowledge
④ This conversation is ended and no response is expected. → Out

12. 다음 괄호 안에 들어갈 단어로 알맞은 것은?

> When a radiotelephone call has been made to an aeronautical station but no answer has been received a period of at least (   ) should elapse before a subsequent call is made to that station.

① five seconds
❷ ten seconds
③ thirty seconds
④ one minute

해설

전파규칙(Radio Regulations) Volume 1,
ARTICLE 45 (제45조)

General communication procedure (일반적 통신절차)
45.6 §6 When a radiotelephone call has been made to an aeronautical station, but no answer has been received, a period of at least **ten seconds** should elapse before a subsequent call is made to that station.
무선전화로 항공기국을 호출하였으나 답신이 없을 때 그 무선국을 재 호출 전에 적어도 **10초의** 기간을 경과하여야 한다.

13. 다음 중 영문통화표의 설명으로 옳지 않은 것은?
① 0 : NADAZERO
② 2 : BISSOTWO
❸ 소수점 : PERIOD
④ 종지부 : STOP

전파규칙(Radio Regulations) Volume 2

⚠ <기본해설> 참조

Appendix 14 Phonetic alphabet and Figure code
2. When it is necessary to spell out figures or marks, the following table shall be used:
숫자 또는 표시의 철자가 필요한 때에는 다음 표를 사용하여야 한다.

Figure or mark to be transmitted	Code word to be used	Spoken as (*)
0	Nadazero	NAH-DAH-ZAY-ROH
1	Unaone	OO-NAH-WUN
2	Bissotwo	BEES-SOH-TOO
3	Terrathree	TAY-RAH-TREE
4	Kartefour	KAR-TAY-FOWER
5	Pantafive	PAN-TAH-FIVE
6	Soxisix	SOK-SEE-SIX
7	Setteseven	SAY-TAY-SEVEN
8	Oktoeight	OK-TOH-AIT
9	Novenine	NO-VAY-NINER
Decimal point	Decimal	DAY-SEE-MAL
Full stop	Stop	STOP

(*) Each syllable should be equally emphasized
(각 음절은 똑같이 강조되어야 한다.)

14. Choose the wrong ICAO phonetic alphabet.
① A : Alfa ② G : Golf
❸ O : October ④ T : Tango

잘못된 ICAO 발음 알파벳을 고르시오.
⚠ <기본해설> 참조
『무선통신매뉴얼』, ICAO Doc 9432 "Manual of Radiotelephony"

Letter	Word	Pronunciation
O	Oscar	OSS CAH

15. Choose the wrong ICAO phonetic alphabet.
① F : Foxtrot ② J : Juliett
❸ R : Roma ④ L : Lima

잘못된 ICAO 발음 알파벳을 고르시오.
『무선통신매뉴얼』, ICAO Doc 9432

Letter	Word	Pronunciation
R	Romeo	ROW ME OH

16. 다음 문장의 밑줄 친 단어와 같은 의미를 가지는 것은?

> The air traffic controller announced the <u>arrival</u> of the flight.

❶ Landing ② Captain
③ Leaving ④ Number

다음 문장의 밑줄 친 단어와 같은 의미를 가지는 것은?

항공교통관제사(air traffic controller)는 항공편(the flight)의 도착(arrival)을 알렸다.

❶ Landing 착륙, arrival 도착
    Take off 이륙, Departure 출발
② Captain 기장
③ Leaving (주파수, 고도 등을 변경할 때)
④ Number 숫자

17. 항공통신 용어 중 관제사가 "주파수 변경을 허가한다"를 지시할 때 사용하는 용어로 알맞은 것은?
① FREQUENCY UNUSABLE
② REMAIN THIS FREQUENCY
③ CHANGE TO BY FREQUENCY
❹ FREQUENCY CHANGE APPROVED

『무선통신매뉴얼』,
ICAO Doc 9432 "Manual of Radiotelephony"
① FREQUENCY UNUSABLE → 주파수를 사용할 수 없다
② REMAIN THIS FREQUENCY → 이 주파수를 유지하라
③ CHANGE TO ** FREQUENCY → ** 주파수로 변경하라
❹ FREQUENCY CHANGE APPROVED → 주파수 변경을 허가한다.

18. 다음 문장의 괄호 안에 들어갈 가장 적합한 것은?

> The letter L shall be transmitted using the word.

❶ Lima
② Lost
③ Latin
④ Letter

해설

"문자 L은 (Lima)라는 단어를 사용하여 전송된다."
『무선통신매뉴얼』, ICAO Doc 9432
"Manual of Radiotelephony"

Letter	Word	Pronunciation
L	Lima	**LEE** MAH

19. 다음 문장의 밑줄 친 부분에 알맞은 단어는?

> International standards for Air Traffic Management are set by _____.

① UN
❷ ICAO
③ IAEA
④ NOTAM

해설

"항공교통관리에 대한 국제표준은 (ICAO)가 정한다." (↓) 이를 정한 대표적 ICAO 문서
- ICAO 부속서(Annex) 2, Rules of the Air
- ICAO 부속서(Annex) 11, Air Traffic Services
- ICAO 문서(Doc) 4444, Air Traffic Management

(예)
ICAO 부속서(Annex) 2, Rules of the Air, FOREWORD(서문)
The Standards in this document, together with the Standards and Recommended Practices of Annex 11, govern the application of the Procedures for Air Navigation Services — Air Traffic Management (PANS-ATM, Doc 4444) and the Regional Supplementary Procedures.
본 문서의 표준(Standards)은 부속서 11의 표준(Standards) 및 권고방식(SARPs)과 함께 항공운항서비스절차 - 항공교통관리(PANS-ATM, 문서 4444) 및 지역 추가 절차의 적용을 규정한다.

20. 다음 내용이 설명하는 항공용어는 무엇 인가?

> An aerodrome to which an aircraft may proceed when it becomes impossible to land at the aerodrome of intended landing.

❶ Alternate aerodrome
② Supplement aerodrome
③ Amendment aerodrome
④ International aerodrome

해설

ICAO 부속서(Annex) 2, Rules of the Air,
『항공교통관제절차』 용어의 정의

ICAO 부속서(Annex) 2, Rules of the Air
Alternate aerodrome. An aerodrome to which an aircraft may proceed when it becomes either impossible or inadvisable to proceed to or to land at the aerodrome of intended landing.

『항공교통관제절차』 용어의 정의
ALTERNATE AERODROME(교체비행장)[ICAO] : 착륙하고자 하는 비행장으로의 비행 또는 착륙이 불가능하거나, 부적절할 경우에 비행하고자 하는 비행장

2017년도 제1회 정기검정 영 어
정답 및 심화해설

정답 모아보기

01	①	05	④	09	③	13	②	17	①
02	②	06	③	10	②	14	③	18	④
03	③	07	②	11	③	15	①	19	②
04	②	08	④	12	①	16	③	20	④

1. 다음 중 VHF 통신에 있어서 채널의 간격이 8.33[kHz]일 경우 주파수의 통신방법으로 가장 적절한 것은?

❶ 118.025 —one one eight decimal zero two five
② 118.010 —one one eight decimal zero one
③ 118.020 —one one eight point zero two
④ 118.010 —one one eight point zero one

[해설]

『무선통신매뉴얼』, ICAO Doc 9432
"Manual of Radiotelephony" ⚠ <기본해설> 참조
* <기본해설> 참조 시 25kHz(5digits)와 8.33kHz(6digits) 구분 확인 필요

Channel	Transmitted as
118.000	ONE ONE EIGHT DECIMAL ZERO
118.005	ONE ONE EIGHT DECIMAL ZERO ZERO FIVE
118.010	ONE ONE EIGHT DECIMAL ZERO ONE ZERO
118.025	ONE ONE EIGHT DECIMAL ZERO TWO FIVE
118.050	ONE ONE EIGHT DECIMAL ZERO FIVE ZERO
118.100	ONE ONE EIGHT DECIMAL ONE

2. 다음 괄호 안에 알맞은 것은?

> Before renewing the call, the calling station shall ascertain that the station called is not (　　　　　) another station.

① in communication to
❷ in communication of (×)
③ in communication with (○)
④ in communication for

⚠ 정답이 ❷번으로 되어 있으나 ③번이 정답인 것으로 확인됨. 2015년도 제1회 1번 문제는 ❸번이 답임.

[해설]

전파규칙(Radio Regulations) Volume 1, RECOMMENDATION

RECOMMENDATION(권고사항) ITU-R M.1170, Section II. Preliminary Operations(예비운영) §7.
(3) Before renewing the call, the calling station shall ascertain that the station called is **not in communication with** another station.
통화를 갱신하기 전에 발신국은 호출된 무선국이 다른 무선국과 통신하고 있지 않은지 확인해야 한다.

3. 다음 문장의 괄호 안에 들어갈 알맞은 것은?

> The international radiotelephony distress signal is (　　　　　).

① "EMERGENCY"
② "DISTRESS"
❸ "MAYDAY"
④ "URGENT"

[해설]

『항공교통관제절차』, 용어의 정의,
FAA "Aeronautical Information Manual (AIM)"

『항공교통관제절차』, 용어의 정의
• MAYDAY : 국제 무선조난신호이며, 3회 반복될 경우, 긴급한 위험을 나타내며 신속한 구조가 요구된다.

FAA, Aeronautical Information Manual (AIM)
• **MAYDAY**- The international radiotelephony **distress signal**. When repeated three times, it indicates imminent and grave danger and that immediate assistance is requested.

4. 다음 문장의 밑줄 친 it은 무엇을 의미하는가?

> When an aeronautical station receives calls form several aircraft stations at practically the same time. it decides the order in which these station may transmit their traffic.

① an aircraft station
❷ an aeronautical station
③ an aircraft station or an aeronautical station
④ an airspace station

해설

전파규칙(Radio Regulations) Volume 1,
ARTICLE 45(제45조), '순수 영어문제'이기도 함.

45.3 §3
When an **aeronautical station** receives calls in close succession from several aircraft stations, **it** decides on the order in which these stations may transmit their traffic.
항공국(an aeronautical station)이 몇몇의 항공기국(aircraft stations)으로부터 근소한 시간간격으로 연속적인 호출을 수신하는 때에는 그 **항공국(an aeronautical station)**은 각 항공기국이 통신할 순서를 결정한다.

5. 다음 문장의 괄호 안에 들어갈 알맞은 것은?

> The distress call shall have ( ) priority over all other transmissions.

① to absolute   ② absolutely
③ in absolute   ❹ absolute

해설

ICAO Annex 10 Aeronautical Telecommunications, Volume II

  5.3.2.4.1 The distress communications **have absolute priority over all other** communications, and a station aware of them shall not transmit on the frequency concerned, unless:
  조난 통신은 **다른 모든 통신보다 절대적인 우선권을 가지며**, 이를 인식하는 무선국은 다음 경우를 제외하고 관련 주파수로 전송해서는 안 된다.
  a) the distress is cancelled or the distress traffic is terminated;
     조난이 취소되거나 조난 트래픽(항적)이 종료된 경우

b) all distress traffic has been transferred to other frequencies;
   모든 조난 트래픽(항적)이 다른 주파수로 변경한 경우
c) the station controlling communications gives permission;
   통신을 관제하는 무선국이 허가를 준 경우
d) it has itself to render assistance.
   그 주파수로 도움을 줄 수 있는 경우

6. 다음 괄호 안에 알맞은 것은?

> Did you hear me ( ) 7.035 [kHz]?

① in   ② as
❸ on   ④ by

해설

⚠ 순수 영어문제
on + frequency, (예) 『무선통신매뉴얼』 6.2.2.

(관제사)
HL5678 IDENTIFICATION LOST DUE RADAR FAILURE. CONTACT JEJU CONTROL **ON** 128.750

7. 다음 문장의 괄호 안에 들어갈 알맞은 것은?

> When ( ) does not reply to a call sent three times at intervals of two minutes, the calling shall cease and shall not be renewed until after an interval of fifteen minutes.

① a station to call
❷ a station called
③ a station calling
④ a station to be calling

해설

전파규칙(Radio Regulations) Volume 1,
RECOMMENDATION
⚠ 앞의 2번 문제와 연계됨.

RECOMMENDATION(권고사항) ITU-R M.1170,
Section II. Preliminary Operations(예비운영) §7.

(1) When <u>a station called</u> does not reply to a call sent three times at intervals of two minutes, the calling shall cease and shall not be renewed until after an interval of fifteen minutes.
호출된 무선국이 2분 간격으로 세 번 **전송된 호출에** 응답하지 않을 때, 호출은 중단되어야 하며 15분 간격이 경과할 때까지 갱신되지 않아야 한다.

(2) In the case of a communication between a station of the maritime mobile service and an aircraft station, calling may be renewed after an interval of five minutes, notwithstanding (1) § 7. above.
해상 이동 서비스 무선국과 항공기 무선국 간의 통신의 경우, 상기 (1) § 7에도 불구하고, 5분 간격으로 통화를 갱신할 수 있다.

(3) Before renewing the call, the calling station shall ascertain that the station called is <u>not in communication with</u> another station.
통화를 갱신하기 전에 발신국은 호출된 무선국이 **다른 무선국과 통신하고 있지 않은지** 확인해야 한다.

8. "귀하는 D8AA로부터의 조난신호를 수신하였습니까?"의 가장 적절한 표현은?

① Do you have any information about D8AA?
② Have you received the urgency signal sent by D8AA?
③ Have you had any information about D8AA?
❹ Have you received the distress signal sent by D8AA?

해설

⚠ 순수 영어문제
조난신호 : distress signal

① Do you have any information about D8AA? D8AA에 대한 정보가 있습니까?
② Have you received the urgency signal sent by D8AA?

D8AA에서 보낸 긴급신호를 받았습니까?
③ Have you had any information about D8AA?
D8AA에 대한 정보가 있습니까?
❹ Have you received the distress signal sent by D8AA?

D8AA에서 보낸 조난신호를 받았습니까?

9. What dose aviation radio phrase "WILCO" mean?

① I have received your message.
② I understand your transmission.
❸ I have received your message, understand it, and will comply with it
④ My transmission is ended.

해설

『무선통신매뉴얼』, ICAO Doc 9432
"Manual of Radiotelephony"

WILCO	(Abbreviation for will comply.) I understand your message and will comply with it.
	(WILL COMPLY의 축약형) 당신의 메시지를 알아들었으며 그대로 따르겠다.

10. What is a definition of "OVER" in aviation radio phrase?

① My transmission is ended.
❷ My transmission is ended and I expect a response from you.
③ Let me know that you have received and understand this message.
④ This conversation is ended and no response is expected.

해설

『무선통신매뉴얼』,
ICAO Doc 9432 "Manual of Radiotelephony"

OVER	My transmission is ended and I expect a response from you. Note. Not normally used in VHF communications.
	내 송신은 끝났으니 그 쪽에서 대답하라 주. VHF 통신에는 보통 사용하지 않는다

11. 항공무선통신에서 숫자 "3"을 송신할 때 영문통화표에 의한 발음 방법은?

① TAY-RAH-THRI
② TEY-RAH-THLEE
❸ TAY-RAH-TREE
④ TEY-RAH-TLEE

 해설

전파규칙(Radio Regulations) Volume 2,
⚠ 2018년도 제1회 13번 및 <기본해설> 참조

Appendix 14 Phonetic alphabet and Figure code

Figure or mark to be transmitted	Code word to be used	Spoken as (*)
3	Terrathree	TAY-RAH-TREE

12. 항공통신용어 "Affirmative"가 뜻하는 것과 가장 가까운 표현은?

❶ Yes
② No
③ I am right
④ Roger

 해설

『무선통신매뉴얼』,
ICAO Doc9432 "Manual of Radiotelephony"

AFFIRM affirmative (AFFIRM)	Yes
	예
NEGATIVE	No or Permission not granted or That is not correct or not capable.
	NO, 허가불허, 그것은 정확하지 않다, 혹은 불가능하다

13. Choose the wrong ICAO phonetic alphabet.
① D : Delta
❷ I : Indo
③ Q : Quebec
④ S : Sierra

해설

잘못된 ICAO 발음 알파벳을 고르시오.
『무선통신매뉴얼』,
ICAO Doc 9432 "Manual of Radiotelephony"

Letter	Word	Pronunciation
I	India	IN DEE AH

14. Choose the wrong ICAO phonetic alphabet.
① F : Foxtrot
② J : Juliett
❸ R : Roma
④ L : Lima

 해설

『무선통신매뉴얼』,
ICAO Doc 9432 "Manual of Radiotelephony"

Letter	Word	Pronunciation
R	Romeo	ROW ME OH

15. "귀 국은 어디에서 어디로 가고 있습니까?"의 적합한 영문표현은?

❶ Where are you bound for and where are you from?
② Where are you going and where are you coming?
③ Where do you go and where did you come?
④ Where do you going and whre is your destination?

 해설

『무선국의 운용 등에 관한 규정』[별표 1] 무선통신에 사용하는 모르스부호·약어 및 통화표(제4조 관련) 무선전신 통신용 Q약어,
ITU "Radio Regulations" Appendix 13. Q code

Q code	문	답 또는 통지
QRD	그곳은 어디로 가며 어디로부터 왔습니까? Where are you bound for and where are you from?	이곳은…로 가며 …로부터 왔습니다. I am bound for … from …

16. 시간정보의 송수신 발음으로 옳지 않은 것은?
① 08:16 : ONE SIX, WUN SIX
② 20:57 : FIVE SEVEN, FIFE SEV-en
❸ 02:50 : ZERO TWO FIVE ZERO, OU TOO FIFE OU
④ 13:00 : ONE THREE ZERO ZERO, WUN TREE ZE-RO ZE-RO

> 해설

『무선통신매뉴얼』 2.5 시간 송신, ICAO Doc 9432 "Manual of Radiotelephony"

2.5.1 시간은 일반적으로 시간의 분(分) 단위만 송신하고, 숫자를 각각 분리하여 발음하여야 한다. 그러나 혼동이 일어날 가능성이 있다면 시간(時間) 단위도 포함하여야 한다.

Time / Statement	Time / Statement
0920 (9:20 A.M.) TOO ZE-RO or ZE-RO NIN-er TOO ZE-RO	1643 (4:43 P.M.) FOW-er treed or WUN SIX FOW-er TREE

❸ 02:50 : ZERO TWO FIVE ZERO, OU TOO FIFE OU (×)
→ ZERO TWO FIVE ZERO, ZE-RO TOO FIFE ZE-RO (○)

17. 조종사가 <u>출발을 위한 모든 점검</u>과 <u>이륙을 위한 활주로 진입준비가 완료</u>되었음을 의미할 때 사용하는 항공통신용어는?
① Ready for taxi (×)
❷ Ready for take off (○)
③ Cleared for take off
④ Ready for departure

> 해설

정답이 ❶번으로 되어 있으나 <u>출발</u>을 위한 모든 점검(Ready for <u>departure</u>)과 <u>이륙</u>을 위한 활주로 진입준비가 완료되었음(Ready for <u>take off</u>)으로 ② Ready for take off 이 정답인 것으로 판단됨.

18. 다음 중 AIR TRAFFIC SERVICE에 포함되지 않는 것은?
① Flight Information Service
② Air Traffic Advisory service
③ Air Traffic Control service
❹ Flight Detection Service

> 해설

ICAO Doc 4444 Air Traffic Management,
『항공교통관제절차』용어정의

ICAO Doc 4444 Air Traffic Management
• Air traffic service (ATS)
A generic term meaning variously, <u>flight information service</u>, <u>alerting service</u>, <u>air traffic advisory service</u>, <u>air traffic control service</u> (area control service, approach control service or aerodrome control service).

『항공교통관제절차』(용어의 정의)
• AIR TRAFFIC SERVICE(항공교통업무)
1. 비행정보 업무 (Flight Information Service)
2. 경보 업무 (Alerting Service)
3. 항공교통 조언업무 (Air Traffic Advisory Service)
4. 항공교통 관제업무 (Air Traffic Control Service)
  가. 지역관제업무 (Area Control Service)
  나. 접근관제업무 (Approach Control Service)
  다. 공항관제업무 (Airport Control Service)

19. 다음 문장의 밑줄 친 부분에 알맞은 것은?

> The pilot wants to know the barometer reading. He wants to know _____.

① the pollen count
❷ the atmospheric pressure
③ the temperature of the air
④ the amount of moisture in the air

> 해설

FAA "Aeronautical Information Manual (AIM)"

Pilot/Controller Glossary (조종사/관제사 용어)
ALTIMETER SETTING
The <u>barometric pressure reading</u> used to adjust a pressure altimeter for variations in existing <u>atmospheric pressure</u> or to the standard altimeter setting (29.92).

고도계 설정
기압(barometric pressure) 판독 값은 현재 대기압(atmospheric pressure)의 변화에 대한 기압 고도계(pressure altimeter)를 조정하거나 표준 고도계(standard altimeter) 설정(29.92)으로 조정하는데 사용된다.

20. Which part of an airplane can increase lift during a flight?
① A flap (○)
② A rudder
③ An aileron
❹ An elevator (×)

비행 중에 비행기의 어떤 부분이 양력을 증가시킬 수 있나요?
정답이 ❹번으로 되어 있으나 ①번이 정답인 것으로 판단됨.
• FAA "Pilot's Handbook of Aeronautical Knowledge"

Flaps : Flaps are the most common high-lift devices used on aircraft. (p.6-8)
플랩: 플랩은 항공기에 사용되는 가장 일반적인 고 양력 장치이다.

2016년도 제1회 정기검정 영어
정답 및 심화해설

정답 모아보기

01	④	05	④	09	①	13	④	17	④
02	②	06	④	10	③	14	③	18	①
03	④	07	①	11	②	15	④	19	①
04	①	08	③	12	②	16	③	20	②

1. Which one is not contained in the "Arrival reports"?
① Aircraft identification
② Departure aerodrome
③ Time of arrival
❹ Fuel endurance

해설

"도착보고"에 포함되지 않는 것은?
ICAO Annex 2 Rules of the Air, 『항공안전법 시행규칙』

3.3.5 Closing a flight plan(비행계획의 종료)
  3.3.5.5 **Arrival reports** made by aircraft shall contain the following elements of information:
    a) aircraft identification;
    b) departure aerodrome;
    c) destination aerodrome
      (only in the case of a diversionary landing);
    d) arrival aerodrome;
    e) time of arrival.

『항공안전법 시행규칙』제188조(비행계획의 종료)
① 항공기는 도착비행장에 착륙하는 즉시 관할 항공교통업무기관(관할 항공교통업무기관이 없는 경우에는 가장 가까운 항공교통업무기관)에 다음 각 호의 사항을 포함하는 **도착보고**를 하여야 한다. 다만, 지방항공청장 또는 항공교통본부장이 달리 정한 경우에는 그러하지 아니하다.
  1. 항공기의 식별부호
  2. 출발비행장
  3. 도착비행장
  4. 목적비행장(목적비행장이 따로 있는 경우만 해당한다)
  5. 착륙시간

② 제1항에도 불구하고 도착비행장에 착륙한 후 도착보고를 할 수 있는 적절한 통신시설 등이 제공되지 아니하는 경우에는 착륙 직전에 관할 항공교통업무기관에 도착보고를 하여야 한다.

⚠ Fuel endurance 가용시간(연료를 시간으로 계산한 시간)

2. 다음 괄호 속에 들어갈 가장 알맞은 말을 고르시오.

> The distress call and message shall be sent only on the authority of the master or person ( ) the ship, aircraft or other vehicle carrying the mobile station or ship earth station.

① responsible to
❷ responsible for
③ responsible on
④ responsible of

해설

전파규칙(Radio Regulations) Volume 1,
ARTICLE 32 (제32조)
⚠ '순수 영어문제'이기도 함

전 세계 해상조난안전시스템(GMDSS)의 조난통신 운용절차
32.3
2) The distress alert or call and subsequent messages shall be sent only on the authority of **the person responsible for** the ship, aircraft or other vehicle carrying the mobile station or the mobile earth station.
2) 조난경보 또는 조난호출과 그것에 이어지는 조난메시지는 이동국 또는 이동지구국을 탑재하고 있는 선박, 항공기 또는 기타 이동체에 대하여 **책임자의** 권한에 의하여서만 송신되어야 한다.

3. ICAO Doc4444에 수록 된 용어 중 고도의 단위를 틀리게 서술한 것은?
① FLIGHT LEVEL   ② FEET
③ METERS   ❹ MILES

ICAO Doc 4444 Air Traffic Management
⚠ MILES은 거리 단위

Level (p.A1-2)
- **FLIGHT LEVEL** (number) or (number) **METRES** or **FEET**
- **CLIMBING TO FLIGHT LEVEL** (number) or (number) **METRES** or **FEET**
- **DESCENDING TO FLIGHT LEVEL** (number) or (number) **METRES** or **FEET**

⚠ '미터' 알파벳에 대한 참고 의견 : METERS 미국식 영어, METRES 영국식 영어 → ICAO 사용

4. 다음 문장이 의미하는 용어는?

> Radiodetermination using the reception of radio waves for the purpose of determining the direction of a station or object.

❶ Radio direction finding
② Radion bearing
③ Radiotelephony network
④ Radio direction-finding station

전파규칙(Radio Regulations) Volume 1,
ARTICLE1(제1조) Terms and definitions (용어 정의)

1.12
Radio direction-finding: Radiodetermination using the reception of radio waves for the purpose of determining the direction of a station or object.
무선방향탐지: 무선국 또는 물체의 방향을 결정하기 위한 목적으로 수신된 전파를 이용하는 무선측위(無線測位).

5. 다음 문장의 괄호 안에 들어갈 알맞은 것은?

> The distress call shall have (   ) priority over all other transmissions.

① to absolute
② absolutely
③ in absolute
❹ absolute

ICAO Annex 10 Aeronautical Telecommunications, Volume II

5.3.2.4.1 The distress communications **have absolute priority over all other** communications, and a station aware of them shall not transmit on the frequency concerned, unless:
조난 통신은 **다른 모든 통신보다 절대적인 우선권을 가지며**, 이를 인식하는 무선국은 다음 경우를 제외하고 관련 주파수로 전송해서는 안 된다.

6. 다음 중 약어의 표현이 적절하지 않은 것을 고르시오.
① DME - Distance Measuring Equipment
② ILS - Instrument Landing System
③ ADF - Automatic Direction Finder
❹ NAV - Navigation Aircraft Vertical

『항공약어 및 부호 사용에 관한 기준』[별표1] 항공약어

DME	Distance measuring equipment 거리측정시설
ILS	Instrument landing system 계기착륙시설
ADF	Automatic direction-finding equipment 자동방향탐지기
NAV	Navigation 항행

7. 다음 문장의 밑줄 친 부분에 들어갈 알맞은 것은?

> The speed in level flight at which an airplane operatives most efficiently and economically is called _____.

❶ Cruising Speed
② Top Speed
③ Maximum Level Speed
④ Maximum Structural Cruising Speed

다음 문장의 밑줄 친 부분에 들어갈 알맞은 것은?
⚠ 영문이 일치하는 관련근거를 찾지 못함

항공기가 가장 효율적이고 경제적으로 운항할 수 있는 수평비행 속도를 순항속도(Cruising Speed)라고 한다.

① Cruising Speed 순항속도
② Top Speed 최고속도
③ Maximum Level Speed 최대 수평 속도
④ Maximum Structural Cruising Speed 최대 구조적 순항속도

8. 다음 문장이 의미하는 용어로 적합한 것은?

> Have I correctly received the message or did you correctly receive this message?

① ACKNOWLEDGE
② APPROVED
❸ CONFIRM
④ GO AHEAD

해설

『무선통신매뉴얼』,
ICAO Doc 9432 "Manual of Radiotelephony"

제가 메시지를 제대로 받았나요? 또는 당신이 이 메시지를 제대로 받았나요?

① 인정하다. 알리다.
② 인가하다. 승인하다.
❸ 확인하다.
④ 계속 말 하라.

CONFIRM	I request verification of: (clearance, instruction, action, information).
	(허가, 지시, 정보 또는 요청발부)에 대한 확인을 요청한다
ACKNOWLEDGE	Let me know that you have received and understood this message.
	이 메시지를 수신하고 이해했는지를 알려달라

9. 다음 문장의 밑줄 친 부분에 들어갈 알맞은 것은?

> The component of the total aerodynamic forces acting on an airfoil perpendicular to the relative wind is called _____.

❶ Lift   ② Drag
③ Weight   ④ Thrust

해설

다음 문장의 밑줄 친 부분에 들어갈 알맞은 것은?

상대풍(relative wind)에 수직인(perpendicular) 날개(airfoil) 위에 작용하는 총 공기역학적 힘의 성분/구성요소를 양력(Lift)이라고 한다.

* FAA "Pilot's Handbook of Aeronautical Knowledge", Glossary (용어목록)

- **Drag.** The net aerodynamic force parallel to the relative wind, usually the sum of two components: induced drag and parasite drag.
  상대풍과 평행한 순 공기역학적 힘이며, 일반적으로 유도항력(induced drag)과 유해항력(parasite drag)의 두 가지 구성 요소의 합이다.
- **Lift.** A component of the total aerodynamic force on an airfoil and acts perpendicular to the relative wind.
  에어포일에 대한 총 공기역학적 힘의 구성 요소이며 상대풍과 수직으로 작용한다.
- **Thrust.** The force which imparts a change in the velocity of a mass. This force is measured in pounds but has no element of time or rate. The term "thrust required" is generally associated with jet engines. A forward force which propels the airplane through the air.
  질량의 속도에 변화를 주는 힘. 이 힘은 파운드 단위로 측정되지만 시간이나 속도의 요소는 없다. "필요추력"이라는 용어는 일반적으로 제트 엔진과 관련이 있다. 비행기를 공중으로 밀어내는 전방의 힘.
- **Weight.** The force exerted by an aircraft from the pull of gravity.
  중력으로 인해 항공기가 가하는 힘.

10. "Check and confirm with originator"이 의미하는 단어로 적합한 것은?

① SAY AGAIN   ② CLEARED
❸ VERIFY   ④ READY

해설

"발신자에게 확인(check) 및 점검(confirm)하라"가 의미하는 단어로 적합한 것은?
* 『무선통신매뉴얼』 제6장 항공교통감시업무 용어

- **VERIFY LEVEL** : 고도를 점검하고 확인하라.

* 『항공교통관제절차』 용어의 정의
  - VERIFY : 정보에 대한 확인을 요구할 때 사용하는 용어
    (예): verify assigned altitude

11. 다음 문장의 밑줄 친 부분이 의미하는 것은?

> Generators are widely used for high-powered alternating current and <u>direct current</u> installations.

① 교류　　② 직류
③ 전압　　④ 전력

해설

다음 문장의 밑줄 친 부분이 의미하는 것은?

⚠ 순수 영어문제

발전기(Generators)는 고출력 교류(alternating current) 및 직류(direct current) 설비(installations)에 널리 사용된다.

12. 121.5 MHz 또는 243.0 MHz로 항공교통관제기구에서 조난 항공기를 위하여 감청하는 주파수를 호칭하는 말은 무엇인가?

① Monitor channel
② Search and rescue channel
③ Guard frequency
④ Standby frequency

해설

FAA "Aeronautical Information Manual (AIM)", 5－6－13. Interception Procedures(요격절차)

> 3. All aircraft operating in US national airspace are highly encouraged to maintain a listening watch on VHF/UHF **guard frequencies** (121.5 or 243.0MHz).
> 미국 국가 영공에서 운항하는 모든 항공기는 VHF/UHF **가드 주파수**(121.5 또는 243.0MHz)에 대한 청취 감시를 유지하는 것이 매우 권장된다.

⚠ 121.5 MHz 또는 243.0 MHz는 요격절차에서 ③ Guard frequency라고 함. 조난 항공기를 위하여 감청하는 주파수를 호칭하는 말이 "Search and rescue channel"이라고 명시한 관련근거는 찾지 못하였음.

보충해설 『항공안전법 시행규칙』 [별표26] 신호, 3. 요격 시 사용되는 신호

가. 요격항공기의 신호 및 피요격항공기의 응신
항공비상주파수 121.5MHZ나 243.0MHZ로 호출하여 요격항공기 또는 요격 관계기관과 연락하도록 노력하고 해당항공기의 식별부호 및 위치와 비행내용을 통보할 것

13. 다음 중 "속도를 음속 0.7로 증속하라.속도를 음속 0.7로 증속하라."를 항공통신에서 바르게 송신한 것은?

① Increase speed until mach zero point seven.
② Increase speed in mach zero point seven.
③ Increase speed at mach point seven.
④ Increase speed to mach point seven.

해설

『항공교통관제절차』 제2장 : 마하 표시는 "Mach" 다음에 속도를 나타내는 분리된 숫자로 읽는다.

"Mach" 속도	읽 기
1.5	"Mach one point five."
0.64	"Mach point six four."
0.7	"Mach point seven."

14. "Cleared for take-off"를 맞게 설명한 것은?

① 이륙준비 완료
② 이륙을 불허함
③ 이륙을 인가함
④ 이륙을 취소함

해설

『항공교통관제절차』 용어의 정의

CLEARED FOR TAKE-OFF
출발 항공기에 대한 항공교통관제(ATC) 허가.
이륙허가는 알려진 교통과 물리적인 공항상태를 포함한다.

15. 다음 문장의 뜻을 가장 잘 나타내는 것은?

> He speaks German no better than you speak French

① You speak French very well.
② He speaks German well.
③ He speaks German well, but not so well as you speak French.
❹ You speak French as good as he speaks German.

해설

❹ You speak French as good as he speaks German.
너는 그가 독일어를 하는 것만큼 프랑스어를 잘한다.

⚠ 순수 영어문제

그가 독일어를 하는 것은 네가 프랑스어를 하는 것에 비해 별로 나을게 없다.(no better than. 다름없다)

16. "그는 너무 뚱뚱해서 계단을 오를 수 없다."를 영작한 문장으로 가장 적절한 것은?

① He is so fat that walk up the stairs.
② He is too fat that he can walk up the stairs.
❸ He is too fat to walk up the stairs.
④ He is too fat for he can't walk up the stairs.

해설

· too~to 용법 : 너무 ~해서 ~할 수 없다.
❸ He is too fat to walk up the stairs.

17. 다음 문장의 괄호 안에 들어갈 가장 적절한 단어는?

> There is not (   ) air pollution and the beaches are clean and beautiful.

① more   ② most
③ many   ❹ much

해설

· many+셀 수 있는 명사
· much+셀 수 없는 명사

대기 오염(pollution)이 심하지 않고(not much) 해변이 깨끗하고 아름답다.

18. 다음 문장의 밑줄 친 곳에 들어갈 가장 적절한 단어는?

> To astronomers, the moon has long been an _____, its origin escaping simple solution.

❶ enigma   ② ultimatum
③ affront   ④ opportunity

해설

❶ enigma 수수께끼   ② ultimatum 최후통첩
③ affront 모욕하다   ④ opportunity 기회

"천문학자들에게 달은 오랫동안 수수께끼(enigma)였으며, 그 기원은 단순한 해법에서 벗어나 있다."

19. 다음 문장의 밑줄 친 부분을 해석하면?

> The flow of electric current in a conduct is <u>directly proportional to</u> the Volt.

❶ 정비례한다.   ② 반비례한다.
③ 동등하다.   ④ 무관하다.

해설

❶ 정비례한다. be directly proportional to
② 반비례한다. be inversely proportional to
③ 동등하다. equivalent (to)
④ 무관하다. unrelated (to), irrelevant (to)

전도체(conduct)의 전류 흐름은 볼트(전압)에 <u>정비례한다.</u>

20. 다음 문장의 밑줄 친 부분과 같은 뜻을 가진 단어는?

> You must <u>take into account</u> the fact that he has little education.

① guess   ❷ consider
③ imagine   ④ require

해설

① guess 추측하다.
❷ consider 고려하다.
③ imagine 상상하다.
④ require 필요[요구]하다.

너는 그가 교육을 거의 받지 못했다는 사실을 <u>고려해야 한다 (take into account).</u>

2015년도 제4회 정기검정 영어
정답 및 심화해설

정답 모아보기

01	④	05	①	09	②	13	①	17	④
02	①	06	②	10	④	14	③	18	④
03	④	07	④	11	①	15	④	19	②
04	①	08	④	12	③	16	④	20	③

1. 다음 중 관제기관과 해당 관제기관 호출부호에 사용하는 접미사가 적절히 연결된 것은?
① Area Control Center – Center
② Approach Control – Control
③ Aeronautical Station – Radar
❹ Company Dispatch – Dispatch

 해설

ICAO Doc 9432 Manual of Radiotelephony
2.7 CALL SIGNS, 『무선통신매뉴얼』 2.7 호출부호

기관 또는 업무	호출 접미사
Area control center	CONTROL
Radar(in general)	RADAR *
Approach control	APPROACH
Approach control radar arrivals	ARRIVAL
Approach control radar departure	DEPARTURE
Aerodrome control	TOWER
Surface movement control	GROUND
Clearance delivery	DELIVERY
precision approach radar	PRECISION *
Direction finding station	HOMER *
Flight information service	INFORMATION
Apron/Ramp control/management service	APRON
Company dispatch	DISPATCH
Aeronautical station	RADIO

* Indicates that those suffixes may not used in Korea.(이러한 접미사는 한국에서 사용할 수 없음을 나타낸다.)

2. 다음 문장의 괄호 안에 들어갈 내용으로 맞지 않는 것은?

> Except for reasons of safety no transmission shall be directed to an aircraft during (　　).

❶ starting engine
② take-off
③ the last part of the final approach
④ the landing roll

 해설

ICAO Annex 10 Aeronautical Telecommunications, Volume II Communication Procedures including those with PANS status', 『무선통신매뉴얼』 4.1.2.

> ICAO 부속서(Annex) 10, Volume II,
> 5.2.1.7.3 Radiotelephony Procedure
> 5.2.1.7.3.1.1 Except for reasons of safety, no transmission shall be directed to an aircraft during **take-off**, during **the last part of the final approach**, or during **the landing roll.**
> 안전상의 이유를 제외하고, **이륙, 최종 접근의 마지막 부분 또는 착륙 활주 중에** 어떠한 전송도 항공기로 지시해서는 안 된다.

> 『무선통신매뉴얼』 제4장 비행장 관제 : 항공기
> 4.1.2 관제사는 안전 상 필요한 경우가 아니라면 조종실의 업무가 과중한 상황에서 주의를 어지럽힐 수 있으므로 **이륙, 최종접근의 마지막 단계 또는 착륙 활주 중인 항공기에게** 송신을 하여서는 아니 된다.

3. 다음 괄호 안에 적절한 내용으로 짝지어진 것은?

> In addition to being preceded by the radiotelephony distress signal (　　), preferably spoken (　　) times.

① pan pan, two
② pan pan, three
③ mayday, two
❹ mayday, three

> **해설**

ICAO Annex 10 Aeronautical Telecommunications, Volume II Communication Procedures including those with PANS status', 『무선통신매뉴얼』 9.1.3

> ICAO 부속서(Annex) 10, Volume II,
> 5.3.2 Radiotelephony distress communications
> 5.3.2.1.1 In addition to being preceded by the radiotelephony distress signal **MAYDAY**, preferably spoken <u>three times</u>.
> MAYDAY 무선통신 조난신호가 선행되어야 할 뿐만 아니라 가급적이면 **세 번 말해야 한다**.

『무선통신매뉴얼』 제9장 조난 및 긴급 절차와 통신 두절 시의 절차

> 9.1.3 "MAYDAY"로 시작하는 경우 조난메시지를 의미하고, "PAN PAN"으로 시작하는 경우 긴급메시지를 의미한다. 경우에 따라 조난 혹은 긴급호출을 최초로 시작할 때 MAYDAY 또는 PAN PAN을 3회 반복하여 송신한다.

4. 조난 중인 항공기를 관제하는 기관에서 기타 무선국의 무선침묵을 지시할 때 사용되는 표현으로 가장 적절한 것은?

❶ Stop Transmitting
② Break Break
③ Keep Silence
④ Stand By

> **해설**

ICAO Annex 10 Aeronautical Telecommunications, Volume II Communication Procedures including those with PANS status, 『무선통신매뉴얼』 9.2.2
⚠ <기본해설> 참조

> ICAO Annex 10 Aeronautical Telecommunications
> 조난 무선국 또는 조난 항공기를 통제하는 무선국은 그 지역에 있는 이동업무의 모든 국 또는 조난 항공기를 방해하는 **모든 국에 침묵을 부과**하는 것이 허용되어야 한다. 상황에 따라 이 지침을 "모든 무선국에" 또는 한 무선국에 지정해야 한다. 두 경우 모두 다음을 사용해야 한다.
> - **STOP TRANSMITTING** (통신 중단)
> - the radiotelephony distress signal **MAYDAY** (무선통신 조난신호 MAYDAY)

『무선통신매뉴얼』 제9장 조난 및 긴급 절차와 통신 두절 시의 절차

> 9.2.2 **통신중단 요청**
> 9.2.2.1 조난 항공기 또는 조난 상황을 관제하는 무선국은 해당 주파수로 교신하는 모든 항공기 혹은 조난 상황을 긴급히는 특정 항공기에 대해 **통신중단을 요청할 수** 있다. 해당 요청을 받은 항공기는 조난 상황 종료까지 통신중단을 유지하여야 한다.
> (관제사)　ALL STATIONS JEJU TOWER STOP TRANSMITTING. MAYDAY
> or
> KOCA 001 STOP TRANSMITTING, MAYDAY

5. 항공무선 통신에서 고도계 수정치 '29.92'를 송신할 때 맞는 것은?

❶ Two nine point nine two (✕)
② Two niner niner two (○)
③ Twenty nine decimal ninety two
④ Twenty nine ninety two

> **해설**

『항공교통관제절차』
⚠ 정답이 ①번으로 되어 있으나 ②번이 정답인 것으로 확인됨.

『항공교통관제절차』 2-2-17 숫자 사용법 <고도계 수정치>
• "Altimeter" 또는 "QNH"란 말 다음에 고도계수정치를 분리된 숫자로 읽는다.

수정치	읽기
30.01	"Altimeter, three zero zero one."
1013	"QNH, one zero one three."

⚠ 참고 : 고도계수정치의 점(•)은 읽지 않음.

6. 다음 문장의 밑줄 친 부분에 들어갈 내용으로 알맞은 것은?

> Altitude expressed in feet measured **above ground level** is abbreviated as _____.

① MSL　　　❷ QNH (✕)
③ QFE　　　④ AGL (○)

FAA "Aeronautical information Manual(AIM)", PILOT/CONTROLLER GLOSSARY

ALTITUDE- The height of a level, point, or object measured in feet Above Ground Level (AGL) or from Mean Sea Level (MSL).
a. MSL Altitude- Altitude expressed in feet measured from mean sea level.
b. <u>AGL</u> Altitude- <u>Altitude expressed in feet measured above ground level</u>.

QNH- The barometric pressure as reported by a particular station.
QFE- The atmospheric pressure at aerodrome elevation (or at runway threshold).

지상(Above ground level)에서 측정된 피트로 표시되는 고도는 (AGL)로 약칭된다.
⚠ 정답은 ② QNH로 되어있으나 ④ AGL이 정답인 것으로 확인됨.

보충해설 『항공용어사전(Dictionary of aviation)』(한국항공협회)

❷ QNH 진고도 고도계 기압창에 그 지역의 평균해수면 기압치를 맞추었을 때 지시되는 고도로서 평균해수면(Mean Sea Level)으로부터 항공기까지 높이
③ QFE 절대고도 지표면 혹은 장애물로부터 항공기까지의 높이를 의미. 공항 공식 현재의 기압에 관계없이 출발 공항에서 고도계를 '0'으로 설정하는 운용 방법

7. 다음 중 용어의 기능이 가장 적합하게 설명된 것은?
① "DME" providing only azimuth information.
② "TACAN" providing only distance information.
③ "DME" providing distance and azimuth information.
❹ "TACAN" providing distance and azimuth information. "TACAN"은 거리 및 방위 정보를 제공한다.

『무선통신매뉴얼』 제1장 용어해설, 『항공교통관제절차』 1-2-6 약어(Abbreviations)

DME. Distance measuring equipment, 거리측정장비
DME. Distance Measuring Equipment Compatible With TACAN, TACAN 병설 DME
TACAN. UHF tactical air navigation aid, 전술항행표지시설
TACAN. TACAN UHF navigational aid (Omni-directional <u>Course and Distance</u> Information)
UHF 항행안전시설 (전방향 <u>코스 및 거리</u> 정보)

8. 약어 'CAVOK'의 의미와 발음을 가장 적절하게 설명한 것은?
① No precipitation, KA-VOK
② No Precipitation, KAV-OH-KAY
③ Visibility, cloud and present weather better than prescribed values, KA-VOK
❹ Visibility, cloud and present weather better than prescribed values, KAV-OH-KAY

『항공약어 및 부호 사용에 관한 기준』[별표1] 항공약어

CAVOK (to be pronounced "KAV-OH-KAY") Visibility, cloud and present weather better than prescribed values or conditions
("KAV-OH-KAY"로 발음) 시정, 구름 및 현재 기상이 규정된 값이나 상태보다 양호

9. 특정 지시나 허가, 요청을 따를 수 없을 때 사용하는 항공관제 용어는?
① WHEN ABLE
❷ UNABLE
③ NEGATIVE
④ NEGATIVE CONTACT

> 해설

『무선통신매뉴얼』, ICAO Doc9432
"Manual of Radiotelephony"

UNABLE	I cannot comply with your request, instruction, or clearance. Note. UNABLE is normally followed by a reason.
	당신의 요구, 지시, 허가에 따를 수 없다 주. UNABLE은 보통 그 이유가 뒤따른다.

10. 항공무선 교신에서 "나의 송신에 대한 상대국의 수신 상태를 파악"하기 위해 질문하는 용어는?
① Advise me your receiving level.
② Report your receiving condition.
③ What is your listening status?
❹ How do you read me?

> 해설

『무선통신매뉴얼』,
ICAO Doc9432 "Manual of Radiotelephony"

HOW DO YOU READ	What is the readability of my transmission?
	나의 송신 감도는 어떤지 알려달라 (이 메세지가 얼마나 잘 수신되고 있는지 알려달라)

11. 항공통신용어 중 "현재 사용하고 있는 주파수를 유지할 것"을 요구할 때 사용되는 것은?
❶ Remain this frequency
② Keep this frequence
③ Hold this frequency
④ Do not leave this frequency

> 해설

『항공교통관제절차』
2-1-17 무선통신(Radio Communications)

• 관제사는 주파수 변경을 원하지 않고 있으나 조종사가 주파수의 변경을 기대하거나 원하고 있을 때, 다음의 관제용어를 사용한다.
• 관제용어 : **REMAIN THIS FREQUENCY.**

> 보충해설 『무선통신매뉴얼』p.70(예)

(관제사)	HL5678 IDENTIFICATION LOST DUE RADAR FAILURE. CONTACT JEJU CONTROL ON 128.750
(조종사)	ROGER 128.750 HL5678
(관제사)	HL5678 WILL SHORTLY LOSE IDENTIFICATION TEMPORARILY DUE FADE AREA. **REMAIN THIS FREQUENCY**
(조종사)	WILCO HL5678

12. 다음은 어떤 용어에 대한 설명인가?

> Proceed with your message.

① Approved   ② Contact
❸ Go Ahead   ④ Say Again

> 해설

『무선통신매뉴얼』,
ICAO Doc9432 "Manual of Radiotelephony"

The phrase "**GO AHEAD**" has been deleted, in its place the use of the calling aeronautical station's call sign followed by the answering aeronautical station's call sign shall be considered the invitation to **proceed with transmission** by the station calling.

어구 "GO AHEAD"는 삭제되었으며, 대신 호출국의 호출부호 다음에 응답국의 호출부호를 전송하는 것이 호출국에게 메시지 전송을 계속해도 좋다는 의미로 간주된다.
예) (관제사) "HL1234, JEJU Tower"
　　(조종사) "JEJU Tower, HL1234"

> 보충해설 『무선통신매뉴얼』 'Go AHEAD'

• **Proceed with your message.**
　Note. the phrase "GO AEAD" is not normally used in surface movement communications.
• 전할 말을 하라
　주. 이 표현은 일반적으로 지상이동 통신에는 사용되지 않는다.
　국내만 사용 - ICAO에서는 혼동의 이유로 표준단어에서 삭제

13. What is a definition of "ROGER" in aviation radio phrase?
① I have received all of your last transmission.
② My transmission is ended and I expect a response from you.
③ Let me know that you have received and understand this message.
④ This conversation is ended and no response is expected.

해설

『무선통신매뉴얼』,
ICAO Doc9432 "Manual of Radiotelephony"

ROGER	I have received all of your last transmission. Note. Under no circumstances to ve used in reply to a question requiring "READ BACK" or a direct answer in the affirmative (AFFIRM) or negative (NEGATIVE)
	당신의 마지막 송신을 모두 받았다. 주. "READ BACK"이나 긍정 및 부정으로 대답을 요구하는 질문에 대한 답으로 사용하여서는 안 된다.

② 내 송신은 끝났으니 그 쪽에서 대답하라 → OVER
③ 이 메시지를 수신하고 이해했는지를 알려달라
   → ACKNOWLEDGE
④ 송신이 끝났고 대답은 더 이상 필요하지 않다 → OUT

14. 다음 영문 통화표의 약어 발음방법으로 틀린 것은?
① A : ALFAH
② O : OSSCAH
❸ S : SEE EIRRAH
④ X : ECKSRAY

해설

『무선통신매뉴얼』,
ICAO Doc 9432 "Manual of Radiotelephony"

Letter	Word	Pronunciation
S	Sierra	SEE AIR RAH

15. 다음 문장의 괄호 안에 들어갈 가장 적절한 단어는?

> There is not (   ) air pollution and the beaches are clean and beautiful.

① more   ② most
③ many   ❹ much

해설

• many+셀 수 있는 명사
• much+셀 수 없는 명사

대기 오염(pollution)이 심하지 않고(not much) 해변이 깨끗하고 아름답다.

16. 다음 보기의 문장 중 뜻이 다른 하나의 문장은 어느 것인가?
① A child of five would understand it.
② A five-year-old child would understand it.
③ A five-year-old child would know it.
❹ A child is five-year-old, but he understand it.

해설

⚠ 순수 영어문제
① 다섯 살짜리 아이라면 이해할 수 있을 것이다.
② 다섯 살짜리 아이라면 이해할 수 있을 것이다.
③ 다섯 살짜리 아이라면 알 것이다.
❹ 아이는 다섯 살이지만, 그는 그것을 이해한다.

17. 다음 문장의 빈칸에 들어갈 가장 적절한 단어는?

> Just as all roads once led to Rome, all blood vessels in the human body ultimately _____ the heat.

① detour around   ② look after
③ shut off   ❹ empty into

해설

⚠ 순수 영어문제

모든 길이 한때 로마로 통했던 것처럼 인체의 모든 혈관은 결국 심장을(으로) (   ).

① 중심으로 우회한다.
② 돌본다.
③ 차단한다.
❹ (으로) 비워진다.

18. 다음 문장의 밑줄 친 부분에 들어갈 가장 적절한 단어는?

> Unfortunately, excessive care in choosing one's words often results in a loss of ____.

① precision
② atmosphere
③ selectivity
❹ spontaneity

해설

⚠ 순수 영어문제

불행하게도, 단어 선택에 지나치게 주의하면 종종 (　　　)을 잃는 결과를 초래한다.

① 정확성
② 분위기
③ 선택성
❹ 자발성(자연스러움)

19. 다음 문장의 밑줄 친 부분에 들어갈 알맞은 것은?

> He convinced me that _____ he says is true.

① tha
❷ what
③ who
④ which

해설

⚠ 순수 영어문제

의미상 선행사를 포함하는 관계대명사 What의 용법

그는 그가 말한 것이 사실이라고 나를 설득했다.
(그는 자신의 말이 사실임을 확신시켜 주었다)

20. 다음 문장의 밑줄 친 곳에 들어갈 가장 알맞은 것은?

> Be sure to get the dial tone before you begin to dial. Then dial and wait ____ the answer.

① in
② on
❸ for
④ up

해설

⚠ 순수 영어문제

전화를 걸기 전에 발신음을 확인하고, 전화를 걸고 응답을 기다리십시오.

① wait in ~ 집에서 기다리다. 대기하다.
② wait on ~을 시중들다. ~을 섬기다.
❸ wait for ~를 기다리다.
④ wait up (요청을 나타내는 명령문으로 쓰여) 같이 갈 수 있도록 멈춰 서거나 천천히 가면서 기다려 달라.

2015년도 제1회 정기검정 영어
정답 및 심화해설

정답 모아보기

01	③	05	①	09	②	13	②	17	①
02	②	06	④	10	①	14	④	18	①
03	④	07	②	11	④	15	④	19	③
04	④	08	①	12	③	16	①	20	②

1. 다음 괄호 안에 알맞은 것은?

> Before renewing the call, the calling station shall ascertain that the station called is not (　　　) another station.

① in communication to
② in communication of
❸ in communication with
④ in communication for

해설

전파규칙(Radio Regulations) Volume 1,
RECOMMENDATION

 순수 영어문제이기도 함

RECOMMENDATION(권고사항) ITU-R M.1170, Section II.
Preliminary Operations(예비운영)

§7. (3) Before renewing the call, the calling station shall ascertain that the station called is **not in communication with** another station.
통화를 갱신하기 전에 발신국은 호출된 무선국이 다른 무선국과 통신하고 있지 않은지 확인해야 한다.

2. 다음 문장에서 나타내는 전파의 특성을 가장 적절히 설명한 것은?

> The propagation of radio waves, particularly at frequencies greater than 1 [GHz], is significantly influenced by rain, as well as by sand and dust storms.

① 강우 뿐 아니라 모래와 먼지폭풍에 의하여 조금 영향을 받는다.
❷ 강우 뿐 아니라 모래와 먼지폭풍에 의하여 중대한 영향을 받는다.
③ 강우 뿐 아니라 모래와 먼지폭풍에 의하여 어떤 영향도 받지 않는다.
④ 강우 뿐 아니라 모래와 먼지폭풍에 의하여 때때로 영향을 받는다.

해설

 순수 영어문제

특히 1Ghz 이상의 주파수에서 전파는 비와 모래 및 먼지 폭풍의 영향을 많이 받는다.

- **propagation** 번식, 증식, 선전, **전파**, 전달
- **significantly** 상당히, 크게, 중요하게

3. ICAO 규정에서 정의한 다음의 용어는 무엇을 나타내는가?

> An aeronautical telecommunication station having primary responsibility for handling communications pertaining to the operation and control of aircraft in a given area.

① Air control radio station
② Ground control radio station
③ Land station
❹ Air-ground control radio station

ICAO Annex 10 Aeronautical Telecommunications, Volume II Communication Procedures including those with PANS status, "1.2 STATIONS", 『항공통신업무 운영 규정』 제2조(정의), 『전파법 시행령』

Air-ground control radio station. An aeronautical telecommunication station having primary responsibility for handling communications pertaining to the operation and control of aircraft in a given area.
공대지 관제무선국(air-ground control radio station)이란 주어진 지역에서의 항공관제를 위한 통신에 대해 일차적 책임을 갖는 항공통신국을 말한다.

4. 다음 문장의 괄호 안에 들어갈 수준에 해당하는 것?

> The language proficiency of aeroplane and helicopter pilots required to use the radiotelephone aboard an aircraft who demonstrate proficiency below the Expert Level (　) shall be formally evaluated at intervals in accordance with an individual's demonstrated proficiency level.

① 3　　② 4　　③ 5　　❹ 6

ICAO Annex 1 - Personnel Licensing
(부속서 1 – 항공종사자 면허)
⚠ <기본해설> 참조

ICAO 부속서(Annex) 1. Personnel Licensing
1.2.9.6 권고.— 항공기, 비행선, 헬리콥터 및 동력리프트 조종사, 항공기 탑승 시 무선전화 사용에 필요한 비행항법사, **전문가 수준(레벨 6)** 이하의 숙련도를 입증하는 항공교통관제사 및 항공국 운영자의 언어 숙련도를 공식적으로 평가해야 한다. 다음과 같이 개인이 입증한 숙련도 수준에 따라 명령을 내린다.
　a) **운영 수준(레벨 4)** 에서 언어 능력을 입증하는 사람은 **3년에 한 번 이상** 평가해야 한다.
　b) **확장 수준(레벨 5)** 에서 언어 능력을 입증하는 사람은 **최소 6년에 한 번** 평가해야 한다.

『항공안전법』 제45조(항공영어구술능력증명)
① 다음 각 호의 어느 하나에 해당하는 업무에 종사하려는 사람은 **국토교통부장관의 항공영어구술능력증명을 받아야 한다.**
　1. 두 나라 이상을 운항하는 항공기의 조종
　2. 두 나라 이상을 운항하는 항공기에 대한 관제
　3. 항공통신업무 중 두 나라 이상을 운항하는 항공기에 대한 무선통신

『항공안전법 시행규칙』 제99조(항공영어구술능력증명시험의 실시 등)
① **항공영어구술능력증명시험의 등급은 6등급으로 구분**하되, 6등급 항공영어구술능력증명시험에 응시하려는 사람은 응시원서 접수 당시 제3항에 따른 유효기간 내에 있는 5등급 항공영어구술능력증명을 보유해야 한다.
② 항공영어구술능력증명시험의 평가 항목 및 등급별 합격기준은 별표 11과 같다.
③ **항공영어구술능력증명**의 **등급별 유효기간은** 다음 각 호의 구분에 따른 기준일부터 계산하여 **4등급은 3년, 5등급은 6년, 6등급은 영구**로 한다.
　⚠ EPTA(English Proficiency Test for Aviation), 항공영어구술능력시험

5. 다음의 괄호 안에 적합한 것은?

> Any radio frequency between 3 and 30 MHz is defined as (　　　　　).

❶ High frequency
② Very High frequency
③ Ultra High frequency
④ Super High frequency

ICAO Doc 9432 Manual of Radiotelephony, 『무선통신매뉴얼』 제1장 용어 해설, 『항공교통관제절차』 1-2-6 약어

HF : High frequency 단파 (3~30MHz)
VHF : Very high frequency 초단파 (30~300MHZ)
UHF : Ultra-high frequency 극초단파 (300~3,000MHz)

3에서 30MHz 사이의 모든 무선 주파수는 (단파)로 정의된다.

6. 관제사가 항공교통 관제상 위험한 상황을 피하기 위해 조종사에게 급한 항공기 기동을 요구할 때 주로 쓰이는 말은?

① At once
② Very soon
③ Right now
❹ Immediately

해설

『무선통신매뉴얼』 제3장 일반적인 용어

3.1.5 The word (IMMEDIATELY) should only be used when immediate action is required for safety reasons. IMMEDIATELY라는 단어는 안전상의 이유로 즉각적인 이행이 요구되어질 때만 사용해야 한다.

7. 다음 설명은 어떤 용어에 대한 의미인가?

> Let me know that you have received and understood this message.

① Confirm
❷ Acknowledge
③ Understand
④ Check

해설

『무선통신매뉴얼』, ICAO 문서(Doc) 9432
"Manual of Radiotelephony"

| ACKNOWLEDGE | 이 메시지를 수신하고 이해했는지를 알려달라 |

8. 다음 문장의 밑줄 친 부분에 알맞은 말은?

> The maximum number of hours or minutes that an aircraft can stay in the air is called _____.

❶ Endurance
② Maximum duration
③ Longest flight duration
④ Maximum flight period

해설

ICAO Doc 444 Air Traffic Management

ENDURANCE. Report "ENDURANCE" followed by **fuel endurance** in hours and minutes (4 numerics). "ENDURANCE" 보고는 연료 endurance를 시간 및 분 단위로 표시한다(4자리 숫자).

항공기가 공중에 머무를 수 있는 최대 시간 또는 분을 (endurance)라고 한다.

보충해설 Wikipedia

In aviation, endurance is the maximum length of time that an aircraft can spend in cruising flight.
항공에서, endurance는 항공기가 순항 비행에서 사용할 수 있는 최대거리 시간이다.

9. 송신 중에 쓰이는 말로 "The message will be repeated."와 같은 내용의 용어로 무엇인가?

① Speak again
❷ I say again
③ Repeat last transmission
④ Request last transmission again

해설

송신 중에 쓰이는 말로 "메시지가 반복됩니다."와 같은 내용의 용어로 무엇인가?
『무선통신매뉴얼』, ICAO 문서(Doc) 9432
"Manual of Radiotelephony"

| SAY AGAIN | Repeat all, or the following part, of your last transmission.
마지막으로 송신한 내용의 전부나 일부를 반복하라 |

10. 다음 문장의 밑줄 친 부분에 알맞은 것은?

> An inside aircraft communication system for the crew is called _____.

❶ Interphone system
② Transmitter system
③ Receiver system
④ Transponder system

> 해설

⚠ 순수 영어문제이기도 함.

승무원을 위한 항공기 내부 통신 시스템을 (Interphone system) 이라고 한다.

* 참고 : TRANSmitter(송신기) + resPONDER(응답기) = Transponder(트랜스폰더).↵
트랜스폰더 → 항공기에 탑재하는 항공기 식별용 비상위치 무선표지설비

11. 다음 문장의 밑줄 친 부분에 들어갈 알맞은 것은?

> The forward force produced by either a propeller or the reaction of a jet engine exhaust is called _____.

① Power ② Length
③ Weight ❹ Thrust

> 해설

FAA "Pilot's Handbook of Aeronautical Knowledge"

Thrust is the forward force produced by the powerplant / propeller.
추력은 발동기/프로펠러에 의해 생성되는 전방으로의 힘이다.

프로펠러나 제트 엔진 배기가스의 반작용에 의해 생성되는 전방으로의 힘을 (thrust)라고 한다.

12. 다음 괄호 안에 알맞은 것은?

> Did you hear me (   ) 7.035 kHz?

① in ② as
❸ on ④ by

> 해설

⚠ 순수 영어문제 : on + frequency

7.035kHz로 내 말을 들었습니까?

보충해설 『무선통신매뉴얼』 6.2.2.(예)

(관제사)
HL5678 IDENTIFICATION LOST DUE RADAR FAILURE. CONTACT JEJU CONTROL <u>ON</u> 128.750

13. 항공통신 교신 중에 조종사 또는 관제사가 수초 동안 기다릴 것을 요구할 때 또는 "ATC clearance"가 곧 나간다는 것을 알릴 때 사용되는 용어는?

① Wait seconds
❷ Stand by
③ Wait
④ Wait a moment

> 해설

『무선통신매뉴얼』, ICAO 문서(Doc) 9432
"Manual of Radiotelephony"

STANDBY	Wait and I will call you. Note. The caller would normally re-establish contact if the delay is lengthy. STANDBY is not an approval or denial.
	기다리면 내가 부르겠다 주. 호출한 사람은 지연이 길어질 경우 재 교신을 하여야 한다. STANDBY는 승인 또는 거부를 의미하는 것은 아니다

14. Choose the wrong ICAO phonetic alphabet.
① K : Kilo ② H : Hotel
③ C : Charlie ❹ B : Brave

> 해설

잘못된 ICAO 발음 알파벳을 고르시오.
『무선통신매뉴얼』, ICAO Doc 9432
"Manual of Radiotelephony"

Letter	Word	Pronunciation
B	Bravo	<u>BRAH</u> VOH

15. 다음 중 뜻이 다른 문장은 어느 것인가?
① Have you booked a seat on a plane?
② Have you reserved a seat on a plane?
③ Did you make a reservation on a plane?
❹ Do you have a bookkeeping on a plane?

> 해설

⚠ 순수 영어문제
예약하다.
• booked
• reserved
• make a reservation

16. 다음 괄호 안에 가장 적합한 것은?

> Ladies and gentlemen, we are waiting (   ) clearance from the AIR Traffic Tower.

① for
② to
③ from
④ in

해설

⚠ 순수 영어문제

- wait + for 기다리다.

신사 숙녀 여러분, 우리는 AIR Traffic Tower로부터의 허가를 기다리고 있습니다.

17. 다음 대화 중 밑줄 친 부분의 뜻은?

> M : My teacher told me to speak with you abut this project.
> W : What do you need? I've specialized in working with databases.

① 전문으로 하는
② 모으고 있는
③ 추진 중인
④ 특별한

해설

⚠ 순수 영어문제

- specialize in ~을 전문으로 하다.

M : 내 선생님께서 이 프로젝트에 대해 당신과 이야기하라고 말씀하셨어요.
W : 뭐가 필요하세요? 저는 데이터베이스와 관련된 일을 전문적으로 해왔습니다.

18. 다음 문장의 밑줄 친 부분에 들어갈 가장 적합한 단어는?

> Thanks to the emerging technology of active noise control, automakers may soon be able to _____ noise inside a car.

① dampen
② energize
③ undertake
④ augment

해설

⚠ 순수 영어문제

능동형 소음 제어라는 새로운 기술 덕분에 자동차 제조업체는 곧 자동차 내부의 소음을 (줄일 수 있게) 될 것이다.

① dampen (기세를) 꺾다.
② energize 활기를 북돋우다.
③ undertake 착수하다. 일을 맡다.
④ augment 늘리다. 증가시키다.

19. 다음 문장에서 밑줄 친 부분의 표현이 잘못된 것은?

> The American standard of living① is still② higher ③ than most of the other④ living in the world.

① is
② higher
③ than most
④ living

해설

⚠ 순수 영어문제

미국인의 생활수준(삶의 기준)은 여전히 세계 대부분의 다른 사람들보다 높다.

③ than most (×) → than that of most (○)
  → than the standard of living of most (○)

20. 다음 중 동사의 변형을 나타낸 것으로 잘못된 것은?
① overspread - overspread - overspread
② transmit - transmited - transmited
③ modulate - modulated - modulated
④ broadcast - broadcast - broadcast

해설

⚠ 순수 영어문제

	(동사 기본형)	(과거)	(과거분사)
① 온통 뒤덮다	overspread	overspread	overspread
② 전송하다. (×)	transmit	transmited	transmited
	transmit	transmitted	transmitted
(○)			
③ ~을 조절하다. 변조하다.			
	modulate	modulated	modulated
④ 방송하다.	broadcast	broadcast	broadcast

2014년도 제4회 정기검정 영어
정답 및 심화해설

정답 모아보기

01	③	05	①	09	②	13	②	17	④
02	③	06	④	10	②	14	④	18	③
03	①	07	③	11	①	15	④	19	④
04	①	08	③	12	④	16	④	20	③

---

1. "Stay with me" 라는 항공통신 용어와 뜻이 같은 것은?
① Maintain your present altitude.
② Do not get away from this area.
❸ Do not change frequency.
④ Maintain your holding pattern.

해설

⚠ 순수 영어문제
"나와 함께 머물러 줘" 라는 항공통신 용어와 뜻이 같은 것은?
① Maintain your present altitude.
　현재 고도를 유지하십시오.
② Do not get away from this area.
　이 구역에서 벗어나지 마십시오.
❸ Do not change frequency.
　주파수를 변경하지 마십시오.
　(* 참고 : Remain this frequency)
④ Maintain your holding pattern.
　대기장주(holding pattern)을 유지하십시오.

---

2. 다음 문장에 공통으로 사용되는 것은?

- ( ) she grows older, she will become wiser.
- She treated me ( ) a kid.

① like　　　　② at
❸ as　　　　④ by

해설

⚠ 순수 영어문제
- 그녀는 나이가 들수록 현명해질 것이다. (그녀는 나이가 들어감에 따라 그녀는 더 똑똑해 질 것이다.)
- 그녀는 나를 어린애 취급했다. (그녀는 나를 어린아이처럼 다루었다)

---

3. 다음 문장의 밑줄 친 부분에 들어갈 알맞은 것은?

"The highest point of an airport's usable runways measured in feet from mean sea level is called _____."

❶ field elevation
② highest obstacle
③ high of obstacle
④ highest field obstacle

해설

FAA "Aeronautical Information Manual (AIM)", ICAO Annex 14 Aerodromes(공항)

FAA "Aeronautical Information Manual (AIM)", Pilot//Controller Glossary
• AIRPORT ELEVATION- The highest point of an airport's usable runways measured in feet from mean sea level.
　공항 표고 - 평균 해수면으로부터 피트 단위로 측정된 공항의 사용 가능한 활주로 중 가장 높은 지점
• FIELD ELEVATION-(See AIRPORT ELEVATION)
　→ 즉, AIRPORT ELEVATION = FIELD ELEVATION

ICAO Annex 14 Aerodromes(공항),
1.1 Definitions(1.1 용어정의)
• **Aerodrome elevation.** The elevation of the highest point of the landing area.
　공항 표고. 착륙 구역의 가장 높은 지점의 높이

4. 다음 문장의 밑줄 친 부분에 들어갈 알맞은 것은?

> The speed in level flight at which an airplane operatives most efficiently and economically is called _____.

❶ Cruising Speed
② Top Speed
③ Maximum Level Speed
④ Maximum Structural Cruising Speed

해설

⚠ Cruising Speed, 문제와 동일하게 영어로 서술된 관련근거는 찾지 못함.

항공기가 가장 효율적이고 경제적으로 운항할 수 있는 수평비행 속도를 순항속도(Cruising Speed)라고 한다.

보충해설

- Vx(Best Angle of Climb Speed) : 최적 상승각 속도
- Vy(Best Rate of Climb Speed) : 최적 상승률 속도
- VNE(Never Exceed Speed) : 초과 금지속도
- Vso(Stall Speed) : 착륙 외장에서의 실속 속도
- VNO(Maximum Structural Cruising Speed) : 최대 구조적 순항속도
- Vc(Maximum Cruising Speed) : 최대 순항속도

5. 다음 문장의 괄호 안에 들어갈 알맞은 것은?

> Maneuvers intentionally performed by an aircraft involving an abrupt change in its attitude an abnormal attitude, or an abnormal variation in speed are ( ).

❶ acrobatic flight
② steep spirals
③ unusual attitude recovery
④ spins

해설

ICAO Annex 2 Rules of the Air(항공규칙), 『항공교통관제절차』 용어의 정의

ICAO Annex 2 Rules of the Air,
CHAPTER 1. DEFINITIONS
- Acrobatic flight. Manoeuvres intentionally performed by an aircraft involving an abrupt change in its attitude, an abnormal attitude, or an abnormal variation in speed.
곡예비행. 항공기로 비행 자세의 급격한 변화나 또는 비정상적인 비행 속도의 변화와 관련하여 의도적으로 수행하는 기동

『항공교통관제절차』 용어의 정의
- **ACROBATIC FLIGHT(곡예비행)** : 일반 비행에는 필요치 않은 항공기 자세의 급격한 변동, 비정상적 자세·가속의 급격한 변경을 수반하는 의도된 기동.
- **ACROBATIC FLIGHT(곡예비행)[ICAO]** : 항공기 자세의 급격한 변동, 비정상적 자세 또는 가속의 변경을 수반하는 의도적 기동.

6. 다음 대화에서 빈칸에 들어갈 가장 적합한 문장은?

> A : You look pale. What's the matter?
> B : I've caught a cold.
> A : ( )

① Please give my regards to him.
② I am glad to hear from you.
③ I hope to see you soon.
❹ That's too bad

해설

⚠ 순수 영어문제

A : 창백해 보여요. 무슨 일이죠?
B : 감기에 걸렸어요.
A : 안됐군요.(유감이네요)

① 그 사람한테 제 안부 좀 전해 주세요.
② 당신의 소식을 듣게 되어 기쁩니다.
③ 곧 뵙기를 바랍니다.
❹ That's too bad

7. 다음 중 항공기에 제공되는 위치정보(Position Information)의 형식으로 가장 적절한 것은?
① True heading and distance to a significant point
② True course and distance to an en-route navigation aid
❸ Direction and distance from the center line of an ATS route
④ Distance to touchdown, if the aircraft is on traffic pattern

해설

ICAO Doc 4444 Air Traffic Management '8.6.4.2',
『항공교통관제절차』 위치 정보

ICAO Doc 4444 Air Traffic Management
8.6.4.2 Position information shall be passed to aircraft in one of the following forms:
위치 정보는 다음 형식 중 하나로 항공기에 전달되어야 한다.
  a) as a well-known geographical position;
     잘 알려진 지형적 위치
  b) magnetic track and distance to a significant point, an en-route navigation aid, or an approach aid;
     중요지점, 항로 항법보조시설 또는 접근보조시설까지의 자북방위 및 거리
  c) direction (using points of the compass) and distance from a known position;
     알려진 위치로부터의 거리 및 방위(나침반의 방위)
  d) distance to touchdown, if the aircraft is on final approach; or
     항공기가 최종 접근에 있는 경우 접지까지의 거리
  e) **distance and direction from the centre line of an ATS route.**
     항공로의 중심선으로 부터의 거리와 방위

『항공교통관제절차』 '5-3-6 위치 정보'
나. 위치정보는 다음중 하나의 형태로 항공기에게 통보되어야 한다.
  1) 잘 알려진 지형적 위치
  2) 중요 지점, 항로 항법보조시설 또는 접근보조시설까지의 자북방위 및 거리
  3) 알려진 위치로부터의 거리 및 방위(나침반의 방위)
  4) **항공로의 중심선으로 부터의 거리와 방위**

8. 항공통신 용어 중 조종사에게 현재 사용 중인 주파수를 계속 유지할 것을 요구할 때 사용되는 용어는?
① Hold this frequency
② Keep different frequency
❸ Remain this frequency
④ Do not change this frequency

해설

『항공교통관제절차』 2-1-17
무선통신(Radio Communications)

- 관제사는 주파수 변경을 원하지 않고 있으나 조종사가 주파수의 변경을 기대하거나 원하고 있을 때, 다음의 관제용어를 사용한다.
- 관제용어 : **REMAIN THIS FREQUENCY.**

보충해설 『무선통신매뉴얼』p.70(예)

(관제사)	HL5678 IDENTIFICATION LOST DUE RADAR FAILURE. CONTACT JEJU CONTROL ON 128.750
(조종사)	ROGER 128.750 HL5678
(관제사)	HL5678 WILL SHORTLY LOSE IDENTIFICATION TEMPORARILY DUE FADE AREA. **REMAIN THIS FREQUENCY**
(조종사)	WILCO HL5678

9. 다음 문장의 괄호 안에 들어갈 적합한 것은?

> Brown is flying in from New Zealand tonight. We need to (   ) some arrangements for his arrival.

① have   ❷ make
③ made   ④ took

해설

⚠ 순수 영어문제

- **make arrangements** : 사전 준비(협의)를 하다.
  앞으로 할 거니까 미래 make (○)

브라운은 오늘 밤 뉴질랜드에서 날아온다. 그의 도착을 위해 몇 가지 준비를 해야 한다.

10. 다음 문장이 나타내는 무선국은?

A mobile earth station in the aeronautical mobile-satellite service located on board an aircraft.

① Aircraft Station
❷ Aircraft Earth Station
③ Aeronautical Station
④ Aeronautical Mobile Station

해설

전파규칙(Radio Regulations) Volume 1, 『전파법 시행령』

전파규칙(Radio Regulations) Volume 1
CHAPTER I – Terminology and technical characteristics(용어 및 기술적 특성)
Section IV – Radio stations and systems
(무선국 및 시스템)

1.84 **aircraft earth station**: A mobile earth station in the aeronautical mobile-satellite service located on board an aircraft.
항공기지구국 : 항공기에 위치하여 항공이동위성업무를 하는 이동지구국.

『전파법 시행령』 제29조(무선국의 분류)
37. **항공기지구국**: 항공기에 개설하여 항공이동위성업무를 하는 지구국

① Aircraft Station → 항공기국
❷ Aircraft Earth Station → 항공기지구국
③ Aeronautical Station → 항공국
④ Aeronautical Mobile Station (× 용어 없음)

11. 다음 문장의 밑줄 친 부분의 뜻은?

"The number of HF aeronautical stations on the world-wide channels should be kept ot a minimum consistent with <u>the economic and efficient use of frequencies</u>."

❶ 주파수의 경제적이고 효율적인 사용
② 주파수의 경제적이고 일관성 있는 사용
③ 주파수의 효과적이고 일관성 있는 사용
④ 주파수의 유용하고 편리한 사용

해설

⚠ 순수 영어문제

"전 세계 채널에 있는 HF 항공국 수는 <u>주파수의 경제적이고 효율적인 사용</u>을 위해 일관되게 최소한으로 유지되어야 한다."

12. 다음 밑줄 친 곳에 알맞은 것은?

"Approach Sequence" is the order _____ two or more aircrafts are cleared to approach to land to the aerodrome.

① about which
② what
③ that
❹ in which

해설

ICAO 4444 Air Traffic Management, 『항공교통관제절차』,
⚠ 순수 영어문제

ICAO Doc4444 Air Traffic Management
Chapter 1. Definitions
Approach sequence. The order <u>in which</u> two or more aircraft are cleared to approach to land at the aerodrome.
접근순서. 두 대 이상의 항공기가 비행장에 착륙하기 위해 허가를 받은 순서이다.

『항공교통관제절차』 용어의 정의
APPROACH SEQUENCE(접근순서) : 접근을 위한 항공기의 순서

13. The correct meaning of "Words Twice" is :

① say again.
❷ please say every word twice.
③ that is not correct.
④ my transmission is ended and I say again.

> 해설

『무선통신매뉴얼』, ICAO Doc 9432
"Manual of Radiotelephony"

WORDS TWICE	a) As a request: Communication is difficult. Please send every word or group of words twice. b) As information: Since communication is difficult, every word or group of words in this message will be sent twice.
	a) 요청 시 : 통신내용이 어려우니 모든 낱말이나 구를 두 번씩 반복해 달라 b) 정보제공 시 : 통신내용이 어려우니 이 메시지의 단어나 구를 두 번씩 보낼 것이다

① say again : Repeat all, or the following part, of your last transmission.
  마지막으로 송신한 내용의 전부나 일부를 반복하라

14. 고도 14,500[feet]를 송신할 때 가장 바람직한 송신방법은?
  ① fourteen and five hundreds
  ② fourteen decimal five hundreds
  ③ fourteen thousands and five hundreds
  ❹ one four thousand five hundred

> 해설

『무선통신매뉴얼』 제2장 일반운용절차,
『항공교통관제절차』 2-4-17

『무선통신매뉴얼』 제2장 일반운용절차
2.4.3 **고도**, 구름 높이, 시정 및 활주로가시거리(RVR) 정보를 전송할 때 사용되는, **백 또는 천 단위로 떨어지는 숫자를 포함하는 모든 숫자는 백 또는 천 단위 숫자를 각각 발음하고, 그 뒤에 적절하게 단어 HUNDRED 또는 THOUSAND를 붙여 송신하여야 한다.** 천 단위와 백 단위로 떨어지는 숫자의 조합은 천 단위 숫자 뒤에 단어 THOUSAND를, 그리고 백 단위 숫자 다음에 단어 HUNDRED를 붙여 각각 분리하여 발음하여 송신하여야 한다.

altitude	transmitted as
800	eight hundred
3 400	three thousand four hundred
12 000	one two thousand

『항공교통관제절차』 2-4-17>
1) 고도- 100 또는 1,000단위로 "HUNDRED" 또는 "THOUSAND"를 적절히 붙여 각각 분리하여 읽는다.

숫자	읽 기
10,000	"One zero thousand."
11,000	"One one thousand."
12,900	"One two thousand niner hundred."

15. Which one is not contained in the "Arrival Reports"?
  ① Aircraft identification
  ② Departure aerodrome
  ③ Time of arrival
  ❹ Fuel endurance

> 해설

"도착보고"에 포함되지 않는 것은?
ICAO Annex 2 Rules of the Air, 『항공안전법 시행규칙』

3.3.5 Closing a flight plan(비행계획의 종료)
  3.3.5.5 **Arrival reports** made by aircraft shall contain the following elements of information:
   a) aircraft identification;
   b) departure aerodrome;
   c) destination aerodrome
    (only in the case of a diversionary landing);
   d) arrival aerodrome;
   e) time of arrival.

『항공안전법 시행규칙』제188조(비행계획의 종료)
① 항공기는 도착비행장에 착륙하는 즉시 관할 항공교통업무기관(관할 항공교통업무기관이 없는 경우에는 가장 가까운 항공교통업무기관)에 다음 각 호의 사항을 포함하는 도착보고를 하여야 한다. 다만, 지방항공청장 또는 항공교통본부장이 달리 정한 경우에는 그러하지 아니하다.
 1. 항공기의 식별부호
 2. 출발비행장
 3. 도착비행장
 4. 목적비행장
  (목적비행장이 따로 있는 경우만 해당한다)
 5. 착륙시간
② 제1항에도 불구하고 도착비행장에 착륙한 후 도착보고를 할 수 있는 적절한 통신시설 등이 제공되지 아니하는 경우에는 착륙 직전에 관할 항공교통업무기관에 도착보고를 하여야 한다.

 Fuel endurance 가용시간(연료를 시간으로 계산한 시간)

16. "그는 돈을 많이 벌지 않지만, 그럭저럭 지낼만한 것 같다."를 영작한 문장으로 가장 적절한 것은?

① He doesn't make much money, but he seems to get on.
② He doesn't make much money, but he seems to break down.
③ He doesn't make much money, but he seems to come to.
❹ He doesn't make much money, but he seems to get by.

해설

⚠ 순수 영어문제
① 그는 돈을 많이 벌지는 못하지만, 나름대로 잘 지내는 것 같다.
  • get on: 1. 지내다. 2. 타다. 오르다.
② 그는 돈을 많이 벌지는 못하지만, 파산한 것 같다.
  • break down: 1. 파산하다. 2. 고장 나다.
③ 번역 불가
  • come to: 1. ~이 되다. 2. 오다. 3. 끝나다.
❹ 그는 돈을 많이 벌지 않지만, 그럭저럭 지낼만한 것 같다.
  • get by: 그럭저럭 살아나가다. 통과하다.

17. 다음 문장의 밑줄 친 부분에 알맞은 것은?

"They have a _____ old baby only."

① third months
② three months
③ three - months
❹ three - month

해설

⚠ 순수 영어문제
관사(a) + 숫자 - 단수형 + 명사

"그들은 생후 3개월 된 아기만 있다."

보충해설

• They have a three - month old baby only.
• The baby is three months old.
• My sister is 5 years old.
• I have a 5-year old sister.
• This hotel has 5 stars.
• This is a 5-star hotel.

18. 다음은 동사의 명사형을 적은 것이다. 철자가 잘못된 것은?

① transmit – transmission
② cancel – cancellation
❸ emit – emition
④ receive – reception

해설

⚠ 순수 영어문제
동사형 → 명사형
① 송신하다 – 송신
② 취소하다 – 취소
❸ 방출하다 – emition(×), emission(O) 방출
④ 접수하다 – 접수

19. 다음 문장의 괄호 안에 들어갈 가장 적합한 것은?

An urgent message sent via data link which transmits the intent of the word ( ).

① MAYDAY
② SOS
③ URGENT
❹ PAN PAN

해설

ICAO Annex 2 Rules of the Air

1.2 Urgency signals
1.2.2 The following signals, used either together or separately, mean that an aircraft has a very urgent message to transmit concerning the safety of a ship, aircraft or other vehicle, or of some person on board or within sight:
함께 또는 별도로 사용되는 다음 신호는 항공기가 선박, 항공기 또는 기타 차량의 안전 또는 탑승자나 가시권에 있는 사람의 안전과 관련하여 매우 긴급하게 전달해야 할 메시지를 가지고 있음을 의미한다.

a) a signal made by radiotelegraphy or by any other signalling method consisting of the group XXX;
무선통신 또는 그룹 XXX로 구성된 다른 신호 방식에 의해 생성된 신호

b) a radiotelephony urgency signal consisting of the spoken words PAN, PAN;
음성 단어 PAN, PAN으로 구성된 무선통신 긴급 신호

c) an **urgency message** sent via data link which transmits the intent of the words **PAN, PAN, PAN, PAN**이라는 단어의 의도를 전달하는 데이터 링크를 통해 전송되는 **긴급 메시지**

20. 다음 문장의 괄호 안에 들어갈 가장 적합한 것은?

> (   ) money has been budgeted for this expansion plan, the manger is reluctant to proceed.

① Despite ② In spite
❸ Although ④ If

해설

⚠ 순수 영어문제
- although, though, even though : 접속사 + 절(주어+동사)
- In spite of, despite : 전치사 + 명사(명사구)

(비록) 이 확장 계획에 예산이 책정되었지만, 매니저는 진행하기를 꺼리고 있다.

2014년도 제1회 정기검정 영어
정답 및 심화해설

정답 모아보기

01	②	05	②	09	③	13	③	17	③
02	②	06	①	10	④	14	②	18	②
03	③	07	④	11	②	15	④	19	③
04	①	08	③	12	①	16	④	20	④

1. 다음 문장의 밑줄 친 곳에 가장 적합한 것은?

> Controlled airspace (　　) those areas designated as Control Area, Control Zones, Terminal Control Areas and so on …

① consists with
❷ consists of
③ is consists with
④ is consist of

해설

⚠ 순수 영어문제

관제공역(Controlled airspace)은 관제구역(Control Area), 관제권(Control Zones), 접근관제구역(Terminal Control Areas) 등으로 지정된 구역(으로 구성된다.)

① consists with ~와 일치하다, ~와 일관성이 있다 (×)
❷ consists of ~로 구성되다 (○)
③ is consists with (×)
④ is consist of (×)   be made up of (○)

2. 다음 문장의 밑줄 친 곳에 들어갈 가장 적절한 단어는?

> Precision of wording is necessary in writing; by choosing words that exactly convey the desired meaning, one can avoid _____.

① redundancy
❷ ambiguity
③ lucidity
④ duplicity

해설

⚠ 순수 영어문제

문구의 정확성은 글쓰기에 필수적이다; 원하는 의미를 정확히 전달하는 단어를 선택함으로써, (모호함)을 피할 수 있다.

① redundancy　　정리 해고, 불필요한 중복
❷ ambiguity　　애매성, 애매모호함
③ lucidity　　명료, 명석
④ duplicity　　이중성, 표리부동

3. 다음 대화의 내용 중 괄호 안에 들어갈 가장 적절한 표현은?

> A : Dear, could you help me with dishes?
> B : Of course, if you promise to teach me how to (　　) the DVD player later.

① go
② walk
❸ operate
④ drive

해설

⚠ 순수 영어문제

A: 얘야, 접시 닦는 것 좀 도와줄래?
B: 물론이지, 나중에 네가 DVD 플레이어의 작동법을 가르쳐 준다고 약속한다면 말이야.

① how to go 어떻게 가는지(가는 방법)
② how to walk 어떻게 걷는 지(걷는 방법)
❸ how to operate 어떻게 사용하는 것인지
④ how to drive 어떻게 운전하는지(운전 방법)

4. 다음 설명이 나타내는 용어는 무엇인가?

> A surveillance technique in which aircraft automatically provide, via a data link, data derived from on-board navigation and position-fixing systems, including aircraft identification, four-dimensional position and additional data as appropriate.

❶ ADS
② ATIS
③ SSR
④ TIS

해설

국제전기통신연합(ITU) 보고서
(Report ITU-R M.2413-0(11/2017)

Automatic dependent surveillance (ADS) is a surveillance technique in which aircraft automatically provide, via a data link, data from the on-board navigation and position fixing systems, including aircraft identification, four-dimensional position (latitude, longitude, altitude and time) and additional data as appropriate.

ADS(Automatic Dependent Surveillance)는 항공기 식별, 4차원 위치(위도, 경도, 고도 및 시간) 및 추가 데이터를 포함하여 항공기가 데이터 링크를 통해 자동으로 제공하는 감시 기술이다.

보충해설 『항공무선통신매뉴얼』, 『항공교통관제절차』

❶ AUTOMATIC DEPENDENT SURVEILLANCE (ADS): 자동종속감시시설
② Automatic terminal information service(ATIS): 공항정보자동방송업무 → 24시간동안 또는 특정시간 대에 출발/도착하는 항공기에게 최신의 공항정보를 반복적이고 자동적으로 제공하는 방송 업무
③ Secondary surveillance radar(SSR): 2차 감시레이더
④ TRAFFIC INFORMATION SERVICE-BROADCAST (TIS-B) : TIS-B 서비스는 레이더 감시 범위와 ADS-B 지상시설의 방송 범위가 일치하는 NAS 전체에 제공된다.

5. 다음 문장이 설명하는 용어는 무엇인가?

> The direction in which the longitudinal axis of an aircraft is pointed, usually expressed in degrees form North.

① Azimuth
❷ Heading
③ Radial
④ TIS

해설

FAA "Flight Navigator Handbook" Glossary(용어사전)

Heading. The direction in which the longitudinal axis of an aircraft is pointed, usually expressed in degrees clockwise from north (true, magnetic, compass or grid).
기수방위. 항공기의 세로축이 가리키는 방향으로 일반적으로 북쪽(진북, 자북, 나북, 그리드북)에서 시계 방향으로 도(°) 단위로 표시된다.

① Azimuth 방위각
❷ Heading 기수방위
③ Radial 스테이션을 중심으로 한 코스
④ TIS → 4번 문제 참고

6. 다음 문장의 밑줄 친 곳에 들어갈 가장 적절한 단어는?

> To astronomers, the moon has long been an _____, its origin escaping simple solution.

❶ enigma
② ultimatum
③ affront
④ opportunity

해설

❶ enigma 수수께끼
② ultimatum 최후통첩
③ affront 모욕하다
④ opportunity 기회

"천문학자들에게 달은 오랫동안 수수께끼(enigma)였으며, 그 기원은 단순한 해법에서 벗어나 있다."

7. 항공통신교신 중 'Stay with me' 라는 말이 요구하는 뜻은?

① Hold your position
② Maintain present altitude
③ Fly toward my position
❹ Do not change frequency

해설

⚠ 순수 영어문제
항공통신교신 중 "나와 함께 머물러 줘" 라는 말이 요구하는 뜻은?
① Hold your position 당신의 위치를 유지하시오.
② Maintain present altitude 현재 고도를 유지하십시오.
③ Fly toward my position 내 위치를 향해 비행하시오.
❹ Do not change frequency 주파수를 변경하지 마십시오.
⚠ 참고: Remain this frequency

8. 다음 중 밑줄 친 부분에 알맞은 것은?

> The number of **degrees of roll** around the longitudinal axis of the airplane is called _____.

① Angle of attack
② Angle of incidence
❸ Angle of bank
④ Pitch angle

해설

⚠ 비행이론 문제

비행기의 세로축을 중심으로 한 **롤의 각도**를 뱅크각(angle of bank)이라 한다.

① Angle of attack 받음각
② Angle of incidence 붙임각
❸ Angle of bank 뱅크각
④ Pitch angle 피치각

보충해설 FAA "Pilot's Handbook of Aeronautical Knowledge" 등

Pitching
피칭

Rolling
롤링

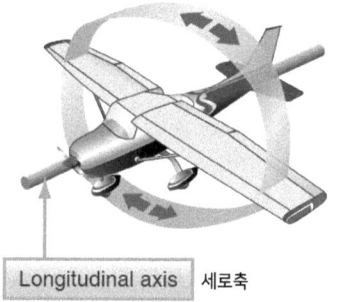

Yawing
요잉

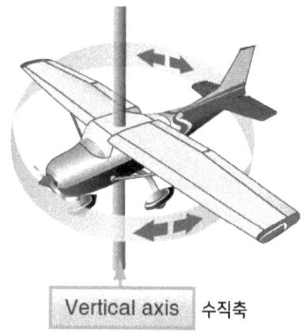

① **Angle of attack 받음각** : 시위선(chord line)과 상대풍(relative wind)이 이루는 각

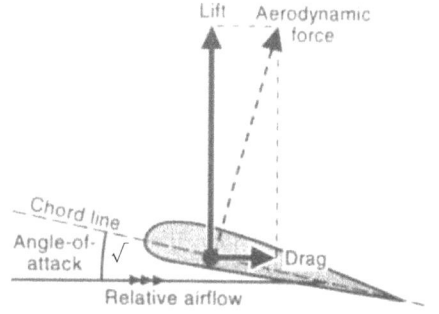

② **Angle of incidence 붙임각** : 비행기 종축선과 시위선(chord line) 사이의 각

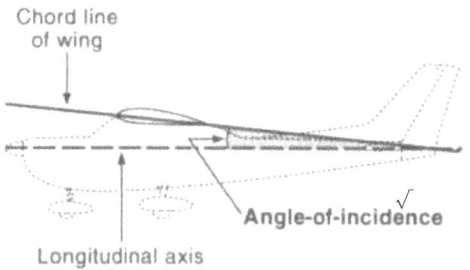

❸ **Angle of bank 뱅크각** : 비행기 세로축을 중심으로 한 롤(roll)의 각도

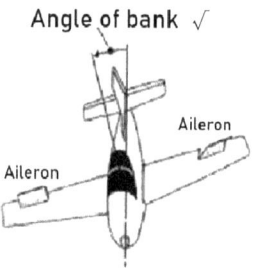

④ Pitch angle 피치각 : 비행기 종축선과 수평선 사이의 각

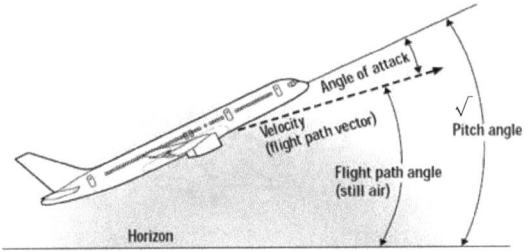

9. 다음 문장이 나타내는 항공통신 용어로 적당한 것은?

> Authorized by ATC to proceed under the condition specified.

① CONTACT
② CONFIRM
❸ CLEARED
④ CLEAR FOR TAKE-OFF

해설

『무선통신매뉴얼』 2.6 표준 단어 및 어구
ICAO Doc 9432 "Manual of Radiotelephony"
2.6 STANDARD WORDS AND PHRASES

CLEARED	Authorized to proceed under the conditions specified.
	특정조건하에서 진행을 허가한다.

지정된 조건에 따라 진행할 수 있도록 항공교통관제(ATC, Air Traffic Control)에 의해 승인되었다.

10. 다음의 문장이 나태내는 용어로 적합한 것은?

> Let me know that you have received and understood this message.

① APPROVED
② CONFIRM
③ GO AHEAD
❹ ACKNOWLEDGE

해설

『무선통신매뉴얼』, ICAO Doc9432
"Manual of Radiotelephony"

ACKNOWLEDGE	Let me know that you have received and understood this message.
	이 메시지를 수신하고 이해했는지를 알려달라

① APPROVED: 요청사항에 대해 허가한다.
② CONFIRM: ~에 대한 확인을 요청한다.
③ GO AHEAD: (삭제된 어구) 메시지 전송을 계속해도 좋다.

11. 다음 문장의 괄호 안에 들어갈 가장 적절한 단어는?

> Messages shall be cancelled by a telecommunication station only when cancellation is authorized by the message _____ .

① receiver   ❷ originator
③ operator   ④ holder

해설

ICAO Annex 10 Aeronautical Telecommunications, Volume II Communication Procedures including those with PANS status, 3.8 CANCELLATION OF MESSAGES

Messages shall be cancelled by a telecommunication station only when cancellation is authorized by the message **originator**.
메시지는 메시지 **발신자**의 취소 승인을 받은 경우에만 무선국에 의해 취소되어야 한다.

12. "승무원들은 브리핑실로 들어갔다."를 바르게 영작한 것은?
❶ The crew entered the briefing room.
② The crew entered in the briefing room.
③ The crew entered to the briefing room.
④ The crew entered into the briefing room.

> **해설**
>
> ⚠ 순수 영어문제
>
> "승무원들은 브리핑실로 들어갔다."를 바르게 영작한 것은?
>
> * 장소에 들어갈 때는 enter 뒤에 바로 장소를 쓰고(타동사), The crew entered <u>the briefing room</u>. 참여하다, 시작하다, 개입하다 등 장소가 아닌 개념적 의미로 쓸 때는 enter into를 쓴다.

13. 다음 문장은 어떤 용어에 대한 설명인가?

> I have received all of your last transmission.

① Yes ② Affirmative
❸ Roger ④ Go ahead

> **해설**
>
> 『무선통신매뉴얼』,
> ICAO Doc9432 "Manual of Radiotelephony"
>
> | ROGER | I have received all of your last transmission. **Note.** Under no circumstances to ve used in reply to a question requiring "READ BACK" or a direct answer in the affirmative (AFFIRM) or negative(NEGATIVE) |
> |---|---|
> | | 당신의 마지막 송신을 모두 받았다. 주. "READ BACK"이나 긍정 및 부정으로 대답을 요구하는 질문에 대한 답으로 사용하여서는 안 된다. |

14. 다음 문장의 밑줄 친 부분에 알맞은 것은?

> Are all telephone number _____ in the directory?

① list ❷ listed ③ listing ④ being

> **해설**
>
> ⚠ 순수 영어문제
>
> 수동태 be + 과거분사(p.p)
> • list(현재) - listed(과거) - listed(과거분사)
>
> 전화번호부에 모든 전화번호가 기재되어 있나요?

15. 다음 문장의 밑줄 친 부분에 알맞은 것은?

> Any radio frequency between 30 and 300 MHz is defined as _____.

① Low Frequency
② Medium Frequency
③ High Frequency
❹ Very High Frequency

> **해설**
>
> ICAO Doc 9432 Manual of Radiotelephony, 『무선통신매뉴얼』 제1장 용어 해설, 『항공교통관제절차』 1-2-6 약어
>
> HF : High frequency 단파 (3~30MHz)
> VHF : Very high frequency 초단파 (30~300MHZ)
> UHF : Ultra-high frequency 극초단파 (300~3,000MHz)
>
> 30에서 300MHz 사이의 모든 무선 주파수는 <u>초단파</u>로 정의 된다.

16. 항공용으로 사용되는 'NOTAM'은 무엇의 약어인가?

① Note to Airmen
② Noted information to Airmen
③ Notice to Aerodrome
❹ Notice to Airmen

> **해설**
>
> 『항공교통관제절차』, ICAO Annex 11 Air Traffic Services, 『무선통신매뉴얼』
>
> 『항공교통관제절차』
> •NOTAM: Notice To Airmen 항공고시보
>
> ICAO 부속서(Annex) 11, 『무선통신매뉴얼』
> • 항공고시보(NOTAM) 비행업무관련 종사자가 적시에 필수적으로 알아야하는 항공시설, 업무, 절차, 또는 위험의 상태, 변경, 신설 등에 관한 정보를 수록하고 있는 공고문

17. 다음 문장에서 설명하는 항공용어는 무엇인가?

> I hae received your message, understand it, and will comply with it.

① Roger ② Roger out
❸ Wilco ④ will do

해설

『무선통신매뉴얼』, ICAO Doc9432
"Manual of Radiotelephony"

WILCO	(Abbreviation for will comply.) I understand your message and will comply with it.
	(WILL COMPLY의 축약형) 당신의 메시지를 알아들었으며 그대로 따르겠다.

18. 다음 내용이 설명하는 항공용어는 무엇인가?

> Successive operations involving takeoffs and landings or low approaches where the aircraft does not exit the traffic pattern.

① touch and go operation
❷ closed traffic
③ rectangular pattern
④ circling maneuver

 해설

FAA "Aeronautical Information Manual(AIM)"
Pilot / Controller Glossary

CLOSED TRAFFIC - Successive operations involving takeoffs and landings or low approaches where the aircraft does not exit the traffic pattern.
폐쇄장주 - 항공기가 장주비행을 벗어나지 않는 이륙과 착륙 또는 낮은 접근과 관련된 연속적인 운영.

19. 다음 문장의 밑줄 친 곳에 들어갈 가장 알맞은 것은?

> Be sure to get the dial tone before you begin to dial. Then dial and wait ___ the answer.

① in ② on ❸ for ④ up

 해설

⚠ 순수 영어문제

전화를 걸기 전에 발신음을 확인하고, 전화를 걸고 응답을 기다리십시오.

① wait in 집에서 기다리다. 대기하다.
② wait on ~을 시중들다. ~을 섬기다.
❸ wait for ~를 기다리다.
④ wait up (요청을 나타내는 명령문으로 쓰여) 같이 갈 수 있도록 멈춰 서거나 천천히 가면서 기다려 달라.

20. ICAO(국제민간항공기구) Doc4444에 수록된 영어 중 고도의 단위를 틀리게 서술한 것은?
① FLIGHT LEVELS
② FEET
③ METERS
❹ MILES

 해설

ICAO Doc 4444 Air Traffic Management
⚠ MILES은 거리 단위

Level (p.A1-2)
- **FLIGHT LEVEL** (number) or (number) METRES or **FEET**
- CLIMBING TO **FLIGHT LEVEL** (number) or (number) **METRES** or FEET
- DESCENDING TO **FLIGHT LEVEL** (number) or (number) **METRES** or FEET

⚠ '미터' 알파벳에 대한 참고 의견 : METERS 미국식 영어, METRES 영국식 영어 → ICAO 사용

2013년도 제4회 정기검정 영어
정답 및 심화해설

정답 모아보기

01	③	05	②	09	②	13	④	17	④
02	③	06	①	10	②	14	①	18	①
03	④	07	②	11	①	15	④	19	①
04	②	08	③	12	④	16	④	20	③

1. 다음 문장의 밑줄 친 곳에 들어갈 가장 적당한 단어는?

> The fog made _____ difficult to calculate the distance.

① on ② of ❸ it ④ such

해설

⚠ 순수 영어문제

< it 가목적어, to부정사 진목적어 구문 >

- The fog made the distance difficult to calculate. = The fog made it difficult to calculate the distance.

안개로 인해 거리 계산이 어려웠다. (안개는 거리를 계산하는 것을 어렵게 만들었다.)

2. 다음 문장에서 밑줄 친 부분의 표현이 잘못된 것은?

> The American standard of living ① is still ② higher ③ than most of the other ④ living in the world.

① is ② higher
❸ than most ④ living

해설

⚠ 순수 영어문제

미국인의 생활수준(삶의 기준)은 여전히 세계 대부분의 다른 사람들보다 높다.

❸ than most (×) → than that of most (○)
  → than the standard of living of most (○)

3. The correct words of "MH 100" are :
① heading one zero zero degrees
② heading one zero zero
③ magnetic heading one hundred
❹ magnetic heading one zero zero

해설

『항공교통관제절차』 2-4-17 숫자 사용법(Numbers Usage)
⚠ <기본해설> 참조

아. 기수방향 - "HEADING"다음에 **각도를 3자리의 분리된 숫자로 읽고 "DEGREES"는 생략한다**. 북쪽을 표시할 때는 HEADING 360로 읽어야 한다.

예	방 향	읽 기
	5 degrees	"Heading zero zero five."
	30 degrees	"Heading zero three zero."
	360 degrees	"Heading three six zero."

4. 특정 지시나 허가, 요청을 따를 수 없을 때 사용하는 항공관제 용어는?
① WHEN ABLE
❷ UNABLE
③ NEGATIVE
④ NEGATIVE CONTACT

해설

『무선통신매뉴얼』,
ICAO Doc9432 "Manual of Radiotelephony"

UNABLE	I cannot comply with your request, instruction, or clearance.
	Note. UNABLE is normally followed by a reason.
	당신의 요구, 지시, 허가에 따를 수 없다
	주. UNABLE은 보통 그 이유가 뒤따른다.

5. 다음 문장의 괄호 안에 들어갈 적절한 것은?

> Everyone in the world has a right to enjoy his liberty and (　　　) his life.

① still more
❷ much more
③ much less
④ more less

해설

⚠ 순수 영어문제

• still(×), less(×) 적합하지 않음.

세상의 모든 사람들은 그의 자유와 (훨씬 더 많은) 삶을 즐길 권리가 있다.

6. 다음은 어떤 용어에 대한 설명인가?

> The vertical distance of a point or a level, on or affixed to the surface of the earth, measured from mean sea level.

❶ Elevation　② Altitude
③ Height　　④ Flight Level

해설

ICAO 문서(Doc) 4444 air traffic management, 『항공교통관제절차』

ICAO Doc 4444 air traffic management, "Definitions"
Elevation. The vertical distance of **a point or a level, on or affixed to the surface** of the earth, measured from mean sea level.
평균 해수면에서 측정한, 지표면에 부착된 지점 또는 레벨의 수직 거리

『항공교통관제절차』 "용어의 정의"
ELEVATION(표고) : 평균해면(MSL)으로부터 측정된 지표면 상의 어떤 지점 또는 평면의 수직거리

7. 다음 문장의 괄호 안에 들어갈 적절한 내용은?

> Inter-pilot air-to-air communication shall be established on the air-to-air channel (　) MHz.

① 121.50　　❷ 123.45
③ 126.20　　④ 243.00

해설

ICAO Doc 4444 air traffic management,
『항공교통관제절차』

ICAO Doc 4444 air traffic management,
• 해상 공역에서의 비행 중 비상사태 특별 절차
15.2.2 General procedures(일반절차):
establish communications with and alert nearby aircraft by broadcasting on the frequencies in use and at suitable intervals on 121.5 MHz (or, as a backup, on the **inter-pilot air-to-air frequency 123.45 MHz**)
사용 중인 주파수와 적절한 간격으로 121.5MHz(또는 백업용으로 **조종사 간 공대공 주파수 123.45MHz**)로 방송하여 인근 항공기와의 통신을 설정하고 경보를 발령한다.
• 기타절차: **전략적 수평오프셋 절차(SLOP)**
16.5.4. Note 1. Pilots may contact other aircraft on the inter-pilot air-to-air frequency 123.45 MHz to coordinate offsets.
주1. 조종사는 오프셋을 조정하기 위해 **조종사 간 공대공 주파수 123.45MHz에서 다른 항공기와 통신할 수 있다.**

『항공교통관제절차』 "전략적 수평오프셋 절차(SLOP)"
• 주기 1 : 조종사는 오프셋에 협조하기 위하여 **조종사 간 공대공 주파수 123.45 MHz로 다른 항공기와 통신할 수 있다.**

조종사 간 공대공 통신은 공대공 채널 123.45MHz로 설정되어야 한다.

8. 다음 문장의 밑줄친 부분에 들어갈 가장 적절한 단어는?

> Because the salt used to deice highways in snow states is highly _____. It can turn the reinforcing bars in the concrete on highways, bridges, and parking garages into rusty mush.

① obvious　② diluted
❸ corrosive　④ profitable

해설

⚠ 순수 영어문제

눈이 내린 상태에서 고속도로를 제빙하는데 사용되는 소금은 **부식성**이 매우 높기 때문에, 고속도로, 다리, 주차장의 콘크리트 철근을 녹슨 덩어리로 바꿀 수 있다.

① obvious 명백한
② diluted 희석된
❸ corrosive 부식성의
④ profitable 이득이 되는

9. 다음 문장의 밑줄 친 부분의 뜻은?

> The distress signals indicate that a ship, an aircraft or other vehicle is threatened by <u>grave and imminent danger</u> and requests immediate assistance.

① 큰 위험이나 별로 급하지 않은 위험
❷ 중대하고도 시급한 위험
③ 시급하고 조심스러운 위험
④ 시급하나 별로 중요치 않은 위험

⚠ 순수 영어문제이기도 함
• grave: (명) 무덤, (형) 중대한, 심각한

조난 신호는 선박, 항공기 또는 기타 차량이 **중대하고도 시급한 위험**에 의해 위협을 받고 있으며 즉각적인 지원을 요청함을 나타낸다.

보충해설 47 CFR § 80.5 - Definitions.
(CFR: Code of Federal Regulations)   2022년도 제1회 검정

Distress signal. The distress signal is a digital selective call using an internationally recognized distress call format in the bands used for terrestrial communication or an internationally recognized distress message format, in which case it is relayed through space stations, which indicates that a person, ship, aircraft, or other vehicle is threatened by **grave and imminent danger** and requests immediate assistance.
조난신호. 조난신호는 사람, 선박, 항공기 또는 기타 차량이 **중대하고도 시급한 위험**에 의해 위협을 받고 있으며 즉각적인 지원을 요청함을 나타낸다.

10. 다음 문장에 해당하는 통신 용어는?

> The conversation is ended and **no response is expected.**

① OVER   ❷ OUT
③ DISREGARD   ④ HAND OFF

해설

『무선통신매뉴얼』, ICAO Doc9432
"Manual of Radiotelephony"

| OUT | This exchange of transmissions is ended and no response is expected.
Note. Not normally used in VHF communications.
송신이 끝났고 대답은 더 이상 필요하지 않다
주. VHF 통신에는 보통 사용하지 않는다. |

대화가 종료되었으며 응답이 없을 것으로 예상된다.

① OVER: 내 송신은 끝났으니 그 쪽에서 대답하라
③ DISREGARD: 이 메시지를 무시하라
④ HAND OFF: 관제이양

11. 다음 문장의 괄호 안에 알맞은 것은?

> An area from which radio transmission and/or radar echoes cannot be received is called ( ).

❶ blind zone
② black zone
③ shaded zone
④ uncontrolled zone

『항공교통관제절차』 "용어의 정의"

• BLIND SPOT : 무선 통신 또는 레이더 반사가 수신되지 않는 지역. 용어는 또한 관제탑으로부터 보이지 않는 공항의 해당부분에 사용된다.
• BLIND ZONE (참조 : blind spot)

무선 전송 및/또는 레이더 반사를 수신할 수 없는 영역을 (blind zone)이라고 한다.

12. 항공통신의 송신내용중에 "READ BACK"이란 용어의 뜻은?

① Wait and I will call you
② Annual the previously transmitted clearance
③ Permission for proposed action granted
❹ Repeat my message back to me

해설

『무선통신매뉴얼』,
ICAO Doc9432 "Manual of Radiotelephony"

READ BACK	Repeat all, or the specified part, of this message back to me exactly as received.
	내 메시지의 일부나 전부를 정확하게 반복해 보라

① 기다리세요, 내가 전화할게요.
② 이전에 전송된 연간 허가
③ 제안된 작업에 대한 권한 부여
❹ 내 메시지를 나에게 다시 한 번 반복해 주세요.

13. 약어 "CAVOK"의 의미와 발음을 가장 적절하게 설명한 것은?
① No precipitation, KA-VOK
② No Precipitation, KAV-OH-KAY
③ Visibility, cloud and present weather better than prescribed values, KA-VOK
❹ Visibility, cloud and present weather better than prescribed values, KAV-OH-KAY

 해설

『항공약어 및 부호 사용에 관한 기준』 [별표1] 항공약어

CAVOK (to be pronounced "KAV-OH-KAY") Visibility, cloud and present weather better than prescribed values or conditions
("KAV-OH-KAY"로 발음) **시정, 구름 및 현재 기상이 규정된 값이나 상태보다 양호**

14. 항공통신용어 중 'Unable to contact'란 말의 뜻은?
❶ 어떤 통신국과 교신할 수 없다.
② 어떤 통신국과 교신하면 안된다.
③ Negative contact와 같은 의미이다.
④ Positive contact와 같은 의미이다.

 해설

『무선통신매뉴얼』,
ICAO Doc9432 "Manual of Radiotelephony"

UNABLE	I cannot comply with your request, instruction, or clearance. Note. UNABLE is normally followed by a reason.
	당신의 요구, 지시, 허가에 따를 수 없다 주. UNABLE은 보통 그 이유가 뒤따른다.
NEGATIVE	No or Permission not granted or That is not correct or not capable.
	NO, 허가불허, 그것은 정확하지 않다, 혹은 불가능하다.

15. 다음의 주어진 문장과 뜻이 가장 가까운 것은?

> The man is at work

① The man is working harder than usual
② The man is going to work
③ The man has done his work
❹ The man is working

해설

⚠ 순수 영어문제
① 남자가 평소보다 더 열심히 일하고 있다.
② 남자가 일하러 가고 있다.
③ 남자가 일을 끝냈다.
❹ 남자가 일하고 있다.

16. 관제사가 항공교통 관제상 위험한 상황을 피하기 위해 조종사에게 급한 항공기 기동을 요구할 때 주로 쓰이는 말은?
① At once
② Very soon
③ Right now
❹ immediately

> 해설

ICAO Doc 9432 Manual of Radiotelephony,
『항공교통관제절차』

> ICAO Doc 9432 Manual of Radiotelephony,
> GENERAL PHRASEOLOGY(일반 구문)
> 3.1.5 The word "IMMEDIATELY" should only be used when immediate action is required for safety reasons.
> "즉시"라는 단어는 안전상의 이유로 즉각적인 조치가 필요한 경우에만 사용해야 한다.

> 『항공교통관제절차』, 용어의 정의
> IMMEDIATELY : 항공교통관제 또는 조종사가 쓰는 용어로 급박한 위험을 피하기 위한 조치가 요구될 때 사용한다.

17. 다음은 어떤 항공 용어에 대한 설명인가?

> One-way communication from aircraft to stations or locations on surface of the earth.

① Broadcast
② Non-Network communication
③ Air-Ground communication
❹ Air-to-Ground communication

> 해설

❹ Air-to-Ground communication, ICAO Annex 10 Aeronautical Telecommunications, Volume II Communication Procedures including those with PANS status, 『항공교통관제절차』

> ICAO Annex 10 Aeronautical Telecommunications, Volume II, 1.2 STATIONS
> **Air-to-ground communication**. **One-way communication** from aircraft to stations or locations on the surface of the earth.

> 『항공교통관제절차』 용어의 정의
> AIR-TO-GROUND COMMUNICATION(**공대지통신**): 항공기와 지구표면에 있는 무선국 또는 지점 간 **단방향 통신**

> 보충해설

③ Air-Ground communication, ICAO Annex 10 Aeronautical Telecommunications, Volume II Communication Procedures including those with PANS status, 『항공교통관제절차』

> ICAO Annex 10 Aeronautical Telecommunications, Volume II, 1.2 STATIONS
> **Air-ground communication**.
> **Two-way communication** between aircraft and stations or locations on the surface of the earth.

> 『항공교통관제절차』 용어의 정의
> AIR-GROUND COMMUNICATION(**공지통신**) :
> 항공기와 지상의 무선국 또는 지상국간의 **양방향 통신**

18. 다음 문장의 밑줄 친 부분에 알맞은 단어는?

> He need some wood for the desk he is making. How ____ does he need?

❶ much   ② great   ③ long   ④ many

> 해설

⚠ 순수 영어문제
• many+셀 수 있는 명사
• much+셀 수 없는 명사

그는 그가 만들고 있는 책상을 위해 약간의 나무가 필요하다. 그는 얼마가 필요합니까?

19. 조난신호에 관한 ICAO 규정으로 괄호 안에 적절한 것은?

> A radiotelephony **distress signal** consisting of the spoken word (   ).

❶ MAYDAY   ② HELP
③ URGENT   ④ PAN PAN

> 해설

ICAO 부속서(Annex) 2. Rules of the Air,
『항공안전법 시행규칙』[별표 26] 신호(제194조 관련)

> "메이데이(MAYDAY)"라는 말로 구성된 무선 전화 조난 신호(distress signal)

❶ MAYDAY : 조난신호

* grave and imminent danger threatens, and immediate assistance is requested
  중대하고 절박한 위험에 처해 있고 즉각적인 도움이 필요함
  1) 무선전신 또는 그 밖의 신호방법에 의한 "SOS" 신호(모스 부호는 ········)
  2) 짧은 간격으로 한 번에 1발씩 발사되는 **붉은색불빛**을 내는 로켓 또는 대포
  3) 붉은색 불빛을 내는 낙하산 부착 불빛
  4) "메이데이(MAYDAY)"라는 말로 구성된 무선 전화 조난 신호
  5) 데이터링크를 통해 전달된 "메이데이(MAYDAY)" 메시지

④ PAN PAN : 긴급신호

  1) 무선전신 또는 그 밖의 신호방법에 의한 "XXX" 신호
  2) 무선전화로 송신되는 "PAN PAN"
  3) 데이터링크를 통해 전송된 "PAN PAN"

20. 다음 문장에서 설명하는 주파수 단위는?

> One million cycles per second of radio frequency.

① Hertz　　　　　② Kilohertz
❸ Megahertz　　　④ Gigahertz

다음 문장에서 설명하는 주파수 단위는?

초당 백만 사이클의 무선 주파수 → 메가헤르츠

① Hertz : Hz is defined as the <u>number of cycles per second</u> of any oscillating or repeating phenomenon.
② Kilohertz : kHz is defined as <u>thousands</u> of cycles per second.
❸ Megahertz : MHz is defined as **millions** of cycles per second.(1000 x more than kilo)
④ Gigahertz : GHz is defined as <u>billions</u> of cycles per second.(1000 x more than mega)
⑤ Terahertz : THz is defined as <u>trillions</u> of cycles per second

2013년도 제1회 정기검정 영어
정답 및 심화해설

정답 모아보기

01	②	05	④	09	④	13	④	17	④
02	④	06	②	10	③	14	②	18	④
03	③	07	①	11	①	15	③	19	③
04	④	08	①	12	④	16	②	20	①

1. 다음 문장의 밑줄 친 부분에 들어갈 알맞은 것은?

> You must take care ____ you should catch cold.

① because　　**❷ lest**
③ but　　　　④ that

해설

⚠ 순수 영어문제
❷ lest : ~ 하지 않도록

너는 감기에 걸리지 않도록 조심해야 한다.

2. 다음 중 관제 실무에 관한 영어 표현으로 잘못된 것은?

① 여기는 ABC관제소 즉시 응답하시오.
　- This is ABC Control, Acknowledge.
② 즉시 비행경로를 좌/우로 변경하시오.
　- Immediately, Turn left/right
③ 속도를 150노트로 줄이시오.
　- Reduce speed to 150knots.
❹ 비행 중 매 5분마다 위치보고를 하시오.
　- Repeat your position every 5 minutes.

해설

❹ Repeat(×) your position every 5 minutes. → Report(○) 보고하시오
① 여기는 ABC관제소 즉시 응답하시오.
　- This is ABC Control, Acknowledge.
　• Acknowledge : 이 메시지를 수신하고 이해했는지를 알려 달라

② 즉시 비행경로를 좌/우로 변경하시오.
　- Immediately, Turn left/right
　• Immediately : 급박한 위험을 피하기 위한 조치가 요구될 때 사용
③ 속도를 150노트로 줄이시오.
　- Reduce speed to 150knots.
　• 참고 : ICAO DOC 4444 12.4.1.6 속도조절 (예)
　　- "Increase speed to Mach point seven two."
　　- "Reduce speed to two five zero."
　　- "Reduce speed twenty knots."
　　- "Maintain two eight zero knots."

3. 다음 문장은 어떤 용어에 대한 설명인가?

> ATC authorization for an aircraft to land. it is predicated on known traffic and known physical airport conditions.

① Cleared For Take-off
② Circle to Runway
❸ Cleared To Land
④ Cleared To Taxi

해설

FAA "Aeronautical information Manual(AIM)",
『항공교통관제절차』

FAA "Aeronautical information Manual(AIM)",
Pilot//Controller Glossary
CLEARED TO LAND - ATC authorization for an aircraft to land. It is predicated on known traffic and known physical airport conditions.

『항공교통관제절차』 용어의 정의
CLEARED TO LAND(착륙허가) : 착륙항공기에 대한 항공교통관제(ATC) 허가. 착륙허가는 알려진 교통과 알려진 물리적 공항상태를 포함한다.

항공기 착륙을 위한 ATC 승인. 알려진 교통량과 알려진 물리적 공항 상태를 근거로 한다.

4. 다음문장의 해석으로 옳은 것은?

> Land Mobile Service mean a mobile service between base stations and land mobile station or between land mobile stations.

① 육상이동업무란 기지국과 육상국간, 또는 육상국간의 이동업무이다.
② 육상이동업무란 기지국과 이동국간, 또는 이동국간의 이동업무이다.
③ 육상이동업무란 기지국과 육상국간, 또는 이동국간의 이동업무이다.
❹ 육상이동업무란 기지국과 육상이동국간, 또는 육상이동국간의 이동업무이다.

 해설

전파규칙(Radio Regulations) Volume 1

CHAPTER I – Terminology and technical characteristics(용어 및 기술적 특성)
Section III – Radio services(전파 업무)
1.26 **land mobile service**: A mobile service between base stations and land mobile stations, or between land mobile stations.
1.26 **육상이동업무**: 기지국과 육상이동국 간 또는 육상이동국 상호간의 이동업무.

Land Mobile Service(육상이동업무) mean a mobile service(이동업무) between base stations(기지국) and land mobile station(육상이동국) or between land mobile stations(육상이동국).

5. 다음 문장은 어떤 용어에 대한 설명인가?

> I hereby indicate the separation between portions of the message. (To be used where there is no clear distinction between the text and other portions of the message)

① Stand by ② Monitor
③ Cancel   ❹ Break

 해설

『무선통신매뉴얼』, ICAO Doc 9432 "Manual of radio-telephony"

| BREAK | I hereby indicate the separation between portions of the message.
Note. To be used where there is no clear distinction between the text and other portions of the message. |

메시지 내용이 분리된 것을 표시한다.
주. 메시지와 다른 메시지가 명확히 구분되지 않을 때 사용

나는 이로써 메시지의 부분들 사이의 분리를 표시한다. (메시지의 다른 부분과 텍스트의 구분이 명확하지 않은 경우 사용)

① Stand by : Wait and I will call you.
   기다리면 내가 부르겠다.
② Monitor : Listen out on (frequency).
   주파수를 경청하라.
③ Cancel : Annul the previously transmitted clearance.
   이전에 허가했던 것을 취소한다.

6. 다음의 문장이 나타내는 무선국은?

> A mobile earth station in the aeronautical mobile-satellite service located on board an aircraft.

① Aircraft station
❷ Aircraft earth station
③ Aeronautical station
④ Aeronautical mobile station

 해설

전파규칙(Radio Regulations) Volume 1, 『전파법 시행령』

전파규칙(Radio Regulations) Volume 1,
CHAPTER I   용어 및 기술적 특성
Section IV – 무선국 및 시스템
1.84 **aircraft earth station**: A mobile earth station in the aeronautical mobile-satellite service located on board an aircraft.
항공기지구국 : 항공기에 위치하여 항공이동위성업무를 하는 이동지구국.

『전파법 시행령』 제29조(무선국의 분류)
37. **항공기지구국**: 항공기에 개설하여 항공이동위성업무를 하는 지구국

① Aircraft Station → 항공기국
❷ Aircraft Earth Station → 항공기지구국
③ Aeronautical Station → 항공국
④ Aeronautical Mobile Station (× 용어 없음)
* Aeronautical Earth Station → 항공지구국

7. 다음 중 "ROGER"의 의미에 대한 설명으로 맞는 것은?

❶ I've received all your transmission.
② Can be used to answer a question requiring yes or no?
③ Ready to take off.
④ Ready to touchdown.

 해설

『무선통신매뉴얼』, ICAO Doc9432
"Manual of Radiotelephony"

ROGER	I have received all of your last transmission. Note. Under no circumstances to ve used in reply to a question requiring "READ BACK" or a direct answer in the affirmative (AFFIRM) or negative(NEGATIVE)
	당신의 마지막 송신을 모두 받았다. 주. "READ BACK"이나 긍정 및 부정으로 대답을 요구하는 질문에 대한 답으로 사용하여서는 안 된다.

8. 다음 문장의 밑줄 친 곳에 알맞은 것은?

When a fix, point or object is approximately 90 degrees to the right or left of the aircraft track, you as a pilot usually say "The aircraft is a fix, point or object."

❶ abeam
② left or right
③ side by side
④ over

 해설

FAA "Aeronautical information Manual(AIM)", 『항공교통관제절차』

FAA "Aeronautical information Manual(AIM)", Pilot//Controller Glossary
ABEAM - An aircraft is "abeam" a fix when that fix is approximately 90 degrees to the right or left of the aircraft track.
Abeam indicates a general position rather than a precise point.

FAA "Aeronautical information Manual(AIM)", FIG 5-3-3 Holding Pattern Descriptive Terms

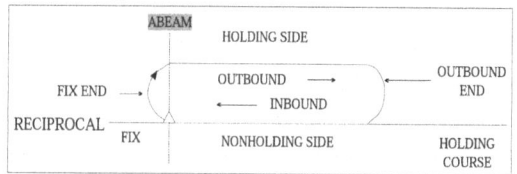

『항공교통관제절차』 "용어의 정의"
ABEAM: 픽스, 지점(POINT), 목표물이 항공기 트랙으로부터 좌우로 대략 90°정도에 위치한 상태. 이 경우 ABEAM은 대략적인 위치를 의미한다.

픽스, 포인트 또는 목표물이 **항공기 트랙의 오른쪽 또는 왼쪽으로 약 90도에 있을 때**, 일반적으로 "항공기는 픽스, 포인트 또는 물체에 있다"고 한다.

9. 항공무선 교신에서 나의 송신에 대한 상대국의 수신 상태를 알려고 질문하는 용어는?

① Advise me your receiving level.
② Report your receiving condition.
③ What is your listening status?
❹ How do you read me?

 해설

『무선통신매뉴얼』, ICAO Doc9432
"Manual of Radiotelephony"

HOW DO YOU READ	What is the readability of my transmission?
	나의 송신 감도는 어떤지 알려달라 (이 메시지가 얼마나 잘 수신되고 있는지 알려달라)

10. 다음 문장의 괄호 안에 들어갈 가장 적합한 것은?

> All stations which hear the (   ) shall immediately cease any transmission capable of interfering with the distress traffic.

① service call
② emergency call
❸ distress call
④ stations call

해설

전파규칙(Radio Regulations) Volume 1

32.4 § 3
All stations which receive a **distress** alert or **call** transmitted on the distress and safety frequencies in the MF, HF and VHF bands shall **immediately cease any transmission capable of interfering with distress traffic** and prepare for subsequent distress traffic.
32.4 § 3
MF, HF 및 VHF 주파수 대역에서 조난 및 안전주파수로 송신된 조난경보 및 **조난호출**을 수신한 모든 무선국은 조난통신과 이에 이어지는 조난통보에 간섭을 발생할 수 있는 **모든 송신을 즉시 중단**하여야 한다.

11. 다음 문장의 밑줄 친 부분의 의미로 가장 적합한 것은?

> Name tags will help us to identify and <u>expedite</u> the return of your baggage.

❶ speed up
② delay
③ charge
④ carry out

해설

⚠ 순수 영어문제
❶ speed up 속도를 더 내다.
② delay 지연
③ charge 요금
④ carry out 수행하다.

이름표는 수하물을 식별하고 <u>신속하게</u> 반환하는 데 도움이 된다.

12. 다음 문장의 밑줄 친 부분에 들어갈 가장 적절한 단어는?

> One might dispute the author's handling of particular points of Picasso's interaction with his artistic environment, but her main theses are _____ .

① incongruous
② untenable
③ undecipherable
❹ irreproachable

해설

⚠ 순수 영어문제
① incongruous: 어울리지 않는
② untenable: 지킬 수 없는
③ undecipherable: 판독할 수 없는
❹ irreproachable: 나무랄[흠잡을] 데 없는

피카소와 그의 예술적 환경과의 상호작용의 특정 요점에 대한 저자의 취급에 대해 이의를 제기할 수도 있지만 그녀의 주요 논제는 <u>흠잡을 데가 없다.</u>

13. 다음의 문장에 밑줄 친 부분에 들어갈 알맞은 것은?

> The velocity and direction of the air with reference to any airfoil of an aircraft in flight is called _____ .

① Scalar
② Vector
③ Stream Air
❹ Relative wind

해설

⚠ 비행이론 문제
FAA "Airplane Flying Handbook"

Relative wind. The direction of the airflow with respect to the wing. If a wing moves forward horizontally, the relative wind moves backward horizontally. Relative wind is parallel to and opposite the flightpath of the airplane.
상대풍. 날개에 대한 기류의 방향. 날개가 수평으로 앞으로 움직이면 상대풍은 수평으로 뒤로 움직인다. 상대풍은 비행기의 비행경로와 평행하고 비행경로와 반대이다.

보충해설 FAA "Pilot's Handbook of Aeronautical Knowledge", "Instrument Flying Handbook"

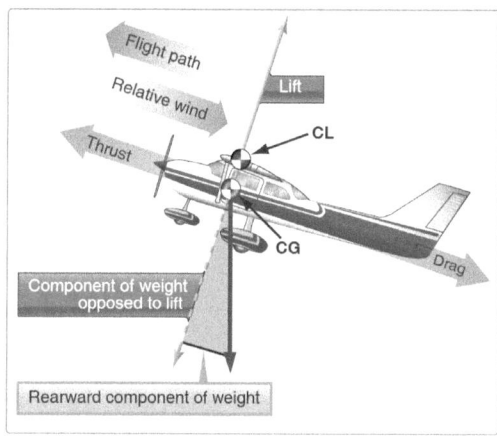

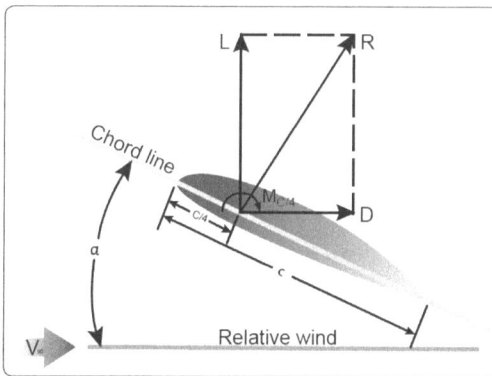

Level high speed

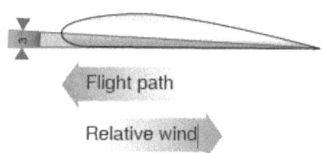

Level cruise speed

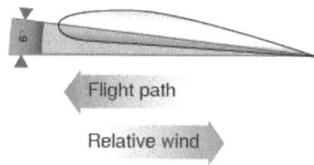

Level low speed

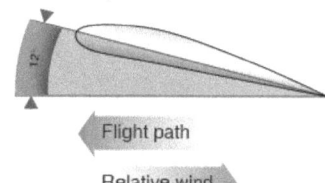

비행 중인 비행기의 에어포일을 기준으로 공기의 속도와 방향을 (상대풍)이라 한다.

14. 다음 문장의 밑줄 친 부분에 들어갈 알맞은 것은?

> The foremost part of the airfoil which first meets the relative wind is _____.

① Upper Camber
❷ Lower Camber
③ Leading Edge
④ Trailing Edge

해설

⚠ 비행이론 문제

FAA "Pilot's Handbook of Aeronautical Knowledge"

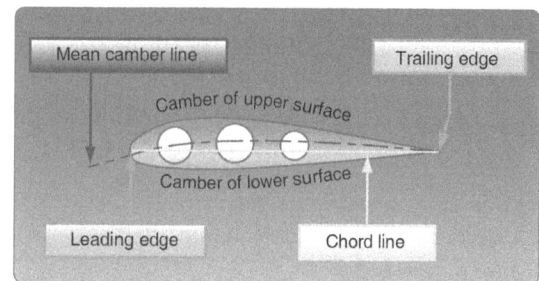

가장 먼저 상대풍을 만나는 에어포일의 부분은 (lower camber)이다.

15. 다음의 문장과 뜻이 같은 것은?

> After I had finished the work, I played cards.

① Finished the work, I played cards.
② Had finishing the work, I played cards.?
❸ Having finished the work, I played cards.
④ Having had finished the work, I played cards.

해설

⚠ 순수 영어문제

* 분사구문 : 전치사(After) 삭제, 동일주어(I) 삭제, 동사(had)의 원형(have)+ing

After I had finished the work, I played cards. → Having finished the work, I played cards.

나는 그 일을 끝낸 후에 카드놀이를 했다.

16. 다음 문장을 나타내는 용어는?

> Pilot has completed his pre-take-off checks and is in a position from which he can commence a take off without delay.

① LINE UP   ❷ READY
③ CLEARED TO LAND   ④ STAND BY

해설

ICAO Doc 4444 Air Traffic Management,
『항공교통관제절차』

ICAO Doc 4444 Air Traffic Management

12.3.4.10 PREPARATION FOR TAKE-OFF 이륙 준비	a) UNABLE TO ISSUE (designator) DEPARTURE (reasons); b) REPORT WHEN READY [FOR DEPARTURE]; c) ARE YOU READY [FOR DEPARTURE]?; d) ARE YOU READY FOR IMMEDIATE DEPARTURE?; *e) READY;
... clearance to enter runway and await take-off clearance 활주로 진입 및 이륙 허가 대기	f) LINE UP [AND WAIT];

『항공교통관제절차』
3-9-4 이륙위치에서의 대기(Line Up And Wait : LUAW)
가. 이륙위치에서 대기(LUAW)는 항공기가 지체 없이 출발하도록 하기 위하여 이륙위치로 이동 후, 대기하도록 하는 것이다.

조종사는 이륙 전 점검을 완료했으며, 지체 없이 이륙할 수 있는 위치에 있다.

① LINE UP [AND WAIT] 활주로 진입하고 이륙 위치에서 대기하라.
❷ READY (Are you ready for departure (take off)에 대한 응답의 경우) 출발(이륙) 준비되었다.
③ CLEARED TO LAND 착륙을 허가한다.
④ STAND BY 기다리면 내가 부르겠다.

17. 다음 문장의 괄호 안에 들어갈 가장 적합한 것은?

> Changes of frequency in the sending and received apparatus of any mobile station shall be capable of being made (   ).

① as well as possible
② as far as possible
③ as long as possible
❹ as rapidly as possible

해설

전파규칙(Radio Regulations) Volume 1
 순수 영어문제이기도 함

51.4 § 3
1) Changes of frequency in the sending and receiving apparatus of any ship station shall be capable of being made **as rapidly as possible.**
51.4 § 3
1) 모든 선박국의 송신장치와 수신장치의 주파수 변경은 **가능한 한 신속하게** 실행될 수 있어야 한다.

모든 이동국의 송신장치와 수신장치의 주파수 변경은 **가능한 한 신속하게** 이루어질 수 있어야 한다.

 선박국(ship station)과 같이 이동국(mobile station)에 해당하는 동일한 영어문장은 발견하지 못함.

18. 다음 문장의 괄호 안에 들어갈 가장 적합한 것은?

> Two-thirds of the surface _____ water.

① are   ② were
③ are the   ❹ is

해설

 순수 영어문제
• 분수 of + 단수명사 + 단수동사
• 분수 of + 복수명사 + 복수동사
• surface가 단수이므로 단수동사 ❹ is

표면의 3분의 2는 물이다.

19. 다음 문장의 괄호 안에 들어갈 가장 적합한 것은?

> (   ) is a system combing ground-based and airborne equipment to measure the distance of the aircraft from a ground facility.

① VOR ② ILS
❸ DME ④ TACAN

해설

『항공교통관제절차』, 약어(pp.7-16.)

① VOR : VHF Navigational Aid 전방향표지시설
　　[Omni-Directional **Course** Information]
② ILS : Instrument Landing System, 계기착륙장치
❸ DME : **Distance** Measuring Equipment 거리측정장치
④ TACAN : Tactical Air Navigation 전술항행표지시설

(DME)는 지상 시설에서 항공기의 거리를 측정하기 위해 지상 기반 장비와 공중 장비를 결합한 시스템이다.

20. 다음 중 "전화를 잘못 거셨습니다."라고 말할 때, 괄호 안에 들어갈 알맞은 것은?

> You have the (   ) number.

❶ wrong ② false
③ bad   ④ another

해설

⚠ 순수 영어문제
❶ wrong 틀린, 잘못된
② false 틀린, 거짓의
③ bad 나쁜, 안 좋은
④ another 또 하나(의)

전화 (잘못) 거셨습니다.